当代中国城市与建筑系列读本
李翔宁主编

# CONTEMPORARY CHINESE GARDEN STUDY READER

# 当代中国园林研究读本

葛明 顾凯 主编

中国建筑工业出版社

# 序一
# 读本与学科的铺路石

自古以来就有“工欲善其事，必先利其器”一说，对于研究人员和教师而言，我们的“器”恐怕主要是文献，理论的、实用的和工具的。我们在进行研究的过程中，往往感叹寻找文献，尤其是全面收集文献的困难。有时候寄希望于百科全书，但是许多百科全书到应用的时候才发现恰恰是你最需要的东西缺得最多。由于研究工作的需要，我曾经刻意收集国内外出版的各种工具书、文选和读本作为参考。2003 年以来，我和国内许多学者主持翻译《弗莱彻建筑史》的八年中，根据这本史书涉及的语言，除英文词典外，也收集了德语、法语、意大利语、西班牙语、荷兰语、葡萄牙语、拉丁语等各种语言的词典，还收集了各国出版的建筑百科全书、历史、地图和术语词典。又由于翻译的需要，收集了各种人名词典、地名词典，多年下来也收集了几乎满满一书架的工具书。自 1992 年为建筑学专业的本科生开设建筑评论课以来，由于编写教材的需要，同时又因为博士生开设建筑理论文献课，也收集了不少理论文选和读本。这些读本的主编都是该学科领域的权威学者，由于这些经过主编精选的文选和读本的系统性、专业性以及权威性，同时又附有主编撰写的引言和导读，大有裨益，将我们迅速领入学科理论的大门，扩大了视野，帮我们省却了许多筛选那些汗牛充栋的文献的宝贵时间。这些年因为承担中国科学院技术科学部的一项关于城市规划和建筑学科发展的课题，又陆陆续续收集了一批有关城市、城市规划和建筑的文选和读本。在教学和研究中常常感叹所使用的文选或读本选编的基本上都是国外学者的论著，因此，也想自己动手编一本将中外论著兼收并蓄的文选或读本，但都因为工程过于浩大而只编了个目录，便搁在一边。

从国内外出版的文选和读本的内容来看，大致可以分为四类：作者的文选或读本、文化理论读本、城市理论读本以及建筑理论文选等。前两种和我们的专业有一定的关系，但并非直接的关系，进行某些专题研究时具有参考价值。作者文选或读本多为哲学家、社会学家或文学家的读本，例如《哈贝马斯精粹》《德勒兹读本》《哈耶克文选》《索尔仁尼琴读本》等。目前国内出版的文化理论读本较多，涉及面也较广，包括《城市文化读本》《文化研究读本》《视觉文化读本》《文化记忆理论读本》《女权主义理论读本》《西方都市文化研究读本》等，早年出版的各种西方文论也属这一类读本。

目前最多的读本，并成为系列的是有关城市方面的读本，国外有一些出版社专题出版城市读本，最有代表性的是美国劳特利奇出版社（Routledge, Taylor & Francis Group）出版的城市读本系列，例如《城市读本》《城市文化读本》《城市设计读本》《网络城市读本》《城市地理读本》《城市社会学读本》《城市政治读本》《城市与区域规划读本》《城市可持续发展读本》《全球城市读本》等，其中一些读本已多次再版。其中，《城市读本》已经由中国建筑工业出版社于2013年翻译出版，由英文版主编勒盖茨和斯托特再加入张庭伟和田莉作为中文版主编，同时增选了15篇中国学者的论文，这部读本当属国内目前最好的城市规划读本。其他也有多家出版社如黑井出版社（Blackwell Publishing）出版的《城市理论读本》以及城市地理系列读本，威利-黑井出版社（Wiley-Blackwell）出版的《规划理论读本》，拉特格斯大学出版社（Rutgers University Press）出版的《城市人类学读本》。中国建筑工业出版社在2014年还出版了《国际城市规划读本》，选编了《国际城市规划》杂志历年来的重要文章。

国外在建筑方面虽然没有像城市读本那样的系列读本，但已经有多种理论文献出版，有编年的文献，收录从维特鲁威时代到当代的理论文献，也有哲学家和文化理论家论述建筑的理论读本，例如劳特利奇出版社出版的由尼尔·里奇主编的《重新思考建筑：文化理论读本》（1997）收录了阿多诺、哈贝马斯、德里达等哲学家，以及翁贝托·埃科、本雅明等文化理论家的著作。近年来国外有三本重要的理论文选出版，分别是麻省理工学院出版社出版的由迈克尔·海斯主编的《1968年以来的建筑理论》（2000），普林斯顿大学出版社出版的由凯特·奈斯比特主编的《建筑理论的新议程：建筑理论文选1965-1995》（1996）和克里斯塔·西克思主编的《建构新的议程——1993-2009的建筑理论》（2010）。

近年来国内出版较多的是建筑美学类的文选，例如由奚传绩编著的《中外设计艺术论著精读》（2008）、汪坦和陈志华先生主编的《现代西方建筑美学文选》（2013）以及王贵祥先生主编的《艺术学经典文献导读书系·建筑卷》（2012）等。也有学者正在为编选更全面又系统的读本而在辛勤工作，这些文选和读本选录的基本上都是国外理论家的论著。虽然有一些类似文选的出版物收录了国内学者的文章，例如《建筑学报》杂志社 2014 年为纪念《建筑学报》创刊六十年出版的专辑，主要是以编年史为目的，属于纪事性，并不是根据论题的文献选编。

最近欣闻中国建筑工业出版社计划编辑出版“当代中国城市与建筑系列读本”，不仅是对近代以降的文献进行系统的整理，也是对当代中国学术的梳理，反映学术的水平。从目录来看，读本的内容包括中外学者的论著，但是以中国学者为主。这些读本选编的内容大致包括历史、综述、理论、实践、案例、评论以及拓展阅读等方面的内容，基本上涵盖并收录了当代最有代表性的中文学术文献，能给专业人士和学生提供一个导读和信息的平台。读本的分类包括建筑、园林、城市、城市设计、历史保护、居住等，文章选自学术刊物和专著，分别由李翔宁、童明、张松、葛明、顾凯、何建清和王兰等负责主编，各读本的主编都是该领域的翘楚。这个读本系列既是对中国城市、城市设计、建筑与园林学科的历史回顾，又是面向学科未来发展的理论基础。这其实是一项功德无量的工作，按照我国的不成文的学术标准，这些主编的工作都不能算学术成果，只是默默甘当学科和学术发展的铺路石。

相信我们国内大部分的学者和建筑师、规划师都是阅读中国建筑工业出版社的出版物中成长的，我们也热切地盼望早日读到这套系列读本。

郑时龄

2015 年 2 月 28 日

# 序二
# 图绘当代中国

两年前，中国建筑工业出版社华东分社的徐纺社长找到我，一同商讨新的出版计划。这让我想起自己脑海中一直在琢磨的事：是否有某种合适的形式，让我们能够呈现当代中国快速发展的社会现实下城市和建筑领域的现状以及中国学者们对这些问题的思考？

不可否认，史学写作最难的任务是记述正在发生的现实。正是出于这个原因，麻省理工学院建筑系的历史理论和评论教学有一个不成文的规定，博士论文选题原则上不能针对五十年之内发生的事件和流派。这或许确保了严肃的历史理论写作有足够的研究和观照的历史距离，使得研究者可以相对中立、公允地对历史做出评判。同样，近三四十年当代中国的社会政治经济乃至建筑与建成环境的变迁，由于我们自身身处同一时代之中，许多争论尘埃未定，甚至连事实都由于某些特殊的人与事的关联而仍然存疑。

另一方面，近代科学技术的极速发展使得人类社会越来越呈现出一种多元文化并存的状态，我们已经很难在当代文化现象中总结和归纳出某种确定的轨迹，更不用说线性发展的轨迹了。著名的艺术史家汉斯·贝尔廷创作了名著《艺术史的终结》，他的观点其实并不是认为艺术史本身已经终结，而是一种线性发展结构紧密的艺术史已经终结。传统的艺术史是把在一定的历史时代中产生的“艺术作品”按照某种关系重新表述成为一种连贯的叙事。[①] 这也是关于当代中国建筑史、城市史和其他建成环境的历史写作的困难之处。我们很难提供一种完整逻辑支撑的线索去概括林林总总的风格、思潮和文化现象。

面对这样的挑战，我们依然决定编辑出版作者眼前的系列丛书，主要出于以下两种考虑：一是从学术研究的角度，我们需要为当代中国城市和建筑领域留下一些经过整理的学术史料。这种工作，不是简单的堆积，而是一种学术思考的产物。相较个人写作的建筑史或思想史，读本这种形式能够更忠实地呈现不同学术观点的人同时进行的写作：既有对事实的陈述，也有写作者本人的评论甚至批判。二是从读者尤其是学习者的角度出发，如果他们需要对当代中国城市建筑的基本状况建立一个基本而相对全面的了解，读本可以迅速为他们提供所需的养料。而对于愿意在基本的了解之上进一步深入研究的读者，读本提供的进一步阅读的篇目列表为因篇幅所限未能列入读本的书目给予提示，让读者可以进一步按图索骥找到他们所期待阅读的相关文章。这样小小的一本读本既能提供简约清晰的学术地图，又可辐射链接更广泛的学术资源。

经过和中国建筑工业出版社同仁们的讨论，我们初步确定了系列读本包括建筑、城市理论、城市设计、城市居住、园林研究和历史保护六本分册，并分别邀请几位在该领域有自己的研究和影响的中青年学者担任分册主编。同时在年代范畴的划定上，除了园林研究由于材料的特殊性而略有不同之外，其他几本分册基本把当代中国该领域的理论和实践作为读本选编的主要内容。其时间跨度也基本聚焦在“文化大革命”结束至今的几十年间。

经过近两年的编辑，终于可以陆续出版。我们必须感谢徐纺社长、徐明怡编辑，没有他们认真执着的鞭策，丛书的出版一定遥遥无期；感谢郑时龄院士欣然为丛书作序，这对我们是一种鼓励；还要感谢的是丛书的各位分册主编，大家为了一份学术的坚持，在各自繁忙的教学研究工作之余花费了大量心血编辑、交流和讨论，并在相互支持和鼓励中共同前行。

我们的工作所呈现的是当代中国城市和建筑领域一段时间以来的实践和理论成果。事实上，在编辑的过程中，我们也深深地感到当代中国研究这片富矿并没有得到很好的发掘，在我们近几十年深入学习和研究西方的同时，对自身问题的研究在许多方面并不尽如人意。我们对材料和事实的梳理不够完备，我们也还缺乏成熟的研究方法和深刻的批判视角。作为一个阶段性的成果，我们希望我们的工作可以成为一个起点，为更深入完备、更富有成效的当代中国建筑与建成环境研究抛砖引玉，提供一个材料的基础。我想这也是诸位编者共同的心愿。

李翔宁

**注释：**

① 参见（德）汉斯·贝尔廷，《现代主义之后的艺术史》，洪天富的译者序，南京大学出版社，2014 年。

# 前言

中国园林的现代研究发轫于童寯、刘敦祯、陈植等诸位先生，历经数代，已逐步形成了一定的研究领域和研究格式。若从历史长河的视域观之，园林史的研究相对较多，园林作为一种载体和现象引发的思考较多，对文化的接续与传承发挥了重要作用。同时，因各种缘由，兼具融通与独立意义的园林理论研究不多，史、论、造之间的联系和突破性的园林设计佳作不多，在国际园林研究中的独特性也还未彰显，这一局面或许与已有研究格式不知不觉的固化有关，也与当代意识、问题意识、方法意识不足有关。

当代中国园林研究正处于一个重要的转变过程之中，一方面传统修为的养成依然艰难，另一方面迫切需要拓展、深入。所以编纂《当代中国园林研究读本》，意在这一传统渐远、当代尚未充分介入的过程中，为部分中国园林研究存档；意在拓展园林研究领域，尤其是研究方法的转变；意在抛砖引玉，为当代研究需要关注的议题提供不成熟的纲要性建议。

因此，本文集按史、论、造三个脉络对文本进行汇编，试图反映当代中国园林研究的多种方法维度，体现当代园林研究对已有研究格式的部分突破以及园林研究多重背景带来的生机，探讨园林方法如何体现在当代的设计视野之中。文集所选取的17篇文章，分为三组：其一为“史”——历史，共6篇，是对中国园林历史的探究，注重展开历史的领域和方法；其二为“论”——诠释，共6篇，是对中国园林的多重诠释，注重文本展开的视域，注重概念和意义的辨析，试图使园林成为引人深思的交谈对象；其三为“造”——设计，共5篇，是从中国园林中获得的启示应用于当代设计实践，注重相关文本写作中对待词与物的不同态度和不同线索的契入。

### 1. 历史

当代的中国园林史研究格局已有所拓展，使用来自不同领域的方法已逐渐兴起，其不可忽视之处包括：对历来关注的研究内容，如随着认识的积累和材料的丰富，历史造园的案例、人物、文献、文化、演进等方面在向更细致的认识方向发展；随着多重背景的恢复，多重方法的运用，拓展了研究视野，丰富了问题意识，加深了对现象的成因、内在的机制、外在的条件等方面的理解；经济、社会、艺术彼此渗透的视角增加了园林历史转变层次和维度的认识，艺术史的理解增加了通过图像材料和图像学的方法来认识历史园林的途径，文化史与文学史的探究使在历史的情境和语境中认识园林更为自然。但不能否认，园林史自洽而融通的历史学突破还没有蔚然成观。

长时段的宏观园林史研究，需要建立在充分的个案研究之上，造园的人物与案例是最为基础的园林史研究的支撑。《计成研究》（1982）是曹汛先生一系列明清造园人物研究的早期代表作，对中国园林史上唯一一部系统理论著作《园冶》作者计成做了全面考证，将各类型相关文献的穷尽研究，对其生平、交游、造园等多个方面做了梳理总结，迄今仍是关于计成的最为全面的研究。作者从以陈垣为代表的中国传统史学中获得深厚的学养功力，将史源学、年代学的方法精髓用于园林史的考证之中，文献涉猎广泛、细节论证精微，使其成为园林史研究的坚实基础，也成为后人可资借鉴的造园人物研究典范。

《中国园林的江南时代》为汉宝德先生《物象与心境——中国的园林》（1990）书中的一章，对于从南宋到明末的500年间的长时段园林史，凝练出“江南时代”的精辟见解，从社会、经济、文化等多个角度与此前从魏晋到北宋的“洛阳时代”进行对比，总结这段园林史在规模、石景、水景、生活等多方面的营造特色。作者有着宏大的文化视野——将历史时段与空间地域相结合并进行比较，同时深入园林史展开多方位的细腻即物考察——通过文献与合理的推测关注多样而变化的特色，如对石山之景的关注。正是在这双向维度的探讨中，产生出诸多人所未发的洞见。

柯律格教授（Craig Clunas）的《丰饶之地：明代的园林文化》（Fruitful Sites: Garden Culture in Ming Dynasty China, 1996）是艺术史学界对中国园林研究的重要著作，此书一反以往从美学角度进行研究的惯例和以勾勒为主的方法，而是结合了土地财产、社会声望等物质与社会的视角来综合考察，从而使园林史上的重要转变得以浮现。文集所选的《美学的胜利：明代后期江南园林的转变》节选自第二章，是对明代中后期江南园林史转变的考察。文中指出：明中期之后，江南园林在美学上的追求已超越经济性，同时还伴随着对社会声望的追求。文中不仅针对园林整体，同时对园林中的植物、石头等做了细致考察。作者将艺术史中的社会研究方法引入到园林史领域中，在多学科方法的运用上激发出许多新的论题，对园林史研究产生了重要的影响。

《中国私家园林的流变》（1999）则针对“私家园林”这一命题，以丰富的文献考察为基础，以士大夫文化变迁中人与自然的关系为核心视角，形成将文人精神追求与自然应对方法这二者紧密关联的双螺旋结构，贯穿于整个中国园林史的深入考察，在多个差异时段的划分中，所有案例都紧密缠绕于主干而无涣散之感，从而对中国园林史得到更为缜密而深刻的理解。陈薇教授以宽阔和敏锐的文化感知，突破了将社会与文化因素作为背景来铺陈的常见园林史叙述，而将其纳入园林变迁的有效内涵之中，所采用的研究方法、叙述方式与园林本身合拍，自然而鲜活。

《再现一座 17 世纪的中国园林》是中国绘画史专家高居翰教授（James Cahill）与其合作者们共同撰写的《不朽的林泉：中国古代园林绘画》（2012）一书中的首章，主要通过一套 20 开的《止园图》，结合相关文献，考察晚明常州的“止园”，并在历史情境的分析中，将这一处早已废弃的历史名园的面貌与特点加以细致再现。作为以艺术史视角进入园林史的研究，展示了如何以图像为主要资源来分析历史园林，通过对已经消失的园林加以想象性重现，为园林史研究增添了图文并举的可能途径。

在进行微观的人物与园林案例认识，以及宏观的长时段园林史认识的同时，对园林史上具体现象及其转变进行理解和解释，即在“有什么”的基础上认识“为什么”，是当代园林历史研究取向的一个发展，《画意宗旨的确立与晚明造园的转变》（2010，后有改写）就是这样一种史论结合的尝试。顾凯以园林认识中常见的“画意造园”为论题，在历史考察中注重其转变，同时与园林史上的“晚明转变”论题相合，从审美观念与营造方法两个层面进行考察，从而对文化和历史两方面都得到更深入的认识。这一以现象、历史、营造为核心关注的讨论中，旁涉艺术史、文化史等多领域的方法，从而获得对园林史的新知。

### 2. 诠释

由于中国早期园林的实物遗存极少，所以诠释成为园林研究的重要途径，也因此，当代中国园林研究中“论”所需展开的主要工作或可称之为传意和释意，同时暗合中国的注解传统和当代的诠释学背景。概念的厘清和跨文化的分析则促使当代园林研究进行文化思维的辨识，其中如何使古汉语作为一种方言而在当代继续鲜活，如何调处因外域观念翻译而获得的理解在自身文化中的位置，如何思考以词语为对象连接历史、理论、设计，均成为拓展当代园林研究的机会。

现代以来的中国园林研究与许多其他学术研究一样同时受到传统和外域的双重影响，其中不少概念运用与思维方式来自西方，因此当代研究中如何分析概念的边界，辨识因文化差异所带来的模糊性，都需要对中西文化同时进行深入的理解。美国哲学家郝大维和安乐哲的《中国园林的宇宙论背景》（1998）一文，进入到深层的宇宙论背景中讨论阐释性的概念，在中西思想的比较中对现代以来的各种习见加以深入反思。他们通过一系列基本概念的论述，对中国园林中的围合、自然和人工之间的关系、时间和空间的关系以及命名意义问题进行了细致入微的分析，从而提出了当代概念阐释恰当与否的重要议题，有着非常重要的思想价值。

计成所著的《园冶》历来是中国园林研究的重中之重，冯仕达先生的《自我、景致与行动：〈园冶〉借景篇》（2000 英文，2009 中译）一文展示了如何进入文化语境中对这一文本进行细致切合的理解：文章从“穿梭”的文本写作方式、典故的修辞使用问题入手，探究计成如何避免以抽象定义的方式，而是“借”历史隐喻，将新的认识在文化连续性中表达得具体而鲜活，从而可以理解“借景”不是简单的视觉关系问题，更是关于思维过程的设计方法，“设计”是具体行动展开时才建立的。由此《园冶》对当代设计的意义，更在于文化思维上的活力。这一研究中对当代比较哲学的利用，是跨文化研究方法在中国园林领域的生动展现。

园林认识主要依赖的文献常常是“园记”，然而事实上涉及园林的诗歌要丰富得多，因此，如何运用以诗入史的方法研究园林，又不限于论史，是一个富于挑战的课题。杨晓山先生是宇文所安教授的高足，在《私人领域的变形：唐宋诗歌中的园林与玩好》（2008）中的《空间的诗学：呈现与调和》一章展示了如何将诗歌作为主要文献对园林的营造与意义进行分析。作者以白居易的履道园为本，辅以其他诗人的诗作，勾画这种私家园林中隔离、修剪、框取、借景等不同的空间营造手段，关注通过人工和自然之间的去取调和来建立一种个人的隐居空间，从而得到对唐代园林文化特殊而细腻的认识，这也是以诗为径进入园林研究，从而重现语言和园林关系的范例。

当代对中国园林的认识往往通过概念来进行，这一方面与建筑理论产生沟通而便于进入当代实践，但另一方面也有着误解的危险。鲁安东教授的《迷失翻译间：现代话语中的中国园林》（2011）通过考察现代园林研究中常见话语的来源，反思传统的“游”“景”和“处”的概念被误作“运动”“景观”和“观赏点”来认识，而使中国园林轻易套入现代空间，并重新理解中国传统园林中的非正式性、沉浸性和想象性。学术史的考察界定了概念运用在建筑理论与传统中国文化的结合分析中的作用和边界，可望为当代园林学术研究建立起可辨析的认识基础。

园林文化中的意义问题探讨是许亦农教授《苏州园林与文化记忆》（2009）一文的重点之一。对于园林在历史上不断得以“重修”的问题，通过苏州的多个案例，分析其中对待“文化记忆”问题的多样性，如“沧浪亭”的不断重修与相对稳定的文化延续性认识相关，而“绣谷”的重修则更取决于园主的选择，这又涉及园名、园址、空间布局和形态以及园子所有权这几个关键因素。对于“作为集体记忆的园林”问题，作者指出，“集体”“记忆”都不是固定的，其中的差异性都需要加以合理认识。文中文化史视角的指向丰富了对园林意义的认识，诸多“园记”中常被忽略的意义阐述实与主人的取向密切相关，并与具体形态问题有着深刻的关联。

《无往不复 往复无尽——中国造园艺术的空间概念》是张家骥先生《中国造园论》（1991）书中的一章，从哲学本源的追溯出发，阐述深层的空间观，并进入到自然及园林的空间，分三个阶段论述空间意识及营造方法，最终进入当代可见园林遗存空间的分析，将突破空间局限的“往复无尽”作为园林空间营造的根本追求。这一研究既有建筑师视角对空间的敏感认知，又密切结合着思想史和美学史的认识，是就中国园林的空间问题深入阐释的代表作之一。

## 3. 设计

通过结合设计和文本而展开的研究引发了当代对中国园林不同于以往的关注，已初现成效。多位学者与建筑师以园林作为一种基底，所滋生的审美取向和营造方法形成对当代设计研究的有力推动，并反哺了中国园林的认知，其中大的方向目前已初现为两种：其一，研究与中国的意匠、观法密切相关，如何与文化使命相接，当代又如何自成格局是《中国园林的布局经营和文化探源》《眼前有景——江南园林的视景营造》两文所关切的议题；其二，设计、营造和叙述构成了一组平行关系，园林提供了呈现三者关系的语境，并不断引发对世界的思考与想象。《建造一个与自然相似的世界》《山居九式》和《造园记系列（一、二）》这三篇文章都呈现了类似的认识，推动了此类研究。

《中国园林的布局经营和文化探源》（2007）改写自朱光亚教授1988年的文章，这当代园林设计研究的拓荒作之一，反映了当时重要的文化取向。作者长期关注中国古建筑中的意匠关系，以及内在的道器关系；此外，如何寻找有效传承传统文化的门径和如何回应现代，更是念兹在兹的理想，其旨趣自然延展到园林研究中。文章勾勒了现代以来对园林布局经营研究的状况，提出以“向心关系”“互否关系”以及“互含关系”来讨论园林结构，进而讨论中国的文化精神，影响深远。因此，通过对文化的抽象理解而推出园林布局的拓扑认识顺理成章，这也与作者长期从事设计互相佐证。

童寯先生的“造园三境界说”是现代中国园林研究尤其是设计营造研究的基石之一，《眼前有景——江南园林的视景营造》一文是童明教授承继祖父又别出心裁的重要论述。作者指出江南园林由于其建构方式的模糊性，以及与文学领域的复杂关系，相关园林营造方法的讨论一直比较困难，为此将眼前有景作为园林营造的目的，将疏密得宜、曲折尽致作为建构方法展开研究，以提炼江南园林视景营造的意义。作者长期研究设计，于写景与造境一节中结合类型学思想尤有新解，并在文末点题眼前有景是视觉之景与想象之景的结合，引人深思。

《建造一个与自然相似的世界》（2012）是篇论稿，夹叙夹议，暗合古法，同时又有罗兰·巴特的絮语之感。王澍教授素来强调建筑、语言、画、园林与世界之间的复杂关系，强调树石即世界的小中见大，强调山水中呈现的大观，强调自然建造。他的建筑是思想的自然延展，其叙述与之呼应。文中构建了建筑、自然、山水画世界的平行关系，提出了“观想”的视点，以广度、高度、精度一一展开赏、释、议，同时展现了当代园林研究一种新的基底和出发点。王澍设计的中国美院象山校园等一系列作品产生了广泛影响，推动了当代中国设计思想的国际传播。

《山居九式》（2017）的写作亦暗合古法，类似笔记体，是董豫赣先生造园研究的一个重要部分，后成为他《玖章造园》一书中的一章。作者的设计和文字平行发展，已逐渐成为一家之说。其设计与作文的方法善用分类和对仗，因为对仗，于设计就能前后、远近互成；因为对仗，于文章就能文气互通。对仗于作者更重要的可能是一种思维方式，既可直接展现眼前视域，又能令人遥想画境。山居二字，体现了特殊的对仗，可以小中见大、大中见小，可以忽大忽小，同时与作者对身体的关注、文化的关注联系在一起，与他的红砖美术馆、耳里庭等作品相得益彰。

《造园记系列（一、二）》是葛明微园记（2015）、春园记（2020）两篇文字的连缀，贯穿其间的是对“园林六则”（他于2010年前所提园林方法）的诠释。所用写法记述与诠释相间，各个议题分类展开，互相交织，又如同园林一样经过裁剪而出。文章以园林六则为内在线索，讨论了“型”等一系列的重要概念，并试图通过发掘词语与建造物来回穿梭的关系，同时展开对设计、营造的思考，揭示设计方法与思维方法结合的重要性。此外，文章试图在当代视域中勾勒建筑设计方法与园林方法之间的关系，从而推动与空间方法、类型学等平行的园林修辞学研究。

在本文集的编选过程中，曾得到许多学者的襄助和指点，也得到了丛书主编和编辑的支持，在此特致谢忱。同时文集必然会有遗珠之憾，祈请谅解。文集重视思想启发和研究方法，希冀对当代园林研究的知识构架有所贡献，对有志于从园林途径探究设计的同道有所参考，期待能早日引发出真正的中国园林诗学构建。

葛明　顾凯

# 目录
# Contents

# 第一章
# 历史

# 计成研究
## ——为纪念计成诞生四百周年而作

**曹汛**

计成是我国杰出的造园叠山艺术家，他所造的三处园林，当时较为著名，他所著的《园冶》，结合自己的创作实践，全面论述造园叠山，是世界上最早的一部造园学专著。计成以《园冶》一书蜚声中外，名传千古。

《园冶》一书，有计成自撰跋语云："崇祯甲戌岁，予年五十有三。"以此反推，计成生于明万历十年，当公元1582年。今年适逢计成诞生400周年，学术界应该编制出美丽的花环，献给这位杰出的造园叠山艺术家。关于计成和他的《园冶》，国内外都有过一些研究，但是还不够深入。值此计成诞生400周年之际，我只能勉为其难，结撰此文，以志纪念。

本文论述计成的生平事迹、他的交游以及知交对他的评价，还有他所造的三处名园和几处假山，力图以此勾勒出这位造园叠山艺术家的形象，他的为人、他的成就，以及他的命运、他的时代。关于计成的《园冶》，它的成书、出版和流传，《园冶》中的造园叠山理论以及行文散骈兼行[①]的特点和骈体文散文小品化的风采等，当然也都与计成研究有关，这一部分我将另撰为《园冶研究》一文，是为此文之姊妹篇。

## 1. 计成的生平事迹

计成其人，惹人注目久矣。但是遗憾得很，迄今为止，国内外学者一直都还没有查到任何一段关于计成的原始传记材料。计成的生平事迹，仅能从《园冶》的自序自跋，以及书中自叙事迹出处的片言只语，还有同书所收阮大铖的《冶叙》、郑元勋的《题词》等，略见梗概。此外，值得注意的是计成交游诸人，如吴玄、阮大铖、曹履吉、郑元勋等人，这些人的诗文当中，都曾直接间接提到过计成，或与计成生平事迹直接有关的一些事情。计成主持建造的大江南北三处著名园林，常州吴玄的东第园、仪征江士衡的寤园和扬州郑元勋的影园，实物虽已不存，有关的文献记载，内涵却极为丰富，是我们探讨计成造园叠山艺术实践的好材料。

研究计成的生平事迹，还得先从他的姓氏、名号和里贯说起。郑振铎先生旧藏明崇祯原刊《园冶》残本，正文首行题书名二字，二行下题“松陵计成无否父著”。正文之前有自序，序末钤有朱文章一，曰“计成之印”，又有白文章一，曰“否道人”。因知计成名成字无否，号否道人，江苏吴江县人。《园冶》自序又称中岁以后“择居润州”，即今镇江，故又为镇江人。计成字“无否”，又号“否道人”，字与号中两出“否”字。字、号的全意，一个否定了“否”，一个又予以肯定，弄得扑朔迷离。“否”为双音字，两个“否”字该怎样辨读，学术界也迄无定说。今按“否”读“Pǐ”时，意为坏、恶，“否”（Pǐ），是《易经》里的一个卦名，《易·否》云：“象曰：‘天地不交，否。’”“否”读“fǒu”时，意即否定，相当于口语的“不”，有“无”之义。《大学》：“其本乱而未治者，否矣。”王引之《经传释词》卷十注云：“言事之必无也。”我以为“无否”之“否”，当读“fǒu”，取其有“无”之义。无一否二字连用，颇有点类乎今日所说“否定之否定”的意味，否定之否定是肯定，有“成”的意思，古人的名与字，取义每有连属，“成”与“无否”就具有互相阐发、互相解释的意味。“否道人”之“否”，则当读“Pǐ”，取天地不交，时运不偶之意。计成自取这样一个别号，寓以解嘲，是在他中年以后，它的命意，则约略有如陶渊明“命运苟如此”，以及后世鲁迅“运交华盖欲何求”那一类的意思，是很有感慨的。[2]

计成自署籍贯曰松陵，松陵即今吴江的古称。计氏本为吴江大姓，明、清时候籍出吴江的诗人画士很为不少。明有计从龙，字云泉，幼习山水，兼长写貌。明末有计大章，字采臣，隐居澜溪之滨，黄道周亟称之。明末清初又有计东，字甫草，号改亭，茅塔村人，著有《改亭集》，其子计默字希源，有《菉村诗草》。计东、计默父子为吴江一时文望，与当时名流多有交游。计成的谱系今已无一可考，是否会与同县之计从龙、计大章、计东他们有些瓜葛，今亦不能确知。澜溪在茅塔西南，现在那一带计姓人家已不多。茅塔的邻村西库，计姓较多，且有过不少大户人家。茅塔附近又有计家坝，以姓名村，也是个值得注意的地方。计成可能生在一个没落家庭，中岁以前“游燕及楚”，自称是“业游”“而历尽风尘”，推测很可能是依人作幕。计成一生没有做过官。

计成自幼学画，工山水，《园冶·自序》云：“不佞少以绘名，最喜关仝、荆浩笔意。”《园冶·兴造论》的最后说：“予亦恐浸失其源，聊绘式于后，为好事者公焉。”讲完了园林的规划设计，还要绘成图示，表示怎样“巧于因借，精在体宜”，那么计成的原稿无疑是有一批园林山水景物图，可惜这些图面在后来正式刊版时都被删掉了。曹履吉的《博望山人稿》载有《题汪园荆山亭》一诗，汪园即汪士衡寤园，是计成为之设计建造的，这个荆山亭图应该就是计成所绘寤园景物设计图，此图今亦不存。计成的绘画作品，至今一件也没有发现，计成原是一位山水画家，却是毫无疑义的。

计成兼工诗。阮大铖的《咏怀堂诗外集》乙部有《计无否理石兼阅其诗》一首，诗云：“有时理清咏，秋兰吐芳泽。”阮大铖的《冶叙》又有“所为诗画，甚如其人”之语。我们读《园冶》，觉得《园冶》的骄体文幽深孤峭，似乎也正是具备秋兰吐芳那样一种格调。阮大铖是个臭名昭著的人，诗作得还可以，他来评价计成这样一个小人物的诗，用不着捧场，也不至于胡说八道。如果我们不是因人废言，阮大铖的话倒也值得参考。计成工诗，格调还不太低，这也是可以肯定的。可惜计成的诗作，也是一首也没有留传下来。计成中岁以后，即已为造园叠山名家，吴玄、阮大铖、曹元甫、郑元勋等人都是亟口称赞计成的造园叠山艺术。他所造的吴园、汪园与郑园，当时都是颇负盛名，可是三百年的沧桑，都没有留下什么像样的遗迹，故此依稀，只供我们凭吊而已。计成留给后世，得以保存至今的唯一遗产，就是他那部总结当时和他自己造园叠山艺术的专著《园冶》。

计成从事造园叠山，是半路出家。中年以前他在外面游历，“中岁归吴”，在镇江偶然为人叠过石壁，受到称赞，遂以此为契机，转行为人造园叠山。计成第一个完整的造园叠山作品，是在常州为吴玄建造的东第园。经考证，吴玄的东第园建于天启三年（1623年），这年计成42岁。以此反推，计成“中岁归吴”，在镇江为人偶叠石壁，则应该是天启初年之事。计成以一个诗人画士，半道改行，正式为人造园叠山，实自天启三年始。《园冶》卷二《栏杆》一节有云："予历数年，存式百状。"《园冶》成书在崇祯四年（1631年），从天启三年到崇祯四年，前后是七八年的时光，与"予历数年"之语恰合。

计成为吴玄造园之后，便一举成名，紧接着就为汪士衡造了寤园，寤园最后建成于崇祯五年（1632年），计成自谓"与又于公所构，并驰南北江焉"。实际上汪氏寤园比吴氏东第园名声更大，当时名流无不交口称赞。

计成在为汪士衡建造寤园的同时，利用工作余暇，著书立说，完成了《园冶》一书的草稿，初名《园牧》，当时的一个名流姑孰曹元甫看了原稿，以为是"千古未闻见者"，于是许为开辟，为改题曰《园冶》。但是《园冶》这书没能立即出版，直到崇祯七年（1634年），才拿到阮大铖那里刊版印行，所以书首列有阮大铖的序。阮序之后，又列有郑元勋《题词》一篇。郑序作于崇祯八年（1635年），可见这时《园冶》还没有刊刻完工。崇祯七年至八年这一段时间，计成正在扬州为郑元勋建造影园，郑元勋对计成的造园叠山艺术钦佩得五体投地，所以赶制一序，誉之为"国能"，并且预言此书后来必定成为造园的"规矩"而脍炙人口。

计成家境贫寒，阮大铖有《早春怀计无否张损之》诗云："二子岁寒侍，啼笑屡因依。"实际上，计成的情况与张损之很不一样。阮大铖的诗集中与张损之有关的诗达三十首之多，张损之曾数入阮大铖他们的诗社，与阮大铖一伙作诗唱和，是一个道道地地的帮闲清客。计成"依"于阮大铖，其实是以造园叠山技艺传食朱门，归根结底还是一种自食其力的谋生手段。后来找阮大铖刊刻《园冶》，也是一种谋生手段。《园冶·自识》中说："欲示二儿长生长吉，但觅梨栗而已。"那时计成的两个儿子已经长大成人，并且承继着乃父的造园叠山事业。计成说是出这部书，不过是指示他们，让他们以此糊口，挣几个小钱。《园冶》刊刻临成的时候，计成并没有再到阮大铖那里去，也未能对全书做最后的校勘，所以书中就有一些错字，图式也有一些错误。更足以证明计成自己未能亲自进行最后校勘的一条证据，是前引《兴造论》中"聊绘式于后"那几句话，既然所附的图式未予刊刻，那么这几句话不是显而易见地也应该删掉吗？

崇祯八年，计成为郑元勋建成了影园，《园冶》大约也就在这年内刊成。此后计成的行踪事迹已不可考。这个时候，正值"时事纷纷"，李自成的起义军进逼安徽，阮大铖举家避“难”于南京。又过了几年，明王朝覆亡。在明、清甲乙之际，像计成这样一位生活在社会底层的造园叠山艺术家，在那样的动乱时期，当然也就不大被人注意了。

关于计成的生平事迹，迄今所知，基本梗概就是这一些了，但是实际上又可以说是不止于此，因为计成的事迹，又都与他的社会交游，以及各个知交对他的评价，尤其与他所造园林、所叠假山，都是密切关联着的。有关这些方面的内容，下面将一一论述。

## 2. 计成的交游

根据现在已经掌握到的情况，计成交游诸人有吴玄、汪士衡、曹元甫、阮大铖和郑元勋五人。吴、汪是计成为之造园叠山的园主人，曹是推崇计成造园叠山技艺的人，阮、郑是两者兼而有之。这一章论述计成的交游，只说阮、曹、郑三人。

### 2.1 阮大铖

阮大铖其人向为士林所不齿，是一个臭名昭著的人。阮大铖字集之，号园海、石巢、百子山樵，安徽怀宁人，明万历四十四年（1616 年）进士，天启年间为吏科给事中，侧身魏珰，与杨涟、左光斗等人为仇。天启七年（1627 年）魏忠贤失势，阮大铖名挂逆案，失职家居，并往来于南京、怀宁间。崇祯八年为逃避农民起义，举家侨居南京。这个时候，正是“时事纷纷”，天下多故，阮大铖却认为是“幸遇国家多故，正我辈得意之秋”，于是在南京大肆活动，并以新声高会，招纳游侠，妄图反扑。时有复社名士顾杲等人，作《留都防乱揭》逐之。甲申之变，阮大铖依附马士英，谋立福王，诛杀东林，拜江防兵部侍郎、左都御史。弘光元年升兵部尚书，尝衣素蟒服誓师江上，观者以为梨园变相。不久，弘光宵遁，马士英逃走，阮大铖逍遥湖湘。清使至，加以内院使职衔，同贝勒协剿金华，大张告示，内言“本内院虽中明朝甲科，实淹滞下僚者三十余载，复受人罗织，插入魏珰，遂遭禁锢，抱恨终身。今受大清特恩，超擢今职。语云‘士为知己者死’，本内院素秉血性，明析恩仇，将行抒赤竭忠，誓捐踵顶以报兴朝。恐尔士民，识暗无知，妄议本内院出处，特揭通衢，使众知悉”。金华城破，阮大铖搜朱大典外宅，得美女四人，宣淫纵欲，过仙霞岭中风，偃仆石上而死。阮大铖工诗，有《咏怀堂诗集》，并著有《燕子笺》《春灯谜》等传奇九种。

阮大铖《冶叙》称："兹土有园，园有冶，冶之者松陵计无否，而题之冶者，吾友姑孰曹元甫也。""兹土有园"指的是仪征汪士衡寤园，阮大铖是在汪士衡的寤园中结识了计成的。阮大铖结识计成，是由于曹元甫的介绍，曹元甫为阮大铖同年，二人同为万历四十四年进士。

《咏怀堂诗外集》乙部收有《计无否理石兼阅其诗》一首，诗云："无否东南秀，其人即幽石。一起江山寤，独创烟霞格。缩地自瀛壶，移情就寒碧。精卫服麾呼，祖龙逊鞭策。有时理清咏，秋兰吐芳泽。静意莹心神，逸响越畴昔。露坐虫声间，与君共闲夕。弄琴复衔觞，悠然林月白。"

阮大铖在汪士衡的园中看到了计成所叠的假山和计成的诗作，不免有些倾倒，所以对计成的为人和他的叠山巧艺备极推崇。阮大铖的《咏怀堂诗》集，正集和外集均为崇祯八年刊成，[3] 集中诸诗均按编年次序排列。以此诗的编排次序考之，当为崇祯五年所作。[4] 这时寤园刚建成，计成还未离开，汪士衡请阮大铖、曹元甫去观光品评。在这之前曹元甫已经结识了计成，而阮大铖则是初次与计成见面。

《咏怀堂诗》外集乙部又有《宴汪士衡中翰图亭》五律四首，夸赞汪氏寤园景物及造园设计的意境，其中第三首有这样两句："神工开绝岛，哲匠理清音。"神工、哲匠均指计成而言。以这首诗在集中的编排次序考之，为崇祯六年所作。

阮大铖《咏怀堂诗集》卷二又收有《早春怀计无否张损之》诗一首，诗云："东风善群物，侯至理无违。草木竞故荣，鸿雁怀长飞。二子岁寒俦，睇笑屡因依。殊察天运乖，靡疑吾道非。凿冰还弄楫，春皋誓来归。兹晨当首途，遥遥念容辉。园鸟音初开，篱山青且微。山烟日以和，及时应采薇。古人无复延，古意谁能希。"这首诗对于研究计成的家世和出身，他的为人和思想，以及他与阮大铖之间的关系，还有这种关系的后来发展，都是非常重要的第一手材料。奇怪的是，早年阚铎著《园冶识语》，已经引录了阮大铖《宴汪中翰士衡园亭》及《计无否理石兼阅其诗》二题五首，唯独没有引录这更为重要的一首。这会是无意中漏掉了吗？当然不是，这是有意回避掉了。阮大铖说计成"睇笑屡因依"，好像表明计成是阮的门客，阮大铖为计成的《园冶》作序，已被认为是白璧之疵，如果再翻腾出来这么一首诗，让人知道计成确曾依附阮大铖，岂不是更为耻辱？出于一种为贤者讳、为所爱者讳那么一种善良想法，于是这首诗就压根儿不再提起了。

如果真是这样，那么我觉得这种避讳是完全不必要的，因为我们研究计成也好，研究计成的交游也好，最终目的，只是为知人论世，为的是研究《园冶》和当时，尤其是计成自己的造园叠山艺术，历史的真实是用不着回避的。再者，我觉得这首诗不但不会给计成增添耻辱，恰恰相反，诗里还可以看出他和阮大铖之间的关系有着某种裂痕，这对于我们研究计成其人，更是一份不可多得的史料。从这个角度来看，那就更不应该回避了。《早春怀计无否张损之》一诗，收在《咏怀堂诗外集》乙部，当然也是崇祯八年以前的作品，从它在集中的编排次序考查，实为崇祯七年所作。诗题早春，诗中又有“凿冰还弄楫”之句，表明月令是在二月。我们知道，阮大铖的《冶叙》末题：“崇祯甲戌清和，届时园列敷荣，好鸟如友，遂援笔其下。”清和月在汉魏六朝时候是专指二月而言，唐、宋以后多指四月，阮大铖说“园列敷荣”“好鸟如友”，是四月时景象。这就是说《早春怀计无否张损之》一诗，与《冶叙》是同年所作，前后只差两个月。

阮大铖的诗里面说：“殊察天运乖，靡疑吾道非。”可见计成对于阮大铖的为人颇有微词，看法并不好，这一点阮大铖也已经有所察觉，所以才自己加以辩白。正是二人关系中间有了这样一个裂痕，所以阮大铖生怕计成不会来，这才写诗召请，结果计成还是来了，于是阮大铖就很高兴，为《园冶》亲笔题词作叙，并安排在安庆阮衙予以刊版。阮大铖有求于计成的，是找他掇山叠石；计成有求于阮大铖的，是为刊刻《园冶》。

值得注意的是，计成在《园冶·自识》中又说了这样一段话：“自叹生人之时也，不遇时也。武侯三国之师，梁会女王之相，古之贤豪之时也，大不遇时也！何况草野疏愚，涉身丘壑，暇著斯冶，欲示二儿长生长吉，但觅梨栗而已。故梓行，合为世便。”

《自识》这一节是《园冶》付印时计成自己写的后记。阮大铖为计成刊书，并写序赞扬，计成在后记中却只字未提，反而说了一大堆含糊其词的话，什么“大不遇时”啦，“草野疏愚”啦，什么“欲示二儿”啦，“但觅梨栗”啦，等等，话里话外，似乎是颇有难言之处。这“大不遇时”之类的一席话，一方面是对于阮大铖“殊察天运乖，靡疑吾道非”那一类指责的搪塞回答，含蓄而又微妙，一方面更寓以他自己的牢骚和表白，痛苦而又凄凉。阮大铖说计成“人最质直，臆绝灵奇”，计成《自识》中的这段话，既是质直之言，又故作狡狯。计成早在崇祯四年已写成《园冶》一书，但是一直没能找到地方出版，迁延三年以后，只好再来找阮大铖。计成不得不找阮大铖印行此书，本为传世，也为自己的两个儿子，让他们养家糊口。当时社会上偷翻他人之书、剽窃别人成果的事很多，刊刻专著，多要找到一个强有力的靠山。现藏于日本内阁文库的我国明崇祯初刊本《园冶》，第三卷末页有“安庆阮衙藏版，如有翻刻千里必治”的印记，就足以说明这个问题。

跟着而来的又有另一个问题，就是阮大铖此际已罢官家居，为什么还能给人做强有力的靠山呢？这个问题也不难理解，因为阮大铖虽然在朝中已经失势，但依旧是地方一霸。当时的吴应箕有《之子》一诗，就是揭露阮大铖的，诗云：“之子何纵横，华轩耀通都。童奴妖且研，宾客竞承趋。谈笑有机伏，高会逞雄图。昔时既炫赫，恭显相持扶。时易不自戢，意气益腆膴。”[⑤]阮大铖虽然罢了官，但是丝毫没有收敛，仍然意气自得，腆着个大肚子，横行乡里，气势汹汹。

阮大铖赠计成诗云：“殊察天运乖，靡疑吾道非。”这表明计成是清醒的，对阮大铖的歪道是有看法的，他到时候不去，似乎也是想与阮大胡子决裂的，但是计成毕竟是个穷愁潦倒、软弱无能的知识分子，为了能印行《园冶》，最后不得不向恶势力妥协，可是把书稿交给阮大铖付印以后，计成却写了那么一篇苦辣酸甜不是滋味的后记，然后就一走了事，到扬州去帮助他的朋友郑元勋建造影园去了。崇祯八年以后，阮大铖的诗里再也没有提到过计成。阮大铖的《咏怀堂诗·戊寅诗》另有《谢张昆岗为叠山石》一诗，时为崇祯十一年（1638年）。《咏怀堂诗·辛巳诗》卷上又有《寿张昆岗八十》诗，时为崇祯十四年（1641年）。崇祯十一年时，张昆岗已经77岁了，而这年的计成，算起来只有57岁。张昆岗工于叠石，但是无论如何，成就总不会赶上计成，阮大铖不找57岁的叠山名家计成为他叠石，而另找77岁的张昆岗，这表明那时的计成根本就不到阮大铖这里来了。

阮大铖《早春怀计无否张损之》云：“二子岁寒俦，睇笑屡因依。”实际上后一句话只符合张损之的情况，加在计成头上便成了不实之词。计成与阮大铖的交游，只有崇祯五年至七年这短短一段时间，顶多不过到过安庆阮大铖那里两三次而已。阮找计不外是造园叠山，计找阮为的是出书，计成与阮大铖的关系根本就不是什么睇笑因依，阮大铖硬是那样说，只表明他自己的卑劣。

### 2.2 曹元甫

曹元甫是计成的伯乐。

崇祯四年《园冶》初稿写成，初名《园牧》，曹元甫见了，以为是“千古所未闻见者”。曹元甫以为这样的专著是计成的开辟，不应该谦称为《园牧》，因而为之改题曰《园冶》。曹元甫为《园冶》题名，并见于计成《自序》及阮大铖《冶叙》。《园冶》这部书，不仅是我国最早的一部造园学专著，而且也是世界上第一部造园学专著。曹元甫许为开辟，题之曰冶，可见他颇有眼力，这个改题，极为允当。

曹元甫名履吉，当涂县人，为东南文化界的名人。康熙《当涂县志》《太平府志》和乾隆《当涂县志》都有他的传。康熙县志云：“曹履吉，字元甫，号根遂，行健长子也。幼颖敏过人，应童子试，受知于邑宰王思任，曰：‘东南之帜在子矣！’丙午领乡荐，春官不弟，省亲辰溪，陟衡岳泛洞庭，携诗文就正于大宗伯郭正域，郭奇之，中丙辰会魁，授户部主事，升佥事，督学河南，转光禄少卿，忌者以迁出不次为嫌，投劾归，年未五十也。”曹元甫工诗文，善书画，一生著述甚多，有《博望山人稿》传于世，另有《渔山堂稿》《携谢阁稿》《青在堂稿》《辰文阁稿》等俱已不存。曹元甫又“旁通诸技能，吴歈、宋绣、品竹、弹丝，皆曲尽其妙”。（康熙《太平府志》）曹元甫“负人伦鉴”，喜甄拔人物，做学官时“经其甄拔者，多连翩捷去。每于出案时列在一二等者，皆求割截卷面，得其品题，以为至宝”。（康熙《当涂县志》）《园冶》受到曹元甫的赞赏，并改题书名，这对计成来说，都是不胜荣幸的事。

曹元甫与汪士衡知交，时常到汪氏寤园去，《博望山人稿》收有《信宿汪士衡寤园》及《徐昭质相晤真州汪园赋赠》诸诗。计成《园冶·自序》提到曹元甫在汪士衡园中读到他的《园冶》初稿，是崇祯四年的事。曹元甫的《信宿汪士衡寤园》一诗，正是那一次所作，诗云：“自识玄情物外孤，区中聊与石林俱。选将江海为邻地，摹出荆关得意图。古桧过风弦绝壑，春潮化雨练平芜。分题且慎怀中简，簪笔重来次第濡。”[⑥] 这首诗夸赞寤园景物，同时又夸赞了寤园的规划设计者。计成的《园冶·自序》里面说：“姑孰曹元甫先生游于兹，主人偕予盘桓信宿。先生称赞不已，以为荆关之绘也，何能成于笔底？”我们知道，计成《自序》一开头就说起他早岁学画时“最喜关仝、荆浩笔意”“每宗之”，后来即以荆关笔意为人掇自叠石，曹元甫诗所说的“摹出荆关得意图”，正是夸赞计成的造园叠山。计成转述的曹元甫“以为荆关之绘也，何能成于笔底？”与曹元甫此诗甚合，很可能就是指这一首诗而言的。当然，曹元甫

“称赞不已”，恐怕还有别的话，不止这一首诗。

《博望山人稿》卷六又收有《题汪园荆山亭图》一首，诗云：“斧开黄石负成山，就水盘蹊置险关。借问西京洪谷子，此图何以落人寰。”这首诗对于考证计成的生平事迹，以及曹元甫对计成的造园叠山艺术之评价也很重要，需作深入探讨。曹元甫为当涂县人，邻县芜湖有大荆山、小荆山，大荆山有鹤迹石，云古仙所遗，又相传为卞和得玉处。但综观曹诗全意，诗中的荆山亭，并非仿荆山景致造亭。诗中有“借问西京洪谷子”之句，洪谷子即荆浩，荆浩隐居太行山之洪谷，遂自号洪谷子。诗中又有“斧开黄石劈成山”之句，指的是用黄石叠山。全诗所夸赞的是用黄石仿荆浩的笔意掇山造景，配以关亭等建筑物。“借问西京洪谷子，此图何以落人寰。”又正是“荆关之绘也，何能成于笔底？”一样的意思。计成喜欢荆浩笔意，又喜用黄石叠山，《园冶》中《选石》一章说：“时遵图画，匪人焉识黄山。”翻译出来就是说，人们尊崇以画家效法叠石，非精于此道者，就不可能知道黄石的妙用。《选石》章中的《黄石》一节，又说：“俗人只知顽夯，而不知奇妙也。”可见计成对于黄石叠山，本是大力提倡、而又颇有成就的。曹元甫《题汪园荆山亭图》所指的汪园，对照《信宿汪士衡寤园》《徐昭质相晤真州汪园赋诗》等诗，显然是指的汪士衡寤园，系计成为之建造者。而当时的造园叠山艺术家，不论是画家出身的，还是兼通绘画的，每在为人造园之时，多要画出园林景物图。例如和计成约略并时的造园叠山大名家张南垣在为朱茂时建造放鹤洲时，就曾画有《墨石图》。张南垣之子张然在为冯溥建造万柳堂时，就曾画有《亦园山水图》（亦园即万柳堂之别名）。[7]这种园林景物图，本是山水景物的设计图，其实画出来也就是山水画。至此，我们也就可以恍然大悟，曹元甫《题汪园荆山亭图》所指的荆山亭图，正是计成所绘，是计成为汪士衡造园时所做的寤园景物设计图之一。旧日造园，建成以后，或另请名家绘制园图，这有点相当于我们现在所说的竣工图。这样的园图多为全景，不会只画一处小景。

多才多艺的曹元甫，是一个知名园林鉴赏家。探讨计成与曹元甫的交游，还应该注意到这样一个重要事实，就是曹元甫同时也了解张南垣。

张南垣是与计成并时的造园叠山大名家。计成生于万历十年（1582 年），张南垣生于万历十五年（1587 年），[8]但是计成中岁以后，才改行从事造园叠山，成名时候已经四十多岁了，张南垣从事造园叠山的时间较早，30 岁已经成名。计成活动在大江南北，张南垣活动在江浙一带。计成的《园冶》总结当时的造园叠山艺术，其中关于叠山的一些理论，也恰与张南垣的立论相同。张、计两人是否见过面，目前还不清楚，但是可以肯定，他们彼此应该是互有了解。董其昌、陈继儒都曾交口称赞张南垣的造园叠山艺术，而董、陈二人又都是曹元甫景仰的人物，三人过从密切，曹元甫又交口称赞计成的造园叠山艺术。有着这样的中间媒介，两个并世的造园叠山名家，怎能不至少也是互有所闻呢？崇祯六年（1633年），张南垣为金坛虞来初建成了豫园，虞来初请阮大铖、曹元甫前往观光品评，阮大铖有《虞学宪来初筑园甚适招余洎元甫往游先之诗》一首，看过之后，阮大铖又有《题虞来初豫园》诗八首。[9] 曹元甫与阮大铖同游，也应该作了一些诗，可惜没有流传下来。

2.3 郑元勋

郑元勋称计成为友人，说他们两个人“交最久”。计成于崇祯七年至八年曾为郑元勋建造影园，崇祯八年郑元勋为《园冶》题词，对计成的造园叠山艺术备加推崇。计成一生所造名园，见于记载的共有三处，依时间先后的顺序，为天启三年常州吴玄之东第园、崇祯四年至五年仪真汪士衡寤园和崇祯七年至八年扬州郑元勋影园。三个园子的主人，身世各不相同，吴玄是一个陷入帮派体系的失意官僚，汪士衡为流寓仪真的安徽盐商，只有郑元勋工诗善画，风流调境，是最理想的园主人。

茅元仪《影园记》云：“画者，物之权也。园者，画之见诸行事也。我于郑子之影园，而益信其说。”[10] 茅元仪认为，只有像郑元勋这样精于绘画的士大夫，才能“迎会山川，吞吐风日，平章泉石，奔走花鸟，而为园”。郑元勋的影园，主人自己也曾参与规划设计，但《题词》有云：“予卜筑城南，芦汀柳岸之间，仅广十笏，经无否略为区画，别现灵幽。予自负少解结构，质之无否，愧如拙鸠。”可见影园虽为计成与郑元勋二人合作之产物，主要还是计成为之规划设计。郑元勋《影园自记》云：“是役八月粗具，经年而竣。尽翻陈格，庶几有朴野之致。又以吴（吾）友计无否善解人意，意之所向，指挥匠石，百无一失，故无毁画之恨。”[11]

旧日建造园林，常常因为没能很好地把握住规划设计这一环节，往往边筑边拆，边拆边改。计成为郑元勋建造影园，胸有成竹，事先作出周密的设计，所以工期极短，一气呵成，避免了一般造园边建、边拆、边改那样一种弊病。

郑元勋《题词》云：“予与无否交最久。”计成生于万历十年，郑元勋生于万历二十六年（1598年），二人相差16岁，郑元勋《题词》自称“友弟”，二人差不多算是忘年交。丁孕乾《寄题影园》诗云："犹似临风下笔时，一丘一壑一经思。绿杨影里春归早，黄鸟声多客散迟。賸有幽心交石丈，不将清课任花师。园林久即扬州梦，此日相寻梦亦疑。"

此诗所谓的"交石丈"，即请人掇山叠石，石丈正是指计成。栽种花木，郑元勋可以自己拿主张，掇叠山石，则非依靠计成不可。《题词》又云："无否人最质直，善解人意。"可见郑、计二人在建造影园的过程中配合默契，两个人很合得来。

郑元勋为《园冶》题词，称赞为"今日之国能""他日之规矩"，预言该书将脍炙于人口，后来的实践果然证明，郑元勋的预言是十分正确的。郑元勋为《园冶》题词，尤其是在阮大铖题了《冶叙》之后，这本身就也是一件非同小可、别具意味的事。

郑元勋为扬州地区著名的历史人物，元勋字超宗，占籍仪真，家江都，康熙《仪征县志》卷八《义烈》有传。传云："郑元勋字超宗，甲子领乡荐，癸未登进士。性孝友，博学能文，倜傥抱大略，名重海内。居心灭城府，荐举不令人知，面折人过，无所嫌忌。甲申闻国变，谓扬州为东南保障，破家资训练，勉以忠孝。时高杰分藩维扬，初至而扬民疑之，遂扃各关不得入，撄杰怒，勋单骑造杰营，谕以大义，词气刚直。杰心折，乃共约休解，时城内兵哗，遂及于难。"为了乡人的安危，他在关键时刻贡献出自己的生命，成了地方著名的义烈之一，赢得了后人的长久怀念。

郑元勋生前的名望就已很高，杭世骏《明职方司主事郑元勋传》云："当是时，中朝门户甚盛，士人矜尚气节，工标榜，元勋名震公卿间，各道上计京师者，诸大僚必询从广陵来见郑孝廉否，或愕眙不即答，则涕唾弃之。明怀宗锐意人才，命大僚各举所知，直指与淮督，交章以元勋应诏，元勋以母老辞不去。"郑元勋这样的人物，为计成的《园冶》题词，对计成的为人和他的造园叠山艺术备极推崇，无疑是给《园冶》生辉不少。

《园冶》初刊本首列阮大铖《冶叙》，紧挨又列有郑元勋的一篇《题词》，这种巧妙安排，是经过周密考虑的。前面说过，计成找阮大铖刊书，乃是出于不得已，计成对阮大铖其人颇有微词，阮大铖作叙一年以后，计成另请郑元勋作一序，从某种意义上说，也是为抵消或平衡一下阮叙。阮大铖和郑元勋代表着当时两类截然不同的人物，吴应箕的《之子》在诗末尾说："名节道所贵，君子慎廉隅。一朝苟失足，高陵荡若污，所以鹄与蝇，趋舍不同途。"计成曾公开怀疑阮大铖的"道"，却又不免软弱妥协，还得找阮大铖出书。阮大铖写了序，计成又写了《自识》，转弯抹角发了一通牢骚，说出了事实真相，然后又另搬出郑元勋的《题词》，表明他的心最终还是向着正直知识分子这一边。阮大铖说计成“臆绝灵奇”，计成这一系列安排，真是妙不可言。

阮叙郑词虽然一样都对计成的造园叠山艺术加以褒扬，但是阮叙说计成“人最质直，臆绝灵奇”，郑元勋《影园自记》则说计成“善解人意”，这两种大不相同的说法，也足以表明他们各自与计成的交往关系，一个较生涩、摸不透，一个很融洽。

《淮海英灵集》丁集卷四收有施朝干《影园图》一诗，诗中有这样几句：“垂相梅花岭，陪京燕子笺。薰莸他日恨，衰罚后人权。”后人题郑元勋影园图，说起史可法与阮大铖两类有如薰莸不可同器的人物，是耐人寻味的，郑元勋正是史可法一样的人物。计成的《园冶》，列有阮大铖《冶叙》和郑元勋《题词》，也正是“薰莸他日恨”的事情，可我们现在评论《园冶》，往往注意到阮叙之成为“白璧之疵”，却常常忽略了郑词所增添的光彩，后人褒罚之权，可要注意拿准哟。

## 3. 计成所造名园

计成一生所造名园，见于记载者，共有三处，现依年代次序，考述如下。此外计成还为人叠过一些假山，并附述于后。

### 3.1 常州吴玄东第园

计成为吴玄造园，事见《园冶・自序》。《自序》云：“公得基于城东，乃元朝温相故园，仅十五亩，公示予曰：‘斯十亩为宅，余五亩可效司马温公独乐制。’”因知吴玄此园即在其宅第之旁，正是《园冶》所谓的“傍宅地”。计成接受了这个设计任务之后，勘察了地形，“观其基形最高，而穷其源最深，乔木参天，虬枝拂地”。于是提出方案：“不第宜掇石而高，且宜搜土而下，令乔木参差山腰，蟠根嵌石，宛若画意；依水而上，构亭台错落池面，篆壑飞廊，想出意外。”落成之后，主人大喜。

吴玄字又予，《园冶・自序》称吴玄为“晋陵方伯吴又予公”，又予的“予”是个误字。[12]晋陵为武进古称，“方伯”指吴玄曾任江西布政使司右参政。吴又予本名玄，清康熙以后的地方志为避讳改玄为元。陈植先生《园冶注释》出注语谓“吴元，字又予”，名与字全误。

吴玄为吴中行子，《明史》无专传。《吴中行传》所附吴玄事迹颇为简略。康熙《常州府志》卷二十四：“吴元（玄）字又予，武进人，万历进士，改授湖州府学教授，历任湖广布政，性刚介，时党局纷纭，元（玄）卓立不倚……刺东昌、严州，具有卓政，所著有《率道人集》。”

吴玄所著《率道人集》，本名《率道人素草》，现存。吴玄生平事迹，多可于《率道人素草》中考知。吴玄生于嘉靖四十四年（1565 年），中万历二十六年（1598 年）进士，初任河南南阳府儒学教授，后任刑部本科、刑部广西司、贵州司、浙江司，历守东昌、严州两府，巡守岭东、河北两道，荐升湖广参政，改江西参政，分守饶南九江道。

《明史・吴中行传》谓吴玄任江西布政，《园冶注释》出注语因之。考明代官制，布政、按察二司，以辖区广大，由布政使司的佐官左右参政、参议分理各道钱谷，称为分守道。承宣布政使司设左、右布政使各一人，从二品，左、右参政无定员，从三品。吴玄只做过从三品的江西参政，分守饶南九江道，没有做过从二品的江西布政。《园冶・自序》称“晋陵方伯”，方伯虽然等于说是布政使，然而布政使司的佐官左、右参政，有时亦可简称布政，犹如现在把副省长也叫省长一样。

康熙《常州府志》谓吴玄“性刚介，时党局纷纭，元（玄）卓立不倚”。府志这个说法是回护乡人，与事实大不相符。实际上吴玄侧身魏珰，是一个在帮派体系中陷得很深的官僚。吴玄罢官后，著有《吾征录》，汇辑万历、天启间之奏疏，皆攻讦东林之文，玄复为说以扬之，颇肆诋毁。吴玄在士林中的名声并不好。

《园冶》卷一《相地》章《傍宅地》一节有这样两句话：“轻身尚寄玄黄，具眼胡分青白。”“轻身”指罢了官，俗语云：无官一身轻。“青白”指青白眼，是用阮籍分青白眼看人的典故。后来清初有徐石麟，著《古今青白眼》三卷，辑录子史说部中评骘人品之事。计成所说具眼青白，专指评骘人物。计成在《傍宅地》一节忽然写上这么两句，显得很突兀，其实是说吴玄。我们知道，计成为吴玄所造之园，正是傍宅园，《自序》谓吴玄得基于城东，仅十五亩，曰：“斯十亩为宅，余五亩，可效司马温公‘独乐’制。”《傍宅地》又云：“五亩何拘，且效温公之独乐。”可见《傍宅地》一节，多半是计成为吴玄造傍宅园的经验谈。吴玄《率道人素草》卷四《骈语》收其自撰联额，有这样一段：

“东第环堵，维硕之宽且薖，半亩亦堪环堵；是谷也窈而曲，一卷即是深山。碧山不负我，（以下三行墨涂，当是挖版，挖去一副联语）白眼为看他，看云看石看剑看花，间看韶光色色；听雨听泉听琴听鸟，静听清籁声声。世上几盘棋，天玄地黄，看纵横于局外；时下一杯酒，风清月白，落谈笑于樽前。”

吴玄《吾征录》《规则》之末，钤有闲章一方，文曰：“青山不负我，白眼为看他。”计成所说的“轻身尚寄玄黄，具眼胡分青白”，显然是有意针对吴玄当时的思想情绪而说的。计成信手拈来吴玄自己的话，加以剪裁翻造，另成一种命意，复用以规劝吴玄本人，说是你虽已罢了官闲居在家，但你毕竟还是生活在这个天玄地黄的多变世界上，你对人的好恶，还是不要那么分明罢。“轻身尚寄玄黄，具眼胡分青白”这两句之下，又云：“固作千年事，宁知百岁人。”这还是继续规劝吴玄，千年百岁是用古诗“生年不满百，常怀千岁忧”的典故。杜甫《偶题》诗云“文章千古事”，计成所说的“固作千年事”，还是指的吴玄著《吾征录》事。

计成这样的态度，表面上是劝吴玄摆脱政治，不要再去管当时政界的党争，一心享受园居之乐，实际上又是表明他自己的处世态度，等于是做了一个含蓄委婉的声明：他为吴玄这样的人造园，但却不同意吴玄的处世态度。《园冶》里的行文，与吴玄自撰联语所表露的思想情绪，有这样微妙的关系，显然不是偶然的巧合。

吴玄可算是常州有名的历史人物，但是他的宅园，在地方志中却未见记载。

吴玄《率道人素草》卷四《骈语》收有《上梁祝文》一篇，全文云：“梁之东，瑞霭高悬丈笔峰。城映丹霞标百雉，井含紫气起双龙。梁之南，泽衍荆山八代传。坊号青云看骥附，都通白下待鹏转。梁之西，六秀庚从江水涓。麟题武曲黄金筑，虹带文星苍璧移。梁之北，汪汪福泽开溟渤。象应台前玉烛调，名传阙下金瓯卜。梁之中，独乐名园环堵宫。王公奕叶三槐植，窦老灵株五桂丛。梁之上，龙成六彩光千丈。显子桥头坡老翁，狮子巷口元参相。梁之下，此日生明成大厦。寿域驻百岁丹砂，圣恩赐三朝绿野。”

按旧日上梁祝文，每有一定格套，梁之东西南北，要描述四望方向之吉相，实即远处之借景，即使是望不到也没关系，不过取个吉利。本祝文所说东方文笔峰，即今城东红梅阁公园中的文笔塔，相传为本郡文笔峰，每祥光腾现，开甲第之先兆云。西之虹带文星指虹桥，在西门外。旧传怕河道冲了风水，建文成坝拦水，也是希望后人中功名。最后的梁之中、梁之上、梁之下，这才说到本建筑物的具体所在。这一部分的描述很具体，和《园冶·自序》相应的一段完全吻合："独乐名园环堵宫"与"十亩为宅，余五亩可效司马温公独乐制"相合；"狮子巷口元承相"与"得基于城东，乃元朝温相故园"相合。根据这篇上梁文，参照《园冶·自序》，就会很容易找到吴玄东弟园的位置。狮子巷之名今尚存，即今常州旧城城里东水门内水华桥北，此地旧有五条南北小巷，靠东两条称东狮子巷、西狮子巷。

吴玄此园园名亦失考。前引《率道人素草》卷四《骈语》有这样一联："维硕之宽且薖，半亩亦堪环堵；是谷也窈而曲，一卷即是深山。"这与《园冶·自序》所说"予观其基形最高，而穷其源最深""不第宜掇石而高，且宜搜土而下"，正相符合。匾额曰："东第环堵。"这也与《自序》所说"得基于城东"，《上梁祝词》所说"独乐名园环堵宫"，全都相合。吴玄此宅，当时应该是称为"东第"，傍宅的五亩小园，匾曰"东第环堵"，园名不妨就叫作"东第园"，或可迳称之为"东第环堵"。

东第园中的园林景物，已不可详考。

吴玄东第及其附属小园之建造年代，亦未见明确记载。《上梁祝文》及联语等文，均载在《率道人素草》，《素草》《自叙》题"万历庚戌"，即万历三十八年（1611年），第八册末又附有"甲子朱明跋"，即天启四年（1624年）。检读《素草》所收诗，起自万历十四年（1586年），止于天启六年（1626年），《素草》《示约》又有《率族士夫公书》题丁卯，是为天启七年（1627年），可见《率道人素草》之最后成书，乃在天启七年。《率道人素草》卷四《祝册》有《小宗祠成覃恩貤赠祝文》，文曰"天启三年岁次癸亥冬十月甲子朔越二十八日甲申孝孙玄敢告于显高祖考、显高祖妣，显曾祖考、显曾祖妣，显祖考、显祖妣，显考、显妣"云云，是知小宗祠为天启三年建成。此种小宗祠，当然是附属在东第宅旁，或傍宅园内。这也就是说，吴玄的东第，应该也是天启三年建成的。《上梁祝文》最末一段云："梁之下，此日生明成大厦。寿域驻百岁丹砂，圣恩赐三朝绿野。"吴玄生于嘉靖四十四年（1565年），中万历二十六年进士，此所谓三朝，殆指历仕万历、泰昌和天启。"生明"指孟夏四月，这就是说吴玄东第的宅堂建筑是天启三年夏四月上梁的。东第园很可能是同年完工，或者至迟是次一年即天启四年完工的罢。

《园冶·自序》说他自己是"中岁归吴，择居润州"，偶尔为人叠过一处石壁，一试成功，"遂播闻于远近"，接着就应了吴玄之约，为之造了东第园。计成为吴玄造园叠山，始于天启三年，这一年计成是42岁。吴玄的东第园，是计成改行从事造园叠山以后的第一处完整的园林作品，是计成造园的处女作。吴园建成，计成遂一举成名。

3.2 仪征汪士衡寤园

汪士衡其人在计成造园叠山事业的发展上也是一个重要人物。计成为汪士衡建造了寤园，与吴玄的东第园“并驰南北江焉”。寤园使计成进一步成名，计成的《园冶》就是在寤园中的扈冶堂写成的。曹元甫是在汪士衡的寤园看到了《园冶》的初稿《园牧》，为改题曰《园冶》，阮大铖也是在寤园里通过曹元甫的介绍结识了计成。

寤园之名见于阮叙，又见之于《园冶》卷一《屋宇》章《廊》一节：“或蟠山腰，或穷水际，通花渡壑，蜿蜒无尽。斯寤园之‘篆云’也。”

寤园之名，亦屡见于阮大铖诗，如《咏怀堂诗集》卷二有《杪秋同李烟客周公穆刘尔敬张损之叶孺韬刘慧玉宗白集汪中秘士衡寤园》，《咏怀堂诗外集》乙部有《罗绣铭张元秋从采石汎舟真州相访遂集寤园小酌》。此外《咏怀堂诗外集》乙部又有《宴汪中翰士衡园亭》，《咏怀堂诗》卷三又有《客真州喜杜退思至即招集汪氏江亭》，也都是指的寤园。寤园的主要楼阁名湛阁，《咏怀堂诗》卷二有《同吴仲立张损之周公穆集汪士衡湛阁》。《咏怀堂丙子诗》卷一下，有《坐湛阁感忆汪士衡中翰》二首，诗云：“晴浦列遥雁，霜枝领暮鸦。寒情何可束，开步入蒹葭。触物已如此，伊人空复遐。尚思磅礴地，高咏响梅花。千尺春潭水，于君见素心。露花迎夙梦，风筱寄荒吟。鸡黍期如昨，人琴感至今。何堪沙浦上，啧啧听寒禽。”

据此二诗诗题诗意，此时汪士衡已物故。阮大铖旧地重游，见景伤情，思念故人，而作是诗。诗成于崇祯九年（1636年），计成为汪士衡建造寤园，事在崇祯四年至五年，过了四五年园主人便已故去，这恐怕是汪氏寤园所留记载不多的一个主要原因罢。

汪士衡其人无考，康熙《仪真县志》共有三种[13]，都未有汪士衡的传。士衡是字，不是名，三种康熙县志中也没有查到汪某字士衡这样一个人的传。

康熙七年（1668年）《仪真县志》卷五《选举志》《明・应例》栏有“汪机：奉例助饷，授文华殿中书”的记载，康熙五十七年（1718年）《仪真县志》卷四《选举表》《应例》栏有，“（崇祯）十二年，汪机，文华殿中书”的记载，道光三十年（1850年）《仪征县志》亦有崇祯十二年（1639年）汪机授文华殿中书的记载。古人取名与字每有联系，杨超伯先生《〈园冶注释〉校勘记》以为晋有陆机字士衡，汪机在崇祯间挂中书衔，与“汪士衡中翰”姓氏官职俱符，因而推测汪士衡即汪机。康熙五十七年《仪真县志》卷二《名迹》：“西园，在新济桥，中书汪机置。园内高岩曲水，极亭台之胜，名公题咏甚多。”汪机的园称西园，在仪征城西钥匙河上的新济桥附近，这与《园冶·自序》所称“汪士衡中翰延予銮江西筑”语亦相合，这不但进一步证实了汪机即汪士衡，而且表明了寤园又名西园。几种县志都记载汪机在崇祯十二年奉例助饷，授文华殿中书，但是在崇祯四年写成的《园冶·自序》中已称汪士衡为中翰，崇祯九年汪士衡已经故去，可见崇祯十二年汪机授中书的记载有误，或是误衍一个“十”字。

康熙七年《仪真县志》载李坫《游江上汪园》诗云：“秋空清似洗，江上数峰兰。湛阁临流敞，灵若傍水含。时花添胜景，良友纵高谈。何必携壶榼，穷奇意已酣。”李坫字允同，以明经授山东日照县令，家居后应县令姜埰之请，修《仪真县志》十卷，事在崇祯年间。李坫此诗所咏之“江上汪园”有湛阁，必是汪士衡寤园无疑。

康熙五十七年《仪真县志》卷十六载：“荣园：在新济桥西，崇祯间汪氏筑。取渊明木欣向荣之句以名，构置天然，为江北绝胜。往来巨公大僚，多宴会于此。县令姜埰不胜周旋，患曰：‘我且为汪家守门吏矣。’汪惧而毁焉。一石尚存，嵚寄玲珑，人号‘小四明’云。”杨超伯先生《〈园冶注释〉校勘记》引之，疑此汪氏荣园即汪士衡寤园，并引施闰章《荣园诗》[14]一首，然后说：“可见园之胜处，在于叠石，确曾名噪一时。”杨先生认为寤园“在县志为‘荣园’‘西园’，是否始称寤园，嗣改荣园，尚待续考”。此说虽持矜慎存疑态度，但是倾向已很明朗。今按县志之“西园”确系“寤园”之别称，但“荣园”却别是一处。阮元《广陵诗事》卷六：“汪中翰士楚，家素封，所构荣园名动京师，有南北经过者，率至此留连竟晷，李撝人有‘扁舟白发闲来往，惟有当年旧夕阳’之句。”据此则荣园本为汪中翰士楚所构，此园“名动京师”“南北经过者”“留连竟晷”，正与康熙五十七年县志“构置天然，为江北绝胜，往来巨公大僚多宴会于此”的记载相合。汪士衡之寤园又称西园，在新济桥，汪士楚之荣园在新济桥西，两园相近。士衡、士楚都是素封之家，又都是以赀报中书者，两汪园易混，是应予考辨清楚的。

寤园景物，见于各家诗作及《园冶》者，有湛阁、灵岩、荆山亭、篆云廊、扈冶堂[15]等。阮大铖《咏怀堂诗外集》乙部有《宴汪中翰士衡园亭》五律四首，于园中景物和意境描绘甚详。

### 3.3 扬州郑元勋影园

郑元勋的影园在已知计成所造三处名园之中，按建造时间来说是最后一处，按艺术成就来说是最高的一处。影园建成后，郑元勋有《影园自记》，茅元仪有《影园记》，黎遂球有《影园赋》。

影园始建于崇祯七年，这时计成的《园冶》早已写成，同年交付刊版。影园于崇祯八年建成，同年，郑元勋为《园冶》题词。又过两年，郑元勋写成一篇《影园自记》，文中热情地描述了计成为影园所做的贡献。从《影园自记》的景物描述来看，影园的规划设计和建造，很多地方都是按照《园冶》所提出的造园理论，去付诸实践的，因此就更值得注意。

据《影园自记》所记相地选址情况，其他无山，但“前后夹水，隔水蜀冈，蜿蜒起伏，尽作山势。环四面，抑万屯，荷千余顷，蓬苇生之。水清而多鱼，渔棹往来不绝”。“升高，处望之，迷楼、平山皆在项背，江南诸山，历历青来。地盖在柳影、水影、山影之间”，董其昌“因书影园二字”。这样一块地势，具有造园的优越条件，天启末年归了郑元勋，规划设计又“胸有成竹”，到崇祯七年动工，“八阅月而粗具”。

从《影园自记》所描述的布局和选景、造景特点来看，可以说影园是很巧妙地体现了《园冶》总结出来的“巧于因借，精在体宜”这八个字。影园巧妙地利用了原有的自然环境，其地多水，就利用这些水面；其地无山，但隔水蜀冈，蜿蜒起伏，尽作山势，又可远借历历青来的江南诸山，因此也就没有必要另叠造高大的假山。郑元勋在《园冶》《题词》中说：“善于用因，莫无否若也。”计成讲造园，一再强调“巧于因借”，计成之“善于用因”，早在为吴玄建造东第园时已有体现，影园的“善于用因”,更体现得最为典型、最为完善。郑元勋的社友刘侗曾为《影园自记》作跋语云：“见所作者，卜筑自然。因地因水，因石因木。即事其间，如照生影，厥惟天哉。”影园的“善于用因”，给人们留下了深刻的印象。

影园又巧妙地利用了借景，不仅近处的“隔水蜀冈”、远处的“江南诸山”等自然风景，尽收为借景，而且从玉勾草堂望出去，“阎氏园、冯氏园、员氏园皆在目，虽颓而茂（按：此处疑或脱一林字）竹木若为吾有”。这样把别人的园林、别人园林中的茂林竹木等人工景物也收为借景。因为是人家的园景，借了过来，所以郑元勋裁词，说成是“若为吾有”，这个“若”字，十分传神。

计成造园，“巧于因借”，于是便可以事半功倍，郑元勋说他的影园，“芦汀柳岸之间”“经无否略为区画”便“别现灵幽”[16]。不用说，这完全是“巧于因借”的结果。

《园冶》强调的“精在体宜”，现在一般理解，都把“体宜”当作一个概念，实际上“体”与“宜”应是对立统一的两个概念。《园冶》又有“得体合宜，未可拘率”“体宜”的提法，是“体宜”二字的辩证解释，今本“率”字坏成“牵”，《园冶注释》遂成误解。[17]建造园林要有一定的章法和规矩，体式和格局，不能率野胡来；又要灵活机动，因地制宜，不能死板拘谨。影园注意“因借”也很注意“体宜”，即“得体合宜”。《影园自记》中说：“大抵地方广不过数亩，而无易尽之患。山径不上下穿，而可坦步。皆若自然幽折，不见人工。一花一竹一石，皆适其宜，审度再三，不宜，虽美必弃。”

影园中的景物，“尽翻陈格，庶几有朴野之致”。建筑疏朗素雅，能与环境结合，“荷堂宏敞而疏，得交远翠”。建筑装修，“皆异时制”。这些也都正与《园冶》所强调的屋宇要“常套俱裁”，栏杆要“制式新番”，完全相合。《园冶》讲掇山，主张“散漫理之”“或墙中嵌理壁岩，或顶植卉木垂萝，似有深境也”。计成反对那种三峰一壁，下洞上台，炉烛花瓶，刀山剑树一类的俗套。影园的实践也正是这样，藏书楼前庭，“选石之透瘦秀者，高下散布，不落常格，而有画理。室隅作两岩，岩上多植桂，缭枝连卷，溪谷崭岩，似小山招隐处。”（《影园自记》）影园的门窗洞口形制，也每多按照《园冶》的成例采用，如六方窦、月亮门、栀子窗等，不一而足。此外如虎皮墙，卵石地等也多与《园冶》的提倡相合。

影园建成后，成为江北名构。郑元勋邀名流题咏，还征诗于各地。影园被公推为扬州第一名园。顾尔迈跋《影园自记》云：“南湖秀甲吾里，超宗为影园其间，又秀甲南湖。”陈肇基《寄题影园》诗云：“广陵胜处知何处，不说迷楼说影园。”丁孕乾《寄题影园》诗云：“秋气遥生曲径松，溪桥课酒石留踪。传更未至鱼先觉，简字虽勤鹤易供。三绝从来归郑子，一毛今复见超宗。谁升水国径千里，却借名园作附庸。”万时华《寄题影园》诗云：“闻君卜筑带高城，鸥地凫天各性情。画里垂帘兼水澹，酒边明月为楼生。踏残芳草前朝影，吟落官梅独夜声。一自京花萧素后，此中花事属康成。”[18]

崇祯十七年（1644年）明亡，动乱之中，郑元勋死于乡难。入清以后，郑元勋家世式微，影园随之荒败，康熙年间，已经是旧址依稀，只可供人凭吊了。当时汪楫有《寻影园旧址》诗云：“园废影还留，清游正暮秋。夕阳横渡口，衰草接城头。词赋四方客，繁华百尺楼。当时有贤主，谁不羡扬州。”[19]

乾隆年间，地方知名诗人吴均、江显等人，也都有寻影园故址并吊郑元勋诗，江显《寻影园故址》诗云：“卜筑曾闻在水湄，当年树石总无遗。江湖白鹭盟初践，城阙青磷劫早移。丛荻烟波春外影，奇花风露梦中诗。荒畦一片关兴废，洛下名园作记谁。”[20]

乾隆三十五年（1770 年），郑元勋玄孙、内阁中书沄，请王蓬心作《影园图》，施朝干为赋诗，咏郑元勋义烈事迹、影园景物及兴废故事，如能与园图合观，兴废之感，要比后人追记的一篇园记，强烈得多呢。王蓬心的《影园图》今亦不存，施朝干诗过长，此亦不能尽录。[21]

### 3.4 其他

计成“中岁归吴，择居润州”，即今镇江，在镇江为人叠过一处石壁，是改行后的第一件叠山作品。《园冶・自序》里说起此事，沾沾自喜。《自序》里又说：“别有小筑，片山斗室，予胸中所蕴奇，亦较发抒略尽，益复自喜。”可见计成在为吴玄造园之前后，为人叠造过的零星山石还不少。

计成还曾为阮大铖叠山理水，但他自己避而不谈。阮大铖《冶叙》云：“予因剪蓬篙威脱，资营拳勺，读书鼓琴其中。胜曰，鸡杖板舆，仙仙于止，予则（着）五色衣，歌紫芝曲，进兕觥为寿，忻然将终其身。甚哉，计子之能乐吾志也，亦引满以酌计子。”阮叙作于崇祯七年，当时他家居怀宁，有石巢园和百子山别业。审其“剪蓬篙瓯脱”之语，显然是扩建一处旧园，请计成为其经营“拳勺”，以此阮大铖酌酒为谢。崇祯八年，阮大铖举家避居南京，后来在库司坊建有俶园。俶园叠石出自张昆冈之手，计成没有参加过俶园的建造。

1982 年 2 月初稿于沈阳

同年 7–8 月改定于沈阳 – 承德 – 北京

**注释：**

① 近人每称《园冶》为骈体文，实际上是只有一些精彩章节用骈体文，其余皆为散体文，也有一些章节是骈文散起。

② 计成“历尽风尘”“中岁归吴”，42岁为吴玄造园叠山。吴玄自号率道人，计成自号否道人，“率”和“否”都是《易经》中的卦名。吴玄《率道人素草》“自叙”之末，钤有阳文“率道人”章，《园冶》《自序》之末钤有阳文“否道人”章。二章布白结体甚为相近，都是“道人”二字占左半，“率”和“否”都拉长自占右半。计成自号“否道人”，推测当在中年以后。

③ 阮大铖《咏怀堂诗集》《丙子诗·自序》：“自崇祯乙亥后，系日咏怀堂某年诗。”乙亥为崇祯八年。因知《咏怀堂诗》正集四卷、外集甲乙两部，均为崇祯八年编成，收崇祯八年以前诗。崇祯九年以后，另编为丙子诗、戊寅诗、辛巳诗等。

④ 此诗以下第五首题为《雪夜小酌用损之韵》，第六首为《岁暮柬谢明府修吉》，第八首为《癸未元夕》，因知此诗作于壬申秋，即崇祯五年秋。

⑤《楼山堂集》卷二十一。

⑥《博望山人稿》卷四。

⑦ 详拙著《清代造园叠山艺术家张然和北京的“山子张”》，载《建筑历史与理论》第2辑。

⑧ 详拙著《张南垣生卒年考》，载清华大学《建筑史论文集》第2辑。

⑨《咏怀堂诗外集》乙部。

⑩《影园瑶华集》下卷。

⑪《影园瑶华集》中卷。

⑫ 吴玄字又于，《园冶·自序》作“又予”，近世各种刊本均误，明刊原本亦误。吴玄《率道人素草·自叙》题“延陵吴玄又于甫草”。又钤有四字阳文闲章曰“玄之又玄”。“玄之又玄，众妙之门”，语出老子《道德经》，《率道人素草》书口鱼尾上刻“众妙斋”三字。吴玄字又于，名与字义有连属，“于”字用为后缀，名玄字又于，正是“玄之又玄”之谓也。康熙《常州府志》记吴玄兄弟行的名字，“吴元（玄）字又于”，“吴亮字采于”，“吴奕字世于”。三人单名皆用“亠”字头，双字都用一个“于”字。府志将吴玄书作吴元，是成书时避康熙讳所改。

⑬ 康熙七年胡志（胡崇伦修），三十二年马志（马章玉修），五十七年陆志（陆师修）。

⑭ 施闰章原诗题为《真州荣园》，共二首，载在《施愚山先生诗集》卷二十四，诗作于顺治八年。《〈园冶注释〉校勘记》所引“叠石郁嵯峨”是第一首，诗题作《荣园诗》，是县志所改。

⑮ 营造学社本《园冶》，阚铎《识语》以为扈冶堂是阮大铖的堂名，《园冶注释》则以为是计成家中的堂名，二说俱不确。按《园冶·自序》，“时汪士衡中翰延予銮江西筑”“暇草式所制，名《园牧》尔。姑孰曹元甫先生游于兹，主人偕予盘桓信宿”。序末又自题“否道人，暇于扈冶堂中题”。可见《园冶》一书并序，都是在为汪士衡建造寤园的暇时，在寤园的扈冶堂中写成的。扈冶有广大之义，《淮南子》：“储与扈冶。”注：“褒大意也。”扈冶堂为汪士衡园中的堂名，阮大铖家不闻有此堂，计成家境贫寒，挟一技而传食朱门，他家也不会有这样的大堂。

⑯《园冶注释》误为“别具灵幽”。

⑰ 喜咏轩丛书本、营造学社刊本、城建出版社刊本供误“率”为“牵”，明刊原本不误，《园冶注释》未予校出，仍误作“牵”。

⑱ 雍正《江都县志》卷十二引。

⑲ 《淮海英灵集》甲集卷三。

⑳ 《淮海英灵集》丙集卷四。

㉑ 施朝干《影园图》诗见《淮海英灵集》丁集卷四。

**作者简介：**曹汛（1935-2021），中国建筑史、园林史学家

**原载于：**《建筑师》编辑部 . 建筑师 13[M]. 北京：中国建筑工业出版社，1982.

# 中国园林的江南时代

汉宝德

如果把我国园林自南北朝到北宋的稳定发展时期称为洛阳时代，那么，自南宋到明末的五百年间，可以称为江南时代。

公元 12 世纪初，宋王朝在长期积弱之后，终于被来自北方的蛮族所征服。被迫退守到淮河以南。开始了以长江三角洲为中心的中国文明，也结束了我国逐渐衰微的贵族政治。在园林的发展上，开创了一个新纪元。

在 11 世纪以前的洛阳时代，政府统治的阶层是少数的精英分子。这些人在生活方式、思想观念上，具有相当的一致性。虽然在政治见解上有很大的歧义，在文化生活上却没有严重的分别。而下层的广大群众则视其地域有完全不同的特点、生活习俗和语言文化，与上流社会简直是两个天地。园林，一般说来，是属于上流社会的游戏。

自北宋开始，中国社会开始产生质的改变。首先是商人阶级的兴起。由于唐代大庄园的瓦解，金钱经济逐渐取代以土地为中心的经济活动，上流社会被迫与商人建立密切的关系。通过财富的累积，商人不但逐渐提高了影响力，而且成为上流社会与下层广大群众之间的中介者，使中国文化产生垂直的交流。因此中国文化的世俗化，就与人口的大量增加、工商业的发达同时迅速地进行中，发生的地点也就是当时经济活动的重心——江南地区了。

中国社会质变的另一个重要因素是宋代仕进之门的逐渐开放。宋代以前的考试制度，大多只是在上流门第的子弟中选取官员而已。到宋代，考试制度才开始实行三级制，使边远地区的人才，可以经由层层考试集中到中央。虽然高官的直接推荐仍然占有极重要的比例，民间总算有一个可以从政的管道了。

这样的仕进制度增加了商人的影响力、官吏的背景多样化，使政治权力与财富分离。官吏们有时需要商人的金钱，以便维持上流社会的生活水平。在园林的经营上，开始以中级官吏与商人为主干。在商人阶层与政府官吏的交往过程中，园林是重要的手段，因为官吏大多属于风雅的文人。

这种质变发生得最彻底而具有代表性的江南地区，实际上就是指以苏州与松江二府为中心的今天的江苏南部、太湖以北的地区。金陵与杭州已经是这一区的边缘地带了。

据历史学家研究，“江南”一词最早为国人所使用，乃泛指大江以南的意思，唐、宋两代都是如此。以江南为政治区划，要再细分才成。到明朝，所谓江南，乃指以南京为中心的江南一带，除今天苏南之外，尚包括安徽南部及浙江、江西的北部在内。由于苏南地区的性质非常特殊，民间的用语很自然地把江南的范围缩小。到了清朝，所谓江南，实际上就是指苏南了，这一地区的中心城市就是苏州。

苏南地区自唐以来在经济上就占有重要地位。到宋代，实际上是国家的粮仓。我国的首都自隋唐至明初，从长安而洛阳、而开封、而杭州与金陵，有一部分原因可以说是由苏南地区的粮食所形成的吸引力牵引过来的；隋唐以来的运河，乃指把苏南的粮食运到京城的人造渠道。

苏、松一带，在面积上可说是弹丸之地，但在经济上，是国家财税的重心。由于水利发达、土地肥沃，其生产力在农业社会中发挥到极致。元、明以来，其税粮已到达全国的百分之十三以上，其一府之地超过中原一省而有余。至于布匹更为悬殊，一府所征，常数倍于他省。

由于经济高度的开发，苏松一带固然成为政府苛捐杂税的征收地，但也很容易产生豪门与富民。在专制时代，这种经济形态必然造成贫富不均的现象，财富集中于少数官僚与地主之手。而此现象正是园林艺术发达的基础。自南宋以来，江南一带也成为我国文学与艺术的中心，“江南”一词与风雅的文人生活，几乎成为同义语。这种情形，到明朝末年发展至顶点，使江南地区成为中国后期文化的大熔炉，汇而为一种独特的、大众化的、世俗化的文明。在这里，中国文化已经没有明确的贵族与平民之分了，也没有乡俗与高贵之别了。儒、佛、道早已融为一体，理想与现实混为一谈，宗教与迷信不再划分。这样的文明最恰当的象征，就是江南的园林。

江南的园林始自六朝时期，实在有一段悠久的历史。然而早期的江南，处于文化的边陲，其园林基本上受中原之影响，并没有显著的特色。有唐一代，中原文化鼎盛，洛阳、长安之园林君临天下，江南一带并无有关园林之记录。迨唐衰，中原板荡，文物大受摧残，江南一地因南唐李氏与越王钱氏自保，得偏安之局，始有园林之经营。然至北宋时，其园林仍不见有显著之特色。

北宋神宗年间有朱长文者，在苏州经营了一座园林，名为“乐圃”，有30亩的规模。这座园子虽比不上唐代李德裕的平泉庄，但悠游之余，也很希望能为他善加保存，以便“千载后，吴人犹当指此相告曰：此朱氏故圃也”。当然，他的希望依然是落空了的。到南宋《吴兴园林记》的时代，他的“乐圃”已经不曾为人提及了。

朱长文在《乐圃记》中说，他这座园，原是“钱氏时广陵王元璙”所经营的众多园林的一部分，他只是加以扩充，以奉养老父而已。根据他的描写，这座园林实在是他生活起居甚至营生的地方，与后期的园林是大异其趣的。其中有一座三合院，是家眷所居。三合院南有堂，是读书的地方。其东有“蒙斋”，是教书的地方，他大约是以教书为生了。园子在建筑区的西面，有山池亭台之属。然而他对池亭的描写，仍止于生活情性之致，如台为琴台，亭为墨池等，并没有景物之胜。

他比较得意的还是其中的树木。他说：“木则松桧梧柏，黄杨冬青，椅桐柽柳之类。柯叶相蟠，与风飘飏。高或参天，大或合抱。或直如绳，或曲如钩。或蔓如附，或偃如傲。或参如鼎足，式并如钗股。或圆如盖，或深如幄。或如蜕虬卧，或如惊蛇走。名不可以尽记，状不可以殚书也。”他不但详细描写了树木形状的变化，而且又赞美树木抵抗恶劣气候的侵袭，其花卉之艳、果实之利。因此我们可以断言，朱长文心目中的园林乃以林木为主的。他除了“曳杖逍遥，陟高临深”之外，尚要有“种木灌园，寒耕暑耘”之劳。这样看起来，北宋年间朱长文的苏州园林，与洛阳的园林没有甚大之分别，是官员的退隐之所而已。很多地方，与洛阳司马光的独乐园有相同之处。

北宋时的文人中，苏轼是相当喜欢经营园林的，他会在汴京营南园，可惜并未见其对该园有所记述。可是他曾写了一篇《灵璧张氏园亭记》，对当时园林的价值观做了很简要而有趣的叙述。灵璧在汴水之上游，介乎汴京与江南之间，使此园的过渡性意味特别值得注意。他有一段文字说：“其外修竹森然以高，乔木蓊然以深。其中因汴之余浸以为陂池，取山之怪石以为岩阜。蒲苇莲芡有江湖之思，椅桐桧柏有山林之气，奇花美草有京洛之态，华堂夏屋有吴蜀之巧。其深可以隐，其富可以养，果蔬可以饱邻里，鱼鳖笋茹可以馈四方之贵客。”这段文字并没有描写张氏园亭中的布置或景致，只是概略地、观念地描述其大要。此园在精神上仍是北方园林，为退隐官员修身养性之所，宜居、宜养、宜游。然而这段文字中透出的有趣的消息，乃其综合性，其江湖之思，其山林之气，其京洛之态，其吴蜀之巧。我觉得这并非张氏园真正拥有的优点，而是苏轼对园林的评断标准。他的这些准则成为后世园林的圭臬。因此中国园林具有包容性的特色，更加具体化了。特别有趣的是，他指出吴、蜀之地，在园林上的特点是建筑的精巧。换言之，张氏园已经具有南方建筑的特点了。另一点值得我们注意的，是石山已逐渐取代京洛的土山，显见江南的影响已向北方延展。

下文中，将就资料所见，整理江南园林自南宋以来所发展出的特色。

**1. 园林面积有显著缩小的趋势**

唐宋以前，我国之园林面积均甚广大。盖园林为贵族庄院之一部分也。即使在京邑之中，因坊里广阔，人口稀少，园林之面积仍甚可观，前文中曾加以概述。如洛阳之“归仁园”，一坊皆园，长宽均超过一里，如今日之中央公园，即使是田园派的贫穷士人，园林的理想以陶渊明为准，亦有十亩之田、五亩之宅的规模。古代之面积，至今已不甚明确，但即使以学者们最保守的推测，每亩亦接近一百坪上下（三百多平方米）。一般的估计，汉唐以来的亩应接近两百坪（六百多平方米）。如果这样计算，十亩之园、五亩之宅是相当不错的了。北宋司马光的独乐园被认为是很“卑小，不可与他园班”的，但其面积，据司马光自己的记载，是二十亩。

南宋以后，中产阶级兴起，江南地区的园林成为新兴阶级生活方式的一部分。园林逐渐缩小为庭园，为不可避免之事。虽然习惯上仍以园林称呼之，“林”之成分是很少的。江南地区的人口密集，土地狭小。主要城市，如金陵、吴兴、杭州等人口，因宋室南渡而急剧增加。以临安为例，受地形之限制，都市人口居住问题严重，不得不向垂直发展。修建园林者虽为豪富之家，土地之取得亦必甚为困难。他们必须在有限的面积中创造园林天地，实际上是形成江南园林特色的重要限制因子。

小型的园林在文献中所见者不多，其重要原因，乃文人雅士所记述之园林，必具有一定之规模。

在南宋《吴兴园林记》中，小型之园林仍可见到。该文中所描述之园林有三十余，大多规模有限。百亩之园已经算是最豪华型，与洛阳名园不能相较。其中小园有“王氏园”，并未指出面积，但却说“规模虽小，然曲折可喜”。因规模小，故必须曲折，正是江南园林后来发展的途径。

到明代，江南对于小型园林已经能够完全掌握其特点，创造了独特的趣味。在王世贞的《游金陵诸园记》中，有多处描写可看出这一点。在小面积中经营园林，有下列几种手法：

其一为简单。使用单一主题，创造文学上的趣味。这一个方向显然受到唐末以来花间派词家的影响，使庭园逐渐成为表现情趣的手段，如王世贞所述“熙台园”就是一个很好的例子。熙台园在杏花村口，“杏花村方幅一里内，小园据其十九。里奥旷异规，小大殊趣，皆可游也”。可知这一带到处都是小园，有不少小型园子，凡“小”者必然“奥”。这座熙台园，地不甚广、风景很难描写，只能以诗为证。“杏花村外酒旗斜，墙里春深处处花；莫向碧云天外望，楼东一抹缀红霞。”[①] 看来这座园子不过是墙内老杏数株，花红如霞而已。

其二为缩小。虽然仍有山池花木之盛，亭台楼阁之美，但在比例上缩小，使它成为一种模型。缩小本来就是中国园林的观念。自古以来，宫廷园林都是模拟九州岛、四海的形式来造景的。仙山楼阁成为园林的主题，虽然大多出于想象，但自唐以来，是相当流行的，为一般文人所接受。文人以缩小尺寸的手法来建园者，最有名的例子是司马光的独乐园。《洛阳名园记》中描述独乐园说：“园卑小不可与他园班。其曰读书堂者数十椽屋，绕花亭者益小，弄水种竹轩者尤小，曰见山台者高不过寻丈。”在今天看来，并不算很小，这是与当时园林规模比较而言的。司马温公的声望使独乐园名闻天下，对于园林规模“具体而微”的手法的推行，一定发挥了相当重大的作用。

这种缩小的手法，自南宋以来，运用应该非常广泛，但也可视其规模分为两类。一般说来，我国园林一直沿用缩小尺寸的办法来解决规模太小的问题，在清代留下来的古园中，可以感觉得出来，如中国台湾板桥林家花园的假山洞及“月波水榭”都可感受到缩小型的意味。在《游金陵诸园记》中，记载一座“武氏园”，可说是小型园林的代表：“武氏园在南门小巷内。园有轩四敞，其阳为方池，平桥度之，可布十席。桥尽数丈许为台。有古树丛峰蒉竹外护。池延袤不能数十尺，水碧不受尘。”在一个小巷子里，挖一个延袤数十尺的池子，盖个亭子在水边，建桥在水上，周边种些树木。这样的环境连接着雅致的居住建筑，也颇可退隐、修行了。这武氏园右边就是“堂序翼然”的精舍。

这样缩小的园林，再小，仍然是以“可游”为尺度的。可是后代亦发展出可看不可游的园子来，这就是日本人所喜爱的砂石园一类的东西。我国曾否有类似的石园，于咫尺之内像山川平洋，未见有任何记载，但盆栽之发展，实际上为一种缩小的园景。可说是缩小法在园林艺术上应用的极致了。南宋以来的禅宗思想流行，一粒沙里见世界的观念，使园景的艺术向案头艺术发展，恐怕是汉唐古人所无法了解的。

其三为曲折。面积太小的庭园，不免“一目了然”，缺乏幽深的感觉及大自然变化之致。国人在环境趣味上，早已有“柳暗花明又一村”的悬奇式的需要。因此小型园林必须用一种手段达到深邃多变的目的。这就是小园大多曲折的原因。

要在很小的面积中有游之不尽的感兴，唯一的方法是用隔墙把园子分为若干部分，使对面不相见。这种方法运用得不好，很容易使人迷途，进入园林如同进入迷魂阵，悬奇之甚，就失掉园林艺术之特点了。在文献中，这种迷阵的方法中国园林在宋代以前就发明了。《洛阳名园记》中描述“董氏西园”有几句话：“池南有堂面高亭。堂虽不宏大，而屈曲甚邃。游者至此，往往相失。岂前世所谓迷楼者类也。”这里说的不是园子本身，而是园子中的建筑。然而在建筑上的使用与园子上是没有什么分别的。它的意义在求幽深感而已。用在园子上，就是唐人所说的“曲径通幽”。

到明代，曲折成为园林必然的手法，并没有特别强调的必要。只要看他们对园林动线的描述就知道了。《娄东园林志》中描述太仓“吴氏园”说：“吴氏园在州南稍西，太学云翀宅后读书处。地不能五亩。繇左方入，一楼当之。前为方沼，沟于楼下，裁通后池水。启西窦，出得岩岭，上下亭榭，山阴有堂。堂右层楼，（左）浸本池中，曲桥渡东汭，亭冠其阜，后植绿竹，以地限，不能有所骋目。”五亩大的小园子，上下左右，令人有如入迷阵之感。

王世贞《游金陵诸园记》中这类的记载更多了。他描述“锦衣东园”，极尽曲折，每一转折，必有一吸引人的景物，最后他说到其中的山：“……有华轩三楹，北向以承诸山。蹑石级而上，登顿委伏，纡余窈窕，上若蹑空，下若沉渊者，不知其几。亭轩以十数，皆整丽明洁，向背得所，桥梁称之。所尤惊绝者，石洞凡三转、窈冥沈深，不可窥测，虽盛画亦张两角灯，导之乃成步。罅处煌煌，仅若明星数点。……兹山周幅不过五十丈，而举足殆里许，乃知维摩丈室容千世界不妄也。”

他这座山上有飞桥、下有山洞，无不曲折惊奇。点缀的亭轩、水池，无不各如其分。据王世贞说，山洞胜过他所游过的真山洞，洞中尚有水流。然而其地不过五十丈而已。这自然是迷阵的技术有以致之的。

王世贞写金陵之“许无射园”，园虽小，亦有曲折之致。“入门曲房宛折，至迷出入，转入庙（邻近之箫庙）后，地忽宏敞。……”他的诗可以说明小园的曲折悬奇，实为后世文人所喜：“人间玉斧自仙才，隐洞深依古殿开；宛转曲房何处入，直疑瑶馆秘天台。”

### 2. 园林中，石之地位突出

在李格非的《洛阳名园记》中，介绍了十五座园林，并没有提到石之利用。这当然不表示洛阳没有奇石，事实上国人对石的爱好自汉代就开始了，只是没有成为园林艺术中的主角而已。

洛阳时代的园林，承袭着六朝以前的风格，堆土为山，显然是常规的做法。所以“十里九坂”是自汉代以来描写园林工程规模的形容词。坂为坂筑之谓，是堆土为山的做法。这时候土为山之主体，石用以点缀，这是大部分山岭的实况。所用之石，不但美观，亦为写实。所以宋代以前，“园林”之名与“山池”并用的例子很多。因园林乃指林木花草，山池乃指地形的起伏变化。挖土为池，其土即于池边堆为假山，是很自然而经济的作业方式。以石做适当的点缀，自然更有风致。

唐中叶李德裕的平泉庄后世已经有自江南运石的说法，是否可靠，是值得研究的。但其园中有怪石，大约没有问题。宋代之《贾氏谈录》与《闻见录》均有记录，甚至已为怪石命名为“礼星”“师子”等，至宋仍存。究竟这些石头是否为后人所喜欢的形状，今日已无由得知。

自唐代柳宗元等人所爱好的奇石看来，应该是具有自然美的山脚与水边的块石，或石山浮出地面的突出部分，经风化而成为千变万化的形状。然而自唐人对石之喜爱，侧重于其象形而言，已经伏下了以后一千多年的中国石艺的发展信息。至宋以后，这种品味的改变，就与日本庭园分道扬镳了。

至北宋，奇石的爱好已完全成熟。太湖湖底盛产之奇石，广为文人所写。名画家米芾，居然有醉酒时拜石的记载，为后世传为佳话。米芾为吴人，所拜之石必然是太湖石。他首次提出对石头判断的标准，为瘦、透、漏、秀等特色，强调其形之奇妙。宋代以来，中国文化趋于收敛，转向阴柔。对女性喜弱不禁风之美感，对石亦不再珍惜其朴实之量感，喜轻灵飘逸之趣。故安排园石多令直立。

石在园林之中，遂失去其与地景之关联，自“土石”中之顽石，一跃而为通灵的艺术品，与近代之雕刻相同。近人亨利·摩尔的作品，在造型与空间上与太湖石都非常相近。国人虽无艺术理论，却结山川之想象与抽象造型于一体。创造出一种融合自然与人文的艺术观。

周密在《癸辛杂识》中有一段文字最清楚地说明了“石”的艺术在园林中的发展与运用之道：“前世叠石为山，未见显著者。至宣和艮岳始兴大役，连舻辇致，不遗余力。其大峰特秀者，不特侯封，或赐金带，且为图为谱。然工人特出于吴兴，谓之山匠，或亦朱勔之遗风。盖吴兴北连洞庭，多产花石，而弁山所出，类亦奇秀，故四方之为山者，皆于此中取之。浙右假山最大者，莫如卫清叔吴中之园，一山连亘二十亩，位置四十余亭，其大可知矣。然余平生所见秀拔有趣者，皆莫如俞子清侍郎家为奇绝。盖子清胸中自有丘壑，又善画，故能出匠心之巧。峰之大小凡百余，高者至二三丈，皆不事饾饤，而犀株玉树，森列旁午，俨如群玉之圃，奇奇怪怪，不可名状。……乃于众峰之间，萦以曲涧，甃以五色小石，旁引清流，激石高下，使之有声淙淙然，下注大石潭，上荫巨竹……”

这里提出了叠石为山，需要有艺术家的修养，而其处理石“峰”之手法如何与水流相配合。实际上，以今天的艺术流派看来，当时之石园很近乎日本之枯石山水，为一种环境艺术。所不同者，俞子清之石园，石间之石子为多色，有清流注于其间，此或为日本枯石山水之前身。

自南宋以来，见于记载者，石之用有四法。均可自周密的《吴兴园林记》中看到。

第一类为以石为独立造型看待者。

石之美者，既可使文人下拜，又可使徽宗皇帝封侯赐带，可知宋人对石之崇拜。此种美石既有如此之魔力，自然被视为拱璧。当时处理美石与庭园的关系，是置于廊子围绕的院落中，当作雕刻品看待。在若干宋画中，显示此种安排方式非常普遍，通常在石下建台，台有束腰等装饰，安排在非常重要的位置，与主人之户外活动如饮茶等设备相配合。

在宋代园景画中所见者，美石有因具有山形而横卧者，但仍以直立成峰者为多。故宋代后，园林中之美石概称为“峰”，以表示其高直挺拔，《吴兴园林记》中第一园，为“南沈尚书园”，其中“堂前凿大池几十亩，中有小山，谓之蓬莱池。南竖太湖三大石，各高数丈，秀阔奇峭，有名于时”。这几块石头被人称为“石妖”，因为后来每有人想得到，必然遭祸。因要搬运，需要数百工人，且必然因此损人性命。足证当时爱石已成灾难的情形。

这三大石列于池前的象征，到了明朝就非常普遍地代表山水，进而代表宇宙。明代以后官方礼服图案，多以海中三山为下摆。此种母题可见于一切器物与织物、晚明至清初的彩瓷中。山概以直峰表示之，这意味着园林中山石的造型，对于国人宇宙影像的形成，有相当深远的影响。蓬莱仙山的传说，终于通过园林的塑造而定形，而直立的石峰就是仙山，就是宇宙的缩影。

到明代以后，此一传统更大为发扬。王世贞写《游金陵诸园记》第二园，名“西园”者，“有二古石，一曰紫烟，最高，垂三仞，色苍白，乔太宰识为平泉甲品。一曰鸡冠，宋梅挚与诸贤刻诗，当其时已赏贵之。有建康留守马光祖铭左曰‘坚秀’”。

提到宋代已有为石命名，并刻诗题字的故事，不用说明代了。庭园中的古石与后石案头与几上的石艺，基本上是没有分别的。遇有佳石，则附会为古物。

第二类为以奇石组为环境者。

如果有众多美石而组为园林，必须既能期出个别之美，又能组成整体之美。因此叠石者之匠心必须大有丘壑才成。前引周密所述俞子清之园，被认为“假山之奇甲于天下”，可知此类乃属于园林石艺中之最上乘者。

南宋时有一位宰相姓叶，号石林，乃因其园称为“石林精舍”之故。石林，显然即很多佳石所构成之景致，可惜没有详细描述的文字，景致如何不得而知。想来大抵是唐代柳宗元所描写的一类，即怪石自然罗列的情形。我国的自然界偶有这样的山水，其著者比如桂林的山水，群峰竞秀，水川流其间，形成富于变化又具有统一感的空间与造型，可以作为群峰组合的最佳范例。相信中国名山之中同类景致必甚丰富。

事实上，以怪石安排为山水的记载，在六朝之江南已经出现。南齐竟陵王子良开拓了一座元圃园，“多聚异石，妙极山水”，似乎就是以奇石组为山水之景的设计。在李昭道所绘的《明皇幸蜀图》中，群山的形象如同一组直立的怪石，这幅画的正确年代至今尚不知道，但是可以推断唐代也有将怪石作为山水景观的传统。

我国庭园用石，与绘画中的发展相当，至少自宋代开始。北宋时李成专善画美木，范宽喜画巨石，当时的木与石，均可为园林中之主角。范氏一峰居中的画法亦即开园林艺术中石峰当前的造景。迨郭熙出，画群山交结，如相呼应。郭画中，丘与壑间，有无法分辨之关系，亦即空间与实体交融不分，实为艺术中伟大之创造。

郭熙为北宋末年的画院侍诏，必然亲自享受到徽宗艮岳中的石景。他的画恐怕不尽全出于想象，也许是自园中石林造型的灵感而来。他的画风到明中叶以后，发展为怪石式的山水画，如陆治等人的作品。而其时代恰巧是江南园林得到最快速发展的时代，是不能视为一种巧合的。

第三类为以石叠为山者。

这是江南时代最普遍的一种用法，也是对园林特色最具有决定性的手法。我们说北宋以前用土为山，并不表示那时的古人不喜欢美石，而是特别指山而言，堆山为创造地形变化的必要手段。山在自然界所见，为两种材料所组成，即土与石。一般说来，山之高大巍峨者，多露石骨，予人以屹立万古的气概。山之低矮近平原者，仅偶尔见石，其体以土为主，覆以葱绿之草木。在园林艺术中造山，因其山不可能与真山之规模相比，当然以土山较为自然。汉晋以来以土为山的传统，也可以说是模拟自然的一种手法。至北宋洛阳仍然如此，故明代王世贞认为《洛阳名园记》中不记叠石，是很大的缺憾。

以石叠山，最不易得到自然之致，以园中数亩之地，仿华山千里，如何可得？这是一种园林观念的改变。以丈石象万仞，是自上林苑以来模拟自然发展至极端，缩小为模型的做法。其矫揉造作之态，即使当时人亦有所知，故明人顾璘建“息园”为记时说：“予尝曰：叠山郁树，负物性而损天趣，故绝意不为。”他只要在小小的园中“取纤径，莳芳卉美草，期四时可娱”，就很满意了。叠石为山，是“负物性而损天趣”的，顾氏可说一语道破。

在我所接触的文献中，南宋时期，虽因近太湖，对美石的欣赏渐渐成为风尚，独立奇石与群组奇石渐有记载，都未见有以奇石叠山的记录。周密之《吴兴园林记》中所记三十四座园中，提及石或假山者不过七座，只占五分之一。可见用石在当时尚不流行。而七座中有三座，包括叶氏石林在内，乃在城外，显然为利用自然石景。所剩四座，二为“湖石三峰”，二为“假山”，假山之一即前提之俞子清侍郎园，实为多峰组合之园。可见当时之“假山”不一定表示叠石为山之山。

然而元代之后的江南，几乎没有一座园子没有叠石的，蔚为风尚之后，无石不雅。造园遂成为叠石之术。

所以上文屡次提及的《游金陵诸园记》中，有三十六座园，至少有一半提及叠石。王世贞此文乃追记性质，所以对园之描述有详略之别，凡记述详实者概有石山之描写，未提及石山者，均为略记地点、特点者。因此未提及石者，只是石山并非其视觉焦点而已。到了明末，连造园家自己都感到失真，所以《园冶》的作者计成，对千方百计谋得湖石不表赞成，而李渔则认为以土代石，可以减少人工，便于种树，“混假山于真山之中”，可见当时叠石之浮滥。过分使用叠石的例子，可在今天的苏州园林中看到。

在叠石为山的一类中，与绘画之发展亦甚相关。宋代以后，山水画描写山石质感的方法——皴法，逐渐一致化。亦即画家在表现远山时的方法，与近前的石块并无二致。尤其是传以董源、巨然为主流的画派，到元四大家已确立其地位。画山如画石，整个说起来，使中国的文人更容易接受园林中叠石为山的观念。这个大传统，使中国的绘画与园林均远离自然的路线，而早现出强烈的人文色彩。

因此山水画至元代以后，实际上就是一种图面上的叠石游戏。所不同者，在绘画中，此种抽象手法呈现一种超乎自然的高贵感，而叠石为山则因过于“形而下”，不免予人以“画虎不成反类犬”之感。苏州的“狮子林”虽以大量湖石为名，但也是最有堆积之弊的，湖石并非叠山之理想材料。

在叠石法中，比较容易成功者，为较低矮之假山，尤其是水岸或与水岸相连接处。自日本庭园之石法看来，唐代以前的园林用石，可能大多与水相依，故常泉石并称，或唐人因泉叠石之谓。因水岸之模拟较易接近自然，用石亦不必过大。如使用恰当，胸有丘壑，则可逼真而成雅趣。

在明代山水画中，沈周、文徵明等之作品不乏水岸近景之作，对于后期园林或有其影响。可惜我国后期样样好奇爱巧，在这方面未经充分发展。

第四类是叠石为洞穴。

自古以来，国人造园，于山池之中，喜造岩穴。此于汉代、六朝文献中数见不鲜，说明最清楚的还是《洛阳伽蓝记》中司农张伦的园子。“重岩复岭，嵚崟相属，深溪洞壑，逦逶连接。”当时之山以土山为主，然而“深溪、洞壑”等奇景，没有石是做不出来的。

为什么国人这样喜欢洞穴呢？第一是奇，因洞壑在山水之中，有神秘感，可引人入胜，制造悬疑。第二是隐，因洞穴为可栖息之所，想象中，隐者当可居住其中。隐与仙相类，可以引发甚多想象。故后期园林之洞穴中，或置家具，可供起坐。

虽然如此，洞穴在南宋之园林中，已见洞天等字眼，似尚不普遍。到明代才真正盛行起来。这与石之泛滥的使用是有直接关系的。如苏州狮子林那样大量使用湖石。叠石为山之余，可以很容易造成岩穴。由于太湖石多孔，形状富于变化，堆栈容易，架空亦不难，可较易叠成供人穿过之拱形，制造洞穴又可以像钟乳。对于熟练的工人来说，也是很难拒绝的诱惑。

洞之用也有数种。首先，最普通者为洞门。洞门以石砌成，供客人进园时，得“别有洞天”之趣。所以古人建园，喜以洞天为名，或设洞天之景。特别是以叠石为入门之屏障时，此种情形最易形成。

其次为供游客穿越，以得曲折变化之趣的洞穴，上文中所引明金陵名园之一“锦衣东园”中的石法，即令游客生“登顿委伏，纡余窈窕，上若蹑空，下若沈渊”之感，为什么要委、要伏，就是有很多洞穴穿越，“蹑空”就是过桥，下为沟壑，走到壑间，就有深渊之感。“窈窕”，走不尽之感也。这是说明园中之石山，七上八下，出明入暗。

在同书“徐锦衣家园”中，亦有七洞。“曲洞二，蜿蜒而幽深，益东则山尽而水亭三楹出焉。”这里的文字很清楚地说明了石洞之过渡性质，用以创造空间变化，故洞要曲。山尽而见水亭，乃有豁然开朗之感，是《桃花源记》的意味的呈现。故过程必须“蜿蜒而幽深”，以加强“豁然”的效果。这种手法极易流于庸俗，近世的园林，如中国台湾板桥林家花园，所用曲洞，与“登顿委伏”的造型，都是这一传统的末流。其风格已近乎儿戏矣。

最后一种手法为石室。在明代文献中，时见“亭下有洞”的描写，或“洞壑、亭榭”并列的文字，这说明了石洞室与建筑间一般的组合关系。亭、榭为明亮的建筑，洞穴为幽暗的空间，这种明暗对照的手法或为明代早期园林中所喜用者。

在《娄东园林志》中，“东园”一项里有“累石穴，上置屋如谯楼”的记载。于“学山”一项内，居然有“屋内累湖石作岩洞”的记载。这些都说明了石室与隐逸思想的密切关联。在现有的苏州园林中，其历史可上溯至明代的狮子林、环秀山庄等，均有石穴存在，亦有类似钟乳等设计。此种手法更易流于庸俗，中国香港与新加坡之虎豹公园，乃至中国台湾近年来开发之佛光寺地穴之展示等，大多为园林岩穴之持续及堕落的结果。故堪为中国园林中最大的败笔。

### 3. 水池成为园林之重心

前文中提到，我国古代文献中，园林与山池是同义语，乃以不同之主题表现而已。园林一语，显示以花木禽兽为主，用现代的话说，乃以软体称之。山池一语，乃以地形变化为主，用现代的话说，以表示园之硬体。然而无可讳言，山池因怪石之用，清流之辟，逐渐可以具有独立的现实价值，与奇花佳木，珍禽异兽分庭抗礼。到了后代简直就取而代之了。明代以后，“园林”实在只是取其古雅，而虚有其名了。

这样的发展，自然因为文人对水石的兴趣日渐提高，亦因为花木禽兽之属，有栽培、蓄养之困难，非一般文人所可负担。松竹之类，虽无栽植之苦，却必须先其园而存在，并不是指日可得的。唐代以来虽有移木的技术，然而可以推想，绝非普通人办得到的，而花开花谢，因岁月之变迁而景致迥异；山池为静态的背景，可以供久赏也。这种情形与奇石的案上清供，其存在的意义是类似的。

然而另外一个重要因素就是规模。山池本来就是园林中的一部分，可能是园林中比较精彩的一部分。后来规模缩小，自然选择其中精彩的部分保留之。换句话说，水池在园林中地位的改变实在是园林空间组织的大变革。

水为园林之命脉是无可置疑的。所以洛阳园林在宋代的兴衰，《闻见前录》中有这样一段记载："洛城之南东午桥，距长夏门五里，……自唐以来为游观之地。……洛水一支自后载门入城，分诣诸园，复合一渠。……伊水一支正北入城，又一支东南入城，皆北行分诸园，复合一渠。由长夏门以东以北玉罗门者，皆入于漕河，所以洛中公卿庶士，园宅多有水竹花木之胜。元丰初开清汴，禁伊、洛水入城，诸园为废，花木皆枯死，故都形势遂减。四年，文潞公留守，以漕河湮塞，复引伊洛水入城，入漕河至偃师。与伊、洛汇，以通漕运。……自是由洛舟行河至京师，公私便之，洛城园圃复盛。"

但是在园林中，水之用或为种植花木，或引为清流，并不一定有池。洛阳时代用水显然是两者并重的。洛阳之园以植花木为主，故当时"园圃"并称。因用水灌园之便，引为清流，活泼园景，或为十分自然的发展。可是宋代洛阳之园中大多有池，应该是没有问题的。《洛阳名园记》中之记载，仅约三分之一提到池，这并不表示三分之二的园中无池。该文题为"名园"记，未用"园林"二字，文内提到"园"而用两字时，时用"宅园"，时用"园池"，时用"园圃"，以"园池"二字使用最多，并影响了后世的著作。可知园中有池为当时之通例，似乎是作者以为不必多说而忽略了的。

《洛阳名园记》中述及司马光的"独乐园"时，并没有提到池，但在司马光自撰之《独乐园记》中，则说明了有"沼"。沼中且有岛，可知是有池的。以此类推，可证明园池普遍相连的看法是不虚妄的。

虽然如此，池之重要性在洛阳时代显然尚不居于中心的地位。洛阳最有名的"富郑公园"中，"流"是有的，没有提到池。此虽不足以说明该园中无池，却可说明即使有池，亦不占有主要的位置，故为该文作者有意忽略。

根据文献研究的初步结论，一般说来，洛阳园林其园景为碎锦式组合。亦即一园之内，有具特色的景观多处，加以适当之拼凑，游园者乃穿过这些景观，逐个欣赏，各景之间没有明显的关系。水池成为诸景之一，与花圃之景、古木之景、苍林之景、竹丛之景是相并列的。因此早期的园林，因规模较大，并没有一个艺术上统一的手段。

在园子中做一个大水池，把各个景色统一起来，可以说是江南园林最重要的贡献，虽然亦为规模较小所必要采取的步骤。以水池做中心的艺术性，早在洛阳时代就知道了，所以李氏盛赞当时之“湖园”说：“洛人云，园圃之胜，不能相兼者六。务宏大者少幽邃，人力胜者少苍古，多水泉者难眺望，兼此六者，惟湖园而已。”该文对湖园的描写，实即中央一个大湖，一切景物环绕此水面的设计。

大体上说，在明代的文献中，对园林的描写，开始明显地看出园之空间组合，为自入园处之小景，辗转进入豁然开朗的池面之大景，然后池之四周，以不同之岸边关系，与园景相结合，或有支水深入腹地，创造不同之景观。如《游金陵诸园记》中的“徐九宅园”：“徐九宅园，厅事南向甚壮。前有台，峰石皆锦川、武康，牡丹十余种被焉。右启一门，厅事更壮而加丽。前为广庭，庭南朱栏映带，俯一池。池三隅皆奇石，中亦有峰峦。松栝桃梅之属，亭馆洞壑，萦错左右，画楼相对，而右尤崇。”文中的第一句话为宅子与园间的过渡，有厅堂，堂前有石景，陪衬着牡丹。是花鸟画中的小景布局，为园之前奏。第二句，启门即进入园中，园里也有厅堂，装饰更为富丽，这里显然是主人经常居住及待客的地方，所以前面有广庭，庭南有栏杆，而自栏杆处俯视为一水面，到这里才是园之中心。水池一面临广庭，大概是很平整的，其他三面，为了观赏，都用奇石砌成。为防一目了然之弊，中央砌了石岛，像峰峦。最后才叙述水池的两边有各种花木，又有亭馆洞壑等造景。“萦错”二字，描写其错落有致，弯曲旋回之布置。两边的造景各有画楼，隔池相对，暗示此池之规模并不是宽阔为目所不能及者。短短的几句话，相当生动地描述了整座园子的概况，如在我们的眼前。

又如同文中的“市隐园”：“入堂后一轩虽小颇整洁，庭背奇树古木称是。转而东，一轩颇敞，出门穿委巷得园。叩此扉而入茅亭，南向。左小山以竹藩之，前为大池，纵横可七八亩。右有平桥，桥尽得平屋五楹，所谓中林堂是也。池前亭台桥馆之属略具。”这座园子规模略大一些，但在空间的顺序上与“徐九宅园”相类。先有宅，宅有轩，轩庭有奇树古木，已可为园之前奏。但要入园，仍要经过一段弯曲小巷，自此门进入园中。后面很明白地表示，茅亭之前即为大池，亭台桥馆均在眼前，其错综之形貌，就不再多说了。

在同时期的《娄东园林志》中所举第一座园子为“田氏园”，也可为例。“田氏园，故镇海田千户筑。去太仓卫左，穿一巷而东百步，得隙地，累土石为丘，高寻丈余，广袤十之，太湖石数峰，亭馆桥洞毕具。大树十余章，一望美荫。池岸环垂柳木，水亦渺弥。”这段文章的描写方法，不像上引两文之以游园时序表现，所以比较不容易掌握其空间组织，似乎是移土为丘而成池，丘甚宽广，上面建了亭馆，放了太湖美石，“桥洞毕具”，好像表示地形与建筑间的变化。丘上都有大树，形成美荫。自丘向下看，缈弥的水面，四周环以垂柳。其实在空间上，与上引两园并没有根本的差异，只是观赏点的不同而已。

比较有趣的是同文中介绍的一座小型园子，名“季氏园”者，已可看出今日苏州一带园林之特色。“季氏园……枕濠水，有轩一、楼一，皆不甚宽广。中大池，若方境。中央构亭桥通之，轩四隅及右方一台，皆周艺牡丹，侧柏一株，尤奇。……”这座园子，规模很小，中为大池，其旁有轩、楼、台等，池中有亭，以桥相通。景物不多，建筑物也很少，其趣味的中心全在池上，是很典型的后期小园的构成。

### 4. 园林成为文人生活之要件

明代之后，园林为江南文人之生活环境，园林逐渐自官僚文人手中发展为商贾文人之居处，因而日渐普及。其用途则反映文人日常生活之需要，不再是生活之点缀。回顾唐宋时代高官大吏的园林，如唐之裴园、宋之独乐园，其主人居官于朝廷，何尝有多少机会享受自己的园林，主人反而不如家人使用频繁。江南园林虽亦不无类似的情形，然而文人家居园林已普遍化，使园林之内容不再为观光之所，或短期流连时发出世之想的地方。结合文人于园林之中的生活，是自宋代开始，元代成熟，明代普及的。

北宋时朱长文在苏州建“乐圃”，以圃为名即有甘为老农的意思。他在《乐圃记》中说，这座园子原是经营了奉养老父亲的。后来就是自己退休隐居之处了。对于其中的建筑，他说：“圃中有堂三楹，堂旁有庑，所以宅亲党也。堂之南又为堂三楹，命之曰邃经，所以讲论六艺也。邃经之东又有米廪，所以容岁储也。有鹤室，所以蓄鹤也。有蒙斋，所以教蒙童也。”这一段说明这个园子实际上具有家族生活的功能，连工作的场所（教蒙童）也有了。当然，既称为园，其功能并不止于此，所以后文中又提到，园中“有琴台，台之西隅有咏斋”，是他抚琴、赋诗之处。园中亦有水流，汇而为池，“池上有亭田墨池”，集百家妙迹于此，闲来可以展玩，池边又有“一亭曰笔溪，其清可以濯笔，溪旁有钓渚，其静可以垂纶”。这些都是供文人游赏的设备。

在野文人生活也有造作之处，但是其表现的方法，与官僚文人之崇尚于馆阁亭台是大有不同的。另园中大部分的土地，尚为农耕所用，所以文人感到“种木灌园，寒耕暑耘，虽三事之位，万钟之禄，不足以易吾乐也”。

由于功能上的改变，建筑的形式开始以便于日常生活的“堂”为主，其余“室”与“斋”

等都是次要的实用建筑。堂又以“三楹”为多，是与一般民居建筑无异的。

“堂”在我国古代原是殿堂、正堂之意，是建筑群中带有仪典性的主要建筑。所以它兼有居住与仪典两种意义，汉代民间的堂，自文献的描述与遗物所见，均为三间，面庭，前开敞无门窗，后有室，就反映这种双重功能。

“堂”上可为明堂，下可为士大夫之家居之堂，亦可以明志。自古以来，读书人就盛赞尧的堂“茅茨土阶”。统治者能自奉俭朴，为后人立为典范。曹操曾建茅茨堂以邀群臣的谀辞。这种建造俭朴的居住环境，以修身养性，并与风月为伍的观念，自六朝以来，就成为中国读书人的理想境界。

在这个传统中，白居易的庐山草堂是后人心目中的典范，诗书中时有所见，他的“草堂”是这样写的：“草堂三间两柱，二室四牖，广袤丰杀，一称心力。洞北户，来阴风，防徂暑也。敞南甍，纳阳日，虞祁寒也。木斲而不加丹；墙圬而不加白，碱阶用石，幂窗用纸，竹帘纻帏，率称是焉。堂中设木榻四，素屏二，漆琴一张，儒、道、佛书各两三卷……”这段文章不但清楚地说明了草堂的建筑格局，并指出冬暖夏凉的特点。可以不事雕凿，但不能不考虑居住的舒适性。这种知识分子的功能观是后世园林建筑的思想主流，到明代就被发扬光大，成为《园冶》《一家言》等著作中的精神骨干了。我在拙著《明清建筑二论》中曾加申论，在此不赘。

念书人的起居中，除了床榻之属外，就是琴棋书画。白居易的草堂有一具琴，有数卷书相伴，这足供他消磨时间了，后世的文人都以此为榜样。与白居易的草堂在文意上最接近的无过于北宋欧阳修的《非非堂记》。“予居洛之明年，既新厅事，有文纪于壁，又营其西偏作堂，户北向植丛竹，辟户于其南，纳日月之光，设一几一榻，架书数百卷，朝夕居其中。以其静也，闭目澄心，览今照古，思虑无所不至焉。”

欧阳修是做大官的人，他不会建造寒酸的草堂，但在精神上是一致的，他的堂面北，所以要在南壁上开窗，与白居易的草堂异曲同工。他的藏书要丰富得多了，读书、静坐、思考，是此堂主要的功能。

在读书明志之外，士人的堂自然也有集友的功能。唐代的裴度造园，就专门用来与白居易、刘禹锡“为文章把酒，穷画夜相欢”。这种文会的传统一直为士人所延续，视为风雅。苏辙有一篇《王氏清虚堂记》是最好的说明：“王君定国为堂于其居室之西，前有山石，环奇琬淡之观，后有竹林，阴森冰雪之植，中置图史百物，名之曰清虚。日与其游，贤士大夫相从于其间，啸歌吟咏，举酒相属，油然不知日之既夕。凡游于其堂者，萧然如入于山林高僧之居，而忘其京都尘土之乡也……”这段文字不但说明读书人在一起的活动，是建堂的主要目的之一，而且说明了这个“堂”实具备了园林的性质。堂之成为江南园林中不可缺少的要素，取馆、阁而代之，可自此看出端倪。

到了南宋，朱熹就把堂与园完全弄成一体。他在一篇《归乐堂记》中为其同僚朱彦实的“归乐堂”述其志趣，“盖四方之志倦矣，将托计是而自休焉”，然后描述说：“登斯堂而览其胜集，其林壑之美，泉石之饶，足以供徙倚；馆宇之邃，启处之适，足以宁燕休；图史之富足以娱心目；而幽人逸士往来于东阡北陌者，足以析名理而商古今……”这就是把堂的意义扩大为退休自养的园林。园中的林壑、泉石、馆宇等都是为堂而存在的，堂则因图史之富与幽人、逸士而存在。朱熹所活跃的南末时代已经把堂的观念与园林相交融，堂之成为园林之主要建筑的意义已经更加显现出来了。

堂为文人之用，除了生活起居之外，仍有纪念之意义，最通常的用途为文墨刻石之收藏，类似今日之博物馆。文人集古代字迹，珍爱之余，觉其不易保存，遂刻之于石，以垂永久，并利于拓印，此为明代以后刻石拓印本流行之故。这类刻石均建堂以储之。这种传统自宋代就开始了，所以黄庭坚有《大雅堂记》，叙述丹积杨素翁建堂以庥其所书杜甫《两川夔峡诸诗》的刻石经过。苏轼亦有《张君墨宝堂记》，这里墨宝就是因为“毗陵张君希元，家世好书，所蓄古今人遗迹至多，尽刻诸石宝而藏之……”的堂。

### 5. 江南园林的世俗化

江南在我国历史的后期，自南宋至明清，为中国文化中的主角，不论在经济上、文化上、政治上均占有最重要的地位。文学、艺术、生活必需的工艺，甚至衣食等精致文化，均粹于此。园林在此得到充分发展乃为必然。

明代中叶以后，江南一带的发展到达高潮，乃为我国文化熟极而烂的时代。隆庆、万历的数十年间，以我个人所接触的资料，实为今日我国俗文化的滥觞。以瓷器而言，万历间发展为绚丽的五彩，然而量大而粗制滥造，宜远观而不经细看，中国文化细致严整的一面渐渐消失，代之而起的是大众化的标准与趣味。以宣德的壮丽，成化的婉柔，很难想象百年之后万历沦为如此村俗的境地。

我国如今民间所流行的风水，大多为万历时定型的，其出版物亦多刻于万历。在民间的建设活动中，风水是很重要的工具，其发源甚早，然而人手一册，并予以口诀化，当盛行于万历间。

文人之生活亦自清高的理想主义者的隐逸精神，经明中叶以来江南文人以物欲为风流而发展出的才子心态所取代。文艺不再是严肃的事业，而成为文人生活中的游戏。声色之追逐，其至遁迹青楼之间，此时反而为一种清高的表现，引为美谈。富裕生活下的世纪末风，在江南显现得非常突出。即使没有清人入关，文化也要经历巨变了。

明末的文人中流行一种犬儒的生活观，也许与其政治的腐败有甚大的关联。仕进无门，朝政紊乱，而考试制度扼杀读书人的志气，使有志必的文人走放浪形骸、惊世骇俗的路线，以满足自己，是很可以了解的。今石海内外所藏淫书，有不忍卒读者，均著述于万历年间，可以作为证物。

明代江南的园林留到今天的已经没有了。今天所见的名园虽来自明代，但多经改建，建筑已为清末期物，其形貌并未完全反映明代的真相，但在精神上，大体可以揣摩，其大众化、生活化、世俗化的趋向是十分明白的。直到明代灭亡的前夕，乃出现了中国园林设计的重要著作，把几近五百年来在江南所发展出来的园林艺术予以理论化、手册化。这些著作一方面保留了江南园林艺术的精神，推广了江南园林的技法，同时也以批判的精神，提出独到的见解，成为全国性造园的典范。江南在文学与艺术上已经执全中国之牛耳了，此时在园林上，亦高居领导的地位。明清以来，以江南园林代表中国园林实不为过。

**注释：**

① 编者注：这里的“熙台园”以及下文中的“许无射园”，并非王世贞所记，不见于王世贞《弇州四部稿·续稿》中的《游金陵诸园记》（共记15座园林），而是来自清代《古今图书集成》中《游金陵诸园记》增加的部分（增加21座园林，总数增至36座），其来源是顾起元的赋诗记述，收录于周晖《续金陵琐事》，参见：周晖《金陵琐事·续金陵琐事·二续金陵琐事》（南京：南京出版社，2007），272-276。

**作者简介：**汉宝德（1934-2014），建筑学者、建筑师

**原载于：** 汉宝德 . 物象与心境：中国的园林 [M]. 台北：幼狮文化实业公司 , 1990.

# 美学的胜利：明代后期江南园林的转变

柯律格（Craig Clunas）
梁洁 译　顾凯 校

## 1. 园林文化的扩张

南京，南方国都，江南的心脏，也是“文人”理想实现最充分的地方。在这里，贵族同样统领了城市中心的社交景观，而备受赞誉的也正是贵族的园林，王世贞的名篇《游金陵诸园记》（金陵是南京的别称）[①]中一张城中园林的清单即表明了这一点。他列出15处园林，其中有10处附属于徐达（1332–1385，《明代名人传》第602–608页）后代魏国公家族成员的宅第，而徐达则是在王朝创始人起事之初即与其并肩战斗的大功臣。这些园林无一早于16世纪初。王氏所记载的另外5个园林中，两个来自皇室贵族的其他成员（住在北京的武定侯以及已衰落的齐王家族），仅有3个属于王氏自己所在的文人官员阶层。

王氏此文被南京人顾起元（1565–1628）改写，用于其1617年刊行的有关南京历史、地理、风俗的著作中。在该文之后的一篇文章《古园》中，顾氏列举了许多消失已久的游憩地和园林，其中大部分可追溯至几乎均以南京为都的南北朝。他认为，过去的南京鲜有士大夫私家园，并做出如下解释：“国初以稽古定制，约饬文武官员家不得多占隙地，妨民居住。又不得于宅内穿池养鱼，伤泄地气。故其时大家鲜有为园囿者，即弇州所记诸园，大抵皆正、嘉以来所创也。”[②]

同时期的材料均将1520年以后视作这样一个时代：从生产性地产中脱离出来的园林范畴大大扩展，参与美学园艺的人也大大增加。苏州自身的这种情况将在后文做进一步的考察，而同样的时间划分也适用于其他地区。无锡秦氏的园林，旧名“凤谷行窝”，后更名“寄畅园”，成功留存至18世纪并迎驾皇帝巡访，该园即始创于正德年间。[③] 通过对《明代名人传》的拖网式搜寻（诚然，这是一种不够科学的做法），几乎所有出现的园林均与16世纪的这场新建热潮相关。例如，据记载，吴国伦（1524–1593，《明代名人传》第1490页）在16世纪70年代被革职后，在故乡湖广的兴国修建了那里第一座以观赏为用途的园林。不是当地对园艺还一无所知，而是吴氏选择赋予园林的文化、美学含义及社交活动对于这片区域来说是新的，这极有可能是对其他地区（如苏州）已风靡行为的有意识模仿。祁彪佳所列出的其家乡浙江地区的191个园林，全部是新建园林。[④]

一部现代所编的名园“记”文集中收录了57篇散文，其中4篇是唐代（618–906）的，10篇是宋代（960–1279）的，明代（1368–1644）和清代（1644–1911）则分别有22篇和21篇。[⑤] 在所收录的明代散文中，最早的一篇是文徵明1533年所作《拙政园记》。尽管这并非一个数据充分的统计学样本，但其包含明代最后110年的文章数量，已超过整个清代267年的文章数量，这已暗示出明末对于园林的关注程度。现代中国学者已厘清真相，将为美学而建造的园林在数量上的绝对增长视作16世纪的一个现象。[⑥]

## 2. 明代后期的苏州

只要稍微仔细看看精英阶层有关明代后半部分的苏州及其园林的记载，即可发现彼时园林文化的扩张程度。苏州沧浪亭的典故流传已久，在王献臣用之以命名自己园中一景的16世纪30年代仅存其名，后来才在嘉靖年间被苏州时任郡守的胡缵宗从废墟上重建。[⑦] 地方志表明了精英阶级是如何在这种活动中接受园林文化的影响。

在行政上，苏州城是两个不同的县的一部分。长洲县占据了东半边，吴县占据了西半边及环太湖的带状地区。[⑧] 前者仅有一部写于1571年、后经修订并于1598年出版的地方志。[⑨] 这对于明代的地方志来说相对低调，也许反映了长洲县是城中相对不富裕的那一侧，志中也没有园林专卷。不过，卷十三合并了“古迹”“冢墓”“第宅”

和“园亭”，其中的第一类的确包含了一定数量的园林古迹。“园亭”目下列出了17处园林，将已消失的史迹与现存的园林混排，这与1506年的《姑苏志》中将纯粹文献中的园林排在实物园林前面的做法相比，显得缺乏系统性。[10]17处园林中的4处已完全不复存在，13处或许存在，而13这个数字，远多于1506年《姑苏志》中为更大地理范围所列的5处当时园林。在多数情况下，有关园林的介绍仅止于提名，如“醒心亭在葑门里”，而将更多的精力放在了已备受瞩目的两个园林上，即吴宽的“东庄”和王献臣的“拙政园”：“东庄，吴文定公宽之父孟融所治也。景凡二十有二。李学士东阳记。沈山人周图。拙政园在娄门内，大弘寺之西，侍御王献臣所辟，广袤二百余亩，茂树曲池，胜甲吴中。待诏文徵明记。”在这里，被认为值得记录的主要是曾经赞美过这些园林的文学与艺术上的杰出人物，而非园林的内在特征。同样值得注意的是，东庄此时已被简化为一系列的“景”。园林已经成了一种被观看之物，一处处的“景”优先于曾被李东阳在15世纪70年代描述过的、多种土地管理类别（果、蔬、稻、桑）混合的整体。

另一部苏州的地方志，刊于1642年的《吴县志》，则有着关于园林的多得多的材料，并为之专辟一卷。此卷名“园林”，在现代中国，这个词脱颖而出，成为表意“garden”的常用词，而在明代，这个词与“园亭”“园池”平分秋色。《吴县志》列出55处园林，这是1506年以来的一次大扩展，比1598年的《长洲县志》有大幅增进。其中27处是明代以前建的，剩下的28处则始建于明代，卷中以杜琼的“乐圃”开始。写作之时，几处明代前期的园林已不存。例如，已退休的大学士申时行（1535–1614，《明代名人传》第1187–1190页）的“适适圃”，被称为“西城最胜”，即是修建于乐圃的废址之上。[11]比起《长洲县志》中苍白的清单，此志中有关个体园林的记录要详细得多，多附有相关诗文。大多数情况下，园主的身份信息会和园址一同给出，在有关申时行的园林的诗句中偶尔会有对园林的导向性的评价。因而我们了解到赵宧光（1559–1625）在支硎山的寒山别业，是诗人赵氏携妻归隐处（赵妻本人也是知名作家，是文徵明好友陆师道的女儿）。这里“如仙源异境”“所置茗碗几坐皆翛然绝俗”。[12]文震亨（1585–1645）的“香草垞”也备受瞩目。文震亨，文徵明的曾孙，热衷评判品位优劣，其著作《长物志》（大约写于1615–1620）是一本为苏州精英阶级而作的消费行为指南，赵宧光即是此书的名誉编辑，[13]其中写道：“乔柯、奇石、方池、曲涧，鹤栖、鹿柴、鱼床、燕幕，以至织筠、弱草、盎峰、盆卉，无不被以嘉名、侈为盛事。”[14]“侈”一字，有着挥霍失度的负面含义。到了1642年，此词不再与生产性资源的道德评判方面相关，而成为园林写作中风靡一时的词语。

新建园林的热情逐渐高涨。这股热潮始于苏州，接着是经济发达的扬子江下游的其他城市，随后遍及全国。与此同时，精英阶层的各式各样的奢侈消费行为也逐渐增多。随后即是越来越多的针对奢侈消费的批评，称该种行为带来破坏、造成浪费，并最终对社会的正常秩序形成颠覆之势。下面两段引文将说明此种批评所针对的究竟是何种行为：“至于民间风俗，大都江南侈于江北，而江南之侈尤莫过于三吴。自昔吴俗习奢华、乐奇异，人情皆观赴焉。……盖人情自俭而趋于奢也易，自奢而返之俭也难。”[15]还有：“姑苏虽霸国之余习，山海之厚利，然其人乖巧而俗侈靡，……盖视四方之人，皆以为椎鲁可笑，而独擅巧胜之名，殊不知其巧者，乃所以为拙也。”[16]

这些对“侈”和“奢”的不满在很大程度上是一种惯用修辞，但在16世纪末，变得越发尖锐。这些词一开始是用在有钱人的园林上。如前一章所述，早在1494年，已有人认为苏州园林的兴盛是因为缺乏“迂腐”。到了世纪末，园林被视作前50年的奢侈消费的扩张、加剧而成的结果。沈德符写道：“嘉靖末年，海内宴安。士大夫富厚者，以治园亭、教歌舞之隙，间及古玩。”[17]

这些与奢侈、与消费关联的惯用语，是无法用于生产性土地的——那实质上属于道德范畴，支配着明代前期的重要园林（如东庄、拙政园），正如我此前所论述的。那么，园林是如何从表示“生产”场所，转变为指代问题重重的“消费”场所的？

### 3. 植物、石头、奢侈品

园林在物质方面有很大变化。在园林景观中，果树林渐渐变得不重要，取而代之的是没有任何经济价值的花卉，包括自东南亚进口的品种。[18]一位作家称“园圃中以树木多而且长大为胜”，并进一步给出了一张假想中的合意花品完全清单：“其最贵者曰天目松，曰栝子松，曰娑罗树，曰玉兰，曰西府海棠，曰垂丝海棠，曰楸桐，曰银杏，曰龙爪槐，曰频婆，曰木瓜，曰香橼，曰梨花，曰绣球花，曰罗汉松，曰观音松，曰绿萼梅，曰玉蝶梅，曰碧桃，曰海桐，曰凤尾蕉。今南都诸名园故多名花珍木，然备此者或罕矣。”[19]

这张清单并没有充斥着“橘”或“梅花”，却包含了特殊的稀有品种。单子里与同时代的《农政全书》重合的仅有“银杏”“木瓜”，还有常见的“松”“龙爪槐”。这表明欣赏趣味已远离经济作物。人们对帝国边境之外的稀有品种产生了兴趣，这是因为人们很容易将海外的他者认同为自然，正如18世纪的欧洲。同一位作者写到了“大红绣球花”，称之并非中国土生，而是“沈生予令晋江时”由海船从泰国运来。南京一座寺的庭院中的柰据说是内官监太监、海军统帅郑和（1371–1433）购自西洋。在有关山茶花的记载中，可以看到当时正在培育、移栽新品种：“山茶，此中二种：一单瓣，中有黄心；一宝珠，单瓣中碎小红瓣簇起如珠，故名。近又有一种白者，花亦如宝珠，色微带鹅黄，香酷烈，胜于红者远甚。”

另一个新品种即苏州的红玫瑰杜鹃，16世纪下半叶第一次出现在南京的园林中，移栽颇费周章。[20] 惠安伯张元善在北京的园林以芍药“数十万株”而闻名，在17世纪早期即使规模已经缩小很多，却仍声名显著，只因“数百株来自各地、品种各异，多得连园丁也认不全”[21]。此种异域风情在16世纪的中国园林中，起到了与在同时代欧洲园林中同样的作用，即“扩大了贵族的，或鉴赏家的园林与种植有可能产生经济收入的，或可用于社交场合的植物的园林之间的鸿沟”[22]。他们将美学上的园艺行为从依然留存的其他土地用途中区分了出来。[23]

如同稀有植物一样，石头在园林设计中的地位日益重要。[24] 在此我们需牢记单个石头（或放在地上，或放在可移动的盆景中）与叠石的区别。这二者的历史并不相同。对石头的品鉴可追溯至宋代及之前，并在如杜绾的《云林石谱》等著作中详加叙例。《云林石谱》序成于1333年，书却直至晚明才刊印。[25] 单个石头，尤其是天然通透多孔的“太湖石”，起源于苏州附近的水体，是宋代有审美修养的皇帝徽宗的爱物，他设立了声名狼藉的“花石纲”，为京城提供最好的太湖石。[26] 但是在宋代，这种石头在全中国并非都是园林设计的不可或缺之物。晚明王世贞即注意到宋代的李格非《洛阳名园记》，对石头只字未提。[27] 品石有可能源自寺院园林，在那里，石头被认为能给人以超凡脱俗的形象，令人想起西方的极乐世界。一位11世纪来到苏州的日本旅行者为报恩寺园林中的石组所震撼，[28] 而石头此后可能一直成为一种苏州的特产。苏州作家黄省曾（1490–1540，《明代名人传》第661–665页）显然也这么认为，在其著作《吴风录》中，玩赏太湖石的风尚被追溯至花石纲的承办人、恶名昭著的朱勔。在他自己的时代，“吴中富豪竞以湖石筑峙”，这些设计者作为朱勔子孙，现在住在虎丘之麓。[29] 明代苏州城内最著名的叠石之一是佛寺狮子林。狮子林始建于元代，元代大画家倪瓒曾为之作画（传说倪瓒参与了叠石的设计，事实上并没有）。到了清初期，园址已经完全被毁并覆建了住宅，后来为了迎接1762年乾隆皇帝南巡又重建。[30]因而就其现状而言，与明代的布局并不相关，佛教象征在园石接受大众品赏中具有核心作用这样一种有趣的可能，也无非是空想。《拙政园记》对石景也只字未提，文氏图册中也只有一幅简单表现了太湖石。

精美的“假山”，这种由叠石构成的景类同样曾是苏州特产，直到1550年后才开始在中国其他地方的时尚园林中成为视觉上的主导特色，并被杭州作家郎瑛（1487–约1566，《明代名人传》第791–793页）视作一种新事物。郎瑛在有关世纪中叶的写作中提到了假山，并且没有回避其弊端：“近日富贵家之叠假山，是山虽成也，自不能如真山之有生气，春夏且多蛇虺，而月夜不可乐也。”[31]

真山环绕时假山营造所显现出的人工造作，以及对比所要模仿的真山水时、富宦品位的精致园林所呈现的难以避免的低劣，这是文化保守派、福建作家谢肇淛（1567–1624，《明代名人传》第546–550页）写作的主题。说到假山，就不得不提不菲的造价，这也是郎瑛和谢肇淛所申明的。仅是一块皱而透的“大湖石”已花费高昂：“其价佳者百金，劣亦不下十数金，园池中必不可无此物。而吾闽中尤艰得之，盖阻于山岭，非海运不能致耳。昆山石类刻玉，然不过二三尺，而止案头物也。灵璧石，扣之有声，而佳者愈不可得。宋叶少林自言过灵璧得石四尺许，以八百金市之，其贵亦甚矣！今时灵璧无有高四尺者亦无有八百金之石也。”[32]

然而在苏州，一座好的假山的花费可达这个价钱的十倍。这位福建作家还制定了“好假山”的标准，文中使用的术语已要求读者是一位掌握专业鉴赏词汇的行家：“工者事事有致，景不重叠，石不反背，疏密得宜，高下合作，人工之中，不失天然，偏侧之地，又含野意，勿琐碎而可厌，勿整齐而近俗，勿夸多斗丽，勿太巧丧真，令人终岁游息而不厌，斯得之矣。大率石易得，水难得，古木大树尤难得也。”[33]谢氏在这里为晚明园林中石头的突出地位提供了另一种解释：采购便利，施工快捷。石之园转瞬可成，正合那些并非自元代就拥有园址的主人的意。

尽管现代研究者常专注于石头的宇宙学关联及其与天地本性的传统观点的联系，明代作家仍将石头与彼时的奢侈消费相勾连。谢肇淛这样写道：“王氏弇州园，石高者三丈许，至毁城门而入，然亦近于淫矣。……乃知古人创造皆极天然之致，非若今富贵家但斗钜丽已也。纨绔大贾，非无台沼之乐，而不传于世者，不足传也；拘儒俗吏，极意修饰，以自娱奉，而中多可憎者，胸无丘壑也；……”[34]

我们将会看到，这种“胸中丘壑”，即将成为纷争不断的晚明政治社交世界中牵扯园林的关键回应之一。在这种政治竞争中园林的作用已由大散文家、大诗人袁宏道（1568–1610）在一项关于苏州园林的调查《园亭纪略》中确凿地提出：“吴中园亭，旧日知名者，有钱氏南园、苏子美沧浪亭、朱长文乐圃、范成大石湖旧隐，今皆荒废。所谓崇冈清池、幽峦翠筱者，已为牧儿樵竖斩草拾砾之场矣。近日城中，唯葑门内徐参议园最盛。画壁攒青，飞流界练，水行石中，人穿洞底，巧踰生成，幻若鬼工，千溪万壑，游者几迷出入，殆与王元美小祇园争胜。祇园轩豁爽垲，一花一石，俱有林下风味，徐园微伤巧丽耳。王文恪园在阊胥两门之间，旁枕夏驾湖，水石亦美，稍有倾圮处，葺之则佳。徐冏卿园在阊门外下塘，宏丽轩举，前楼后厅，皆可醉客。石屏为周生时臣所堆，高三丈，阔可二十丈，玲珑峭削，如一幅山水横披画，了无断续痕迹，真妙手也。堂侧有土垄甚高，多古木，垄上太湖石一座，名瑞云峰，高三丈余，妍巧甲于江南，相传为朱勔所凿。才移舟中，石盘忽沉湖底，觅之不得，遂未果。行后为乌程董氏构去，载至中流，船亦覆没，董氏乃破赀募善没者取之，須臾忽得其盘，石亦浮水而出，今遂为徐氏有。范长白人为余言，此石每夜有光烛空然，则石亦神物矣哉。拙政园在齐门内，余未及观，陶周望甚称之。乔木茂林，澄川翠干，周回里许，方诸名园，为最古矣。”[36]

## 4. 幸存的农艺传统

袁氏的文章（据文章内容可追溯至1602年以前）首先没有提及任何有稻田、菜地、桑林的苏州名园。17世纪早期作家文震亨（1585–1645）明知这种景致有着无可置疑的道德依据，却仍表示宁愿其消失：“他如豆棚菜圃。山家风味。固自不恶。然必辟隙地数顷。别为一区。若于庭除种植。便非韵事。”[37] 接下来他还写道了绿色蔬菜：皆当命园丁多种。以供伊蒲。第不可以此市利。为卖菜佣耳。[38]

文震亨的曾祖、生活在一个世纪以前的文徵明，曾欣然接受王献臣的赞助，并为其园林作记、作图，而王氏也乐意引用“灌园鬻蔬”这句典故来形容自己。而到了1620年，即使是戏作菜佣对精英阶层的某些人来说都是个大问题。

为什么会这样？一种解释是，参与园林文化的、迄今最严格的精英活动的人数大大增加，以至于难辨享受自足橘林田园生活的文人和橘农。抛开伟人们园林中的变化不看，经济性园艺行为在16世纪无疑得到了延续，甚至是加剧。外国观察者如达克鲁斯（Gasper da Cruz）曾在16世纪60年代来到中国，却未曾与精英上流阶层有接触。他为中国城市中供应蔬果的种类之多、质量之好感到震撼。有关“园林”，他所见甚少，不过他记录了广东一些“普通人”的住所，“门厅后有一处庭院，里面有小树，和带有精美小喷泉的亭子”。[39]

有关园林的经济上的指涉并未一下子消失，实际上也从未完全消失过。17世纪早期，祁彪佳在浙江山阴的园林中仍有桑树，而另一处他比较少去的园林中有一片千棵以上的橘树林。[40]橘树，俗称“木奴”（因其可获利），同样出现于1631年至1633年，建于彼时拙政园一部分废址之上的归田园居中。园中还有大量桃树、梅树和梅花树。但是到了此时，园主王心一大费苦心的更多是叠石。[41]

农艺兴盛于16世纪及17世纪早期，书籍写作也针对不同社会阶层的读者群。相对底层的是“住民手册”，涵盖了针对小地主的大量内容。其中大部分内容都极具实用性，并与经济性园艺的成功实践相关。这一类书中最流行的是《便民图纂》，成化（1465-1487）、万历（1573-1620）年间在全国各地重印至少六次。这本书博采民间智慧累积而成，并没有独立的作者。如同这一类型的其他书，如《居家必用事类全集》《多能鄙事》，将家务知识（其中农务是最重要的）与旨在效仿城中富人奢侈生活的行为指南结合起来。《图纂》还包含了有关绘画和书法的基础知识，并关注了士人阶层必不可少的音乐伴侣——琴。[42]其他书提供的信息包括如何布置“书房”、如何在古铜上做绿锈、如何保养铜器收藏品。[43]但是值得注意的是，没有一本书谈及纯美学上的园艺知识（如石头）。对于这些书所指向的、相对低端的读者群而言，仅为赏乐而养植物就过于奢侈了。另一本流传广泛的书《补农书》的读者群也是如此。此书写于1639年，作者沈连川是省嘉兴的一个小地主，此书中经济的考虑牢牢地占据了先头：“尝论赋役重困，基址、坟墓，各宜思量之所出。坟旁种芊茇，便可取薪。基址宽旷，则前植榆、槐、桐、梓，后种竹木，旁治圃，中庭植果木，凡可取为祭祀、宾客、亲戚餽问之用，即省市办金钱。中庭之树，莫善于梅、枣、香橼、橙橘、茱萸之类；莫不善于桃、李、杏、柿之类，盖物之易溃，不能藏蓄，吾所不取。”[44]这正是挑剔的主流阶层作家如文震亨所极力撇开的一种态度。

## 5. 美学的胜利

在较高的社会阶层中，经济性园艺与美学园艺之间的分裂开始明显起来。晚明丛书（独立写作而统一出版的作品集）中出版或再版的书，主要关注的是技术问题。其中大量的书被《格致丛书》收录，由大藏书家胡文焕编纂，于1603年出版。[45]其中有《农桑辑要》（序作于1592年）和俞宗本的《种树书》。后者的确在技术解说前提供了一些所谓的“文化背景”。序称“种树”是“逸人隐士”的事务。在讨论花卉之前，作者将“以供祭祀宾客”视作评判标准：“花卉之可留连光景，娱情寓目，而有自将习隐，而求治生之道，则其于园池之间，凡足以自给而自怡者芟……”[46]

这本书给出了按月排布的农务表，接下来依次讲述各类植物：谷、桑、竹、树（为取木材）、花、果、蔬。图版幅面较小，图中装饰用的植物和经济性作物相混。书中特别指出“菜园中间种牡丹、芍药最茂”“凡种好花木，其旁须种葱薤之类，庶麝香触也”[47]。同样，这些可食用的蔬菜对于文震亨而言避之犹恐不及，明言必须移至远处。

美学驱逐经济的过程却并非一个单向的过程。反向的驱逐也在进行中。晚明农业最重要的论著《农政全书》，在作者徐光启（1562–1633）去世时仍未完结。[48]徐光启几乎照搬了元代王祯的《农书》中“井田”一节，在前一卷也引用了这一段。[49]但是，徐光启略去了王祯有关园艺的全部诗作，而这些诗其实是王祯《农书》卷首的主要组成部分。如果说葱薤在文人园林中难觅其所，那么诗歌在农学著作中也无立足之地。两个完全独立的话语领域，带着各自的正统的表达方式，就这样诞生了。

由于园艺的很大一部分仍保留着早先的关注，晚明的有钱人被迫更彻底地与园艺劳作划清界限，而这种劳作正是他们曾经（那时园林要罕见一些）乐意进行的，至少是在象征的层面上。对于与所捍卫的事物挨得最近的行为和商品，因而也是最容易混淆的地方，[50]区分运动进行得最为严格和迫切。正是“果园”的无处不在，使得“园林”的捍卫者如此激越。

明后期自经济性景观中的抽离运动已成为国内普遍的现象。达德斯（John Dardess）在有关泰和县的研究中指出，“16世纪后，人们对真实世界中的山水逐渐失去了兴趣。人们在山水上的狂热由实际的景色转向了优雅的、人工的景致”[51]。他叙述了人们对本地山水画家的赞助、对园艺劳作的参与，是如何被种满异域花草、尽力模仿苏州园林的造园活动所取代。对于17世纪20年代建于泰和城西郊的萧士玮“春浮园”的同时代描述，竭力申明此园并非一个生产性场所。达德斯认为，“尽管都建在泰和，这些园林与泰和并无特别的关联”，随后总结道：“在明初发现了自然的、生活的现实世界的美和价值之后，晚明、清初则决心无视、回避这个现实世界，在人工湖沼与山水园林中经营玩偶幻境，抛弃阳光下的劳动、生活和存在，选择月光下的超现实。”[52]

达德斯在这里将现实世界的“劳动、生活和存在”与明初精英的象征性园艺劳动相对立，这也许有些理想化了，但他所描绘的大致图景是有说服力的。韩德琳（Joanna Handlin Smith）对一位业主的财产解读支持了这种图景，在其社会情境中，正是园主的品位决定了园林的质量和名声。晚明的一切皆已商品化，财富成为获取曾为小撮精英所专有的属性的唯一门槛，于是精英们开始畏惧一场社会阶级与财富等级的崩坏与失序。有充足的证据表明，在这一趋势中，园林未能幸免，并正在由商人们修建或购置，而这些商人却无法说出他们与从土地而来的财富的神圣形式有什么关系。安徽休宁吴氏家族玄圃的例子即表明，稀有植栽、精美石头、道教内涵，这样一套配置可为任何一个财力充足的人所拥有。这样的内容已成为彼时有关新兴徽商的半慕半慑的故事的标准组成部分。[53]至此园林已成为商品无疑。园林的构成要素也成为可频繁易手的商品。祭酒陈瓒出身富庶，住在苏州城外的东洞庭山，在那里“造房，厅事拟于宫殿”，带有一座百亩花园（“花园”一词在晚明文献中较少见）。他们高价购得一块“主峰”，却在用木筏运送的过程中坠落太湖。于是他们又耗时一月修筑围堰，先捞上来的一块竟与后捞上来的原先坠落的那块恰为一对。这一对堪称传奇纪念碑的石头是陈家园林的骄傲，却被一位后人出售，随后又快速经手了两位买家。[54]

在这里，石头乃至整座园林都与其他形式的文化奢侈品（如绘画）并无区别，易手速度惊人。[55]在这样一种商业流动中，人们逐渐不再关注园林中有什么（因为任何人均可拥有），而更多关注如何拥有，尤其关注搜罗获取过程中的流传次序。因此，园林的大小变得不再重要，而拥有一座以卓越美学修养而偿之的小园林却是一件值得称赞的事，17 世纪也随之涌现了一批名为“半亩园”“芥子园”的园林。[56]小，也充实了苏珊·司徒特（Susan Stewart）的“文化过度”的概念。[57]将审美园林与生产性园林区别开的不仅仅是不同的作物这么简单（花卉代替果树），因为前者在很多时候也保有那些具有市场价值的植物。实际上，获取的手段才是重要的事情。这在以前也出现过，而到了明后期则变成一种更为普适、更广泛实践的策略。用司徒特鞭辟入里的话来说，即“只有‘品位’这个关于消费的阶级差异的关键词，才能清晰表达此处的差别”。[58]

## 6.“入”与“隐”

品位成为指导社会消费层面的核心机制，获取一个园林的手段也变得重要起来，因而园林的进入即成为关键所在。早期西方作家在谈及中国园林时，极力渲染园林的不可进入，园林成为主人逃离公务或家务的避居处，即实质上的反社会空间。的确，“隐”这个概念在明代园林写作中排第一位，也在园林或景点命名时用得最多。[59]而认为真正远居幽境的归隐其实并非一个负有社会责任的人真正的选择，这种观点也有着同样悠久的历史。早在北宋时期，郭熙的山水画论已接受了这种观点。[60]“择乡村为上，负郭次之，城市又次之”[61]，几近谚语，几为常识。但这并不意味着乡村是最常被选择的住所。在16世纪，精英们不再赞美生产性景观，与此标志性行为同时，地主们也渐趋放弃乡村而选择城市。明代作家使用了“市隐”一词。这个词曾出现于南宋，包含着隐居并与人交往这样一个自我矛盾的含义。在某一层面上，这无非表明此人已无官职，仅仅在追求自己的兴趣爱好。[62]这个词也可用于园名，如姚淛（字元白）在南京的“市隐园”。姚淛曾向顾璘（1467–1545）请教造园。顾璘是苏州文人，曾是文徵明社交圈中的一员，于1496年中进士，是南京著名的文化品位仲裁者。顾璘的建议是“多栽树，少建屋”。[63]市隐的观念在明代脱颖而出，又很快落入俗套。谢肇淛直接抨击了同时代以园林和园景命名的酸腐与拙劣，尤以“市隐”首当其冲，这个词风靡谢氏故乡福建还有浙江，而苏州较高层的文化圈却避之犹恐不及。[64]这个词使用了古已有之的观念（有佛教的典故），即：远离人世不在于身体，而在于心灵。4世纪的皇帝简文帝（371–372在位）曾道：“会心处不在远。”[65]“会心处”一词在明代园林写作中也被频繁引用。一篇明初文章《深翠轩记》写道：“古人有言，会心处不必在远。翳然林木，不觉鱼鸟自来亲人。……今兹轩处市中，令人有山林之想，得不美乎？”[66]

这些观念的好处在于，允许明代上流精英边吃点心边隐居，保持隐逸身份的同时，也不失住在大城市中心或附近所能享受到的文化、社交、安保上的便利。正如王世贞

16 世纪晚期所言："山居之迹于寂也，市居之迹于喧也，惟园居在季孟耳。"[67] 文震亨更是坦言绝不可能为了某处偏远景点放弃家乡苏州的便捷生活："居山水间者为上，村居次之，郊居又次之。吾侪纵不能栖岩止谷，追绮园之踪，而混迹廛市，要须门庭雅洁，室庐清靓，亭台具旷士之怀，斋阁有幽人之致。又当种佳木怪箨，陈金石图书，令居之者忘老，寓之者忘归，遊之者忘倦。蕴隆则飒然而寒，凛冽则煦然而燠。若徒侈土木，尚丹垩，真同桎梏樊槛而已。"[68]

据此，对于自我意识鲜明的晚明精英，就其园林文化中关注点的发展，也许可以得出这样一个大体上的三段式模型：始自对农艺及其所指涉的自给自足、道德高尚生活的向往，经由对多种多样奇花异草的关注，最终达成关于品位的更为圆滑的机制。这个模型无疑还很粗糙，却不失启发性，可对过去总被视为静态的现象，引入时间上的变化。

品位和炫耀一样，仅适用于社交场所，如果没有观众，都将毫无意义。卜正民（Timothy Brook）很好地论述了这一点："隐藏的物品或闲人禁止入内的花园，对晚明士绅社会重视的地位竞争没有任何价值可言。他们的消费必须是引人注目的，这种显著性总是透露出每一种社会的互动都具有公共意义。作为公共社会中的精英，士绅是公开彼此相关的。"[69]

大量明代文献清楚地表明，名园其实是普遍可以进入的，即使不是对人人开放，起码也对那些能够打点门卫的、受人尊敬的阶层开放。而那些与世隔绝的研究者只要看一眼这些文献，他们的东方幻想就会立即破灭。其实这种开放有谱可循。第一批私家园林为公元 220 年汉朝覆灭后南方贵族所创建，总的来说仅对园主的亲友开放。最早的苏州园林（明代地方志皆如此记载）为 4 世纪顾辟疆的园林，而顾氏的著名事迹就是将擅自闯入园中的大书法家王献之赶出门外。时过境迁，唐代皇家狩猎地曲江，位于都城长安之南，实际上自 8 世纪早期已是一座公园。北宋（960–1127）的皇家园林"金明池""琼林苑"，在农历二月礼仪性地向"官民"开放（还可购买池钓许可），而贵族的私家园林也在此期间对游客开放，不过开放并不仅限于节日。宋代的范仲淹决定不在洛阳造园，而把这笔钱省下来做慈善，他的解释是因为他能随便游览自己想去的所有园林。邵雍《咏洛下园》写道："洛下园池不闭门……遍入何尝问主人。"[70] 退休政治家司马光的名园"独乐园"显然对其同党开放，其实也对更大的群体开放。15 世纪晚期和 16 世纪早期的明代皇家园林并非谁都可以进，不过获取参观许可已经相对容易了。到了 16 世纪末，进园变得更容易了，观赏以活犬饲虎豹的皇家动物园之旅已成为京城士绅的游览项目之一。[71]世袭皇族的园林对游客开放，沈德符将之列在“以予所见可观者”一语之后，并称“春杪贵游”时节人人皆游惠安侯园。[72]意大利传教士利玛窦在1598年被朋友带去魏国公在南京的园林中游玩。他形容这座园林是“全城最美的一座”，赞美了园中的塔、台及“其他壮观的建筑，以及一座人造石假山，山中遍布洞、台、阶、亭、障、垂钓处及其他胜景”。他描述了园林迷宫般的特质，称周游一圈“需要两或三小时”，但他也清楚地表明他与园主事先并无交往，而园主那天也不在场。[73]导游手册中，园林赫然在列，并明言可以游访。大多数明代园林写作都产生于入园相对容易的环境中。祁彪佳在故乡山阴曾游览园林近两百处，也曾在自己园林中接待大批游客（其中并非每个人都与祁彪佳有私交）。[74]完全拒客的园林堪称罕见，其中值得一提的是华亭陆树声（1509–1606）在《适园逋客记》中所记载的一处园林。[75]陆称大多数人十天中仅有一天在他们的园林中度过，这些人与其称主不如称客。在他自己的两亩小园中，他就是真正的主人，因为他的园林从不接客。然而，陆树声与他的大多数同僚不合拍。即使是官宦文人精英的园林，偶尔大规模的游客造访仍可见于描写16世纪晚期苏州的一则文献中：“徐少浦名廷祼，苏之太仓人，后居郡城为浙江参议。家居为园于葑门内，广一二百亩，奇石曲池，华堂高楼，极为崇丽。春时游人如蚁，园工各取钱，方听入，其邻人或多为酒肆，以招游人。入园者少不检，或折花号叫，皆得罪，以故人不敢轻入。其所任用家僮，皆能致厚产，豪于乡，乡人畏之如虎。”

这则史料接着讲述了1602年徐家仆人和一家治丧归来的人群之间体面扫地的争斗，导致园林被愤怒民众洗劫，“过半”遭毁。之后：“徐氏遂以不振，今园仍在，乃托别官之名主管之以避祸。而堂阁之间，已鞠为茂草矣！”[76]在明代的最后几十年，席卷苏州的社会暴动愈加频繁，作为炫耀消费之所的富人园林，便成为众矢之的。

明代江南富人园林的可进入性有着若干含义。这使得园林变成社交竞争场所，完全卷入对地位和权力的寻求。园林是园主向广大看客宣示自己的财富与品位的途径，而远非秘不示人的隐居处。北京的太师之园即通过显著的铭文和红色的牌坊向路人彰显权势。园林扮演这样的角色，与对早期现代中国奢侈消费的相对私密特性的旧有认知相左。在最近一篇有着杰出的比较视野的论文中，彼得·伯克（Peter Burke）谈到了中国：“房子被奢华装修的部分是内部，而非立面（如意大利）。展示的受众是家人和朋友。”[77]与之相反，上述证据则可以支持这样一个观点：明代园林与同时代意大利建筑上的炫耀性花费，几乎扮演着同样的社会角色。至少，在可进入性方面，它们起到了与同时代意大利园林相同的作用，如大卫·考纷（David Coffin）对后者所做的研究。安德烈·德拉·瓦列主教的府邸园林，建于16世纪20年代，有铭文明确表示“为了市民和陌生人的欢愉”而允许进入，而乔瓦尼·庞塔诺（Giovanni Pontano）在其《社会美德书》中，公开将“显赫”的美德与愿向同侪和大众开放的园林相关联。16世纪的外国游客经常提及可以进入罗马的大型园林，自16世纪60年代起经常可以从街道的开门入内，而不必穿越府邸。[78]当代研究早期现代中国的历史学家在哈贝马斯的“公共领域”概念是否适用的问题上有争论，他们如果能考虑进这样的事实会做得更好：在狭义的唯物论意义上，那时的“公共空间”也许比在中国城市的正统叙述中所呈现的要多得多。

到了晚明，对造园的痴迷已开始为上层阶级所赞扬。这么一小拨人的园林已被完全视作奢侈消费的对象。王时敏（1592–1680）在描述他是如何通过造园毁了自己时，小心翼翼地强调了自己对商业缺乏感觉。绅士应该懂得如何花钱，而非赚钱：“又余承先世馀荫，昧于治生。目不识秤，手不操算。惟于泉石癖入膏肓。随所住处，必累石种树以寄情赏。壮岁气豪心果。一往乘兴。不顾其后。”

王时敏的《自述》，曾由吴百益全文翻译，下文又描写了在郊外同时建造的有芍药、石头和人工地形的两处园林。后来为经济所迫，其中一处在出售给佛教寺院后，立刻变回了生产性景观，园中的观赏树木被伐作薪。另一座则彻底沦为废墟，“曼胡者朝夕蹂践”（又一次暗示了即使主人不同意也可以进园）。[79]

“癖”这个词，可以译作“嗜”，但也有“迷恋”或“瘾”的意思。这个词在明代的人格理论中很重要。“瘾”即塑造个体之物，可将有品位的人与普通人区别开来。[80]1631–1635年，王心一在描述促使自己在拙政园废址上修建归田园居的动力时也使用了这个词：“余性有邱山之僻，每遇佳山水处，俯仰徘徊，辄不忍去。凝眸久之，觉心间指下，生气勃勃。因于绘事，亦稍知理会。”[81]他为这座园林所设置的背景，毫无生产性景观的含义，而是一种自然的、未经驯化的风景，即“山水”。正如我们接下来将会看到的，这个词很少不与宇宙论相关。尽管园名中暗指自给自足的乡村生活，园中布置却无任何生产性的暗指。从园中一座楼上可以看到家族稻田，而这田地却完全在围墙之外。他为园林设置的另一层背景是“山水”在画中的再现，随着园林变成完全美学化的空间，绘画成为主导造园术语的一处实践来源。这种关联未曾见于明代早些时候的文献，如文徵明的《拙政园记》。

100年后，王心一接手同一片园址时，很清楚，这块地已成为一层可被操控的表面，如同画家在纸上或绢上操控空白："地可池则池之，取土于池，积而成高，可山则山之。池之上，山之间，可屋则屋之。"作为《归田园居记》的结尾，王心一赞颂了不同类型的石头，并一直在讨论这些石头是如何与两位极具盛名的元代绘画大师的风格相仿。其中巧石似赵孟頫之法，拙石似黄公望之风。这些杰出前辈为园林设计提供了灵感："余以二家之意，位置其远近浅深，而属之善手陈似云，三年而工始竟。"

绘画，作为文化艺术品而言享有更大盛名，也许可以提供操控地貌的模范。董其昌（1555-1636）拥有多幅元代画家王蒙（1308-1385）以"桃花溪"为主题的画作，也正是这些画作促使他意欲购置有如画中所绘风景之地。[82] 董其昌还拥有传为唐代诗人王维（701-761）所作的两幅图轴《草堂》和《辋川图》，并明言希望在布置其地中用进这两幅图："幸有草堂、辋川诸粉本，……盖公之园可画，而余家之画可园。"[83]

16世纪园林小型化、如画化的另一个结果就是越来越多的小型景观的出现。这些小型景观由盆栽植物、矮树及其他大灌木组成，在英语中通常使用其日语名称"bonsai"（汉语称"盆栽"或"盆景"）。尽管有图像和文字资料表明盆栽的关键技术早在唐代即已使用，[84] 但以下仍然很可能是事实：盆景起先为苏州特有，而后作为以苏州为重要发源地的园林文化扩张浪潮中的一部分，在16世纪风靡全国。1506年苏州地方志的作者好像感到有必要对"盆景"一词作出解释，就像这是个生词："虎丘人善于盆中植奇花异卉、盘松古梅，置之几案，清雅可爱，谓之盆景。"[85]

黄省曾1540年之前的一篇文章写道，在苏州，"虽闾阎下户，亦饰小小盆岛为玩"。[86]16世纪中叶的作家如田汝成，其《西湖游览志余》中一篇1547年的序中已被灌输了这样的观念，即正是绘画的审美为矮树提供了鉴赏体系："至于盘结松柏海桐之属，多仿画意。斜科而偃蹇者为马远法；挺干而扶疏者为郭熙法，他如鸾鹤亭塔之形，种种清妙，可为庭除清赏也。"[87]

到了16世纪末，南京作家顾起元继续强调"画意"的重要性，并且证以苏州仍是最优秀的艺术家的摇篮："几案所供盆景，旧惟虎刺一二品而已。近来花园子自吴中运至，品目益多，虎刺[88]外有天目松、璎珞松、海棠、碧桃、黄杨、石竹、潇湘竹、水冬青、水仙、小芭蕉、枸杞、银杏、梅华之属，务取其根干老而枝叶有画意者，更以古瓷盆、佳石安置之，其价高者一盆可数千钱。"[89]

园林在晚明的道德书中被纳入过度消费一条，与其他应避免的罪过列在一起，这清楚地表明了园林已是纯粹的奢侈品。这些书中最有影响力、流传最广的就是1634年刘宗周的《人谱》，书中将“流连花石”作为需警惕的不当行为之一，列在好闲、博弈、好古玩等之间。[90]有关园林的警示讲述了几则过去的著名文人拒绝耗巨资修建园林的轶事。

韩德琳在最近一篇文章中主要关注了这样的事情：园林兴建在晚明已成为炫耀性消费活动，同时代人如刘宗周对此加以明确批评。一位16世纪初的园林兴建者将园林兴建工程作为饥荒时为难民提供衣食的一种赈灾手段，以此规避上述谴责。[91]祁彪佳是韩德琳的研究对象，他对这种责难作出如下辩护：园林是精英集结、展开社交的场所，而非通过炫富争夺名望的工具。正如韩德琳所言，祁彪佳的辩护相当有力，因为祁与刘为同年进士，二人的关系一直相当好。[92]可进入性是辩护中的关键部分，因为只有园主的文人朋友们的进入（以及他们为园所作的记、诗、画作），只有让这消费产物被大家分享，才能把财富变“清”。在此，“进入”的行为塑造了美学意义上的园林，并将之与经济意义上的园艺区分开来，因为“入园”恰为园艺性财产所斥。“进入”强化了所有权，同时又在自然的美学话语中将此淹没和掩盖。“园林”是一种让财富看起来自然的手段。矛盾在于，园主在冒着这样的风险开放园林：园主有可能会被认为是在炫耀斥巨资修建这么一座纯粹用来欣赏的园林而招致嫉恨；入园者也许会“折花、号叫”；最大的风险在于，这么一座园林很容易被认作财富聚集的象征，从而在社会动荡时期更容易遭洗劫、摧毁。这个矛盾完全没有解决方案。晚明园林不是一套意义的集合，而是一处意义争夺的战场：既可被解读为纯粹的美学空间，又可被解读为卓越的奢侈品、财富的聚集地。在这个层面上，“奢侈”这个概念本身也处在相似的、被争夺的境地：作为特定社会条件的历史产物，只要这种社会条件不断延续，这个概念就无法拥有明晰的、稳定的含义。奢侈品不是一种物品，而是一种交易。在明代，它与市场观念密不可分，或者更确切地说，与商品的观念密不可分，这一观念可独立于社会交互作用等观念而存在。当一幅明代绘画“挣脱”了它创作时所服务的社会关系情境时，它就变成了一件奢侈品。绘画消费的泛滥失度即与这种自由独立的商品状态相关。在儒家的社会理论中，没有任何财产，尤其是土地财产，可以独立于社会范畴和伦理话语而存在。[93]16世纪的情况与此相反，名园，正如它们经常被类比的绘画，几乎每十年就彻底易手一次。土地所有权曾被认为是非常稳定的，而如今它的不稳定性，以一种尤为令人不安的程度体现于园林这样一个杰出的人造物、一个“土地”成为“奢侈品”的矛盾体。

（节选自《丰饶之地：明代的园林文化》[Craig Clunas. Fruitful Sites: Garden Culture in Ming Dynasty China (London: Reaktion Books Ltd., 1996): 64–103]，标题为编者所加）

**注释：**

① 陈植、张公驰编《中国历代名园记选注》，合肥：安徽科学技术出版社，1983，第157–73页。

② 顾起元《客座赘语》，元明史料笔记丛刊，北京：中华书局，1987，第161–162页。

③ 高晋，南巡盛典，序于1771年，120卷本，卷98，p16a–18a；童寯《江南园林志（第二版）》，北京：中国建筑工业出版社，1984，第24页。

④ Joanna F. Handlin Smith（韩德琳），“Gardens in Ch’I Piao–chia’s Social World: Wealth and Values in Late Ming Kiangnan”, *Journal of Asian Studies, LI*(1992)：55–81(68).

⑤ 陈植、张公驰，同前记。

⑥ 金学智《中国园林美学》，南京：江苏文艺出版社，1990，第32页。

⑦ 高晋，卷99，第4页a–第5页b。

⑧ 详细的地图见于Michael Marme，“Population and Possibility in Ming (1368–1644) Suzhou: A Quantified Model”, *Ming Studies, XII* (1981)：30–31。

⑨ 皇甫汸编，《万历长洲县志》卷十四，序于1571年，刊行于1598年。

⑩ 《万历长洲县志》卷十三，第13页a–第16页b。（县志的语言中现在时和过去时难辨；“X园在Y门外”和“X园曾经在Y门外”没有特定的语法表述）

⑪ 崇祯《吴县志》卷二十三，第35页b。

⑫ 同上书，第34页b–第35页a。

⑬ Craig Clunas, *Superfluous Things: Material Culture and Social Status in Early Modern China* (Cambridge, 1991), pp20–25，176.

⑭ 崇祯《吴县志》卷二十三，第50页b–第52页a。

⑮ 张翰：《松窗梦语》卷四《百工语》，柯律格《长物》中引用，第145页。

⑯ 谢肇淛：《五杂组》卷三《地部一》，收入《国学珍本文库（第一集）》第十三册卷二，上海中央书店，1935，第201页。

⑰ 沈德符《万历野获编》卷二十六《好事家》，第 654 页。

⑱ 曾有文章试图描述这个变化，汪菊渊：《苏州明清宅园风格的分析》，《园艺学报》，第 2 期，1963，第 177-194 页。

⑲ 顾起元《客座赘语》“花木”，第 17 页。

⑳ 同上。

㉑ Handlin，pp69.

㉒ Claudia Lazzaro, *The Italian Renaissance Garden: From the Conventions of Painting, Design and Ornament to the Grand Gardens of Sixteenth - century Central Italy (New Haven and London,* 1990), p28.

㉓ “花卉文化”在此之前已经在中国成型，对珍稀品种的喜爱也早在宋代就已经出现。Jack Goody, *The Culture of Flowers* (Cambridge, 1993), pp347-386. Needham, VI. I, pp.409-412 表明 1200~1600 年间的植物文献中记载了很少的新品种，所以明代植物的增多也许仅仅是已有种类传播的结果。

㉔ John Hay, *Kernels of Energy, Bones of Earth: The Rock in Chinese Art* (New York 1985), John Hay, “Structure and Aesthetic Criteria in Chinese Rock and Art”, *Res, XIII* (1987), pp.6-12 中做了补充。

㉕ Edward H. Schafer, *Tu Wan's Stone Catalogue of Cloudy Forest* (Berkeley and Los Angeles, 1961), pp. 5-6. Schafer 认为六朝的石组被唐代的单个石头所取代，他将石头的鉴赏追溯到 9 世纪。

㉖ James M. Hargett, “Huizong's Magic Marchmount: The Genyue Pleasure Park of Kaifeng,” *Monumenta Serica*, XXXVIII (1989-90), pp. I-48 (5).

㉗ 童寯：《江南园林志（第二版）》，中国建筑工业出版社，1984，第 9 页。

㉘ Mote, F. W., “A Millenium of Chinese Urban History: Form, Time and Space Concepts in Soochow, ” *Rice University Studies*, ux/4(1973), p.49.

㉙ 黄省曾，吴风录，一卷本，学海类编，涵芬楼再印本，上海，1920，第 3 页 b。

㉚ 钱泳《履园丛话》（清代史料笔记丛刊本），二卷本，北京，1979，第 522-523 页。

㉛ 郎瑛：《七修类稿》卷二《天地类》“假山精致”，世界书局本，二卷本（台北 1984），卷二，p.48。

㉜ 谢肇淛：《五杂组》卷三《地部一》，第 103 页。

㉝ 同上书，第 103- 116 页。

㉞ 同上书，第 116 页。

㉟ 朱勔为宋徽宗搜罗花石，详见 Edward S. Schafer, *Stone Catalogue*，第 8 页。

㊱ 袁宏道：“袁中郎游记”，袁宏道，袁中郎全集，广智书局本（香港），第 10-11 页。

㊲ 文震亨：《长物志校注》，陈植、杨超伯注、编，江苏科学出版社，1984，第 41 页。

㊳ 同上书，第 391 页。

㊴ C. R. Boxer, *South China in the Sixteenth-Century*, The Hakluyr Society, 2nd series, vol. 106 (London, 1953) pp.132-3 及 99，Da Cruz 的“小喷泉”想必是水池，因为那时还没有用上水泵。

㊵ Handlin Smith, pp.58, 60, 69.

㊶ 陈植、张公驰，第 228-33 页。

㊷ 便民图纂，中国古代科技图录丛编初集 2，中华书局 1593 年复制本，四册本（北京 1959），卷十五，“制造类”。

㊸ Clunas, *Superfluous Things*, pp.37-8, 114.

㊹ 陈恒力编著，王达参校，补农书研究，中华书局，1958 年 04 月第 1 版，第 268 页。

㊺ 收列于《中国丛书总录》（校订本），三卷本（上海 1982），I，pp.48-50。

㊻ 俞宗本编，种树书引，种树书，一卷本，收于胡文焕编《格致丛书》，函 19，册 103，无页码的前言。

㊼ 同上书，pp.12a, 13b。

㊽ Francesca Bray, *Science and Civilisation in China: Volme 6, Biology and Biological Technology. Part II: Agriculture* (Cambridge, 1984), pp.65-70.

㊾ 徐光启，农政全书校注，石声汉校注，西北农学院古农学研究室编，三卷（上海，1983）p.114。

㊿ Pierre Bourdieu, *Distinction: A Social Critique of the Judgement of Taste, trans*. Richard Nice (London 1984), passim.

51 John W. Dardess, “Settlement, Land Use, Labor and Estheticism in T’ai-ho County, Kiandsi”, *Harvard Journal of Asiantic Studies*, II, (1990): p. 296.

52 Dardess, pp. 363-366.

53 汪道昆（1525-1593），太函集，引自张海鹏、王廷元主编《明清徽商资料选编》（合肥 1985），第 359-360 页。

54 潘永因，续书堂明稗类钞（1662 年辑），卷十，转引自谢国桢，III，第 353 页。

55 Clunas, *Superfluous Things*, pp.138-9，两个例子。

56 Handlin Smith, 第 69 页称：“美学价值上的共识掩盖了园林面积暗示的财富区分，并为当地精英的社交团结提供了基础。”有关“半亩园”详见 J. L. van Hecken, CICM and W. A. Grootaers, CICM, ‘The Half Acre Garden, Pan-mou Yuan’, Monumenta Serica, XVIII (1956), pp.360-87.

57 Susan Stwart, *On Longing: Narratives of the Miniature*, the Gigantic, the Souvenir, the Collection (Durham, NC, and London, 1993), p.70.

58 Stwart, p.35.

59 关于“reclusion（隐）”的概念，参见 Alan J. Berkowitz, The Moral Hero: A Pattern of Reclusion in Traditional China, Monumenta Serica, XL (1992), pp.I-32, 以及 Reclusion in Traditional China: A Selected List of References, Monumenta Serica, XL (1992), pp.33-46.

60 James Cahill, Three Alternative Histories of Chinese Painting (Lawrence, KS, 1988), p.63.

61 Chutsing Li and James C. Y. Watt, eds, The Chinese Scholar’s Studio: Artistic Life in the Late Ming Period (New York, 1987), p.33, 引用了元代作家孔克齐。

62 Mori Masao, 'The Gentry in the Ming- An Outline of the Relations Between the Shih-ta-fu and Local Society', Acta Asiatica, xxxvm (1980), p.36.

63 童寯，第 43 页 .

(64) 谢肇淛，I，第 118 页。也见于 Cahill, *Three Alternative Histories*, pp.26–27。

(65) 童寯引用，第 44 页。

(66) 俞贞木，深翠轩记，转引自刘九庵，吴门画家之别号图及鉴别举例，故宫博物院院刊 1990 年第三期，第 54–61 页。

(67) 转引自童寯，这段话出自王世贞给陈继儒的信中。

(68) 文震亨，第 18 页。

(69) Timothy Brook, *Praying for Power: Buddhism and the Formation of Gentry Society in Late-Ming China,* (Cambridge and London, 1993), p.28. 译文引自（加）卜正民著，张华译，为权力祈祷：佛教与晚明中国士绅社会的形成，江苏人民出版社，2008.04.01。

(70) 金学智，中国园林美学（南京 1990），pp.40–45。有关宋代皇家园林，亦参见 Stephen H. West, *Cilia, Scale and Bristle: The Consumption of Fish and Shellfish in the Eastern Capital of the Northern Song*, HJAS, XLVII (1990), pp.608–609。这里范仲淹的故事引用自 Handlin Smith, p.76；邵雍的诗引用自童寯，第 46 页。

(71) 沈德符，第 606 页。

(72) Craig Clunas, *Ideal and Reality in the Ming Garden*, in The Authentic Garden, L. Tion Site 与 E. de Jong 编 (Leiden, 1991), pp.197–205.

(73) Pasquale M. D' Elia, SJ 编 , Fonti Ricciane…, 3 vols (Rome, 1942) II, p.64。

(74) Handlin Smith, p.65.

(75) 文字见于杜联喆，明人自传文钞（中国台北 1977），pp.256–7。

(76) 沈瓒，近事丛残，引用自谢国桢，III，第 345–346 页。沈瓒（1558–1612，1586 年进士）是吴江人。

(77) Peter Burke, *Res et verba: Conspicuous Consumption in the Early Modern World*, in J. Brewer and R. Porter, eds, Consumption and the World of Goods (London 1993), pp.148–61 (152)。在 Clunas, *Superfluous Things*, 第 159 页中，我修正了这个立场，却低估了园林的可进入性及其在公共展示中的重要性。

(78) David R. Coffin, *The "Lex Hortorum" and Access to Gardens of Latium During the Renaissance*, Journal of Garden History, II (1982), pp.210–32.

(79) 王时敏《自传》，由吴百益翻译成英文，Pei-yi Wu, *The Confucian' s Progress: Autographical Writings in Traditional China* (Princeton, 1990), p.260。

(80) 详见 Judith Zeitlin 的优美论文，*The Petrified Heart: Obsession in Chinese Literature, Art and Medicine*, Late Imperial China, XII (1991), pp.1–26。

(81) 王心一，归田园居记，引自陈植、张公驰，第 288 页。

(82) 王耀庭，《桃花源与花豁渔隐》，收在国立故宫博物院编辑委员会编，《中华民国建国八十年中国艺术文物讨论会论文集 / 书画（上）》，中国台北：国立故宫博物院，1992，第 279–305 页。引用了董其昌好友陈继儒的《妮古录》。

(83) 童寯，第 45 页，引用董其昌《兔柴记》。

(84) Rolf A. Stein, *The World in Miniature: Container Gardens and Dwellings in Far Eastern Religious Thought*, Phillis Brooks 翻译，Edward H. Schafer 新序（Stanford 1990），p.25–42。我对这本权威著作的总体指向的质疑写在书评中，见于 *Journal of Economic and Social History of the Orient, XXXV (1993)*, pp.370–372。

(85) 这段《种树书》的引文来自顾禄《清嘉录》（刊于1830年），卷六，引自谢国桢，I，73页。

(86) 黄省曾，3b。

(87) 引自谢国桢，I，p.70。

(88) 虎刺，Damnacanthus indicus，亚洲本土生常绿灌木，叶有光泽，花四瓣，果期长且果实鲜红，约1.5m高。Thomas H. Everett, The New York Botanical Garden Illustrated Encyclopaedia of Horticulture, 10 vols (New York and London, 1981), III, p.1008。现代矮种见于《盆景艺术展览选编》（北京1979），p.102，105。

(89) 顾起元，第17–18页。

(90) 刘宗周，（增订）人谱类记（上海1935），p.113–115。参见 Cynthia J. Brokaw, *The Ledgers of Merit and Demerit: Social Change and Moral Order in Late Imperial China* (Princeton, 1991), p.134。

(91) Handlin Smith, p.75.

(92) 同(90)。

(93) Shuzo Shiga, *Family Property and the Law of Inheritance in Traditional China*, in *Chinese Family Law and Social Change in Historical and Comparative Perspective*, David C. Buxbaum 编 (Seattle and London, 1978), pp.109–50.

**【译者注】**

[1] 《沈氏农书》为崇祯末年连川人沈某所做，《补农书》为张履祥于1658年完成。

[2] 王心一的《归园田居记》中未提及此园址是否为拙政园废地，对此问题当代研究者中有不同看法。

**作者简介：**柯律格（Craig Clunas），英国牛津大学艺术史系讲座教授

**原载于：**Clunas, Craig. *Fruitful Sites: Garden Culture in Ming Dynasty China. London: Reaktion Books Ltd.,* 1996

# 中国私家园林的流变

陈薇

## 1. 引言

我曾经读过一本书，曰《美是一种人生境界》，读后感触良多。该书作者从人生的经历出发，引发了关于审美理论困惑与澄清的若干探讨。其可贵之处，一是对皮肉上熬出来的信仰的追求；二是背离了传统美学的思路，独辟蹊径地将现实人生作为美学主要研究对象的大胆。

实际上，古往今来，个性的感觉中总蕴含着一些共性的东西，这就是我们现在读千古文章仍有人生感悟的原因。或许正是在这个层面上，中国古代私家园林，于今仍受青睐。即私家园林是以人生追求为出发点的，恰为可贵。

对于中国古代私家园林，论著尤丰，认识则见仁见智。如涉及最多的“意境美”问题，其思想底蕴就有儒、道、佛各说法。一说儒家之中庸、平和，对园林讲究含蓄影响最深；二说道家以自然为本，实为园林追崇自然之趣的肇始；三说佛家注重空灵，是园林的最高境界；也有综合一二而舍弃三者，等等等等，不一而足。然反观园林遗存和文献，私家园林之根本还是和园主人自身关系最密切。适时适地适处，成就了他们的人生追求。园林无疑为最真切的表现。

诚然，个人不能脱离背景，这就是我们讲的时代性、地域性和一个阶层的大环境对个人的影响和作用，但私家园林之独特，还在于因时因地因材和因人。也正因为此，我们才能看到留存下来的纷彩的私家园林。

考证“私家”出处，几乎均与“皇家”相对，又有与“公家”相别之说，几已成约定俗成。从中国封建晚期的情形看，私家园林和皇家园林风格迥异，各成特征。已无非议。因此在人们的认识中，似乎私家园林总是内向的、亲切的、精致的、小巧的，其实不然，它的跌宕起伏，多维变化，经历了丰富的发展过程。

《礼记·礼运》：“冕、弁、兵革，藏于私家，非礼也。”孔颖达疏：“私家，大夫以下称家。冕，是衮冕；弁，是皮弁；冕弁是朝廷之尊服，兵革是国家防卫之器，而大夫私家藏之。故云非礼也。”私家，即古代大夫以下之家[①]。

中国古代统治阶级，在国君之下有卿、大夫、士三级。大夫以下，主要是指大夫和士这个阶层了。关于大夫，在各朝代屡有变化，秦汉以后，中央要职有御史大夫，备顾问者有谏大夫、中大夫、光禄大夫等。隋唐以后，大夫为高级阶官称号。关于士，商、周、春秋时，为最低级的贵族阶层。春秋时，士多为卿大夫的家臣，有的有食田，有的以俸禄为生，所谓《国语·晋语四》云：“大夫食邑，士食田。”[②]春秋末年以后，士逐渐成为统治阶级中知识分子的通称了。与此同时，还有盖将“大夫”和“士”合并为“士大夫”一说，是智力优异的知识分子，泛指官僚阶层。《考工记》：“作而行之，谓之士大夫。”郑玄注：“亲受其职，居其官也。”当时，儒教是最能代表这个阶层世界观的思想，所谓以“道”自任。汉时，《史记》《汉书》中均常见“士大夫”的字样，不过《史记》中的士大夫，主要指武人而言，而孔子、萧何、曹参、梁孝王等俱列为世家，管子、老子则入列传。唯《汉书》系东汉人手笔，班固著史时，其所用名词，可能已渗入当时社会所流行的意义，至少在东汉，所谓士大夫可以在概念上将皇戚、士族、大姓、官僚、缙绅、豪右、强宗等不同的社会称号统一起来。

我们要谈的私家园林，该是从这个阶层的园林说起。这个阶层的人，有地位、有文化，他们的思想意趣，随朝代更替、社会变化、经济盛衰、风尚流行等，反应最敏感；他们的地位升迁也最模糊，进可接近皇室，退则成为士民。这种特有的边缘人层次，决定了中国古代私家园林自开始就是独特的，且在后来的发展中呈现出丰富多彩的画面。

2. 第一阶段：从分享自然到铺陈自然（先秦 – 汉）

在我们了解早期私家园林之前，园圃不得不提。西周时期，随着农业生产的进步，园圃业有了较大发展。《周礼・天官・大宰》曰："园圃毓草木"，郑玄注："木曰果，草曰瓜"，泛指树木与蔬菜两大类。金文中园字作"[illegible]"（甲骨文中尚未出现园字），是其象形表现。《诗经・郑风・将仲子》有"无踰我园"之句，郑注曰："树果蓏曰圃，园其樊也"，可谓佐证。然而，何等人享有园圃呢？《礼记》王制曰："上农夫食九人""诸侯之下士视上农夫，禄足以代其耕也"。可以看出，士不田作，但享有土地，必然相应拥有农田、园圃。《诗经》中有不少关于园圃的描写[③]，这些园圃一般靠近住宅，不仅可提供生活资料，成为生活空间的一部分，而且有了观赏价值。

至春秋战国时，王公贵族的宅第普遍园圃化。卫国的孔圉有宅在园圃中[④]，鲁国的季武子、季文子都有园圃[⑤]。园圃改善了居住环境，同时也是主人日常宴饮游玩的主要场所。可以说，园圃是私家园林最初之状态，与之相呼应的是庭园中自然植物占有相当的比重。"合百草兮实庭，建芳馨兮庑门"[⑥]，显然是指在庭院中栽种花草。《楚辞・九歌・少司命》曰："秋兰兮麋芜，罗生兮堂下。绿叶兮素枝，芳菲兮袭予。"为文献之证。

传说战国时代庄周居处的漆园，恐怕是有案可稽的最早的私家园林了。庄周为河南归德城东北的人，楚威王听说庄周贤能，意欲请他为相，他不应此任，退居而著《庄子》。漆园在归德城东北的小蒙城内，传说他居于该地时梦见蝴蝶变化，遂著庄子思想。考察战国诸子百家，各有所长，如墨子、韩非、苏秦、张仪等都出于这一时代。但此时这一阶层的人已是"游士"，不如春秋时代礼乐传统最成熟阶段时"士"都是有职之人，在现实中，游士承受巨大的生活压力，才智虽优而财力缺乏。故估计漆园只是园圃性质，仅分享自然情趣而已。

秦汉之际，一方面，由于秦时驱逐游士带来士人数量减少，另一方面，汉高祖又复"慢而侮人"（王陵语），甚至解儒生冠而溲溺其中[⑦]，从而士人地位尘下，于政权之建立鲜能为力。在这种情形下，一般私家园林只配园圃扩大以娱情，如河南淮阳于庄西汉前期墓中出土的一座大型陶宅邸，住宅的右侧为一庭园，其中有园圃池塘，田地划分整齐，便是此种情形。又如汉宣帝时期的辞赋家王褒撰有《僮约》，其中描述了蜀郡王子渊的后宅园，园中"种植桃李，梨柿柘桑。三丈一树，八尺为行。果类相从，纵横相当。……后园纵养，雁鹜百余，……长育豚驹”[⑧]，亦如此，同时可看出汉时私家园林中，除植物外又有动物作为赏物。

西汉中期以后，工商巨富垄断经济，“贵人之家，……宫室溢于制度，并兼列宅，隔绝闾巷，阁道错连足以游观，凿池曲道足以骋鹜，临渊钓鱼，放犬走兔……”“积土成山，列树成林”[⑨]，私家园林已很铺张。甚至有豪富袁广汉园，斗胆仿皇家园林而建，不过最后袁招致被杀。据载，“茂陵富民袁广汉，藏镪钜万，家僮八九百人。于北（邙）山下筑园，东西四里，南北五里”[⑩]。《西京杂记》描述说：“激流水注其内。构石为山，高十余丈，连延数里。养白鹦鹉、紫鸳鸯、牦牛、清兕、奇兽怪禽，委积其间。积沙为洲屿，激水为波涛，其中致江鸥海鹤，孕雏产鷇，延漫林池。奇树异草，靡不其植。屋皆徘徊连属，重阁修廊，行之，移晷不能遍也。”[⑪]袁获罪被诛后，园被没入官，鸟兽草木移入上林苑。对于私家园林这种铺张之行和无以复加，汉成帝曾“幸商第，见穿城引水，愈恨，内衔之未言。后微行出，过曲阳侯第，又见园中土山渐台，似类白虎殿，于是上怒”[⑫]，并于永始四年（公元前 13 年）诏禁。在风格上，此时私家园林置景粗放，主要为种植广博，动物活鲜，山水配合建筑构成图景。

东汉时，基本延续此情形，植物和动物在一般私家园林中仍然是主要观赏内容，这在出土的画像砖上有清晰表现。如山东微山两城镇出土的水榭人物画像砖上，用浅浮雕刻出的四阿水榭下的水中有鱼、鳖、水鸟，水榭上两人端坐观赏，一人凭栏垂钓[⑬]；又如 1956 年江苏铜山苗山出土的宴享画像砖，刻有这样图景：画分两格——下一格为庖厨为主人准备美肴，上一格建筑内有三人抚琴行乐，右院内有树木假山，左上方有飞鸟喙衔[⑭]。而于主人地位甚高的园林而言，假山、树木、动物均规模胜其一筹。东汉有一个有争议的园林，这就是梁冀园。所谓“有争议”，即该园似乎介于私家园林和皇家园林之间，难以区分。梁冀原本是一皇戚，其妹为皇后，但在顺帝死后，他竟立冲、质、植三帝，专断朝政近 20 年，骄奢粗暴，终被迫自尽。他生前所建的园林，“采土筑山，十里九坂。以象二崤，深林绝涧，有若自然，奇禽驯兽，飞走其间”[⑮]。园林已由分享自然转向铺陈自然，进而对自然进行模拟和缩景，为私家园林对自然景物的发轫阶段。这个过程与皇家园林在最初的发展情形一致。

但至此，应该看到，私家园林中所体现的对自然的认识还是感性的、肤浅的，正如晋人裴秀《禹贡地图序》曰：“汉时《舆地》及《括地》诸杂图，……各不设分率。又不考正准望，亦不备载名山大川。虽有粗形，皆不精审，不可依据……”分享自然也好，把对物占有作为目标进行铺陈也罢，同于汉画山林，纯属大概，无细部可观，更不晓知微见著，人们主要关注的是对自然客体的占有和“形”的体认。

### 3. 第二阶段：从顺应自然到表现自然（魏晋－唐）

在论及汉以后的魏晋时期私家园林时，有必要探讨一下汉末至魏晋士大夫阶层人格的转变。西汉末叶，士人已不再是无根的游士，而是具有深厚的社会基础的“士大夫”了。这种社会基础，具体地说，便是宗族。士与宗族的结合便产生了中国历史上著名的士族。东汉的情形是：不是士族跟着大姓走，而是大姓跟着士族走。但到了东汉中叶以后，逐渐显示出政权在本质上与士大夫阶层的重重矛盾，最终藉着士族大姓的辅助而建立起来的政权，还是因为与士大夫阶层失去协调而归于灭亡。而士大夫经过“王莽篡位”时的浩然袭冠毁冕而遁迹于山林[16]，东汉中晚期对应“主荒政谬”的第二次隐逸之后，矛盾的夹缝中找到了一种合适的生活方式，乃归田园居。但隐为其表，逸为其实。到了魏晋南北朝时，士大夫集学、事、爵为一身，在社会上具相当地位，他们的思想、意趣和追求，成就了一代艺术新风，私家园林崇尚自然的审美思想便是在这个阶段得到重要发展的。

一方面，“以无为本”作为出发点的魏晋玄学风行，并显现于对自然山水的追崇。“山水有清音，何必丝与竹”[17]，山水成为对抗门阀的一种依据和象征。造园走出城市选择郊野，宅居置于庄园之中，是一突出体现。史籍上所说的“竹林七贤”，“竹林”就是嵇康在山阳（今江苏淮安）县城郊的一处别墅[18]。

另一方面，士大夫一改汉儒为官作文而转化为个体情绪表达的同时，并未走向对理想的否定方面，人们仍是希望在自然中探求浮游于天地之际并与万物相亲互合的人生观。如陶渊明蔑视功名利禄，不为五斗米折腰，宁愿回到田园去，“种豆南山下”“带月荷锄归”[19]，并且布置“日涉以成趣”的素朴小园[20]，门前只以柳树为荫，园内唯有竹篱茅舍。但“已矣乎，寓形宇内复几时，曷不委心任去留”[21]，很无奈。又如谢安“于土山营墅，楼馆林竹甚盛，每携中外子侄往来游集，肴馔亦屡费百金，世颇以此讥焉，而安殊不以屑意”[22]。可见，士大夫建私家园林，或简朴或奢侈，都将具体的生活方式，直指人生追求。

这种借助自然山水以怡情的生活方式，在当时成为风尚。临水行祭，以袚除不详，谓之“修禊”，始于三国，但兰亭聚会名为“修禊”，其内涵远远超过原义而升腾为雅致的文化行为。王羲之《兰亭集序》对此有明确表述：“此地有崇山峻岭，茂林修竹，又有清流急湍，映带左右，引以为曲水流觞，列坐其次。虽无丝竹管弦之盛，一觞一咏，亦足以畅叙幽情。”这种本因淡泊情怀取之于自然，但又以自然真情来寄托一种追求的行为，实是一种“逝反”，由大到小再到大，是从“仰观宇宙之大，俯察品类之盛”到“足以极视听之娱”，再及“因寄所托，放浪形骸之外”[23]的过程。

于此情形下的私家园林，择址至为关键。如西晋时石崇的金谷园，便因选位于金谷涧而得名。金谷涧在今河南洛阳市西北，金水发源于铁门县，东南流，经此谷注入瀍水，故名金谷涧，石崇筑园于此。石崇《金谷诗序》云：“有别庐在河南县界金谷涧中，或高成下，有清泉茂林，众果竹柏药草之属，莫不皆备。又有水碓、鱼池、土窟，其为娱目欢心之物备也。”从而可以“感性命之不永，惧凋落之无期。”[24]又如谢灵运《山居赋》所记园址“左湖右江，往渚还汀”，也是选择一可以“逝反”的地方。其范围内“阡陌纵横，塍埒交经”；园中“植物既载，动类亦繁”；山居或“导渠引流”，或“罗层崖于户里”，或“列镜澜于户前”，而最终是为了“欣见素以抱朴”，返古归真。

同时，顺应自然进行营建为突出特点。一是依山傍水栽培植被，如《南史》载谢灵运“穿池植援，种竹树果”；王导西园则是闻郭文“倚木于树，苫覆其上而居焉，亦无壁障”[25]后派人迎置而成，从而“园中果木成林，又有鸟兽麋鹿”[26]；还有《小园赋》的记载“犹得敧侧八九丈，纵横数十步，榆柳三两行，梨桃百余树”[27]。二是对自然略为加工，“经始”“穿筑”和“修理”，如《宋史·刘勔传》“勔经始钟岭之南，以为栖息”；《南史·萧嶷传》“自以地位隆重，深怀退素，北宅旧有园田之美，乃盛修理之”；《南史·孙玚传》“家庭穿筑，极林泉之致”。

再则，已出现人造山林以娱情寄情。北有洛阳张伦宅园“造景阳山，有若自然。其中重岩复岭，嵚崟相属；深蹊洞壑，逦递连接。高林巨树，足使日月蔽亏；悬葛垂萝，能令风烟出入。崎岖石路，似壅而通；峥嵘涧道，盘纡复直”，由于意境逼真，“是以山情野兴之士，游以忘归”[28]。南有会稽司马道子园“山是板筑而作”[29]和吴郡顾辟疆园“池馆林泉之胜”，可以“放荡襟怀水石间”[30]。

借景也成为必然。如谢朓有《纪功曹中园》：“兰亭仰远风，芳林接云崿”之句和另诗“窗中列远岫，庭际俯乔林。”[31]这和梁冀园“窗牖皆有绮疏青琐，图以云气仙灵”，乃霄壤之别。

此时，顺应自然，或择址，或经营，或借景，或创造，主要是因寄所托，关“情”为最。但也应该看到，魏晋南北朝时期的士大夫建造的私家园林，是他们隐为表、逸为实的场所，有的园林亭台楼阁备极华丽。因此也才有绿珠跳楼、石崇被杀、园亦被占的事情[32]。有的人寄情山水很勉强，如谢灵运最后还是按捺不住，以致丢了性命。

但到了唐代，情形发生了变化。司勋刘郎中别业，“霁日园林好，清明烟火新。以文常会友，惟德自成邻。池照窗阴晚，杯香药味春。栏前花覆地，竹外鸟窥人。何必桃源里，深居作隐论”。不甘隐居之心道破。确实，隐士最受宠、最春风得意的是在唐代，由于对超然世外的隐逸生活方式被认为是高尚品德的体现，从而在唐代也就特别兴起一股走“终南捷径”的风气。有的是“身在江湖，心在魏阙”，如孟浩然；以“中隐”闻名的是白居易；还有一度“隐于朝堂之上”的“大隐”人士李白；也有因辞官或沦落而退隐的士大夫等。总之，有唐一代，文人在入世行“势”和出世入“道”方面，是最为心安理得和社会给予最宽松的时候，这就使得文人园和城市宅园成为这个时期私家园林的代表。文人园多在风景幽美的地方，而城市宅园多集中于长安、洛阳两京地区。在风格上，唐代私家园林较魏晋时期的立意高远，对待自然，是更积极的利用和开挖，呈现出一种明朗而情理相谐的风貌。

文人园

1. 王维的辋川别业：王维，知音律，善诗画，以诗画成就为最大，仕途也很顺利，官至尚书右丞，天宝间在辋川隐居，实际上过着亦官亦隐亦居士的生活，但“安史之乱”后宦途失意，辞官到辋川终老。辋川地具山水之胜，溪涧旁通，诸水辐辏，宛如轮辋，故名辋川。其地在今陕西蓝田县西二十里。唐初，诗人宋之问曾卜居于此。王维买下宋氏旧址构筑别业，因在“辋川山谷”而得名，“地奇胜，有华子岗、欹湖、竹里馆、柳浪、茱萸沜、辛夷坞”[33]。王维充分利用丰富的自然条件和湖光山色之胜，点缀以亭、桥、馆、坞等，养殖鹿鹤、栽种玉兰，并以地貌和植物命名景点，形成自然之美，也开创了以景为单位经营园林的手法。

2. 白居易的庐山草堂：庐山草堂是白居易在江西庐山所建的山居别业。唐宪宗元和十年（815 年），白居易被贬为江州（今九江）司马，职微事闲，感伤沦落，乃寄情山水，筑园自娱，挚爱这充满了自然野趣的草堂，自撰《草堂记》。他写信告诉好友元稹说：“仆去年秋始游庐山，到东西二林间香炉峰下，见云水泉石，胜绝第一，爱不能舍。因置草堂，前有乔松十数株，修竹千余竿，青萝为墙垣，白石为桥道，流水周于舍下，飞泉落于檐间，红榴白莲，罗生池砌。大抵若是，不能殚记。每一独往，动弥旬日。平生所好者，尽在其中，不唯忘归，可以终老。”可见草堂风物之一斑，择址极佳。同时，朴素而多野趣，尺度、材料适于心力，草堂“三间两柱，二室四牖，广袤丰杀，一称心力。洞北户，来阴风，防徂暑也；敞南甍，纳阳日，虞祁寒也。木，斫而已，不加丹。墙，圬而已，不加白。砌阶用石，幂窗用纸，竹帘纻帏，率称是焉”[34]。作为主人的白居易，儒、道、佛兼通，“俄而物诱气随，外适内和，一宿体宁，再宿心恬，三宿后颓然嗒然，不知其然而然”[35]。这种处处皆宜的适度把握，于庐山草堂为最。

3. 柳宗元的东亭和愚溪园：柳宗元是唐代著名的古典散文作家、哲学家，曾任监察御史。“永贞革新”失败后，被贬为永州司马，后迁柳州刺史。柳曾在柳州风景地筑园，其所写的《柳州八亭记》中的东亭，就是一例[36]。另一例子是愚溪园，柳在著名的《愚溪诗序》中曰：“余以愚触罪，谪潇水上。爱是溪，入二三里，得其尤绝者家焉。……故更之为愚溪。”但柳公于此园显然不是为了享受。凡所修筑的小丘细泉、水沟池塘、亭堂岛屿，都以“愚”称，借以讥时刺世，抒泄孤愤。“嘉木异石错置，皆山水之奇者，以予故，咸以愚辱焉。”[37]柳《与杨海之书》曰：“方筑愚溪东南为室，耕野田，圃堂下，以咏至理。”可见一种寓情于理的造园手法已出现。

在这里，我们看到，唐代的文人园意境在先，主人以自然为探索对象时是自觉的；在手法上，是有秩序的寻美和对自然的反映。至于洛阳宅园，则多在东南，即在洛河南罗城内外，其中以定鼎街东园林最多最好，只因一是洛南多为公侯将相和富豪的住宅；二是洛南伊、洛两河夹川，水源丰富且观景极佳，这也是有意识地寻美。

城市宅园

1. 白居易的洛阳履道坊园：该园在洛阳都城的东南隅，白居易在《池上篇》序后有诗附录，可作为宅园的一个概括：“十亩之宅，五亩之园。有水一池，有竹千竿。勿谓土狭，勿谓地偏。足以容膝，足以息肩。有堂有庭，有桥有船。有书有酒，有歌有弦。有叟在中，白须飘然。识分知足，外无求焉。”在布局上，有承袭有开创，袭为一池三岛，创则为环池开路；园小而景有隔焉，初作西平桥，又作高平桥，近则有“灵鹤怪石，紫菱白莲，皆吾所好，尽在吾前”[38]。白居易追求的意境，“如鸟择木，姑务集安。如蛙居坎，不知海宽。……时引一杯，或吟一篇。妻孥熙熙，鸡犬闲闲”。便在这幽僻尘嚣之外的园中获得。

2. 裴度的午桥庄：《旧唐书·裴度传》载，裴度于“东都立第于集贤里，筑山穿池，竹木丛萃，有风亭水榭，梯桥架阁，岛屿回环，极都城之胜概。又于午桥创别墅，花木万株，中起凉台暑馆，名曰‘绿野堂’。引甘水贯其中，醴引脉分，映带左右”。很注意组景，“引水多随势，栽松不趁行”[39]。

唐代的私家园林除采用借景外，已很注意怎样将好景引渡和表现出来，纳景、组景、近观、细玩等手法出现。如“流水周于舍下，飞泉落于檐间”（庐山草堂）[40]，这是纳景；“卉木台榭，如造仙府。有虚槛对引，泉水萦回”（平泉山居）[41]，这是组景；“百仞一拳，千里一瞬，坐而得之”（太湖石记）[42]，这是近观；1972 年发掘的唐代章怀太子墓前甬道东壁上绘有一侗女双手托一盆景，这是细玩。另外，此时大盆种植树木以求得天然野趣，也是一大特色。辋川别业有“木兰柴”“鹿柴”[43]；庐山草堂“环池多山竹野卉”“夹涧有古松老杉”；杜甫浣花溪草堂园中花繁叶茂，不少树木从亲友觅来[44]；《平泉山居草木记》所记园中珍稀草木近 70 种。

在主体和客体的关系上，唐代私家园林已从魏晋南北朝时期的顺应自然转向表现自然。意境之深远，不在于园林规模、景物丰富，而在于合情合理。白居易《小宅》“庾信园殊小，陶潜屋不丰。何劳问宽窄，宽窄在心中”；柳宗元《永州韦使君新堂记》“逸其人，因其地，全其天”，均此之谓。这种有手法、有感情、情理相依的状态和追求，用柳宗元的话概括，曰：“心凝神释，与万化冥合。”

### 4. 第三阶段：从抽象自然到象征自然（宋 – 清）

对自然的探究，唐代在表现人与自然之万化冥合的同时，也出现抽象的端倪，如杜牧《盆池》诗“凿破苍苔地，偷他一片天”；白居易也曾作有关盆池的诗句：“烟翠三秋色，波涛万古痕。削成青玉片，截断碧云根。风气通岩穴，苔文护洞门。三峰具体小，应是华山孙。”这和士大夫的观念变化相关，像王维和白居易，本都是儒者，但他们在仕途失意之后，都在不同程度上接受了禅宗的影响。王维《鹿柴》“空山不见人，但闻人语响；返景入深林，复照青苔上”，展现出一种绝尘的境界，也流露出作者内心深层的孤寂感。这种庄子所说的“澹然无极而众美从之”的境界，用抽象自然的手法表现，在宋代私家园林中求得极致。

在北宋，洛阳的私家园林可为北方之代表。从李格非《洛阳名园记》中可知，洛阳的私家园林多因隋唐之旧加以改筑而成，但概括手法突出，特色显著。

其一是花园。由于宋代花卉园艺的发达，出现了专以搜集、种植各种观赏植物为主的园子。有天王花园子、李氏仁丰园、归仁园、丛春园、松岛等。其中，松岛原是五代时后梁朱温的外甥袁象先的旧园，宋时归丞相李迪所有，后又归于吴氏，园中景观以松为主，有的树龄有数百年之久，因称松岛；丛春园以乔木为胜，特色是“乔木森然，桐、梓、桧、柏，皆就行列”[45]；归仁园旧为唐代宰相牛僧孺的故园，园中有七里桧，该园在宋时属于中书李清臣所有，占地整一坊，是当时洛阳私家园林中最大一处，园中北部植牡丹、芍药千株，中部有竹百亩，东南部种植桃和李树。

其二是以水为主景。有董氏东园、宰相文颜博的东园、紫金台张氏园、环溪、湖园等。环溪为北宋王拱辰的宅园，“洁华亭者，南临池，池左右翼而北过凉榭，复汇为大地，周围如环，故云然也”[46]。湖园原为唐朝宰相裴度的宅园，该园宏大而深邃，人力虽工而景物苍古，多水泉而景益胜，《洛阳名园记》中云：“洛人云，园圃之胜不能相兼者六，务宏大者，少幽邃；人力胜者，少苍古；多水泉者，艰眺望。兼此六者，惟湖园而已。”可见该园是李格非最为推崇的一所。

其三是有用建筑得景的意图。如将流觞活动浓缩为流杯亭建于私园，抽象化了。董氏东园有流杯亭，杨侍郎园因为“流杯”而“特可称者”。又如《洛阳名园记》环溪园，有一多景楼“以南望，则嵩山、少室、龙门、大谷、层峰翠巘，毕效奇与前”。还有洁华亭、凉榭、锦厅和秀野台等适地而置，对建立景与建筑之间的关系的自觉达到一个新的层次。

然而，李格非记洛阳名园，独未言石。宋相富弼的富郑公园是宋代所创[47]，有纵横四洞，但园中凡谓之洞者，“皆斩竹丈许，引流穿之，而径其上”[48]，是在土丘上凿洞而成。但是，北宋汴京蔡太师园、王太宰园，都有用石垒山的记载，其中，王太宰名黼，家宅在阊阖门外，后苑中“聚花石为山，中为列肆巷陌”。其在西城竹竿巷的一所赐第，“穷极华侈，垒奇石为山，高十余丈，便坐二十余处，种种不同，……第之西，号西村，以巧石作山径，诘屈往返，数百步间以竹篱茅舍为村落之状”[49]。分析之，洛阳名园少用石叠山的情形，一和“多因隋唐之旧”有关；二和北方条件限定相涉。而汴京因是都城之故，又是南北水运中心，得江南之石遂成方便，朱长文《吴郡图经续记》记载南园之石被购“以贡京师”便是佐证[50]。实际上，宋代对山石的认识已相当成熟，经南宋发展已成具体“理”“法”，这可以从画论和江南的私家园林中寻得踪迹。

北宋郭熙的山水画主张，经其子郭思整理成《林泉高致集》，提出意态万变之表现乃“韵”，实际上已将山水抽象化了，论有“山大物也，水活物也”“山以水为血脉”“石为天地之骨”等，并收辑高远、深远、平远三个不同视点之构图理论；北宋的文人画家李公麟，不但在道释画中赋予了文人情调，而且把白画发展为更具表现力的“白描”，影响所及，历南宋而及元明；北宋苏轼主张绘画要“神似”；米氏山水创造者为北宋米芾、南宋米友仁父子，米芾以落茄（墨点）表现江南烟雨景色的山水，自谓“意似便已”,米友仁用水墨横点写烟岚云树，自称“墨戏”，具有“罕识画禅意”[51]的特征。这些均是在山水画上探索山水之理和追求抽象之法的表现。南宋则以更抽象的表现方法追求思绪、情趣的简约表达，如马远喜好画一角山岩，被称为“马一角”；夏圭的画面上因出现大片空白，被称为“夏半边”，这种“剩山残水”画诗意隽永，而求自然之理至极致可见一斑。

北宋江南的私家园林，著名的沧浪亭、乐圃（今环秀山庄）皆有叠石，但从苏舜钦《沧浪亭记》和朱长文《乐圃记》中可知，园中山主要还是积土为山，景趣质野。

南宋江南的私家园林，吴兴（即湖州）是一荟萃之地。周密在其所著《吴兴园林记》中曰：“吴兴山水清远，升平日，士大夫多居之，其后秀安僖王府第在焉，尤为盛观。城中二溪横贯，此天下之所无，故好事者多园池之胜。”又有曰：“前世叠石为山，未见显著者。至宣和，艮岳始兴大役，连舻辇至，不遗余力，其大峰特秀者，不特封侯，或赐金带，且各图为谱。然工人特出于吴兴，谓之山匠，或亦朱勔之遗风。盖吴兴北连洞庭，多产花石，而卞山所出类亦奇秀，故四方之为山者，皆于此中取之。”[52]

由于物产便利之故，南宋时江南私家园林赏石之风盛行。吴兴沈德和（南宋尚书）园，“有聚芝堂、藏书室。堂前凿大池，几十亩，中有小山，谓之蓬莱。池南竖太湖三大石，各高数丈，秀润奇峭，有名于时”[53]。这是立石可观；吴兴俞氏（刑部侍郎俞子清）园，假山奇胜甲于天下，《癸辛杂识》云：“浙右假山最大者，莫如卫清叔吴中之园，一山连亘二十亩，位置四十余亭，其大可知矣。然余生平所见秀拔有趣者，皆莫如俞子清侍郎家为奇绝。盖子清胸中自有丘壑，又善画，故能出心匠之巧。峰之大小凡百余，高者至二三丈，皆不事饾饤，而犀株玉树，森列旁午，俨如群玉之圃，奇奇怪怪，不可名状。”此为垒石成趣；吴兴叶氏石林，不仅是叶少蕴于“宣和五年卜别馆于弁山之石林谷"[54]而得名，而且园中建筑多因山加工而成，有的佳石错立道周，有的于奇石处经始此堂[55]，已是与石为友。

除吴兴外，江南临安、嘉兴、吴江、镇江等地的私家园林，也兼具因地制宜、利用自然山（石）水的特点。临安"华津洞：赵冀王府园。水石甚奇胜，有仙人台基"[56]；吴江范成大宅园"盖因阖闾所筑越来溪故城之基，随地势高下而为亭榭，……别筑农圃堂，对楞伽山，临石湖，盖太湖之一派"[57]；南宋岳珂研山园则以研山石为名，寓意于物，适意为悦。该园位于镇江甘露寺附近，原为米芾的故园，据载米芾有一块研山石，直径尺余，前后合计有五十五个手指大小的峰峦，有二寸许见方的平浅处，凿成研台，该石原是南唐后主御府的宝物，米芾以研山换取宅基。百年后岳坷取其遗址，"堑槿为园。……境无凡胜，以会心为悦，人无今古，以遗迹为奇"[58]，已到了追求不着一字、尽得风流的境界。

可以说，宋代对自然的表达是向纯粹的方面发展，是寻理的过程。在这过程中，主、客体的相融已深入到人的心境内部，直接借助或山、或水、或植物、或具体活动的主题内容，来表达对自然的理解。然而，这种抽象的趋势和对自然的穷究，在随后的元代遭到了抑制。

元代是第一次少数民族统治全中国的时期，政治上的动荡起伏带来文化的繁杂。在北方，元代而起的各族遗臣尊崇宗教，文化趣味大变。从宋代对私家园林影响较大的绘画而言，至元代却是不设画院，只在将作院下设画局、工部下设诸色人匠总管府及梵相提举司，集纳画工图绘帝后肖像及寺观壁画。士大夫文化则与民间文化结合，作为隐沤潜流，更加注重意趣和法度。如李衎著有《息斋竹谱》七卷，对竹的结构、品类、生长规律及画法详加剖析；元"四家"（黄公望、吴镇、倪瓒和王蒙）的山水画重于笔墨及追求山水依据。而对私家园林影响较大的文学，此时的元曲也较之唐宋诗词更接近市民文艺。在江南，士大夫又由于元朝统治者笼络江南的政策，使得江南乡绅生活安定而奢华，且丰富多彩，如谈到松江丘机山其人，宋末元初即说相声"以滑稽闻于时，商谜无出其右"[59]。这种士大夫文化品位上的转变，必然在私家园林中得以表现。

元大都地区的私家园林，多在丰台一带，除有些园较大外，许多园小，名为亭。以园亭观之，只是以建筑为主的园子[60]，园亭内莳花弄草。草桥河接连丰台，为京师养花之所，草桥中"元人廉左承之万柳园、赵参谋之匏瓜亭、栗院史之玩芳亭、张九思之遂初堂皆在于此”[61]。这是元代私家园林的突出特点之一，园中建筑增多亦以此为转折。

其二以狮子林为例。元欧阳玄《狮子林普提正宗寺云记》：“姑苏城中有林曰狮子，……林有竹万个，竹下多怪石，有状如狻猊者，故名狮子林。”又元代危素《狮子林记》：“狮子林者天如禅师之隐所也，狮既得法于天目山中峰本禅师，……林中坡陀而高，山峰离立，峰之奇怪而居中最高，状类狮子，……其余乱石垒块，或起或伏，状如狻猊然，故名之曰狮子林。且谓天目有岩号狮子，是以识其本云。”[62]可见，欣赏趣味和喜好与宋代的大相径庭。元代狮子林，一方面说明以石构山在宋之后仍然为江南所发扬，另一方面也显现出宋代之高雅和抽象的追求在元代有了转向。

这种转向至明中叶及以后，乃成为对世俗之真实和浪漫的追崇。山水画，如戴进的画措景丰富较元画多生活实感；文学，如《警世通言》和《拍案惊奇》，标志着一种市民文学的繁荣，而像《西游记》和《牡丹亭》，都是浪漫的文学典范。明清的私家园林，一方面是住宅的延续、生活的场所，另一方面又是精神寄托、理想追求之地。这种双重性就使得明清私家园林具有丰富的内涵，同时更加注重创造自然、抒心中块垒，用象征的手法将理想的彼岸性和现实的此岸性联结起来。总的来说，就是通过一种“慢饮”的艺术象征手法来追求意境。其具体表现在四个方面。

1. 注重整体：童寯曰：“园之妙处，在虚实互映，大小对比，高下对称。”[63]他洞悉了私家园林注重整体的特点。

第一例如金陵太傅园（后改名为东园）[64]，从《游金陵诸园记》中可知：“初入门，杂植榆、柳，余皆麦垅，芜而不治。逾二百步，复入一门，转而右，有华堂三楹，颇轩敞。”这是闭和敞的对比；（华）堂后枕小池，与“小蓬莱”相对，而从左方朱板垣洞而进，有堂五楹，名一鉴堂，堂前枕大池，这是小和大的对比；又曰，鉴堂隔水与亭相对，亭背后池岸上皆平畴老树，但左边水傍有一石砌高楼，这是，低和高的对比。对此，徐天赐称之“盛为之料理，其壮丽遂为诸园甲”。

第二例为拙政园，明正德年间御史王献臣建于苏州。王献臣因仕途不得志，遂自比西晋潘岳，并借潘岳《闲居赋》中所说“此亦拙者为之政也”[65]以为名。从文徵明《王氏拙政园记》中可知，园中有梦隐楼与若墅堂（远香堂）南北相对，梦隐楼之高，可望城郭以外诸山，若墅堂前后栽种植物，形成高下对比；在梦隐楼和若墅堂之间，有小飞虹，横绝沧浪池中。又如沧浪池之东岸，积石为台，高丈许，曰意远台；台下植石为矶，可坐而渔，曰钓。整个拙政园十分重视明与暗、高与低、幽与敞的转换关系。此外，拙政园以植物为主、以水石取胜形成天然野趣，建筑亦多以此或因此得趣而命名。如于待霜亭东，出梦隐楼之后，长松数植，风至冷然有声，曰听松风处；自此绕出梦隐楼之前，古木疏篁，可以憩息，曰怡颜处。又前，循水而东，果林弥望，曰来禽囿；囿尽，缚四桧为幄，曰得真亭。亭之后，其地高阜，自燕移好李植其上，曰珍李坂；其前为玫瑰柴，又前为蔷薇径。至是水折而南，夹岸植桃，曰桃花沜；沜之南，修竹连亘，曰湘筠坞。又南，有古愧一株，敷荫数弓，曰槐幄；其下跨水为独木桥，过桥而东，篁竹阴翳，榆槐蔽亏，临水筑亭，名槐雨亭。亭之后为尔耳轩；左为芭蕉槛。凡诸亭槛台榭，皆面水而建……。如此，"庶浮云之志，筑室种树，逍遥自得；……拙者为之政也"[66]。

2. 渐入佳境：早在魏晋时期，大画家顾恺之便从咀嚼甘蔗的过程中，悟出自末至本、由淡渐甘、渐入佳境的运动真谛。"运动"的观念，如同"整体"的影子，始终伴随着中国私家园林，尤其在明清时期。

在私家园林中，这种有关运动的观念，就是强调人在游园行进时，要能够"山重水复疑无路，柳暗花明又一村""横看成岭侧成峰，远近高低各不同"，从而产生了所谓近景欲屏障、中景可对望、远景巧因借的手法，于有限空间内获得无限感受。苏州拙政园纳北寺塔于园内、木渎羡园玩灵岩于咫尺、无锡寄畅园映龙光寺塔于漾波、常熟燕园见虞山极目亭于檐际，皆为借景之佳例。这是尤其强调借景，不仅在于"夫借景，林园之最要者也"和"构园无格，借景在因"[67]，而且由于通常所借之景往往因空间上的距离和大气的作用，就带有氤氲朦胧的气氛，给人以升腾浮游的感觉，引导人在运动中逐渐到达理想的境界，是一种耐人寻味的"饮"之艺术感受。

3. 运用象征：由于明清时期的私家园林，更加注重创造完整的自然和精神世界，强调介于现实和理想、局部和整体的一种转换过程，所以往往采用象征的手法来表达，即在写意和模仿之间存在一种张力，诚如文震亨《长物志》所言"一峰则太华千寻，一勺则江湖万里"，由小及大，由表及里。

一例为扬州个园。该园于嘉庆二十三年（1818年）由两淮盐总、大盐商黄应泰所建。园中植竹数千竿，取竹字之半名园为个园。园中以四季假山最有特色，其主要是用石配以植物来写意春山淡怡而如笑，夏山苍翠而如滴，秋山明净而如妆，冬山惨淡而如睡，但非抽象写意而是予以象征。如为表现"春"，遍植翠竹，竹间插植石峰，点出雨后春笋之意；为表现“夏”，用高约 6 米的太湖石堆成假山，上有松如盖，下临清潭，形成清秀之势，浅灰色山石，有参差进退，如夏日行云；“秋”则以黄石丹枫写一派金秋色彩；为表现“冬”，不仅选用宣石堆成雪状，而且为了强化人的联想，不吝在后倚的墙上开四排尺许大的圆洞以造成凛冽的风声。

第二例为太仓弇山园，俗称王家山，王世贞所筑。王世贞为明代著名的文学家，晚年偏好释道，自号弇州山人，据《山海经》所记，弇州山是神仙栖息之地，故其所筑之园也题为弇州园，亦名弇山园[68]。弇山园有三山，中弇堆石奇巧，出自张南阳之手；吴生经营东弇，堆石极少，而境界多自然之趣。对此王世贞戏谓二弇之优劣，即二生之优劣，然各以其胜角，莫能辨也。但园中人巧天趣，一时并臻，加上西弇，均用象征手法以形比类，求得可以触摸的仙境。如西弇，南北皆岭，南则卑小，北则雄大。北岭之东有一峰突兀云表，名曰簪云，其首类狮，微俯，又曰伏狮。右一峰稍亚若从者，名曰侍儿；右另一峰更壮，峰端有孔中穿，名射的。南峰诸峰皆向前，只此一峰向后。路折而北为一滩，群石怒起，最为雄怪，为狮、为虬、为眠牛、为踯躅羊者，不可胜数，总而名之曰突星濑……。中弇与西弇相去颇远，两山之间夹水，有率然洞、小云门、扣石如磬的磬玉、红缭峰、佳石青玉笋等，其间置有释道之建筑，如壶公楼、藏经阁、梵音阁等。中弇有两路，阳道则池与涧之胜各半之，阴径擅涧，径不为叠磴；中间还有几处断路，度者或提衣跳跃，或怯步而返，故名振衣渡、却女津。

又如苏州徐氏东园（万历年间建，清嘉庆间改建称寒碧庄，光绪后扩大范围改名留园），搜罗奇石，明袁宏道称：“徐冏卿（即徐泰时）园，在阊门外下塘，宏丽轩举，前楼后厅，皆可醉客，石屏为周生时臣所堆，高二丈，阔可二十丈，玲珑峭削，如一幅山水横披画，了无断续痕迹，真妙手也。”[69]

可以见得，这些园林均采用象征手法，在像与不像之间、写意与模仿之间创造自然之趣和精神境界。

4. 要素多元：多要素运用是中国封建晚期私家园林的特色之一。即由山（石）、水、建筑、植物等多元的物质要素，通过布局，共同形成一个理想世界，并且常用联匾文字点题。此时，建筑的导向性很强，密集亦高于宋园林。如以“景物最胜”、园林建筑最多的宋“富郑公园”为例，也只有三堂八亭、一轩三台；而宋“苗帅园”，建筑服从自然，因原有七叶树两株，高百尺，“春夏望之如山然，今创堂其北。竹万余竿，……今创亭其南。东有水。自伊水派来，……今创亭压其溪。……”[70]。但晚期私家园林，则楼、堂、馆、亭相间，廊廊相复，这就如同晚期的造山，更多的是亦山亦水、亦峰亦石、亦树亦林。园林中的要素多元，也和一代的艺术品位一脉相通，就像元以后的画，书、画、印合为一气了。此时，并非印章水平提高了、画退化了，而是单独的画、单独的诗、单独的字，已抒不尽难言之隐、无言之情。

简言之，中国封建社会晚期的私家园林，无论是注重整体、渐入佳境，还是运用象征、要素多元，关键为构成丰富的空间。在手法上，经历代的积累，已臻完善，尤其在用象征手法表意上，是成熟的。所谓“造园”为最贴切的概括，此词源出现最早也是在这个阶段。元末明初陶宗仪《曹氏园池行》诗中讲浙江经营最古的曹氏园时用到，尔后，明代周晖《金陵琐事》、明末计成《园冶》郑元勋题词、清代李渔《闲情偶寄》、李斗《扬州画舫录》、钱泳《履园丛话》均用“造园”一词[71]。虽然20世纪初叶，日本造园学权威本多静六和原熙两氏从《园冶》题词中引用，又与西文landscape architecture等同后，带来许多定义上的争议，但有一点很明确，即园由“造”来，是和建筑密切相关的、独立的、小我的自然世界之创造。此时的园林，纷陈而含蓄，它少有明显的汉代的铺陈享受、魏晋的洒脱职逸、唐代的情景无间、宋代的高雅情致，只有纷陈意向的表达。“境由心造”，是主体高度发挥的阶段。

在主客体的关系上，主体是主动的，又是多层次的。就主体个人而言，一方面追求浪漫理想，另一方面，有时也十分世俗化，如喜种榉树，意求“中举”，好种桂树，可望“月月贵”。往往一个私家园林中，既能品味出文人士大夫的心境，“晚年秋将至，长月送风来”[72]，又能体察到无处不在的世俗情调。从士大夫阶层而言，宋以后的士多出于商人家庭，以致士与商的界线已不能清楚地划分。王阳明《阳明全书》最为新颖之处，是肯定士、农、工、商在“道”的面前完全处于平等的地位，更不复有高下之分。“其尽心焉，一也”一语，即以他特殊的良知“心学”，普遍地推广到士、农、工、商四“业”上面，这是“满街都是圣人”之说的理论根据。这和早期士大夫的概念和自孔子始以“道”自任的社会属性及外延，有天壤之别。“贯道”已是社会的一种自觉，是“道”的一部分。于此时，我们再读中国封建社会晚期建造或改造的私家园林，难怪眼花缭乱、色彩纷纭了。

## 5. 结语

中国私家园林的流变，既反映出古代士大夫阶层在历史发展过程中借助园林对人生境界的一种追求和对生活采取的一种态度，也反映出这个阶层以“自然”为核心和认识对象进行完善和发展造园手法的过程。

期间，“流”是必然，即各时期私家园林均是对士大夫理想的品格、理想的抱负、理想的生活和理想的情感的追求和表达，此贯穿始终。而“变”，多因偶然，如社会骤变——魏晋和元代就是变的时期，如个人宠辱——王维和白居易由儒而佛等。当文化兴盛、社会繁荣时，“流”为主，园亦大兴，所以我们认识的唐宋私家园林最合情合理和主、客体相融，唐代的诗及诗论和宋代的画及画论也大大地推动了造园的发展。但于“变”处，往往有开创之功，魏晋时期乃此。明清私家园林则是历经流变于中国封建社会晚期的结果。于流变中，我们可以读懂：中国私家园林是以“追求理想”这种士大夫文化为底蕴的。这种“理想”，有时是儒，有时是道，有时又是佛，有时是其综合，有时什么也不是，仅仅是“追求”。因此，私家园林也就成为介于现实和理想之间的一种过程、一个桥梁和体验追求的一个场所。

**注释：**

① 辞海“私家”条目，上海辞书出版社，1979。

② 国语・晋语四，文公修内政纳襄王。

③ 诗经中小雅・南有嘉鱼、南山有台、蓼萧、湛露、信南山、甫田、頍弁、采菽描绘贵族宴饮、祭祀、劝农祈福等活动均和园圃有关。

④ 左传・昭公二年。

⑤ 左传・襄公四年。

⑥ 楚辞・九歌・湘夫人。

⑦ 史记・郦其食传。

⑧ 金汉文卷四二。

⑨ 桓宽・盐铁论・散不足。

⑩ 三辅黄图卷四。

⑪ 西京杂记卷第三。

⑫ 汉书·成帝纪。

⑬ 东汉两城镇仙人·水榭人物画像，常任侠，中国美术全集·绘画编 18·画像石画像砖，上海人民美术出版社，1988。

⑭ 东汉宴享画像，常任侠，中国美术全集·绘画编 18·画像石画像砖，上海人民美术出版社，1988。

⑮ 后汉书·列传二四·梁冀传。

⑯ 范晔·后汉书·逸民列传。

⑰ 左思·招隐。

⑱ 艺文类聚·六十四引述征记。

⑲ 陶潜，归园田居，共 5 首，此为其三。

⑳ 陶潜，归去来兮辞并序“园日涉以成趣，门虽设而常关”。

㉑ 陶潜，归去来兮辞并序。

㉒ 晋书·谢安传。

㉓ 王羲之，兰亭集序。

㉔ 全汉三国晋南北朝诗·全晋诗。

㉕ 晋书·郭文传。

㉖ 晋书·王导传。

㉗ 庾信，小园赋。

㉘ 洛阳伽蓝记，卷第二。

㉙ 晋书·会稽文孝王道子传。

㉚ 吴郡志，卷十四。

㉛ 谢朓，郡内高斋闲坐答吕法曹。

㉜ 绿珠为妓人，美而工笛，石崇为其建绿珠楼。时，孙秀为求得绿珠与石崇动怒，并诏崇。崇谓绿珠曰“我今为尔得罪”，绿珠泣曰“当效死于官前”。因自投于楼下而死。参见。晋书·石崇传。

㉝ 新唐书·王维传。

㉞ 白居易集·草堂记 。

㉟ 白居易集·草堂记 。

㊱ 柳河东集·柳州八亭记。

㊲ 古文观止，卷之九，愚溪诗序（注：愚溪：在唐代永州灌阳境内灌水的南面，即今广西灌阳的灌江南，原名“冉溪”“染溪”，作者改称之“愚溪”。倪其心、费振刚等选注，中国古代游记选，中国旅游出版社， 1985）。

㊳ 白居易，池上篇序后附录 。

㊴ 白居易，奉和裴令公新成午桥庄、绿野堂即事。

㊵ 白居易，与元稹书。

㊶ 康骈，剧谈录。

㊷ 白居易集，卷下 。

㊸ 鹿柴，即栅栏。是王维辋川别业二十处胜境中的一处。

㊹ 见杜甫，诣徐卿觅果栽、凭何十一少府邕觅桤木栽、从韦二明府续处觅绵竹。

㊺ 李格非，洛阳名园记。

㊻ 同 45。

㊼ 洛阳名园记：“洛阳园池，多因隋唐之旧，独富郑公因最为近辟，而景物最胜”。

㊽ 李格非，洛阳名园记。

㊾ 三朝北盟会编，卷三十一引，靖康遗录及秀水闲居录。

㊿ 朱长文，吴郡图经续记，卷上 · 南园，“祥符中作景灵宫，购求珍石，郡中尝取于此，以贡京师”。

(51) 董其昌，历代题画诗类，卷六。

(52) 癸辛杂识，前集 · 假山。

(53) 周密，吴兴园林记。

(54) 石林燕语，序。

(55) 参见，说邪一百卷，卷四十一。

(56) 武林旧事 · 湖山胜概。

(57) 齐东野语。

(58) 岳珂，宝晋英光集序。

(59) 南村辍耕录，卷二八“丘机山条”。

(60) 参见陈植，造园词义的阐述，建筑历史与理论第二辑，江苏人民出版杜， 1981。

(61) 天府广记卷三。

(62) 狮子林纪胜集。

(63) 童寯，江南园林志。

(64) 太傅园，地近聚宝门，原为洪武间赐地。园属魏国庄靖公徐俌，后归袭封魏国公徐鹏举。徐天赐时从徐鹏举手中夺得此园，改名东园。最后又归徐天赐之子徐缵勋所有。参见，弇州山人续稿，《 游金陵诸园记 》。

(65) 闲居斌，“庶浮云之志，筑室种树，逍遥自得。池沼足以渔钓，春税足以代耕。灌园鬻蔬，以供朝夕之膳；牧羊酤酪，以俟伏腊之费。孝乎唯孝，友于兄弟，此亦拙者为之政也”。

(66) 同 65。

(67) 计成，园冶，卷三。

⑱ 王世贞，弇州山人续稿，卷五十九。

⑲ 袁中郎先生全集，卷十四。

⑳ 参见李格非，洛阳名园记。

㉑ 陶宗仪，曹氏园池行，“浙右园池不多数，曹氏经营最云古。我昔避兵贞溪头，杖履寻常造园所。……”
周晖，金陵琐事，“姚元白造市隐园，请教于顾东桥”。
计成，园冶，中郑元勋题词：“古人百艺，皆传之于书，独无传造园者何？”
李渔，闲情偶寄，“朱明末造，计成氏有《园冶》之作，于是江浙居民艺术上之结构，乃有所考，然叠石造园，多属荐绅颐养之用”。
李斗，扬州画舫录，“影园在湖中，园为超宗所建，……公童时梦至一处，见造园……”。
钱泳，履园丛话，“造园如作诗文，必使曲折有法，前后呼应，最忌错杂，方称佳构”。

㉒ 苏州网师园“待月亭”对联。

**作者简介：**陈薇，东南大学建筑学院教授

**原载于：**陈薇．中国私家园林流变（上、下）[J]. 建筑师,1999（10）；2000（2）.

# 止园研究：再现一座 17 世纪的中国园林

高居翰　黄晓　刘珊珊

1996 年 5 月 16 日至 7 月 21 日，洛杉矶艺术博物馆举办了一次长达两个多月的展览——“张宏《止园图》册展：再现一座 17 世纪的中国园林”[①]。对中国的园林研究者来说，《止园图》册其实并不陌生，陈从周先生《园综》一书卷首所附的 14 页园林图，便来自这套图册。《止园图》册现存 20 开（图 1），它们详细描绘了一座画家当时亲眼所见的园林。这套册页已经分散多年，分属几个不同的机构和个人，这次展览，是它们第一次以全貌的形式与大众见面，使人们不但可以相对完整地欣赏这套杰作，也为研究其中所传递的信息和所蕴含的意义提供了便利。以图像的形式表现一座园林，在中国有着悠久的传统，到明代风气尤盛，而《止园图》册则堪称此类绘画中的巅峰之作。

《止园图》册绘于明天启七年（1627 年），此后便鲜见记载，直到近代，才重新现世。第一次出现是在 20 世纪 50 年代，册页的收藏者保留下自己最喜欢的 8 幅，将其余 12 幅卖给马萨诸塞州剑桥的收藏家——理查德·霍巴特（Richard Hobart）先生，这也是这套册页在近代第一次被拆散。原始收藏者手中的 8 幅，在 1954 年的一次中国山水画展上展出过[②]，继而被瑞士的凡诺蒂博士（Franco Vannotti）买走；霍巴特的 12 幅则在他死后传给了女儿梅布尔·布兰登小姐（Mabel Brandon）。后来，那位原始收藏者又从布兰登小姐手中购回 12 幅中的 8 幅，布兰登小姐也留下了她最喜欢的4幅。景元斋收藏的6幅便是此后从这位原始收藏者手中购得的，他手中的其余2幅则归洛杉矶艺术博物馆（Los Angeles County Museum of Art）所有。凡诺蒂手中的8幅在20世纪80年代被柏林东方美术馆（Museum fur Ostasiatische Kunst in Berlin）收藏。最近，藉由组织这次展览，洛杉矶艺术博物馆又购到了布兰登小姐手中的4幅。所以到目前为止，这套册页分属于三处机构——柏林东方美术馆（8幅）、洛杉矶艺术博物馆（6幅）以及景元斋（6幅）。

至于我个人与这套册页的渊源，还可以追溯到更早。很久以前，我还是一个年轻学生的时候就见过它们。那是在某个博物馆的库房里，这套册页还未被拆散，该博物馆正考虑将其转手出去。那个时期的我正在致力于理解和吸收中国传统文化精英的理论和观点，并据此解释当时西方人尚知之甚少的文人及文人画。按照那套评画标准，张宏这套册页既缺乏“巧妙”的构图，也不具备“精妙”的笔法，因此并没有引起我的特别注意。

很多年后，我逐渐意识到，宋元时期的禅宗绘画以及其他时代的许多绘画都曾有过类似的遭遇：它们被精英阶层的鉴赏家和收藏家按正统标准定义为平庸之作，认为这些绘画并不值得高雅文士欣赏和珍藏。同时我也意识到，很多时候，一位优秀的艺术家可能会有意识地运用与正统标准差异很大的所谓“粗恶”的风格和构图，以达到某些特定的目的和效果，这些效果是采用传统手法所无法获得的。选择这样做的时候，他们无疑是在冒险：既要在绘画方面进行实验探索，又要承受别人不无轻蔑的批评。清初的伟大画家龚贤便有此遭遇，他的绘画借用了非传统的点画技法，具有一种明暗交替的神秘层次感。从那时起直到近代，“风格怪诞”的标签便一直贴在他身上。

就张宏（1577–1652后）的情况而言，他努力追求一种近乎视觉实证主义的实景再现，为此不得不采用许多中国传统之外的构图和技法。1639年春，张宏曾赴浙江东部即古越地一带游历，实地的体验使他发现所见之景与先前从文字得来的印象很不一样，归途作了《越中十景》册。他在末页题识中写道：“以渡舆所闻，或半参差，归出纨素，以写如所见也。殆任耳不如任目与。”[3]对一位晚明画家而言，企图运用视觉写实的方法再现自然景致，是一种很不寻常的现象。虽然从沈周的时代起，苏州绘画大家便致力于描绘城内城外的名胜古迹，但就其特色而言，这些画作多半只是在定型化的山水格式中，附加一些可以让观者验证实景的标志物罢了，景致间的距离往往被压缩或拉伸以顺应绘画风格的要求。张宏则反其道而行，他忠实于视觉所见，通过调整描绘方式，使绘画顺应该地特殊的景致。他的许多作品都可视为画家第一手的观察心得，是视觉报告，而非传统的山水意象。画中对于细节的刻画巨细靡遗，即使有时描绘一些我们并不熟悉的景致，仍能予人一种超越时空的可信感。通过将观察自然的心得融入作画过程中，张宏创造出一套表现自然形象的新法则，这一点正是我们解读《止园图》册的关键。

在中国有关画家和画作的文献中，张宏并没有得到太多的关注，因此我们对他所知甚少。最近在他家乡的方志中发现一则记载，可以多少填补一些空白。从中可知，张宏居住在苏州西南十三里的横溪镇，少年时代读过书，也曾有求取功名的打算，但仕途并不顺利，后来迫于生存压力转向了绘画。他的作品有古意而不拘泥于古，获得了很高的名声。他的家庭异常贫困，而张宏又事亲至孝，在父母卒后，则不遗余力地照顾弟弟和妹妹。一家老小以及贫苦的亲戚都仰仗他的一支画笔讨生活。他和他照料的人经常处于贫困状态，因此他最好的作品都卖给了商贾之家。但只要稍有宽裕，他就很珍惜自己的作品，不肯随便卖人。这则记载的某些表述不免流于俗套，但其中无疑含有一些真实的信息。④

《止园图》册是受人委托而作，在最后一幅册页的题识中有这位委托人的名字——“徽山词宗”。“词宗”意指某位具有很好文学修养的人，大概是对委托人的奉承，这位委托人或许就是止园的主人。但仅仅借助题识，我们还无法确定园主和这座叫止园的园林。晚明有好几座园林以止园为名，而图册所描绘的止园的位置和归属则一直是个谜。我曾猜测它是苏州画家周天球（1514–1595）的同名庭园。直到最近，才由曹汛先生考证清楚，止园位于江苏常州武进城北，主人是吴亮。吴氏是武进的名门望族。从吴亮的祖父吴性开始，祖孙三代有十一人中乡举，其中进士七人，宦迹遍于四方。吴亮的父亲吴中行（1540–1594）被收入《明史》列传，他膝下八子：雍、亮、奕、玄、京、兖、襄、褒，都很有出息。除了止园，在武进见于史乘的还有青山庄、白鹤园、嘉树园、来鹤庄和蒹葭庄等，都是中行父子的产业。其中今人较为熟悉的是吴玄（1565–1625后），即著名造园家计成在《园冶·自序》中提到召他造园的“晋陵方伯吴又于公”。计成见于记载的园林作品仅三座，为吴玄造园是他第一次展示自己的造园才能。吴玄的园林位于武进城东，离止园不远，虽然他与兄长吴亮不合⑤，但天启三年（1623年），计成帮忙造园时，还是很可能游览过当时享有盛名的止园。计成在《园冶》中表达的不少造园理想——江干湖畔、深柳疏芦、斜飞堞雉、横跨长虹，这些都可以在止园中得到落实。

吴亮（1562–1624）字采于，号严所，万历二十九年（1601 年）进士，官至大理寺少卿。他正式建造止园是在万历三十八年（1610 年）。当时由于党争倾轧，吴亮辞官回乡，开始本打算隐居到荆溪（今宜兴）山中，但由于老母在堂，不便远游，于是选择在武进城北的青山门外构筑了止园。从《止园记》可知，吴亮一生建造过多座园林，家族中的小园、白鹤园、嘉树园都曾经其手，最后才选定止园，因为园西便是父亲生前居住的嘉树园，两园隔水相望，住在止园便于照顾年高的母亲。吴亮著有《止园集》，书中卷十七收有一篇长达三千字的《止园记》；卷五至卷七为“园居诗”，收录他在园中居住时所作的诗篇；卷首还有《止园集自叙》及马之骐的《止园记序》、吴宗达的《止园诗序》和范允临的《止园记跋》等文，从中我们不难体会吴亮对止园的钟爱。

《止园图》册绘于“天启丁卯”（1627 年），当时吴亮已经去世，因此他虽是园林的主人和始建者，但这套册页却并非受他所托。在吴亮的子辈中，次子吴柔思最有可能是《止园图》册的委托者。他是天启二年（1622 年）进士，1628 年赴开封祥符任知县。1624 年吴亮卒后他回家守孝，到 1627 年刚好三年孝满，他很可能在外出上任前，委托张宏绘制了这套《止园图》册。这一年张宏 51 岁，早已成名，也许是他注重写实的画风以及能够“写如所见”的技能吸引了吴柔思，从而得到这项委托；抑或是这套册页强烈的写实风格本身就是出于委托人的意愿。不管怎么说，张宏完成的是一项以前从未有人胜任的任务，至少就目前存世的作品看是如此：他绘制了一系列图画，合在一起，它们对所描绘的园林进行了令人惊叹的、全面完整并极富说服力的精确再现（出于行文需要，这里暂不讨论绘画如何能够“精确再现”这样的理论问题，在后文中这一用语的含义会逐渐明了）。

晚明是中国造园史上的一个伟大时代，为园林绘制园图是当时画家经常遇到的委托之一。《止园图》册为那个时代的一座重要园林提供了无与伦比的、最好的视觉证据。1631 年至 1634 年间，计成完成了他的园林著作《园冶》。《止园图》册的绘制比其仅略早几年。这套图册是一个重要宣言，它对此前绘画表现园林的方式有充分的理解，并以此为基础做了极大的创新。（本质上说，中国传统中表现园林的绘画有三种范式可供选择，与之相应的是三种典型的绘画形式。第一种是单幅画作，表现园林全景，通常采用立轴的形式，由于画家从一个较高的有利视点来表现，园林像地图般被呈现出来。第二种是手卷或横幅，人们看图时会从右向左展开，手卷提供了一种连续的线性图像以模仿游园的体验——在卷轴的开始会看到园门，穿过园门在园中漫步可以欣赏其中重要的景致，最后由位于卷轴末端的另一处园门离开。这种绘画形式有多种不同的表现方式，我们后面将在两位张宏的同时代人——孙克弘和吴彬的作品中看到。第三种是册页，它提供的体验方式是看到景致依次相继地出现，连续的册页通常用来表现一系列经过精心设计的景致——如亭榭、池塘、假山等，在册页的一角通常还会题写富有诗意的景名。前两种绘画形式都致力于对园林的整体进行再现，册页则更重视刻画园林局部，通常是一图一景。景致是园林的核心，中国古人不但热衷于将自然山水概括为八景、十景，也喜欢将人工园林总结为十二景、二十景。册页的形式与这种“集称文化”景观具有某种同构关系，因此特别受到画家的钟爱。早期的实例，如沈周的《东庄二十四景图》册、文徵明的《拙政园三十一景图》册，都是非常优秀的绘画作品。但由于册页在空间上的分离以及传统手法在表现上的局限，这些作品在全面传递园林信息、提供可信的视觉描绘方面却有明显不足。）

张宏绘制《止园图》册时没有遵循传统的规则，他甚至连册页的常规做法也未予理会。为了理解张宏极具突破性的成就，我们不妨自问：如果换作自己，为了尽可能多地传递信息，会怎样去记录一座园林？或者打个直白的比方，假如你是一位园林专家，在阿拉丁神灯的帮助下，获允带上相机回到某座伟大的古代园林中去，随意拍摄一些彩色照片，你会如何去做？你可以选择任何视角，哪怕是今天需要借助直升机才能到达的高度。但有一个限制，狡猾的阿拉丁神在相机里只放了 20 幅胶片。

第一张胶片，你很可能会拍摄一幅园林的全景。然后，你可能会在园中漫游，按游线拍摄一系列照片，并注意保证它们包含的区域都能在全景图中标示出来，以期当它们合在一起时，可以从细节上再现整座园林。你会尽量选择那些最具表现力的角度，每幅胶片还会包含一些其他胶片也包含的元素，如建筑、树丛或山石等，这样有助于将它们组合起来。出于相同的目的，你也会留意让每幅单独的片子所包含的区域能够在全景图中被定位出来。如果胶片富余，你可能还会对从不同角度多拍几张重要景致。

事实上，这一切正是张宏在《止园图》册中所做的（图 1）。与传统画家先将自然景致简化约分，再将所见之景刻意安排进某类优美的构图中去不同，张宏则是借助观察和想象，打个比方，他就好像是带着一个矩形取景框在园林上空移动，不断从一个固定的有利视角，将取景框框住的景致描绘下来。张宏非常坚定地采用了一种有别于传统的绘画方法，他甚至都没有像常规的做法那样在各幅册页中标识各景的名称，因为每页图画并没有聚焦在某处被专门设计的景致上。除了构图写景方面的突破，张宏也放弃了风格的表现——当他想表现风格时，他是非常有技巧的，但在这里，他运用了一种更灵活的手法，将线条与类似于点彩派画家的水墨、色彩结合起来，形象地描绘出各种易为人感知的形象：潋滟的池水、峥嵘的湖石以及枝繁叶茂的树木，这些使他笔下的风景具有一种超乎寻常的真实感。

在旧金山举办的一次中国园林研讨会上，我阐发了对于这套册页的一些想法。有天早晨，当时参会的一位研究中国园林的学生给我打来电话，说："吉姆，我仔细考虑过，现在基本可以确定，张宏并未真正理解中国园林。"后来他在我主持的一次中国园林研讨会上作了详细说明。他认为，张宏没有遵循传统的表现方式，将画面聚焦在特定景致上，这证明他对此方式并不理解，似乎他根本不曾意识到，中国园林是围绕着一系列景点组织起来的。这一观点颇有道理，但我仍倾向于为张宏辩护。我认为他一直很清楚自己的做法，他的脱离传统是刻意所为，而非出于无知。因为必须如此，他才能将自己客观表现实景的手法引入到绘画中。最近，随着有关止园的大量诗文资料的发现，我们可以更清楚地了解张宏这样做的原因：他所描绘的并非一处处固定静止的景点，而是一次动态的游览过程，这一点是张宏和委托人的共识。

需要强调的是，《止园图》册并非仅仅是框选景致并将它们如实画下，同所有画家一样，张宏也要经过剪裁和取舍。张宏与传统画家都是从自然中撷取素材，在这一点上他们并无不同，他们的分歧在于：后者让自然景致屈服于行之有年的构图与风格，张宏则在逐步修正那些既有的成规，直到它们贴近视觉景象为止。由于他用心彻底，效果卓著，最后使得其原先所依赖的技法来源几乎变得无关紧要。观者的视界与精神完全被画中内容吸引，浑然不觉技法与传统的存在。跟董其昌的"无一笔无出处"相比[⑥]，张宏选择了一条相反的道路，由此出发，开拓出中国绘画新的可能性。

我们固然可以争辩，中国晚期绘画早已放弃了对形似的追求；但摹写物像永远是绘画最基本的特征，若不能以形写神，得神忘形就只是空谈。张宏在自己作品的题识中不止一次提到，"愧衰龄技尽，无能仿佛先生高致于尺幅间"（《句曲松风》，1650年）"漫图苏台十二景以消暑，愧不能似"（《苏台十二景》，1638年）。明代后期，当所有画家都在竞相标榜写意时，却有一位画家，只是朴实地希望，能够画得像些，再像些。但在这个时代，董其昌至高无上地主宰着一切，张宏的背离，虽然成就极高，却从者寥寥。

张宏在自己的实景作品中增加了对景物细节的描写，从高处俯视远景时也较能首尾一致地把握高点透视原则，画面具有一种全新的空间辽阔感和空旷感，并有许多明暗和光影的暗示，这些特点都表明他可能曾受到某些欧洲绘画的启示。我在《气势撼人》和《山外山》两本书中对此已有较多讨论，有兴趣的读者可以参阅。

但认为张宏受到西方绘画的影响，绝非说他是一位“西化”画家，他与那些活跃于 17、18 世纪被洋风洗礼过的清廷画家完全不同。西洋影响之于张宏，更多的是一种解放功能。观看西洋绘画，可能在他心中植下了一些新的理念，这样当他开始绘制山水时，便有了更广泛的创作可能。熟悉另一种文化的艺术，会促使画家重新检视自己传统中被视为理所当然的许多规则，进而作出突破。张宏是由中国绘画传统培养出来的画家，从他的仿古作品中我们可以领教他对此一传统的把握是何等深厚；正因如此，在他接触西洋画后，才可能从中撷取合乎自己目的的元素，而不需要放弃对中国画的认同。同时也因为他有一种通过绘画捕捉表象世界的倾向，所以才会在西洋技法中看到自己想要的东西。张宏所收获的，更多的是一种精神意识的自觉，西洋影响已被消化在他的传统绘画修养中。他的不少画作都颇具西洋水彩的趣味，但整体看，它们仍是不折不扣的中国山水。张宏对西洋画法的消化和吸收是如此彻底，以致今天要寻找他作品中的西洋影响，基本上只能依靠推测。事实上，这是文化交流最理想的境界，不同传统间的关系应是相互启发，而非用一种取代另一种；我们对其他传统的借鉴也应是有目的的撷取和采用，以彼之石，攻我之玉。而只有当我们对自己的传统和所从事的事业有足够了解时才可能做到这一点。

下面，我们就要在画家的引领下，到这座美丽的园子中去仔细游览一番了。

止园选址在城北青山门外，距离城市很近，按当时人的观点，“不优于谢客”，本非理想的隐居之地。但青山门外水网纵横，将止园环抱其中，如果不乘船，出城门要步行三里多才能到达，因此园林“虽负郭而人迹罕及”，吴亮非常满意。园门位于南侧，与城门遥遥相望，其间隔着宽阔的护城河。河中央是一道栽满柳树的长堤，行人伛偻提携，往来不绝，出城与进城都要经过画面左方、长堤尽头的城关。吴亮喜好水景，这一带正是计成描述的“江湖地”，悠悠烟水、泛泛渔舟，环境得天独厚。他还将园中“有隙地可艺蔬，沃土可种秫者，悉弃之以为洿池”，园林内外，渠沼陂池，映带贯通，蔚为大观。这些都可以从第一开“止园全景”中体会到（图 2）。

1
2

图 1. 张宏《止园图》册内页开在首页《令景图》中的顺序与位置
图 2.《止园图》第一开——止园全景

这幅全景图是从极高处鸟瞰，将整座园林清晰地展现在观者面前，涵盖了园中所有景致，同时又不遗漏细节。后面19幅则将视点降下来，带领观者沿途作近距离的游赏，但位置一直处在景致上方，保持着俯瞰的视角。《止园图》册有几点特别之处需要指明。传统册页大多是每页描绘一景，各页都有表现的重点并标明景名，图中景致独立自足，与其他各页关系不大，与外界也似乎全无干涉，以传递出一种遗世独立的世外桃源之感。但《止园图》册各页则前后相连，描绘一段段相继出现的景致，前面的内容在后面还会出现；各图并非专门描绘某处景致，因此无法用某一景名概括；并且图中景致绵延不绝，几乎不受画幅限制，与外部更广阔的世界联系起来。张宏似乎并未试图将园景控制在画幅内，而只是尽画幅所能，框住一部分园景。所有这些出人意表之处，或许都可以在吴亮的诗中找到一个合理的解释。

《止园集》卷五有一组《题止园》诗，第一首总论止园题名的寓意，从第二首起依次描写园中景致，但与常规一景一题的写法不同，这组诗依次为《入园门至板桥》《由鹤梁至曲径》《出曲径至宛在桥》《怀归别墅四首》《由别墅小轩过石门历芍药径》《度石梁陟飞云峰》《水周堂二首》《鸿磬》《由鸿磬历曲蹬度柏屿》《登狮子座望芙蓉磎》《大慈悲阁偈》《由文石径至飞英栋》《北渚中坻》《梨云楼》《竹香庵五首》《真止堂二首》。可以看出，张宏与吴亮的思路是一致的，两人关注的都是由此及彼的游览过程，而非各个孤立的景点。他们两人一个通过画，一个通过诗，带领观者对全园进行了一次动态的游览。《止园图》册的大部分都与这组诗对应，册页的原始顺序已无从得知，早年我曾通过细读图像为它们排过一个顺序，现在参照《止园记》和《题止园》诗，可以将它们更有逻辑地串联起来（图1）。同时，借助《止园图》册和《止园记》、止园诗，我们绘制了一幅平面复原图，以期对此园有更准确的把握和更深入的了解（图3）。

第二开将我们带到园林正门的入口处，仿佛是将镜头从俯瞰全景时的极高处向着园门拉近，或者视为从全景图中截取一个局部，作放大的表现。观者的视线穿过河水、柳树、长堤和苇草，落在园林外围的虎皮墙上。正门在图左边，门前突出一块平地作为码头，乘舟而来的游人可由此登岸。门后有屋，客人到访时先在此暂歇，通报主人后再一起游园。园墙内外都是郁郁的柳树，这本是最平常不过的江南水乡景致，但吴亮《题止园》诗第一首写道："陶公澹荡人，亦觉止为美"，跟门前有五柳树的陶渊明联系起来，这些景致就有了深长的意味。画面右方是一座两层小楼，从全景图中可以看到楼东侧开有拱门，那些毅力过人的游客，倘若能够沿长堤走上三里地便可由此入园（图 4）。

第三开带观者进入园中，上图中那些叶色深绿的高树在这里只能看到一排参差的树尖。沿着水池南岸东行，先跨过一座桥（即组诗中的“板桥”，图中没有表现），道路缓缓升起，通向土丘上的小屋。房屋位置较高，窗户全开，便于眺望园内风景，屋内有两人坐在桌旁对谈。向北，跨过一座高高架起的木桥可到达水池东岸，桥侧设有鲜艳的红色栏杆，称“鹤梁”，桥东是一道开有拱形门洞的虎皮墙，以便舟船通行。池水穿过木桥和石墙，向东北流去，两岸是挺拔的修竹，竹间也有一座小屋。桥北的小路称“曲径”，与虎皮墙一路并行向北，尽处通过另一座木桥“宛在桥”，将游人渡到北岸。从构图来看，左右两侧的水面呈 V 字形，烘托出中央的三角形陆地，位于陆地中央的房屋成为画面的主角。但事实上，这座房屋在止园中并不重要，我们甚至都不知道它的名字，吴亮在《止园记》和《题止园》诗中都没有提及。这也佐证了张宏并未按照景致的主次来安排构图（图 5）。

第四开的中心是一座宽阔的水池，吴亮在《入园门至板桥》诗写道：“忽作浩荡观，顿忘意局促。”绕过堂屋，这座水池是入园后最先看到的景致，令人襟怀为之一宽，忘却俗世的诸多烦扰与无奈。东岸是第三开中已经出现过的鹤梁、曲径和宛在桥，北岸是怀归别墅，两侧翼为游廊。西岸是碧浪榜水轩，向北与长廊相接。池中偏南有一座小岛，叫“数鸭滩”，岛上有座小巧的亭子，周围畜养着数十头白鸭。栖息在鹤梁附近的白鹤常到此处嬉戏，主人也时常泛舟登岛，澄江独钓盟鸥数鸭，深得江湖野趣（图 6）。

怀归别墅北面是假山“飞云峰”，在第四开中只能隐约看到轮廓，在第五开和第六开中则成为表现的重点。别墅背面伸出一间抱厦敞轩（在第一开中也能看到），主客二人坐在轩前的平地上弈棋，旁边一条曲折的石子小径通向假山西侧的石拱门（图 7）。这是一座全石假山，“巧石崚嶒，势欲飞舞”。穿过拱门从北面绕出，沿池岸东行，在假山东北又有一处拱洞，可由洞中登到山上（图 8）。张宏通过两幅图画将这条游山路径明晰地表现出来，使观者对这座空间繁复的假山了如指掌，不但可以借助画图游赏，甚至几乎可以照着图样叠筑出来。山上的奇石像伏狮、像屏障，最高的两峰则像两只高举的蟹螯。耸立的各峰如入云端，石上的孔窍也似乎能够生出烟雾，使人有置身仙境之感。山上平坦处还设有供人临池、赏石的圆凳。这座假山以石为主，本不

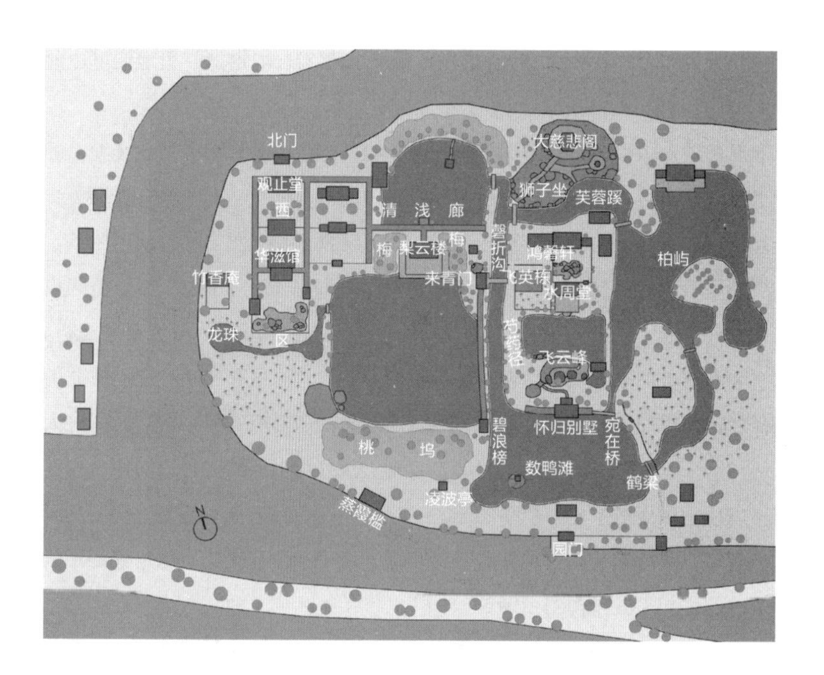

| 3 | 5 6 |
|---|---|
| 4 | 7 8 |

图 3. 止园平面复原示意图（黄晓、王笑竹、戈祎迎绘）
图 4.《止园图》第二开——园门一带景致
图 5.《止园图》第三开——由鹤梁至宛在桥
图 6.《止园图》第四开——怀归别墅
图 7.《止园图》第五开——怀归别墅后的飞云峰假山（上）
图 8.《止园图》第六开——自水周堂向南望飞云峰假山（下）

利于栽种植物，但园主还是特意在山巅种了棵松树，以待辞官归来学陶渊明“抚孤松而盘桓”。假山东侧是一道窄窄的水峡，连通起别墅前后的水池，峡上跨有一座两层楼阁，一位文士站在二楼的窗前欣赏满池的荷花。水池北岸向前突出的月台上也有几位文士，他们彼此目光相接，似乎在互相招呼。

从楼阁上下来沿着池东的堤岸，或由假山北部绕回西岸向北走，都可以到达月台所在的小岛。岛上有两组建筑，前面的称“水周堂”，后面的称“鸿磬轩”。水周堂是止园东区的正堂，精心叠筑的飞云峰的最佳观赏位置就在水周堂。除了假山，在堂中还可同时欣赏池中的荷花、池南的楼阁以及它们在水中的倒影，正好符合《园冶》对“厅堂基”的定义：“先乎取景，妙在朝南。”堂前两侧植有许多桂树，叶大花香，馥郁满堂；堂西则是大片的竹林，青翠挺拔，猗猗如玉（图 9）。

水周堂后的庭院里“磊石为基，突兀而上”，在最高处建鸿磬轩。院中植有许多奇芳异木，如玉兰、海桐、橙柏等，但最受园主珍视的则是罗置的诸多奇石。在第八开的鸿磬轩前可以看到一块状若白羊的怪石，据说击之鍧然有声，“鸿磬”二字便由此而来。吴亮写了一篇《青羊石记》附在《止园记》后，尊称其为“青羊君”，并请三弟吴奕作《青羊石记跋》，可见对此石的重视。此外，院南还竖有两座石峰，一作蟹螯状，此类石峰以王世贞弇山园的蟹螯峰最著名，因此吴亮在上面镌刻了王氏的绝句；另一块外红内绿，宛若含了一枚碧玉，则被题作“金玉其相”（图 10）。

这两幅册页上方都露出一座六角高阁，虽非表现的重点，却格外引人注意。不过在我们与它正面相对之前，按《止园记》和《题止园》诗的游览顺序，还要先到东部转一下，来到第九开，“由鸿磬历曲蹬度柏屿”（图 11）。这一带在全景图中只画出局部，好像张宏事先未筹划周详，画到这里纸不够用了一般。画面中心也是一座水池，第三开里流向东北的溪水最终汇入此处。右下角的土丘可能便是柏屿，上有“古柏数十株，翠色可餐”。池北是一座堂屋，前出凸字形月台，屋内一位文士在伏案读书，堂外林木空翠，水天一色，有旷朗之致。

由堂屋向西，或从鸿磬轩小院西门出来向北，都能望见六角形的大慈悲阁。第十开表现的即是这座佛阁。右下角一位长者刚从西门出来，向北踱过石桥便是层石垒成的狮子座山台。水池沿岸植木芙蓉，台上植梨枣，并且多竹，共同营造出一种佛国境界，最后由石径直通到台座高处的佛阁。这里是吴亮母亲礼佛的场所，阁内供奉观音大士像，左前方置有一枚精巧的石灯笼。大慈悲阁是止园东区的高潮和收束，阁高十

9 10
11 12

图 9.《止园图》第七开——水周堂
图 10.《止园图》第八开——鸿磬轩
图 11.《止园图》第九开——柏屿
图 12.《止园图》第十开——狮子坐与大慈悲阁

13 14
15 16

图 13.《止园图》第十一开——飞英栋、来青门与磬石沟
图 14.《止园图》第十二开——规池及清浅廊
图 15.《止园图》第十三开——矩池、碧浪傍水轩及南岸桃花
图 16.《止园图》第十四开——梨云楼

余米，并且位于石台上，在园内许多地方都能望见，既是游园时的地标和向导，又是欣赏园外风景的佳所，在阁上“俯瞰城阛，万井在下，平芜远树，四望莽苍无际”，城内的万家灯火，城外的千里平畴，都能够尽收眼底（图 12）。

以上便是止园东区的景致。从第一开中可以看到，由园门开始，经怀归别墅、水周堂、鸿磬轩，直至大慈悲阁，东区所有的重要建筑都位于同一条轴线上，南北连成一线，这在江南园林中非常少见。但由于溪池、小岛、假山以及各类林木的穿插和掩映，这条轴线并不使人感觉呆板无趣。建筑的井然有序被天然的林水化解，人工与自然构成一股张力，反而格外耐人寻味。

第十开中的部分景致在第十一开中再次出现：从狮子坐下来，经石桥折回岛上，可以看到刚才的小门及其左侧的修竹。竹林下是一座篱房，吴亮《飞英栋》诗曰：“一春花事尽芳菲，开到荼蘼几片飞。”可知这座篱房叫飞英栋，是园中培育花卉的地方。向西一道长堑将园林中区与东区隔开，称磬折沟。一座体量很大的平桥高高跨在水上，下面有小舟通行。过桥即为止园中区的园门来青门，取王安石“一水护田将绿绕，两山排闼送青来”之意。园门朝东，共两层，对着城东的芳茂、安阳两座小山，天气晴朗的时候，两山“隐隐若送青来”。来青门南侧的长廊通向碧浪榜，前面曾在第四开中见过，门北是矮丘、高树和一座茅亭（图 13）。

穿过来青门为止园中区，称中坻。这里原是一片种植高粱的沃土，吴亮将其开凿为水池，泥土则堆积在南岸构成山冈。经过整治，山、水各自的特点和优势都更为突出：水面格外宽广，山冈也几乎像真山一样高大。水池被隔成南北两部分，“前池如矩，后池如规之半”。在第十二开中可以看到呈半圆形（规之半）的规池。池北植松竹梧柳作为园林的屏障，岸边有一架轻盈的木桥凌波而渡，通向池中的孤亭。池南东西横亘着“清浅廊”，中部向北突出一座亲水平台，并在西侧折向北，通到西岸的一座临水轩屋中（图 14）。

第十三开描绘的则是矩形的矩池。东岸为来青门南侧的长廊，共二十间，随地势起伏，如长虹垂带，通向碧浪榜水轩。南岸即由池土堆成的山冈，土质肥沃，种有数百株桃树，图中表现的便是花开时节繁艳夺目的景象。山冈后部露出两座建筑的屋顶，东为凌波亭，西为蒸霞槛，筑在花间（图 15）。蒸霞槛在第一开中也能看到，“北负山，南临大河，红树当前，流水在下”，每次游赏到这里，吴亮总会情不自禁地吟诵起李白“桃花流水窅然去，别有天地非人间”的绝句。

介于矩池和规池之间的是长达22间的清浅廊和梨云楼。梨云楼周围种有数百株梅树，“皆取其干老枝樛，可拱而把者”，都是经年的古树，姿态非常优美。第十四开表现的便是这一带梅开如雪的景象。梨云楼采用重檐歇山顶，北部以短廊与清浅廊丁字相接，楼前则筑两重平台，砻石为栖，整组建筑非常气派。大慈悲阁是止园东区的高潮，梨云楼则不仅是止园中区，而且是整座止园的高潮。《止园记》由衷地赞美了其绝佳的景致：“一登楼无论得全梅之胜，而堞如栉，濠如练，网如幕，帆樯往来，旁午如织，可尽收之。睥睨中台，复朗旷临池，可作水月观，宜月；而群卉高下，纷籍如错绣，宜花；百雉千甍，与园之峰树横斜参列如积玉，宜雪；雨中春树，濛濛茸茸，轻修乍飞，水纹如縠，宜雨；修篁琮琮，与阁铃丁丁成韵，互答如拊石，宜风。”在楼中可以近瞰桃梅，远眺堞濠，这是空间的远与近；而领略自然中月花雪雨风的情致，则暗含着四时的变化。吴亮在梨云楼中体会到的是一个集时空为一体的完整宇宙（图16）。

第十五开描绘的是矩形水池的西岸，右下角的木拱桥在第十二开、第十四开中都曾反复出现。这一带植有大片竹林，林间一道溪流自西而来汇入池中。此图的景致和构图都与第三开相似：右下角都有房屋和小桥，竹林所在的陆地位于右上角呈V字形，两侧被水池和溪流环绕。有趣的是，第三开表现的是出水口，这里则是止园的入水口（图17）。

中坻以西是止园西区，这一带建筑比较密集。穿过第十四开左下角的那座小门（亦见于第十五开）进入一处庭院。院北正中是华滋馆，高两层，在前面又接出两层的敞轩，外围撑有遮阴的帐幔。其中下层有童子在洒扫，上层则布置桌凳，在庭中闲步的主人或许下一刻便要到此酌酒赏景。华滋馆的两翼接出游廊，折而向南，东侧连接园门，西侧则通向一座小楼。建筑从东、北、西三面围成凹字形，院南则堆叠假山来代替围墙。这座庭院颇为宽敞，院内的湖石间培植许多美丽的花木，“遍莳芍药百本，春深着花如锦帐，平铺绣茵，横展烂然盈目，……其隙以紫茄、白芥、鸿荟、罂粟之属辅之”。花木与湖石间植，是造园常用的手法，花石映衬，相得益彰。左下角的湖石间花开如锦，园中三人或掬花在手，或寓目清赏，或在转身后仍恋恋不舍地回首顾盼，难舍迷人的花色（图18）。

华滋馆庭院外南部是一道溪流，向东汇入中坻南池，在院西则先汇成龙珠池。池西为竹香庵，周围不但有大片的竹林，还有青松、香橼和一块珍贵的古廉石。竹香庵、

17 18
19 20

图 17.《止园图》第十五开——矩池两岸
图 18.《止园图》第十六开——华滋馆庭院
图 19.《止园图》第二十开——由园外东望竹香庵、华滋馆等
图 20.《止园图》第十七开——坐止堂

21 22
23

图 21.《止园图》第十八开　真止堂
图 22.《止园图》第十九开　止园北门
图 23. 止园旧址，在常州市关河中路北，青山路、晋陵中路东，各部分保留为滨河公园，部分为常州新天地

华滋馆及其西南的小楼都可以在第一开中看到，并成为第二十开表现的重点。这应是册页的最后一幅。右上角有张宏的题识，画中描绘冬景，也有结束之意。图中所绘是游人游园结束后从北门出去，绕到西岸站在长河对面向园内观望所见到的景致。近岸有旅店的幌子在迎风招展，长河中一位身着蓑衣的船夫正载着货物吃力地划过，主人与客人则站在华滋馆西南的小楼中，撑起窗帷，感受园林内外冬雪覆压下的静谧与萧瑟（图 19）。

由华滋馆向北是三座正堂：中央三间称真止堂；东西各两间，分别为坐止堂和清止堂。这是园中最重要的建筑，论规模和景致，它们比不上大慈悲阁和梨云楼，但就意义而言，却是全园题眼所在。吴亮没有将它们安排在游园的高潮处，而是置于最后，也是为了契合“止”的寓意：三止堂是园主的栖止之处，也是园景的终止之地，“至是吾园之胜穷，吾为园之事毕，而园之观止矣”。第十七开描绘的很可能是真止堂，主客二人身着官服坐在堂中，较为正式。庭院两侧是游廊，园内的磐石间则长满了高大的林木，笔法粗放（图 20）。

第十八开可能是坐止堂，北面为三间堂屋，内有二人对坐闲谈，旁边一名童子倚着栏杆向外眺望。院中罩架之下有玲珑的湖石和红白交映的花木，笔法细腻，设色明艳，较为精雅（图 21）。

这里介绍的最后一幅是第十九开，所绘为止园后门，即第一开中真止堂后的那座小屋。这里既是园门也兼作码头，旁边有船只停靠。图左岸上一位渔夫坐在钓竿旁打盹，河中则有一位船夫载着客人匆匆驶过，将我们重新带回到忙碌喧嚣的现实世界（图 22）。当我们在园中游览时，陶醉在翳然林水之间，常会有种静止之感，浑然不觉时光的流逝。直到从园中出来，才如梦初醒，回到现实中。一座园林就像一方壶中天地，园中的一切似乎都可以与外界无关，园林内外仿佛使用着两套时间，园中一日，世上千年。就此意义而言，园林便是建造在人间的仙境。

吴亮最后总结道：“园亩五十而赢，水得十之四，土石三之，庐舍二之，竹树一之。”我们发现，这句话与王世贞对弇山园的总结，“园亩七十而赢，土石得十之四，水三之，室庐二之，竹树一之”[⑦]，模式完全相同。这并非巧合，而是吴亮有意为之。我们后面会详细讨论王世贞的弇山园（又名小祇园），这座奇幻巨丽、名冠东南的“晚明第一名园”，对当时的造园活动影响极大，止园便是其中之一。止园中的景致，如古廉石、蟹螯峰、知津桥、芙蓉池、磬折沟都沿袭自弇山园中的景致名称；《止园记》

与《弇山园记》的写法也很相似，皆注重铺叙实景，甚至其中许多词句都如出一辙，如《弇山园记》论及景物，也有宜花、宜月、宜雪、宜雨、宜风、宜暑的概括；最重要的是，王世贞《题弇山园》诗的标题依次为“入弇州园，北抵小祇林，西抵知津桥而止”“入小祇林门至此君轩，穿竹径度清凉界、梵生桥达藏经阁……”，吴亮别具一格的《题止园》诗显然是受此启发。

然而，在强调止园受到弇山园影响的同时，我们也不应忽视止园的独创之处。止园的建造距离弇山园初建（始建于 1572 年前后）已有三十余年，造园风格的变革正在悄然酝酿。此前众口交誉的弇山园在当时已开始出现批评的声音，如王思任在《记修苍浦园序》说：“予游赏园林半天下，弇州名甚，云间费甚，布置纵佳，我心不快。”弇州指弇山园，云间指豫园，都是造园大师张南阳的杰作。王思任是晚明的著名文人，以能文善谑著称，他游览过无数园林，认为这两座名园经营虽工，自己却游兴不高。就止园而言，马之骐的《止园记序》提供了极重要的讯息，他评论止园说：“园胜以水万顷，沦涟荡胸濯目，林水深翳，宛其在濠濮间。楼榭亭台位置都雅，屋宇无文绣之饰，山石无层垒之痕，标弇州所称缕石铺池，穿钱作埒者敻然殊轨。”王思任及其他人对弇山园的批评还不免有点酸葡萄心理，平心而论，他们所称道的园林在造园艺术上其实无法与弇山园相提并论；但止园在这方面却足以与弇山园一较高下。有了这份资本，“敻然殊轨”四个字才能够说得掷地有声。了解了这些，再看止园与弇山园的相似，便揭示出更深层的含义：止园对弇山园的“亦步亦趋”并非仅为模仿，更是为了与之竞争。吴亮在建止园时，是将王世贞的弇山园作为自己的理想与标杆，这是一个值得尊敬的前辈和对手。就像现代建筑领域里的路易斯・康之于柯布西耶。我们完全可以设想，吴亮也许会像康一样，走在苦心孤诣而成的止园中，忍不住有些得意地问：“弇州兄，小园尊意以为如何？”止园对于弇山园，是致敬，也是挑战。将两园对比观之，我们可以真切感受到晚明时期的公卿名士们在园林中“各竭其才智，竞造胜境”[⑧] 的勃勃生气。

两园最大的区别，便在吴亮和王世贞各自指出的：止园“水得十之四”，弇山园“土石得十之四”。虽然只是一两个字的差别，却代表了对园景迥然相异的两种追求。弇山园重叠山，止园重理水。叠山所需的人工和物力要超出理水许多倍。石料追求洞庭、武康等地的特产，采石、运石都是不小的开支，叠石成山更是一项浩大的工程，富贵如王世贞，在弇山园建成后，“问橐则已如洗”。相比之下，开池无疑要省力许多，吴亮也没有财力不济的苦恼。而在经济考虑之外，更重要的则是两园风格取向的不同：弇山园以山胜，精华是三座假山，峰奇、路险、涧曲、穴深，令观者骇目恫心，但不免人工痕迹过重；止园以水胜，池沼勾连、溪涧纵横，林水深翳，如在濠濮之间，特具自然的清新气息。表面看两园是叠山与理水的区别，实际则是人工与自然的分殊。

弇山园是张南阳的杰作，累石叠山的人工技艺至此可谓登峰造极；此后，明代造园艺术越来越重视对自然趣味的追求，止园便是承前启后的重要一步。不过止园主要还是借助水景来营造自然气氛，园中山石如飞云峰、蟹螯峰、青羊石，仍是弇山园叠山、置石风格的延续。新时代造园风格的这次变革，要到张南垣手中才最终完成。张南垣平冈小坂、土中戴石的做法使叠山也自然化了，他的假山不但省工省料、丰俭由人，并且宛如自然峰峦在园内的延续，使人真假莫辨，丝毫不觉是人为之山。我们最后会在乐郊园（张南垣为王时敏建造）中讨论造园史上的这次重要变革，止园则是处在弇山园与乐郊园之间的一个精彩而关键的过渡。

吴亮在《止园记》中还提到了造园匠师周伯上，《止园集》卷五有《小圃山成赋谢周伯上兼似世于弟二首》，卷六又有为其贺寿的《周伯上六十》，从中可见吴亮对周氏的尊敬和重视。古代园记大多偏重抒发园主的寄托和抱负，极少提到匠师，让人误以为园林的营造似乎全靠主人自出心裁。实际上，匠师与吴亮这样的主人都不可缺少。沈德潜《周伯上画十八学士图记》提到："前明神宗朝广文先生薛虞卿益命周伯上廷策写唐文皇十八学士图。"[9] 可知周伯上便是周廷策，他的父亲周秉忠曾为徐泰时建造东园，即苏州留园的前身，据袁宏道《园亭纪略》记载，东园的"石屏为周生时臣所堆，高三丈，阔可二十丈，玲珑峭削，如一幅山水横披画，了无断续痕迹，真妙手也"[10]。周伯上继承了父亲的绝学，画观音，工垒石，还擅长雕塑，是一个全才[11]，"太平时江南大家延之作假山，每日束修一金，遂生息至万。"[12] 每天能拿到一金的报酬，可见其技艺相当高超，止园无疑是他经手的一项大工程。更值得注意的是，周氏父子二人皆为精通绘画的造园大师。精通绘画是晚明造园家的共同特点，张南阳、张南垣、计成都有深厚的绘画功底。事实上，正是通过通晓绘事的园师与精通诗文的园主合作，画意和诗情才被引入到园林中。园主将自己领略到的诗情喻之匠师，匠师则有如造化之神，经营出园中丘壑，他的绘画素养，使园林天然具有绘画的意境。

止园的废弃不知始于何时，道光《武进阳湖县合志》称其"在东门外"，连编县志的人都会弄错位置，可知在道光年间已荒废了很久。今天在谷歌卫星地图上，仍然能找到止园的旧址，位于常州市关河中路北，青山路、晋陵中路东。如今这里已建成常州新天地和怡康家园（图 23）。在数百年之后，看到这张地图，我们依然能马上辨认出，这里便是张宏笔下的止园：与关河中路、晋陵中路并行的是“止园全景”中那条环绕园外的长河，左下角的青山桥则是青山门北的圆形城关，张宏的写实能力着实令人叹为观止。只是“山河风景元无异，故园池台已全非”，拥挤在熙熙攘攘的商业大厦中的现代人或许从来未曾意识到，脚下的这片土地上曾经孕育过一座多么优美的花园。

**注释：**

① 本节文字参见高居翰为 1996 年《止园图》册展览撰写的 *Exploring the Zhi Garden in Zhang Hong's Album* 一文，收入本书时又由两位中国著者作了补充和引申。

② Lee. *Chinese Landscape Painting*. *Cat*. No .82.

③ 我在《气势撼人》一书中对这套册页作了较长的介绍，并复印了其中的四幅。在《山外山》一书中对张宏和他所取得的成就作了比较全面的讨论，同时也提出了张宏从西方绘画中吸取营养和他的客观再现真实的问题。

④ “宏字君度，别号鹤涧，居镇东里。少读书，不就，去学绘，穷讨古人之妙，烟云丘壑，触手皆古，而无一笔袭古，名高天下。家酷贫，志气傲散，履敝不易，衣垢不澣。顾善事父母，父母没，弟幼，友爱最笃。室屋湫隘，父存典半，宏以笔恢复，公诸弟。又女弟适人，夫亡子存，携归衣食之。亲戚贫老失所者，咸赖以给。故能取之于笔，而囊乌有也。朝暮举火，仰之市肆。要其急，辄得佳画，故米盐之家所藏为多。稍有笔租，即以直酬物，又自贵弗与。弟敬，字以修，好博物，亦淳谨士也。”见：（明）徐鸣时，《横溪录》，卷三，四库全书存目丛书，史部第 234 册。感谢 Joseph McDermott 提供的线索。

⑤ 吴玄是吴亮四弟，兄弟二人志趣迥异，甚至成为正史的谈资，《明史》“吴中行传”附道：“亮尚志节，与顾宪成诸人善。而玄深疾东林，所辑《吾徵录》，诋毁不遗力。兄弟异趣如此。”晚明之际，吴玄侧身魏珰（魏忠贤），是一个深陷党派之争的失意官僚，在士林中的名声并不好。见：曹汛，《计成研究——为纪念计成诞生四百周年而作》，《建筑师》第 13 期，1982 年。

⑥“董其昌告诫说一切古代风格必然重新集为‘大成’，于是就可以从画史中抽取出每位艺术家最优秀的部分，加以综合后融入自己的作品。如此创作出来的整体，效果必然会胜过各部分之总和。画平远，他选赵令穰，重山叠嶂用江参，皴法要用董源的披麻皴和《潇湘图》中的点子皴，画树他推崇董源和赵孟頫的笔法，画石要用大李将军的《秋江待渡图》和郭忠恕雪景中的笔法。”方闻，《心印》，西安，陕西人民美术出版社，2004 年，189~190 页。通过抽取古代大师最优秀的部分进行创作，像董其昌这样的大家，能够真正将它们融化吸收，固然有可能创造出一条龙；但对他的追随者而言，更有可能的则是画出一些四不像。

⑦ 王世贞，《弇山园记》，《弇州四部稿 · 续稿》，卷五十九，文渊阁四库全书。

⑧ 陈寅恪，《元白诗笺证稿》，北京，三联书店，2009 年，9 页。

⑨（清）沈德潜，《周伯上画十八学士图记（薛虞卿书传）》：“前明神宗朝广文先生薛虞卿益命周伯上廷策写唐文皇十八学士图……伯上吴人，画无院本气。虞卿，文待诏外孙，工八法。此册尤平生注意者。”《归愚文钞》，卷六，清刻本。

⑩（明）袁宏道，《园亭纪略》，见钱伯城，《袁宏道集笺校》上册，上海，上海古籍出版社，1981 年，

180 页。

⑪（清）顾振涛，《吴门表隐》，卷六：“不染尘观音殿在北寺东，像甚伟妙，脱沙异质，不用土木，宋绍兴时金大圆募建，名手所塑。……（万历）三十二年，郡绅徐泰时、配冯恭人、同男洌、浤、瀚重建。得周廷策所塑尤精，并塑地藏王菩萨于后。”南京，江苏古籍出版社，1999 年，74 页。可知在雕塑方面，周伯上也丝毫不逊色于宋时名手。

⑫（明）徐树丕，《识小录》，卷四：“一泉名廷策，实时臣之子。茹素，画观音，工垒石。太平时江南大家延之作假山，每日束修一金，遂生息至万。晚年，乃为不肖子一掷。年逾七十，反先其父而终。”上海，商务印书馆，1916 年。据曹汛先生最近考证，周伯上生于嘉靖三十二年（1553 年），周秉忠则生于嘉靖十六年（1537 年），卒于崇祯二年（1629 年），周伯上“先其父而终”，卒年还在崇祯年间之前。

**作者简介：**高居翰（James Cahill,1926-2014），中国艺术史学者；

黄晓，刘珊珊，青年学者

**原载于：**高居翰，黄晓，刘珊珊．不朽的林泉：中国古代园林绘画 [M]. 北京：生活 · 读书 · 新知三联书店，2012：13-47.

# “拟入画中行”：画意宗旨的确立与晚明造园的转变

顾凯

## 1. 引论

绘画对造园的影响，在中国园林研究中历来受到关注。作为现代意义上的中国园林调查研究的开创者，童寯早在1936年的文章中就认为“中国造园首先从属于绘画艺术”[1]；他在1970年的手稿中又重申了这一论断：“造园与绘画同理，经营位置，疏密对比，高下参差，曲折尽致。园林不过是一幅立体图画……。”[1]这样的见解也受到其他学者的支持，如陈从周在《说园》中反复强调造园中“处理原则悉符画本”“要具有画意”“画理，亦造园之理”[2]；杨鸿勋《江南园林论》中也提及，“江南园林仿佛以砂、石、土、植物、动物为丹青，于三度空间中作画。江南园林是可以身临其境的立体的画幅”。[3]

以上学者并未论及绘画对造园产生影响的历史发展问题。另一些园林学者在认同绘画影响造园的同时，则更进一步从历史的角度去认识其发生的源头。得到较多认同的时间点是唐代，如日本学者冈大路1938年成书的《中国宫苑园林史考》认为王维的辋川别业“一定是将表现于画论中的观念也用于园林设计”[4]，刘敦桢在《苏州古典园林》中也指出“唐中叶遂有文人画的诞生，而文人画家往往以风雅自居，自建园林，将‘诗情画意’融贯于园林之中”[5]。另一些认识中并未明确具体时间，但也认为文人园林自从诞生起就受到绘画的强烈影响，如“（文人园）从一开始就是按照诗和画的创作原则行事，并刻意追求诗情画意一般的艺术境界”[6]“中国文人画正是中国文人山水园之母”[7]。无论是发生于唐代或是更早的结论，对其支撑的其实有两个方面：一是以绘画艺术与造园艺术的内在一致性作为理论基础，绘画与造园的相互影响是必然，画论必定会用于造园；二是历史上一些画家主持造园，被认为是显著例证。比如这样一种比较常见的认识：“园与画的关系，在艺术形式上它们同属于‘形’的艺术，其关系较诸诗与画、诗与园更贴近。中国历史上许多著名造园家同时也是画家……印证的是园与画相互资源、转换的关系”[8]；对于画家造园，如前述冈大路认为王维营造辋川别业“一定”采用画论观念，又如认定宋徽宗造艮岳“也必然地会把画意融进园林的造型中去”[9]，等等。

然而，这种“绘画必然影响造园”的认识其实并未得到仔细的论证，无论是对“园画一体”的基本认识、还是“画家造园”的基本案例，都还需要加以更为审慎的思辨和历史的考察。而且，在这样一种较为简化的认识下，绘画的影响对造园史的发展产生了怎样的深刻作用、有怎样的具体呈现，都尚未得到深入细致的展开研究。

对园林营造产生影响的绘画原则及效果追求，当代研究中往往以“画意”统称，这也确实是历史文献中的常用词，如《园冶》中即有“宛若画意”之语[10]，也往往与“诗情”相结合而形成“诗情画意”的习惯称呼。本文将以具体历史文献为基础，缜密考察造园中的画意宗旨究竟在历史上何时确立，并细致研究画意宗旨的确立对于造园的观念及方法究竟产生了怎样的具体影响。

## 2. 画意造园的形成：早期的考察与晚明的确立

对于“绘画必然影响造园”的已有认识，需要从理论上考察其论证的合理性；对于画意造园在唐代(甚至更早)就已形成的认识，则需要从历史中考察其案例的适当性。

### 2.1 理论认识：画园之间自然相通？

确实，以山水为主题的中国古典园林，与其他一些相同主题的艺术类别有着共同的文化基础而关系紧密，如潘谷西指出，“山水风景园和山水诗、山水散文、山水画是在共同的观念形态根基上开出的四朵奇葩"[11]。然而，有着某些共通的内在文化内涵，并不意味着相互之间能够随意贯通、必然一致。以诗、画关系为例，二者的互通长期以来得到认可，宋代苏轼曾谓“味摩诘之诗，诗中有画；观摩诘之画，画中有诗”，并进一步提出“诗画一律”，确立了诗、画创作规律与审美内涵的一致性，为后世所一直信奉；然而，钱锺书在《中国诗与中国画》一文中通过细致的论证分析，批评了“中国诗与中国画是融合一致的”这样一种“统一的错觉”，指出二者有着不同的艺术原理和评判标准，绝非“一律”[12]。同画、园关系相比，诗、画之间的密切在中国文艺史上早已流传久远、深入人心，尚且有着明确的界限而不可混为一谈；作画与造园，虽然同属“形”的艺术，但在维度、材料、技法上有着巨大差异，二者之间的鸿沟并非就能轻易跨越、使画意进入造园可以视为“必然”。

就古人的认识来看，即便是在以画意造园已经流行的清代，也存在不同认识。比如张潮在《虞初新志》卷六《张南垣传》评语中就提到：“垒山垒石，另有一种学问，其胸中丘壑，较之画家为难。盖画则远近高卑、疏密险易，可以自主；此则必合地宜，因石性，物多不当弃其有余，物少不必补其不足，又必酌主人之贫富，随主人之性情，犹必藉群工之手，是以难耳。况画家所长，不在蹊径而在笔墨。予尝以画上之景作实境观，殊有不堪游览者。犹之诗中烟雨穷愁字面，在诗虽为佳句，而当之者殊苦也。若园亭之胜，则止赖布景得宜，不能乞灵于他物，岂画家可比乎？”[13]

张潮自己曾以画家身份直接以画意造过园，然而失败了；有了这种亲身的经历，他更切实体会到，作画与造园有着不同的创作原理，造园比作画有着更高的难度。整体造园的“布景得宜”已经不容易了，园林中的叠山需要极高的专业技巧，就更不是画家所能办到的了。对此，李渔在《闲情偶寄》的《居室部》“山石第五”中也谈道：“磊石成山，另是一种学问，别是一番智巧。尽有丘壑填胸、烟云绕笔之韵士，命之画水题山，顷刻千岩万壑，及倩磊斋头片石，其技立穷，似向盲人问道者。”[14]

这里的“另是一种学问，别是一番智巧”之语，否定了画家“必然”可以造园的认识。周维权先生也指出：“兴造园林比起在纸绢上作水墨丹青的描绘要复杂得多，因为造园必须解决一系列的实用、工程技术问题。也更困难得多，因为园内景物不仅从固定的角度去观赏，而且要游动着观赏，从上下左右各方观赏，进入景中观赏，甚至园内景物观之不足还把园外‘借景’收纳作为园景的组成部分。”[15]从而，以园、画互通作为画家“必然”能够以画意造园的认识不能成立。

同样的道理，园、画之间即便有影响，也未见得能轻易做到“相互”。确实，园林很早就被认为“如画”、并且“入画”，成为描摹的内容，甚至成为一种绘画的类别，在唐代已有“宅成天下借图看”的诗句，可见园林图画的流行[8]；然而作为“园入画”的相反方向、将绘画原则用于造园的“画入园”，却未必能够自然而然地成立。

可见，在理论上无法得出文人画诞生后便必定影响文人园的结论；那么，“历经长久的发展而形成‘以画入园、因画成景’的传统”[15]，究竟是何时得到有意识的确立，还需要通过对历史文献的仔细考察。

2.2 案例认识：以画入园早已有之？

来看作为关键例证的画家造园问题。明代以前，真正的画家主持造园的例子，数量其实有限，可作一一考察。如果画家造园确实自觉地“把画意融进园林”“画论观念用于园林设计”的话，那么应该会在园林记述中至少留下蛛丝马迹，然而事实却并非如此。

唐代的“辋川别业”首当其冲，王维与其友人留下了《辋川集》和其他大量诗文，有着对其中景物的许多描述[15][16]，而在这些文字中，并不能找到与画意相关的形容来推断“以画入园”的设计思想。事实上，对于这一处于自然之中的别业，从文字中主要可以认识到的，是对于自然林泉山水的欣赏，而不在于营造本身的技巧；各个景点的设置营造，主要关注的在于是否能够得到出色的自然景观，是作为观景的场所而不是被观赏的景物。由于其中主要是自然山水环境，而缺少对景致的人工经营改造，有论者甚至认定辋川别业不能算作“园林”[17]。另外，对于唐代卢鸿的“嵩山草堂”，情形也与之完全一致。

与“辋川别业”不同，北宋“艮岳”是以人工营造出山水景观，应当有其设计思想；然而无论是徽宗御制《艮岳记》、祖秀《华阳宫记》，还是张淏《艮岳记》补述以及《宋史》中的记载[18]，也都看不到有“以画入园”思路的明确叙述①。而其真正的指导思想，有学者指出，艮岳在设计宗旨上，山体形制道法自然，以余杭凤凰山为模本[19]；此外从最权威的文字、徽宗本人的《艮岳记》中大段其他山水名胜的描述可以明确看到，艮岳筑山意向还在于“兼其绝胜”、博采各处名胜众长[20]。可见，艮岳的造园设计思想是从现实自然山水而来，而难以与“画意”找到直接关系。

有关画家造园最可作仔细分析的一例，是南宋周密《癸辛杂识》中所述吴兴俞澄的“俞氏园”：“余平生所见秀拔有趣者，皆莫如俞子清侍郎家为奇绝。盖子清胸中自有丘壑，又善画，故能出心匠之巧。峰之大小凡百余，高者至二三丈，皆不事饾饤，而犀珠玉树，森列旁午，俨如群玉之圃，奇奇怪怪，不可名状。”[21]

这里所谈园林立峰，似与“善画”有关；但仔细分析其中文字，其实立峰构思的直接来源是“心匠之巧”，“善画”只是为了说明能“巧”；而从对立峰的描述来看，“奇奇怪怪，不可名状”的效果，也和画意无关。从“胸中自有丘壑，又善画”之语也可看到，“丘壑”与“善画”是分开的，并无直接关联；造园所需要的是“胸中丘壑”，这样的“丘壑”应当来自大自然，而非直接取自山水画。《癸辛杂识》中在这段描述之后，又谈及“俞氏园”总体园景，对于所造山水的形容是“如穷山绝谷间也”[21]，也可以看到是直接以真实山水为参照而作的评价。从这段记述可以推论，画论往往所言指导绘画的“胸中丘壑”，同这里指导造园的“胸中丘壑”，都是来自现实自然山水，在这个意义上，绘画与造园同样取法自然、是并列的关系，而非前者派生后者的关系。

明代以前画家造园的例子，还有宋代苏轼在黄州的“雪堂”、晁补之在济州的“归去来园”、元代倪瓒“清秘阁”等，都记载简略，难以寻觅到任何与画意造园相关的文字。此外，清中叶以来还有倪瓒造狮子林的说法，是倪瓒画《狮子林图》所衍出的误传，很早就有人辟谬。[22]

以上对明代以前画家造园案例的文献所作分析，并不能得出“以画入园”、绘画直接指导造园的结论；而对于画论对造园的影响，现有大量明代以前的园林记述中，也都找不到与画论有直接关系的文字，“以画入园”的认识并不能得到历史文献的支持。

可以看到，明代以前，人们的观念中并没有园、画二者的创作原理直接相通而可“以画意造园”的普遍认识；从前述对“艮岳”“俞氏园”的造园意向来看，主要还是直接从自然界吸取灵感。造园的历史更为久远，如曹汛指出“从历史发展上看，造山水园还是要走在作山水画的前面”[23]，造园自身有着模仿自然的营造传统。尽管唐宋以来，出色的造园与绘画都追求山水意趣、都需要“胸中丘壑”，会有某些共通的深层次原则在起作用而使山水画与园林都具有某些相类似的特点，然而，自觉、明确地用绘画方法原则直接指导园林营造，明代以前尚未出现。

### 2.3 历史新考：晚明确立画意原则

仔细考察历史文献，自明代中期以来，逐渐有记载体现出以画入园的日益自觉；

进入晚明后，这种自觉性完全确立。

15世纪后期，庄昶有《周礼过江为余作假山成谢之诗》："秋山老痒欲谁搔，又为西崖过晚潮。活水源头容点缀，天峰阁下见岧嶤。道心我岂朱元晦，画意公如盛子昭。会把乾坤拳一石，不将真假到山樵。"[24] 其中"画意公如盛子昭"之句，说明这一假山堆叠已在或有意或无意地取法元代著名画家盛懋（字子昭）的画风，这里也直接使用了"画意"一词。这是目前所知最早提到造园叠山同"画意"密切相关的记载。

16世纪前期的文徵明，在其《玉女潭山居记》中，对这座山居园林的主人史恭甫有这样的评述："恭甫恬静寡欲，与物无忤，而雅事养神，邂逅得此，用以自适，而经营位置，因见其才。"[25]"经营位置"正是"谢赫六法"之一，这是文献中目前所知首次自觉将画论用语作为造园评述。

进入16世纪下半叶之后的晚明，尤其在17世纪初，在文人中有着巨大影响力的董其昌在《兔柴记》中有一段叙述："余林居二纪，不能买山乞湖，幸有草堂辋川诸粉本，着置几案，日夕游于枕烟廷、涤烦矶、竹里馆、茱萸沜中。盖公之园可画，而余家之画可园。"[26] 这段话可以视为文人观念中园画相通、以画为园认识自觉确立的标志。"园可画"，是长久以来就已流行的；而"画可园"，则是董其昌自己所提出，并显出因此而自得。尽管这里的"画可园"意为可将山水画当作园林，还不是指在现实中直接以画意造园，但已是在观念上将山水画明确作为园林的先导。童寯先生对此有评价，"一则寓园于画，一则寓画于园，盖至此而园与画之能事毕矣"[27]，强调了董其昌提出这一认识的意义所在。诗、画审美与创作的一致性早在宋代已被认可；而对园、画之间的旨趣以及创作互通的认识，在晚明才明确建立。

董其昌提出的"画可园"，并非完全他个人的独创，更多是对当时一种渐为成熟的共识在理论上加以明确化。此后，晚明文人论及以画为园的渐多，如崇祯年间茅元仪在《影园记》更是提出："画者，物之权也；园者，画之见诸行事也。"[28] 这是对董其昌的"画可园"认识的更进一步，把以画造园的可能性上升到了必然性，明确地把绘画作为造园的基础所在。

计成在《园冶》中，从文人体验的角度，反复强调园林画意的重要："宛若画意"、"楼台入画""境仿瀛壶，天然图画""顿开尘外想，拟入画中行""深意画图，余情丘壑"……[10] 可见在计成那里，"入画"是理想园林需要达到的境界。

又如作为文人精英的文震亨，在《长物志》一书中也同样对园林的画意效果格外关注——“草木不可繁杂，随处植之，取其四时不断，皆入画图”“最广处可置水阁，必如图画中者佳”“堂榭房室，各有所宜，图书鼎彝，安设得所，方如图画”[29]。从这些种种“入画图”“如图画”的要求可见园林画意的重要地位。

正是在这样的观念背景、知识氛围中，以画意造园成了深入人心的原则，甚至在普通文人那里也得到呼应，比如张岱在《鲁云谷传》中提到一处庭园小景的营造：“肆后精舍半间，虚窗晶沁，绿树浓阴，时花稠杂。窗下短墙，列盆池小景，木石点缀，笔笔皆云林、大痴。”[30] 这里刻意模仿的是元代的倪瓒、黄公望的画意，张岱对此也颇为赞赏。

通过以上的历史考察可以看到，正是在晚明时期，以画意可造园逐渐成为江南文人的普遍自觉认识，山水画意明确作为园林境界的追求目标和营造原则。

## 3. 画意宗旨与晚明造园观念的转变

画意宗旨的确立，对于晚明造园文化究竟意味着什么？产生了怎样的具体影响？我们可以从园林营造的观念与方法两个方面来分别考察。

画意宗旨对于造园观念的影响，可以从对于造园匠师能力的要求、对于造园评价标准及理论的建立以及更深层次的对于园林审美方式这几个方面进行探讨。

### 3.1 匠师造园能力：画意与不可或缺的内在要求

随着画意宗旨在造园中的确立，在新的营造目标的指向下，对造园观念最显著的外在体现，就是在园林的创造者，尤其是叠山匠师那里，绘画本领变得越发重要。

明代中期以前，园林大多相对简单，更少复杂假山，其营造一般不需要假手于专门匠师，因而造园匠师的记载极少。明代中期以来，江南地区造园的风气开始普遍弥漫，出现面貌丰富、营造精美的名园，往往以假山取胜，叠山匠师的作用变得越发重要，开始得到文人的记载和推崇，如苏州的周浩隶、杭州的“陆叠山”、南京的周礼。但此时的相关文献尚无对造园匠师绘画能力的记述，前述明中期庄昶对周礼的叠山作品已经出现“画意”的评述，但对于匠师本人是否善于作画并无任何说明。

而到了晚明，优秀的造园匠师开始被详细叙述，文献中往往不只是展现其出色的画意造园作品，而且把绘画的能力置于相当重要的地位。晚明江南最为著名的四位造园家——张南阳、周丹泉、计成、张南垣，无一不是如此。

对于16世纪后期的张南阳，陈所蕴的《张山人传》在开篇的人物背景介绍中就有："父某以善绘名，故山人幼即娴绘事。闲从塾师课章句，惟恐卧至，濡毫临摹点染，竟日夕，忘寝食，用志不分，乃凝于神，遂擅出蓝之誉矣。"[31] 从家世的说明、少时的努力、得到的称誉，似乎都是与造园无关的闲笔，但其实用意明确，是在强调张南阳不凡的绘画能力，这是作为造园本领的基础。

周丹泉是16世纪后期另一位出色的造园匠师，韩是升《小林屋记》在文末提道："园为归太学湛初所筑，台榭池石，皆周丹泉布画。丹泉名秉忠，字时臣，精绘事，洵非凡手。"[32] 介绍人物的寥寥几笔中，仅突出其绘画能力的精通、不凡，别无他笔，可见作者心目中优秀造园匠师的标准。

17世纪上半叶的计成，在《园冶》"自序"中这样起首："不佞少以绘名，性好搜奇，最喜关仝、荆浩笔意，每宗之。"[10] 作为造园专论，全书开篇第一句展示的却是自己的绘画水准，可见他心目中绘画技能对于造园的重要性，是造园能力的证明，反映着当时读者——士大夫阶层所看重的方面。这也不仅是他的自我认识，这方面也有他人的评价，如作为品鉴行家的阮大铖在《园冶》的"冶叙"中赞扬计成："无否人最质直，臆绝灵奇，侬气客习，对之而尽。所为诗画，甚如其人，宜乎元甫深嗜之。"[10] 其中也提到其画艺，可见计成自述之不虚。

对于17世纪名满江南的张南垣，吴伟业《张南垣传》是这样开头的："张南垣名涟，南垣其字，华亭人，徙秀州，又为秀州人。少学画，好写人像，兼通山水，遂以其意垒石……"[33] 除了名字、居住地的基本信息，直接进入到绘画能力的叙述，之后一转而进入造园技能，可见绘画对于造园匠师能力认识的意义。从这些叙述可以看到，对于造园匠师，善于绘事，绝不是"多才多艺"的装点，而是对于造园有密切而积极的关联，是造园能力的基础性、也是关键性的作用，不可或缺。

为何绘画能力在造园中被赋予如此重要的地位？茅元仪《影园记》中的一段话有详细说明："士大夫不可不通于画，不通于画，则风雨烟霞，天私其有；江湖丘壑，地私其有；逸态冶容，人私其有。以至舟车榱桷、草木鱼虫之属，靡不物私其有，而我不得斟酌位置之。即文人之笔、诗人之咏，亦我为彼役，而彼之造化，所不得施其力；雨露雷霆，所不得施其巧；精营力构，点缀张设，所不得施其无涯之致者，我亦不得风驱而鬼运之。故通于画，始可与言天地之故、人物之变、参悟之极、诗文之化，而其余事，可以迎会山川、吞吐风日、平章泉石、奔走花鸟而为园。故画者，物之权也；园者，画之见诸行事也。我于郑子之影园，而益信其说。”[28]

茅元仪指出，绘画是认识世界、参与世界的重要方式，绘画能力是掌控天地万物的关键，而造园，则是将这种统帅能力又施加于现实世界。这里将绘画、园林联为一体，置于一个宏大的世界观中，具有重要的特殊地位。造园是绘画的延续，离开了造园，绘画无法转化入现实世界；而离开了绘画，园林的营造无疑将失去指引。

绘画能力被毋庸置疑地作为画意造园的必要基础，然而从绘画到造园，还需要转化的能力，其中的关键在于造园同绘画一样需要“胸中丘壑”。陈所蕴《张山人传》指出：“山人始以绘事特闻，具有丘壑矣。彼亦一丘壑，此亦一丘壑，斯与执柯伐柯何异。取则不远，犹运之掌耳。宜其技擅一时，夐只无两也。”[31]作者认为，画家所具有的“丘壑”同造园需要的“丘壑”完全一致。对于张南垣，陈继儒有《送张南垣移居秀州蔗庵赋此招之》一诗：“南垣节侠流，慷慨负奇略。盘礴笑解衣，写石露锋锷。指下生云烟，胸中具丘壑。五丁紧追随，二酉顿开凿。……”[34]“指下生云烟”的绘画能力，使其“胸中具丘壑”，从而能够如驱使五丁力士，使得天地改观。张宝臣《熙园记》也有类似的认识：“嗣君原之、文孙元庆，大雅亢宗，又皆以绘事擅长，胸臆间具丘壑，其增修点缀，俱从虎头笔端、摩诘句中出之，宜其胜绝一代也。”[35]除了对“以绘事擅长”的作画能力肯定，还指出“胸臆间具丘壑”是造园能力的关键，以此才能获得“胜绝一代”的成果。与之前不同的是，这里论述的造园人物不是职业匠师，而是作为园主人的文人。可以看到，由于同样的“胸中丘壑”，造园并不限于匠师，善于绘画的文人也完全可以参与，甚至有非常出色的成果。

从张宝臣的这一论述，也可以看到这样一种可能：由于造园者的关键在于“胸中丘壑”，那么具有“胸中丘壑”的职业匠师和文人之间，身份差异是可以模糊的。正是在这样的园林文化情境中，计成在《园冶》正文首篇“兴造论”一开头就提出了“能主之人”这一概念：“世之兴造，专主鸠匠，独不闻‘三分匠、七分主人’之谚乎？非主人也，能主之人也。古公输巧，陆云精艺，其人岂执斧斤者哉？……第园筑之主，犹须什九，而用匠什一。”[10]

计成所提出的“能主之人”，是迥异于过于一般工匠的文人造园师的新形象。在过去，如郑元勋的“题词”指出了一般工匠其实对于出色园林的营造是无能为力的：“所苦者，主人有丘壑矣，而意不能喻之工，工人能守，不能创，拘牵绳墨，以屈主人，不得不尽贬其丘壑以徇，岂不大可惜乎？”[10]

计成则通过古代如陆云这样的文人为榜样，说明造园师同那些“执斧斤者”、胸中毫无“丘壑”的工匠不同。毕竟，中国传统中“道器相分”的思维方式，使得工匠的地位比文人要低得多。而计成向文人们证明：好的造园师绝非一般工匠所能比，而一定有着文人的素养和能力。从而也可以看到，如计成这样的造园师，强调自己有出色的绘画能力，与普通工匠有别、而与文人无异；计成的写作背后显示着这样一种深层次的动机：努力使造园师摆脱传统习惯上工匠的低微身份，而上升到近乎文人的地位高度。与《园冶》写作本身即是文人手段相一致——设定的读者是文人、运用的文学方式也完全是文人语言，《园冶》“自序”开头申明自己擅长绘画的能力，也表明自己本来就是文人的身份。

无论计成的这一努力是否成功，可以明确的是，出色的绘画本领使得这些造园匠师得到当时文人的普遍肯定，他们脱颖而出成为“明星造园师”而得到文人的赞赏，并加以详细记述。作为画意造园的基础，善画的能力成为评价优秀造园师的基本准则。

### 3.2 园林品评理论：画意与艺术判断的外在标准

由于画意宗旨的确立，园林理论也产生了前所未有的新突破，画意成为造园观念重要内涵的同时，也成为外在品评的重要准则。随着评价标准及营造理论的建立，造园成为一门真正的艺术。

在晚明之前，园林长期以来主要针对的是个人性的需求，尤其是文人园往往以“隐逸”为追求，以陶渊明《归去来兮辞》中“园日涉以成趣，门虽设而常关”“请息交以绝游”的自我世界营造为旨归。在这种个人性主导的园林文化中，园林的意义在于通过自然景物的触发，直指个人内心世界的乐趣与安适，起到的是一种媒介的作用。对于造园效果的评价，往往是个人性的体会，表达对园林乐趣的获得。在各种园林文献中，主要是表达个人性的体验乐趣及情感抒发，而极少有关于园林品赏、评价的相关理论叙述②。这种以个人性为主的园林品评，非常依赖个人修养与感悟能力，而缺乏便于大众品评的公认标准。

到了晚明，尽管营造出个人性的自足世界仍是众多造园者所追求的目的之一，然而与此同时，园林越来越突出地成为社会交往的场所。园林游观不再仅是个人性的活动，还承担着众多的社会活动内容，甚至成为“培养声望”的社会性场所，园林已经突出地显示出其社会性[36]。在这种鲜明的社会性背景下，公共交流对园林品评产生显著需要，不仅是个人性的内在感受，更在于便于公共认可的外在判断。而画意的引入，则提供了这样一种较为明确的话语；是否如画，也成为园林营造优劣的重要评价标准。

如对张南垣造园作品的评价，吴伟业《张南垣传》是这样表述的：“华亭董宗伯玄宰、陈征君仲醇亟称之曰：‘江南诸山，土中戴石，黄一峰、吴仲圭常言之，此知夫画脉者也。’”[33]作为对最杰出造园家的最高褒奖，这里引用了大文士董其昌、陈继儒“知夫画脉者”的评语，认可他所造园林有元代画家黄公望、吴镇的画风。不仅是杰出造园能力要用绘画本领来体现，画意的成功获得，更是对于造园效果的最佳评价。

类似的还有计成为仪真汪士衡所造“寤园”，《园冶》中自述：“姑孰曹元甫先生游于兹，主人偕予盘桓信宿。先生称赞不已，以为荆关之绘也，何能成于笔底？”[10]名士曹元甫称之“荆关之绘”，成功的画意效果成为计成引以为荣的极为赞赏之语。无疑，是否取得画意已成为造园是否成功的评价标准。

这一标准也体现在计成的其他造园中，如郑元勋在《影园自记》中指出：“吴友计无否善解人意，意之所向，指挥匠石，百不一失，故无毁画之恨。”[35]这一造园的成功，正是在于画意原则的遵循（“无毁画之恨”）。

成为园林品评认识的画意，也自然进入到园林的营造理论之中。在《园冶》中，计成将画意作为造园指导思想贯穿在全书中反复强调：“桃李成蹊，楼台入画。境仿瀛壶，天然图画。顿开尘外想，拟入画中行。”[10]

晚明的《园冶》是中国第一部系统的园林营造理论专著，造园理论第一次成熟于中国历史，正是建立于园林公共品评的需求及画意标准之上；画意的追求使得造园获得明确的评价标准，造园理论终于得到真正确立。中国造园理论的突破，并非由于历史积累的自然而然，而与画意宗旨的确立息息相关。

也正是由于画意宗旨及造园理论的建立，造园在此时成了“艺术”。郑元勋在《园冶》“题辞”之首就进行发问：“古人百艺，皆传之于书，独无传造园者何？”[10]郑元勋敏锐地意识到，造园在以往从来就没有一部艺术理论专著，这是一个似乎难以理解的问题。对于这一设问，郑元勋自己是以“园有异宜，无成法，不可得而传也”来解释。然而现在我们可以从另一个角度回答：其实，以往造园并未视为“百艺”的一种；不被视为“艺”，也就无系统理论，自然也无书可传。

考察此前的园林历史，并没有将造园视为艺术的文献记述。正是由于以往造园是很个人化的事情，主要是用于获取个人性适意乐趣的“私人天地”的生活环境营造[37]，此外也有着一定的生产功能[38]，而基本不用于公共欣赏，对于其营造效果也缺乏外在评价的标准，因而从来未被视为一种“艺术”。而晚明以来，园林不再仅满足个人的内在情趣，“游观”本身越发受到关注，直接的感官体验越发受到重视，园林景物从作为沟通外在天地自然与内在精神的附属性中介手段的地位，逐渐获得自身相对独立的欣赏价值，对其具体形态营构的要求越发重要。在外在公共品评标准的需求中，已经过长期发展、非常发达的山水绘画理论，非常适宜作为借鉴而引入到造园理论与实践。在“画意”确立成为造园宗旨及评价标准、《园冶》突破成为造园理论的同时，也使得造园从一种个人情趣的生活转变成为一门公共欣赏的艺术。

### 3.3 深层欣赏方式：画意与形式关注及游观体验

“画意”宗旨的确立对于造园观念的转变影响，不仅带来了直接的目标追求，形成了具体的品评标准，还体现在更深层次的园林欣赏方式上，无论是视觉形式方面，还是动态体验方面，都有前所未有的转变。

如前所述，晚明之前以个人性为主导的园林文化中，园林的主要意义在于通过自然景物来触发个人内心世界的安适，这种欣赏方式在文献中常以“适意”相称[36]。在这种欣赏方式下，园林景物是作为天地自然与个人内心的沟通桥梁，虽然不可或缺，却非最终目的，类似得鱼忘筌之“筌”、禅宗指月之“指”。园林欣赏的首要问题在于将欣赏自然景物关联入个人内心世界，而园林中所营造的景物形式及效果，尽管也会被关注，则是低一个层次的问题，其自身的独立价值因尚未确立而获得突出欣赏。尽管也会偶有“如画”之类的欣赏话语出现，但一般是泛泛而指，缺乏具体形态效果的描述，更重要的则在于指向效果背后所体现的对于情感、心灵的作用。

而在晚明，随着外在画意欣赏标准的建立，园林景物获得了自身独立的欣赏意义，从作为手段的附属地位，逐渐获得自身相对独立的欣赏价值。③

这种对于园林景物自身的欣赏，最显著的体现在于视觉形式效果，这也正是画意宗旨首先涉及的问题。在晚明园林欣赏的文献中，可以看到园林景物形象构成的画面感受到了前所未有的关注。

在王世懋《游溧阳彭氏园记》中，有这样两段关于园林景物欣赏的描写：“余与诸君坐亭中望，隔河萑苇，深若无际，叹赏久之。”“亭所临即向所游澄潭北面也，对望南岗，竹树葱芊，烟水下上，又别是一境矣。”[39] 这两处亭中所观景致，虽然没有直接提到“画意”，但在具体描述中，“对望南岗，竹树葱芊，烟水下上”正是如元代山水画家（尤其是倪瓒）的“一河两岸”式典型画风（图 1），“隔河萑苇，深若无际”则更明确表达出山水画中极为重视的深远追求。这样的景物形式欣赏，在于“别是一境”的感官体验获得，以及“叹赏久之”的直接玩味品评。这种细致的画面构图式的形式品赏，完全以其自身效果为旨趣，其背后正是画意宗旨在起深层的作用。

对于园林中景物形式本身的关注，除了如山水画面般的构图，还在于各种具体细节的形式问题，也前所未有地得到强烈关注。如文震亨《长物志》卷十“位置”所述：“堂榭房室，各有所宜，图书鼎彝，安设得所，方如图画。”[29] 这是在画意欣赏方式下，从外到内、对整体的形式追求。这样对营造细节的形式自身的强烈追求，《园冶》中反映得最为突出，如对于作为建筑细节的栏杆及其他部分，计成提出：“栏杆信画，因境而成。制式新番，裁除旧套。（园说）冰裂惟风窗之最宜者，其文致减雅，信画如意，可以上疏下密之妙。（装折）栏杆信画化而成，减便为雅。（栏杆）”[10] 反复强调“信画”，种种形式变化正是从画意而来。对于栏杆，计成还绘有大量图式，其图、文甚至占去《园冶》总共三卷的整整一卷。而除了栏杆部分，对于装折槅棂、门窗、漏砖墙、砖铺地等也有大量图式，形成种种形式上的多样变化，反映出对形式问题的极大关注。这种对视觉形式的强烈关注是前所未有的，无疑是显著的创新，反映着造园观念的重要转向。夏丽森也指出：“计成之所以把这些特点纳入到他的书中是因为它是一个最近的革新，不论是他自己发明的还是顺应时势。”[40] 今人往往难以理解计成为何要花如此大量的精力和篇幅在如栏杆这种似乎是细枝末节之处，但如果认识到计成对形式本身的关注度，而这些部位是作为文人能够相对自由而方便地控制效果、发挥作用的，便能明白计成如此用心的缘由。

另外也要看到，晚明园林欣赏中形式关注的转向，也未必仅仅是因为画意宗旨的确立，还应和整个社会文化中对形式问题的突出关注相联系来理解。可以说，园林营造中的形式关注，是整个晚明社会各类文化艺术生活中普遍对形式感追求的重要组成部分，甚至画意宗旨的确立也可视为这种转变的重要内容。随着晚明社会风尚的奢靡与物欲崇尚的普遍，社会上普遍追求细致的享受和精致的品位，同时文人业余绘画也相当普及，图绘受到前所未有的重视，各种生活用品也都前所未有地有着对于形式感的追求。如在书籍中，“充斥着自从大约一千年前印刷术发明以来前所未有的大量图画”[41]。不仅体现于绘画的昌盛、普及，还在各种工艺造型美术上有明显体现，如“云间陈眉公衲布，松江顾氏绣，宜兴时大彬、阴用卿砂壶，湖州陆氏笔、茅氏笔，扬州包壮行灯，京师米家灯，太仓顾梦麟菹菜，龙泉窑，浮梁昊十九磁杯，昆山陆小拙佩刀，苏州濮仲谦水磨竹木器”[42]，凡此种种，无一不是在形式感上追求精益求精。可以说，正是在这样的尤其关注形态问题的社会审美文化氛围中，园林中的画意宗旨才顺理成章地确立，而这一确立又使得园林文化中关注形式的营造与欣赏变得更为突出。

“画意”宗旨影响下的欣赏方式的变化，不只是对园林景物所构成形式效果的突出追求，还前所未有地强化了园林之中动态游观的空间体验。

中国的山水画意，绝不仅仅意味着画面、构图的欣赏，还重在精神性的漫游。在山水绘画理论中，无论是画家的创作还是观者从画中所得，都不是静态的，而是需要“游”的存在。对于山水绘画的创作原理，宗白华在《中国诗画中所表现的空间意识》一文中指出：“画家的眼睛不是从固定角度集中于一个透视的焦点，而是流动着飘瞥上下四方，一目千里，把握全境的阴阳开阖、高下起伏的节奏。”[43]这样并无固定视点，而是基于动态体验而形成的绘画，对其欣赏也自然是一种随时间而动态游移的关注。如刘继潮指出，“郭熙关于山水画‘可行可望，可游可居’的美学理想，首次明确将时间性意识引入山水画的表现之中。故而二维平面上的静态山水，生成流动的气息，让观赏者随着近坡、远岸、坡脚、山径、溪流等游目骋怀，在循环往复中体验审美世界的无限意蕴，以达畅神”。[44]当画意确立成为园林的宗旨，这种根本的画意原理对于园林的欣赏也随之产生深层次的影响，从着重关注单个离散景点中的静观，到逐渐关注连续性的动观游赏，行进过程中的空间体验成为重要欣赏内容。

在晚明以前的园林中，一个个相对独立之“景”是主要的欣赏对象，静观是相对主要的欣赏方式，所谓“万物静观皆自得”（程颢《秋日偶成》）；动态游赏固然也存在，但其主要在于对另一景点的目的性到达、对各处离散景点的联缀，或是在于内在心境安适的“逍遥相羊（徉）”（司马光《独乐园记》），以及偶尔如曲径、曲桥这样的趣味性获得，而一般不在于对运动中具体景致变化自身的欣赏。文献中的最明显体现，是园林的诗歌，除了总体吟咏，基本都是针对单独的具体景点。而到了晚明，第一次出现了将园林中具体动态游观本身作为吟咏对象，园中游观有了独立的欣赏意义。对于园林中所营造的山水景致，在各类园林文献中也未见对运动中连续性体验的描述。作为“山水”主题营造最重要的对象——假山，主要是作为视觉观赏的景象，以及可登高望远的场所，比如造园叠山较为活跃的明代中期，上海陆深的“后乐园”中已有较复杂的叠山，“具有峰峦岩壑之趣”并“可登以待月”[36]，但对于具体登山游赏并无任何描述，说明对游赏过程中的动态体验还并不在意。

进入晚明以后，江南园林在越发重视假山营造的同时，对园林山水景致的欣赏也越发重视在其中的动态游观体验。景观形态的欣赏只是江南园林假山营造所追求的一个方面，动态的游赏体验决不可忽视，甚至往往更加重要，这在明清江南的大量园林相关文献中清晰可见。

一方面，在园林假山的营造中，设置多样的游径，并增加沿途景致的丰富性，如张宝臣《熙园记》中所描述万历年间松江顾正心“熙园”中的大假山：“好事者每欲穷其幽致，则入西麓，出东隅，如登九折坂、入五溪洞，怪石巃嵸，林薄荫翳，幽崖晦谷，隔离天日。自午达晡，始得穿窦出。”[35]通过种种山林景象及相应路径的设置，促进假山游观的丰富体验。

另一方面，游人在假山欣赏中的动态体验感受，也受到特别关注。《园冶》中有“掇山”专篇，计成这样描述假山中的游赏：“信足疑无别境，举头自有深情。蹊径盘且长，峰峦秀而古，多方景胜，咫尺山林。”[10]正是在“盘且长”的山中“蹊径”上“信足”漫步，“举头”欣赏，移步换景之时，才能获得“多方景胜”之感，“深情”触发之中，真正领略“咫尺山林”之“境”。加入了人的游观体验，由“景”上升到“境”，才是假山欣赏更为重要的方法，也是假山营造更为重要的目的。

除了如《园冶》这样的理论专著，在晚明盛行的园记文献中大量可见对游人在所营造的丰富山水之景（尤其是假山）中的动态游观感受。不仅是泛泛的行进过程中的多样景象，而且还体现出变化的空间体验。如在汤宾尹《逸圃记》中可以明确感受到连续性的空间节奏体验变化：“从‘最胜幢’东折而南，复而西，土阜回互，且起且伏，且峻且夷，松杉芃芃，横石梁亘之，曰‘霞标’。其下即‘谷口’。穷冈转径，芊绵葱倩，卓庵三楹，曰‘悟言室’。涤游氛，栖灏气，游者疑入深山密林焉。”[39]在“回互”“起伏”“峻夷”等连续变化的路径设置中，游人能获得渐入佳境的连续性体验。

除了这种舒缓持续的空间变化，晚明园林中还非常注意营造一种突变的戏剧性效果，尤其是假山营造很容易形成内奥外旷或下奥上旷的空间对比，因而经常得到采用。16世纪后期著名文人王世贞营造的“弇山园”被公认为当时江南第一名园，王世贞对其中山林境界的变化体验极为欣赏，如《弇山园记》中有：“盖至此而目境忽若辟者……右折梯木而上，忽眼境豁然，盖‘缥缈楼’之前广除……”[35]如“目境忽若辟”“忽眼境豁然”这样的描述，展示了从相对狭小空间转入豁然开朗境界的突变营造，获得一种意外惊喜的游观体验。

除了以上的造园理论和游园记述，在更为大量的园林相关文献——园林诗歌中也有明显体现。如王世贞在《和肖甫司马题暘德大参东园五言绝句十首》中对“通华径”的吟咏：“峭蒨青葱间，所得亦已足。忽转天地开，锦绣匡山谷。”[45]从“忽转天地开”可知园林假山营造所获得的丰富体验。而除了诗作内容中表达山水游观体验，从诗作主题中也可得知园林欣赏关注点的新意。

以往的园诗，除了总体吟咏，基本都是针对单独的具体景点；而到了晚明，第一次出现了将园林中具体动态游观本身作为吟咏对象，园中游观有了独立的欣赏意义。如王世贞对其“弇山园”的大量诗作中，其中多有专门以动态连续的游观体验为吟咏对象，诗名往往很长，直接表达具体的游赏路径及体验，如《穿西山之背度环玉亭出惜别门取归道》《穿率然洞入小云门望山顶却与藏经阁背隔水相唤》《由玢碧梁踰险得九龙岭》等[45]。可以看到，王世贞对于园林欣赏的兴趣，已经突破了对各个景点本身的相对静观欣赏，而是扩展到了对于动态游赏活动本身，追求的是一种连续性的体验，这是以往园林文献中所未见的。

除了诗名对动态行进的表达，各诗中更对具体空间体验加以细致描述，尤其是对境界变化的体验。如《入弇州园北抵小祇林西抵知津桥而止》诗中有“径穷胜自出，地转天亦豁”，《度萃胜桥入山沿涧岭至缥缈楼》有“窈窕迳复通，蜿蜒势中断。……稍南穴其背，忽得天地观”，《穿西山之背度环玉亭出惜别门取归道》有“傍穿度窈窕，忽上得潇洒”，《穿率然洞入小云门望山顶却与藏经阁背隔水相唤》有“回屐探薜门，介然见云路”，《度东泠桥蟹螯峯下娱晖滩》有“径转目忽开”等[45]。常常出现的“忽”字，尤其表达出作者对空间效果意外变化的欣喜，这也正是这种动态游观的迷人之处。

王世贞的这种对动观游赏自身的关注不是唯一的，在17世纪初，常州人吴亮也为他自己的“止园”创作了一组诗歌，诗名有《由鹤梁至曲径》《由别墅小轩过石门历芍药径》《度石梁陟飞云峰》等，明显也以行进中的连续游观体验为主题；同时，在《入园门至板桥》诗中有“忽作浩荡观”、《由文石径至飞英栋》诗中有“鳞甲忽参差”等，也以“忽”字表达出对于景观及境界的动态变化的欣赏。有学者指出，吴亮的“止园”修筑及相关诗文，明显受到了王世贞“弇山园”的启发影响。[46]

可以看到，晚明文人的园林欣赏方式，不仅增强了相对静态的形式关注，还在于动态行进中的空间感知。这二者看似无关，其实可以统一于对人的感官体验的重视，是对于园林营造效果本身的直接欣赏，而可以不再必然牵涉背后的心灵获取或文化象征等意义层面的探求。这种对直接感官效果的关注，正与园林文化中兴起的画意追求完全一致。这种深层的欣赏方式的变化，与整体社会审美的转向相关，而画意宗旨的确立对此转变有着重要的作用。

## 4. 画意宗旨与晚明造园方法的转变

晚明园林文化中画意宗旨的确立，在对园林营造及欣赏的观念变化产生影响的同时，还很大程度上促使晚明造园的方法与内容发生了重大的转变，而使得园林营造的效果产生转折性的剧变。这种园林营造的转变，可以从假山叠造的具体技法、景物要素的综合配置、特定风格的鲜明呈现以及复杂空间的整体经营四个方面来认识。

### 4.1 具体造园技法：画意与园林假山的叠造

在具体的造园技法上，画意追求最显著地体现于园林假山的叠造。由于山水景致在园林中往往起到核心作用，叠山也就成为造园的重点，而山水画对于山景有着丰富的经验总结，因而当画意造园宗旨得以确立，对园林叠山的作用最为直接。

晚明以前的假山营造，延续着长久以来独立于绘画的园林自身营造传统，是以“小中见大”为主流欣赏风格，以“累土积石”为基本营造方式，并同立峰赏石密切结合；无论唐代白居易所记述、宋代“艮岳”、元代“狮子林”与“玉山佳处”乃至明代一些园林假山，皆是如此。[47] 而当晚明画意造园确立，山水画对造园的影响便直接而显著地体现于叠山。如有论者认为，“对古典园林而言，异常发达的山水画论是一种‘可操作’的理论，因而造园理论往往由画论‘越俎代庖’。由于山水画基本上属于‘山画’，表现在山景方面最为成熟，因而，‘画中山’成了园林叠山的样本，大至布局，小至皴法、笔意，都是模仿的对象”。[48] 此说其实并非历史全貌，但对于晚明叠山还是有一定的适用性。

晚明的几位最著名的造园名家，都是以画意叠山的高手。如陈所蕴《张山人传》记载张南阳：“以画家三昧法，试累石为山，沓拖逶迤，巀嶪嵯峨，顿挫起伏，委宛婆娑。大都传千钧于千仞，犹之片羽尺步。神闲志定，不啻丈人之承蜩。高下大小，随地赋形，初若不经意，而奇奇怪怪，变幻百出，见者骇目恫心，谓不从人间来。”[31] 这里明确是以“画家三昧法”来叠山，“随地赋形”也显然是从“随类赋彩”的画论用语中化出。袁宏道《园亭纪略》中记述周丹泉所叠徐泰时的“东园”假山：“石屏为周生时臣所堆，高三丈，阔可二十丈，玲珑峭削，如一幅山水横披画，了无断续痕迹，真妙手也。”[32] 虽然未明确指出是以画论方法堆叠，但无疑有着“一幅山水横披画”的效果追求。计成在《园冶》中多次明确以画意叠山，如：“深意画图，余情丘壑；未山先麓，自然地势之嶙嶒；构土成冈，不在石形之巧拙。”[10] 这里在画意的效果追求以及具体方法两个方面都作出了说明。而晚明最具名望的造园叠山大师张南垣，得到吴伟业《张南垣传》如此描述：“少学画，好写人像，兼通山水，遂以其意垒石，故他艺不甚著，其垒石最工，在他人为之莫能及也。”[33] 正是善于以山水画意来垒石叠山，成为他人所不及的叠山技巧的来源。对于张南垣的山水画与其造园叠山的特定关联，嘉庆六年《嘉兴府志》卷十五提及：“放鹤洲在鸳鸯湖畔，贵阳知府朱茂时别业。……有张南垣《墨石图》，盖假山出张手也。”[49] 张南垣不仅为朱茂时营造了“放鹤洲”园林假山，并且为此绘有《墨石图》，这是造园匠师为其假山营造而创作特定山水画的罕见记载，很可能是作为设计的构思。在根据画理进行叠石堆山的具体技法上，皴法是其中一个尤其突出的方面。张凤翼《乐志园记》中记述从苏州来的匠师许晋安所叠假山：“池之东，仿大痴皴法，为峭壁数丈，狰狞崛兀，奇瑰搏人。”[35] 这里明确采用的是黄公望的画山皴法，呈现出显著的效果。《园冶》中对皴法也非常重视，如《掇山》篇中提出：“方堆顽夯而起，渐以皴文而加……理者相石皴纹，仿古人笔意。”[10] 又如《识石》篇有：“须先选质无纹，俟后依皴合掇……一种色青如核桃纹多皴法者，掇能合皴如画为妙。”[10] 可见从石材本身到堆叠技法，“皴”都是不可忽视的。正是叠石中对山水画中特有“皴法”的关注与模仿，使得山水画意在造园中得到突出彰显。

可以看到，受到画意追求的直接影响，作为晚明造园重点的石假山堆叠营造，从山石一体、注重石峰欣赏，已转入到对整体形态及细部皴法的画意追求中。

### 4.2 综合造园方法：画意与景物要素的配置

除了假山堆叠，画意营造对于晚明园林其他景物要素及组合配置，都产生了相当深刻的影响，出现了前所未有的方法与效果。

晚明造园在要素处理上，除了前述叠山技法，在理水、花木、建筑各方面都发生了重要转变，这在本人他文中已有论述。[47] 概而述之，如对于水池的处理，以往园林方池相当普遍，但在晚明时期，方池趋向减少而曲水成为主流，这与提倡画意的计成、张南垣等人的推动相关。究其原因，对于以形态关注为本位、绘画境界为宗旨的造园，方池不见于自然山水且难与其他要素配合成画意之景，显然并不合适。对于园林花木配置，以往普遍常见的成片种植（尤其是果树）逐渐少见，而因画意观念对花木姿态的单独品赏成为新兴的欣赏方式。对于建筑，也从以往主要作为观景场所而只做疏朗的点缀布置，转为数量增多、配置密集、形态关注增强的突出关注，而且廊的大量运用使得园林空间效果产生巨大变化；这些变化似乎与画意并无直接关系，但正是由于画意的追求，使得造园的关注点从以往重视个人修身、需要深厚涵养的景观对心境“适意”的追求，转向对直接感官体验的突出重视。

除了这些单独景观要素的处理，晚明造园在综合各类要素进行的景观结构配置上，更是有着对画意的汲取。最常见的，是一些片断小景，绘画构图成为园景营造的直接来源，如前述鲁云谷庭园“窗下短墙，列盆池小景，木石点缀，笔笔皆云林、大痴”；《园冶》中也多有论及，如“峭壁山”是“以粉壁为纸，以石为绘”。又如郑元勋《影园自记》中叙述计成所设计“影园”中的一个庭园小景：“庭前选石之透、瘦、秀者，高下散布，不落常格，而有画理。”[35] 这里不是叠山，而是置石的选择与布置，正是有“画理”的指导，进行“高下散布”的配置，才有“不落常格”的效果。

类似构图布置还用于更大范围且较为复杂的综合园景营造中，如计成在《园冶》中提到自己在常州吴玄“东第园”中所创作的一景：“此制不第宜掇石而高，且宜搜土而下，合乔木参差山腰，蟠根嵌石，宛若画意；依水而上，构亭台错落池面，篆壑飞廊，想出意外。”[10] 这里“宛若画意”的构成较为复杂，通过大规模的叠山、挖土、树木配合，以及水面、建筑共同来完成，也是绘画构图的技巧表达。而张南垣的造园也不止于垒石成山，他的本领其实更在于通过假山来组织大规模园景的综合营造来形成突出的画意效果，吴伟业在《张南垣传》引用了张南垣本人的一段详细叙述："唯夫平冈小阪，陵阜陂陁，版筑之功，可计日以就，然后错之以石，棋置其间，缭以短垣，翳以密案，若似乎奇峰绝嶂，累累乎墙外，而人或见之也。其石脉之所奔注，伏而起，突而怒，为狮蹲，为兽攫，口鼻含呀，牙错距跃，决林莽，犯轩楹而不去，若似乎处大山之麓，截溪断谷，私此数石者为吾有也。方塘石洫，易以曲岸回沙；邃闼雕楹，改为青扉白屋。树取其不凋者，松杉桧栝，杂植成林；石取其易致者，太湖尧峰，随意布置。有林泉之美，无登顿之劳，不亦可乎！"[33]

可以看到，张南垣其实是从造园总体构成配置的角度叙述了如何形成画意，假山（"平冈小阪，陵阜陂陁"）、置石（"错之以石，棋置其间""太湖尧峰，随意布置"）、植物（"翳以密筱""松杉桧栝，杂植成林"）、理水（"方塘石洫，易以曲岸回沙"）、建筑（"邃闼雕楹，改为青扉白屋"），无论是相互关系还是个体配置，无不符合画理。

画意园景的获得，也并不一定需要同假山、置石必然关联。文震亨《长物志》中"广池"条："最广处可置水阁，必如图画中者佳。"[29] 这是追求以开阔的水面与建筑物相配而形成"如图画中"的效果。

### 4.3 特定造园风格：画意与鲜明特色的呈现

在晚明的画意造园相关论述中，往往并非简单地用画论作为方法、形成泛泛的画意效果，还常在营造效果的风格上与特定时期乃至具体画家的画风效果密切相关，这体现出绘画对造园影响的一种深度。

对于时代画风的偏好，祁彪佳在《寓山注》中对其"寓园"中"溪山草阁"所述可谓典型："北窗下石林，秋气泠泠入衣，似宋元人一幅《溪山高隐图》。"[35] 这里是对"宋元"这段时期山水画作风格的追随，而在以"溪山高隐图"为名的画作中，绘画史上最出名的是"元四家"中的吴镇所作（图 2）。事实上，在造园中得到推崇的特定画家中，元代画家是最受推崇的。如前述张岱《鲁云谷传》中的庭园营造，就是着力模仿"元四家"中另二位倪瓒、黄公望的风格（"笔笔皆云林、大痴"，图 1、图 3）；张凤翼《乐志园记》中模仿的也是黄公望（"仿大痴皴法"）。吴伟业《张南垣传》也提到张南垣所谓"陵阜陂陁""截溪断谷"的来源："华亭董宗伯玄宰、陈征君仲醇亟称之曰：'江南诸山，土中戴石，黄一峰、吴仲圭常言之，此知夫画脉者也。'"[33]

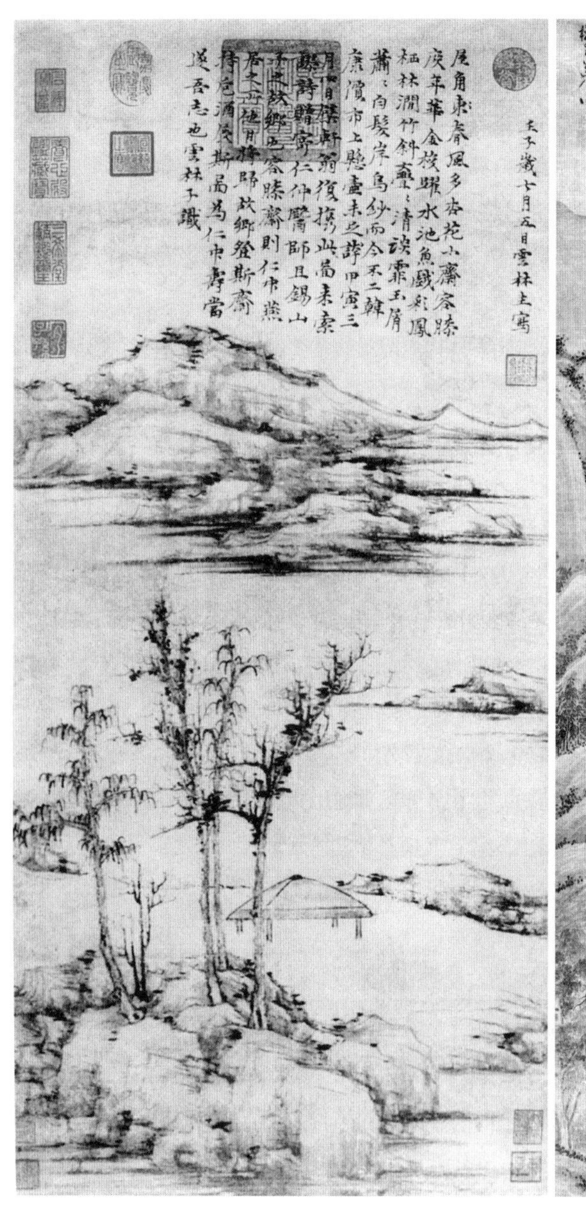

1
2

图 1. 倪瓒《容膝斋图》（中国台北故宫博物院藏）
图 2. 吴镇《溪山高隐图》（北京故宫博物院藏）

董其昌、陈继儒从张南垣作品中都看出了对黄公望、吴镇风格的追随。明末苏州王心一《归田园居记》中则记述叠山匠师陈似云所造两处假山有着不同的风格："东南诸山采用者湖石，玲珑细润，白质藓苔，其法宜用巧，是赵松雪之宗派也。西南诸山采用者尧峰，黄而带青，古而近顽，其法宜用拙，是黄子久之风轨也。"[35]这是按照赵孟頫（"赵松雪之宗派"，图 4）和黄公望（"黄子久之风轨"）这两位元代名家的不同绘画特征来叠石为山。

除了对元代画家的特别喜好，造园中常被提到的还有五代时期荆浩、关仝的画风（图 5、图 6）。如吴伟业记载张南垣也曾叠过荆、关风格的石山："曾于友人斋前作荆关老笔，对峙平墄，已过五寻，不作一折，忽于其颠，将数石盘互得势，则全体飞动，苍然不群。所谓他人为之莫能及者，盖以此也。"[33]

张南垣既能作黄公望、吴镇风格的"土中戴石"假山，又能所荆浩、关仝风格的纯石山（"荆关老笔"），可见能力不凡。计成则对荆浩、关仝最为喜爱，《园冶》中自称："最喜关仝、荆浩笔意，每宗之。"[10]这也成为计成画意造园的最突出来源，如他为仪真汪士衡"寤园"后，得到名士曹元甫的赏识："姑孰曹元甫先生游于兹，主人偕予盘桓信宿。先生称赞不已，以为荆关之绘也，何能成于笔底？"[10]从"荆关之绘"的评语，可见计成的造园风格的追求所在。

晚明画意造园最推崇元代与五代有限的几位画家，这与董其昌的巨大影响力密切相关。模仿佛教禅宗的南北宗之分，董其昌力倡画史的"南北宗"之说："禅家有南北二宗，唐时始分。画之南北二宗，亦唐时分也；但其人非南北耳。北宗则李思训父子着色山水，流传而为宋之赵干、赵伯驹、伯骕，以至马（远）、夏（圭）辈。南宗则王摩诘（维）始用渲淡，一变钩斫之法。其传为张璪、荆（浩）、关（仝）、董（源）、巨（然）、郭忠恕（熙）、米家父子（米芾和米友仁），以至元之四大家（黄公望、王蒙、倪瓒、吴镇）。亦如六祖之后，有马驹（马祖道一）、云门、临济儿孙之盛，而北宗微矣。要之，摩诘所谓：'云峰石迹，迥出天机；笔意纵横，参乎造化'者。东坡赞吴道子、王维壁画，亦云：'吾于维也无间然！'知言哉。"[50]

几位元代及五代画家正是董其昌所推崇的南宗画家一脉中的翘楚，而他最赞赏的元四家更成为晚明画意造园中最受欢迎的模仿对象。作为将画意造园在文人话语中加以确立之人，董其昌又在风格追随的方向上对晚明画意造园产生巨大的影响。

从对山水画家风格的取向中，也可看出造园者方法与水准的差异。文人仅能仿以

| 3<br>4 | 5 6 |
|---|---|

图 3. 黄公望《富春山居图》局部（中国台北故宫博物院藏）
图 4. 赵孟頫《鹊华秋色图》（中国台北故宫博物院藏）
图 5. 荆浩《匡庐图》（中国台北故宫博物院藏）
图 6. 赵关仝《关山行旅图》（中国台北故宫博物院藏）

片断小景，如张岱所述鲁云谷；有能力的匠师可以模仿叠山皴法，如张凤翼所述许晋安；更高明的匠师能根据石材差异特征，判断合适的效果，对不同元人风格加以选择，如王心一所述陈似云。而明末两位最优秀的造园家更能有所超越。对于计成，虽然钟情荆、关，但他的态度是开放的，他并不局限于自己的既定风格；在《园冶》中，他也多次提到可以通过多种方式、学习各个画家的多样风格："刹宇隐环窗，仿佛片图小李；岩峦堆劈石，参差半壁大痴。……小仿云林，大宗子久。"[10] 画意造园的内容不仅是"岩峦堆劈石"的斧披皴法叠山，也有"刹宇隐环窗"的包含更宽广内容的借景；取法对象不仅有元代的黄公望、倪瓒，甚至可以超越"南宗"的藩篱，包纳被列入"北宗"的唐代李昭道。对于张南垣，不仅吴伟业传中指出是以土山模拟元四家最为出名，又能以石山模拟荆关，而且王士祯《居易录》还指出他的取法范围更广："南垣以意创为假山，以营丘、北苑、大痴、黄鹤画法为之，峰壑湍濑，曲折平远，经营惨淡，巧夺化工。"[51]

不仅有当时最受推崇的黄公望（"大痴"），还有元代的王蒙（"黄鹤"，图7）、宋代的李成（"营丘"，图8）、五代的董源（"北苑"，图9）。其中对董源、王蒙的追随，未见于其他匠师记述，但还出现于后人对其次子张熊叠山作品的吟咏中，如金张《受谷苍涛劝余亦垒石感和前韵》："好事嗜旧迹，宋元有短幅。尝翻董王画，便坐卓宋谷。（叔祥云宋处仿董北苑，卓处仿王叔明）"[52]

根据诗中小注，张熊自云："宋氏园中仿的是董源笔意，卓氏园则仿王蒙。"张熊被认为能"传父术"（吴伟业《张南垣传》）、"有父风"（康熙《嘉兴县志》），得到张南垣真传，这也可以旁证王士祯的记述是有根据的。可以说，对张南垣而言，各时代的优秀画家都可成为他造园的画意来源。而更能体现张南垣画意造园卓绝之处的，是吴伟业《张南垣传》中的这么一段："人有学其术者，以为曲折变化，此君生平之所长，尽其心力以求仿佛，初见或似，久观辄非。而君独规模大势，使人于数日之内，寻丈之间，落落难合，及其既就，则天堕地出，得未曾有。"[33]

另有匠师努力向他学习画意造园，追求"曲折变化""以求仿佛"，只是对外在形式的模拟，所以"初见或似，久观辄非"，其实并未领会画意的内在精神；张南垣则"独规模大势"，不拘泥于某画家的具体风格形态，而是把握其内在旨趣，从而得到"天堕地出，得未曾有"的杰出效果。这也可以说明追求具体画家风格的画意造园，并非只是在于亦步亦趋地跟随模仿，优秀作品也需要对画家内涵的精深理解，具有极高的难度。

7 9
8

图 7. 王蒙《具区林屋图》(中国台北故宫博物院藏)
图 8. 李成《茂林远岫图》(辽宁省博物馆藏)
图 9. 董源《溪岸图》(纽约大都会博物馆藏)

### 4.4 整体造园取向：画意与复杂空间的经营

以上几方面的晚明园林营造，主要是在于视觉上的画意追求，除此之外，画意造园还深刻地体现于空间的经营。在前述园林审美观念的讨论中，已涉及对游观空间体验的欣赏，与此相一致的是造园方法上对空间经营的重视。与晚明之前以疏朗离散、清旷简洁为主的园林空间面貌对比，晚明造园在强烈的画意取向之下，对空间经营的整体性、复杂性的关注大大增强。

如前所述，山水画欣赏中有着对连续性漫游的要求，而在这一画意追求影响之下的晚明园林欣赏中，也开始出现对园林中空间体验的动态连续性欣赏，如王世贞、吴亮等人的园林诗文中明确可以看到。这种追求既是审美欣赏的取向，同时也是营造方法的取向，其所欣赏的自家园林效果，正是特定营造的体现。在这方面受山水绘画方法影响的原理，有论者指出："山水画采取视点运动的鸟瞰动态连续风景画构图，即'散点透视'法，园林是空间与时间的综合艺术，两者在手法上基本一致。"[53] 尽管此论并不能适用于整个中国园林史，且"散点透视"之说存在争议[54][55]，但汲取山水画的动态连续性追求于园林营造之中，确实为晚明造园的重要新特点。

从而，可以从动态游观体验的角度再来重新审视晚明江南画意造园的方法论述。计成在《园冶》中叙述："兴适清偏，怡情丘壑。顿开尘外想，拟入画中行。"[10]

对园林的"丘壑"营造、"怡情"欣赏，在于追求如同"尘外"的"画"境，而且是可"入"并可"行"的——"拟入画中行"，这正是画意追求下对空间性动态体验关注的最贴切形容。

从中可以看到，对"画"之"入"和"行"成为造园中的极大关注，所营造的景物不仅形成如画般的形态以供视觉观赏，同时也要提供能够进入的空间而得到动态游移的画意体验，这也构成了方法的取向。前述《园冶》中的"信足疑无别境，举头自有深情。蹊径盘且长，峰峦秀而古，多方景胜，咫尺山林"正是对此"画中行"的具体阐释：山水画中从来极为关注的行旅山道，化作了园林假山"盘且长"的"蹊径"，与作为视觉直接景观的"峰峦"一道，产生出供人体验的山林空间；也正是结合了山水画的丰富境界追求，营造出"信足""举头"的游赏中所能体会的"别境""深情"。又如前述《逸圃记》中"土阜回互，且起且伏，且峻且夷"，本身是园林山水空间体验的描述，却几乎也完全是山水绘画方法的说明，也正说明画意在山水空间营造中的渗透、运用。

正是以山水画意为宗旨，乃至方法，晚明造园中展开了对丰富动态空间体验效果的追求。这种园林空间连续性体验的获得，在方法上正在于造园的整体性取向大大加强。

园林空间营造的整体性关注，首先是在布局设计阶段得到仔细的综合考虑，如祁彪佳在《寓山注》中所总结："大抵虚者实之，实者虚之，聚者散之，散者聚之，险者夷之，夷者险之，如良医之治病，攻补互投；如良将之治兵，奇正并用；如名手作画，不使一笔不灵；如名流作文，不使一语不韵。"[35]"不使一笔不灵""不使一语不韵"纳入对每个局部的考虑，各景点与总体及各景点之间的关系极为密切，园林的整体性空前强化；而"如名手作画""如名流作文"的比喻也显示出绘画、诗文对于园林营造的启发作用。

在具体营造上，尤其关注景点之间的联系，从而能获得连续性的动态游观效果。在这方面，晚明造园中建筑手段的运用起到了相当重要的作用。其中廊的灵活设置是联络各处的尤为重要的方式，如王世贞《徐大宗伯归有园留宴作》中对徐学谟"归有园"的吟咏："曲槛回廊断复连，疏花奇石巧相缘。横穿屋里千迷道，忽入壶中小有天。"[45]园中"曲槛回廊"起到"断复连"的效果，伴随着"疏花奇石巧相缘"的配合、"横穿屋里千迷道"的路径设置，全园有着"壶中小有天"的神奇总体境界。对此，徐学谟自己的《归有园记》也有这样的叙述："为'修竹廊'，廊九楹而为折者七，旁列篁而障之，翠蔓可荫。……堂之右可逗而西南行，架木香为屋者一，旁编竹而插五色蔷薇，作三数折。花时小青鬟冒雾露采撷，一入丛中，便不可踪迹，为'百花径'。自百花径折而东，遂合于'修竹廊'以出。"[39]这里，长而曲折的"修竹廊"不仅起到了重要的路径联系作用，同时也有竹荫境界可获取；"百花径"等的曲折构筑设置也起到了王世贞所述的迷宫效果。可以看到，多样化路径的设置受到格外关注。这也往往会结合其他小品要素的营造，如桥梁就是重要的路径形式，在王世贞《弇山园记》中就有："其上，可以北尽'西弇山'，东北尽'中岛'，东南取佛阁花竹之半，又以其隙得'文漪堂'之胜，所不能及者，'东山'耳，故名之曰'萃胜'。"[35]在关键的联结点处，设"萃胜桥"作为关键场，起到联络各区景观的作用，从而使全园空间联络贯通，有着更为整体化的境界。

这种整体造园关注也可以用于理解这样一种新现象的出现：以往盛行的园林分景图册，仅关注各个独立景点，如在苏州，明初有徐贲的"狮子林十二景图册"、明中前期有沈周的“东庄二十四景图册”、明中期有文徵明的“拙政园三十一景图册”，而整体园林形象不得而知，说明并不非常关注；晚明仍有园林图册绘制传统的延续，但出现了在各分景图之前以一幅整体鸟瞰图为首的新方式，典型的如张宏《止园图》（图 10）。这其实在稍早的宋懋晋的《寄畅园图册》中也已有体现，五十景以全景图收尾（图 11）。这一做法得到后世延续，如清代徐用仪的《徐园图》（图 12）。这种新形式的出现与流传，说明园林的整体性已成为非常重要的特点，以往只对各景分别绘图已经无法对园林特色进行全面呈现，而这在晚明之前则不成为问题。受绘画影响而产生的造园变化，反过来又对绘画形式产生变革，这也是有趣的历史现象。

但在造园更加兴盛的明代后期，这种对园中各景的分别题名、题咏和图册，却已不再如此前流行。17 世纪在祁彪佳《寓山注》中分述了“寓园”中的 49 个景点，仍有遗意存留，但这种景点的数字却在文中根本不出现，可见并不关注，而《寓山注》插图则对该园又只作一幅整体描绘（图 13）。关注局部景点的园林“分景”不再如以往受到青睐，正可以看出对整体关注的增强，而由于园林空间的贯穿联络，各景也往往难以截然分割。

晚明的整体化造园，与对复杂空间的追求密切相关。正是在对多样空间进行组织、产生丰富的连续性体验变化中，山水画意中所追求的阴阳开阖、高下起伏的节奏化境界得以实现。

这种复杂空间的经营，其要义在于“变化”，如祁承㸁在《书许中秘梅花墅记后》对绍兴与苏州两地造园的比较中指出：“要以越之构园，与吴稍异。吾乡所饶者，万壑千岩，妙在收之于眉睫；吴中所饶者，清泉怪石，妙在引之于庭除。故吾乡之构园，如芥子之纳须弥，以容受为奇；而吴中之构园，如壶公之幻日月，以变化为胜。”[56]

与祁承㸁家乡绍兴地区（“越”）的造园主要通过借景来对丰饶的自然景观加以获取（“万壑千岩，妙在收之于眉睫”“以容受为奇”）不同，苏州地区（“吴中”）则以庭园中丰富多样的经营变化取胜（“清泉怪石，妙在引之于庭除”“以变化为胜”）。苏州正是晚明造园转变的核心地区，对“变化”的追求正可以概括其突出特点，而由“变化”所产生的“幻”的效果也正是园林体验的目标。

对于空间变化的经营，连续性的节奏变化比较常见，如汤宾尹《逸圃记》所述：“从‘最胜幢’东折而南，复而西，土阜回互，且起且伏，且峻且夷，松杉芃芃，横

10 11
12 13

图 10. 张宏《止园图册》之一【高居翰，黄晓，刘珊珊编著 . 不朽的林泉：中国古典园林绘画 [M]. 北京：三联书店 , 2012：17】
图 11. 宋懋晋《寄畅园图册》之一【高居翰，黄晓，刘珊珊编著 . 不朽的林泉：中国古典园林绘画 [M]. 北京：三联书店 , 2012：195】
图 12. 徐用仪《徐园图册》之一【陈从周著 . 说园 [M]. 上海：同济大学出版社 , 1984：附页 1】
图 13.《寓山注》插图【潘谷西主编 . 中国古代建筑史 第 4 卷 元明建筑 [M]. 北京：中国建筑工业出版社 , 2001：399】

石梁亘之，曰‘霞标’。其下即‘谷口’。穷冈转径，芊绵葱倩，卓庵三楹，曰‘悟言室’。涤游氛，栖灏气，游者疑入深山密林焉。”[39] 在“回互”“起伏”“峻夷”等连续变化的路径设置中，游人能获得渐入佳境的连续性体验。

除了这种舒缓持续的空间变化，晚明园林中还非常注意营造一种突变的戏剧性效果，前述王世贞、吴亮的园林诗文中常常出现的“忽”字能很好说明，这种空间体验的意外效果正是晚明诸多园林所乐于追求的。王世贞对这种园林境界变化极为欣赏，无论在他自家的“弇山园”，还是对所游的许多其他园林的诗文中都常有表达，如《弇山园记》中有：盖至此而目境忽若辟者……右折梯木而上，忽眼境豁然，盖“缥缈楼”之前广除……[35] 在《游练川云间松陵诸园》中对“顾太学西郭园”有这样的记述：“邦相乃导而穿别室，凡再转，忽呀然，中辟滙为大池，周遭可百丈许。”[45] 又如在《和肖甫司马题暘德大参东园五言绝句十首》中对“通华径”的吟咏：“峭蒨青葱间，所得亦已足。忽转天地开，锦绣匡山谷。”[45] 这些“目境忽若辟”“忽眼境豁然”“忽呀然”“忽转大地开”，都展示了转入豁然开朗境界的突变营造。不仅是如王世贞这样的吴地文人有这样的偏好，像祁彪佳这样的越地文人也乐于这种经营，在其《寓山注》中有“宛转环”一景：“‘归云’一窦，短扉侧入，亦犹卢生才跳入枕中时也。自此步步在樱桃林，漱香含影，不觉亭台豁目，共诧黑甜乡，乃有庄严法海矣。……堤边桥畔，谓足尽东南岩岫之美，及此层层旷朗，面目忽换，意是蓬瀛幻出，是又愚公之移山也。虽谓斯环日在吾握可也。夫梦减幻矣，然何者是真？”[35]

祁承煠曾言越地造园特色在于“万壑千岩，妙在收之于眉睫”的真山水景致，但在其子这里，不再仅仅是“足尽东南岩岫之美”的借景，更有“不觉亭台豁目”“层层旷朗，面目忽换”的丰富空间组织，如此，原先仅被认为是吴地园林境界特色的“幻”，也为越地这座“寓园”所获得了。

园林空间层次的多样变化，与建筑等手段的自如运用也密不可分。如钟惺《梅花墅记》描述：“从阁上缀目新眺，见廊周于水，墙周于廊，又若有阁亭亭处墙外者。林木荇藻，竟川含绿，染人衣裾，如可承揽，然不可得即至也。但觉钩连映带，隐露继续，不可思议。故予诗曰：‘动止入户分，倾返有妙理。’”[35] 正是廊、墙、阁、亭等建筑手段的灵活组织，加上林木的配合，形成了“钩连映带，隐露继续”乃至“不可思议”的复杂效果。这在前述“归有园”的文献中也有类似描述，“修竹廊”“百花径”等的屈曲变化形成“千迷道”的迷幻复杂，又有“忽入壶中”的顿转变化。

正是在对这样的整体性、复杂性园林空间经营中，晚明园林获得了一种前所未有的、难以穷尽的丰富效果。计成主持设计建造的扬州影园是其中杰出代表，小而多变的特点在郑元勋《影园自记》中得到表达："大抵地方广不过数亩，而无易尽之思，山径不上下穿，而可坦步，然皆自然幽折，不见人工。"[35]虽仅"不过数亩"之小而"无易尽之思"，这是极难达到的境界，可见复杂程度；这种复杂性更在茅元仪《影园记》中可以看到："于尺幅之间，变化错综，出入意外，疑鬼疑神，如幻如蜃。"[28]

前述如"归有园""梅花墅""寓园"等共同追求的奇幻境界在这里有着更明确的表达（"疑鬼疑神，如幻如蜃"），也明确指出这种奇幻效果的获得来自复杂变化的经营（"变化错综，出入意外"），同时，更明确归结其根源来自"尺幅之间"——正是将造园视为作画，在画意宗旨的追求中，这一园林经营才获得如此成功的效果。

## 5 结语

从以上的讨论可以看到，园林营造中的画意追求，并非早已有之，而是到了晚明才得到明确建立；而这一画意宗旨的确立，推动了匠师素养要求、园林品评理论、园林欣赏方式等观念方面的深层次转变，与此同时，也使得园林营造方法在假山叠造、综合配置、风格呈现、空间经营等方面发生了重大的变化。作为这些造园转变的直接后果，在理论上，中国园林史上从无到有第一次诞生了较为系统、完整的园林创作理论著作《园冶》；在实践上，造园技法及其所形成的园林风格有了重大的转变；在造园主体方面，中国园林史上前所未有地出现了"造园艺术家"群星璀璨的局面；而最为明显的成果体现，则是中国园林史上也前所未有地出现了一大批营造复杂、景致精美的"名园"。正是在画意宗旨确立的基础上催生的从观念到方法的一系列转变，不仅呈现出巨大的历史差异，而且产生出空前的历史成就，其变化程度在整个中国园林史上所罕见，完全可称得上一次重要的转折。而《园冶》中所称的"拟入画中行"之语，尤其鲜明体现出前所未有的画意造园宗旨乃至突出的动态体验追求，可作为这一转折最为根本而集中的表达。

通过这一研究，看到画意宗旨在晚明造园转折中的重要地位，可以认识晚明以来中国园林文化中的画意观念及方法原则的重要性，这确实是理解晚近园林的一把重要的钥匙。与此同时，也要看到画意造园的观念在晚明以前尚未完全自觉确立，并不能对此前的园林文化作出切实有效的理解。这就需要我们更为强调这样一种认识：由于中国园林史中存在着变化与差异，并不能把“中国园林”视为一个连续发展的整体而简单理解，我们所熟悉的晚近园林的观念与实践并不能轻易用于对早期园林文化的认识，即便对我们而言已经是深入人心的“传统”。也正因为这种时代差异的复杂性，为中国园林史的进一步研究开辟了多样的可能。

本研究对画意宗旨在晚明“如何”确立并产生作用进行了考察，但尚未深入涉及对画意“为何”能确立的历史解释问题，这需要另外作详细的原因探讨。此外，本文集中讨论晚明造园中画意宗旨的确立及其意义，但并不意味着画意造园从此一统天下、非画意造园就此消失殆尽，事实上，尽管画意确立为文人造园的主流，但仍存在着一些早期造园观念及方法的延续，使园林史呈现出复杂的多样性，这也是需要我们加以注意的。

【本文在以下文章基础上进行了较大幅度的改写：顾凯．画意原则的确立与晚明造园的转折 [J]. 建筑学报，2010(S1)：127−129。】

**注释：**

① 《御制艮岳记》中有“按图度地，庀徒僝工”之语，这里的“图”是用于直接指导设计与施工的规划设计图，而非山水画。祖秀《华阳宫记》中有“大雪新霁，丘壑林塘，粲若画本”，但这里说的是“园可入画”的效果，而与“画可入园”的设计思想无关。

② 唐代柳宗元有关于风景的“旷奥”理论表述，但并非专门针对园林的品赏理论。

③ 类似于“园”获得独立欣赏价值的历史现象还有“文”在魏晋获得独立价值以及“画”在唐代获得独立价值。

**参考文献：**

[1] 童寯．童寯文集 第 1 卷 [M]. 北京：中国建筑工业出版社，2000：65，239.

[2] 陈从周．说园 [M]. 上海：同济大学出版社，1984：3，18.

[3] 杨鸿勋．江南园林论 [M]. 上海：上海人民出版社，1994：14.

[4] （日）冈大路．中国宫苑园林史考 [M]. 常瀛生译．北京：农业出版社，1988：321.

[5] 刘敦桢．苏州古典园林 [M]. 北京：中国建筑工业出版社，1979：5.

[6] 彭一刚．中国古典园林分析 [M]. 北京：中国建筑工业出版社，1986：5.

[7] 曹林娣，许金生 . 中日古典园林文化比较 [M]. 北京：中国建筑工业出版社 , 2004：132.

[8] 侯迺慧 . 诗情与幽境——唐代文人的园林生活 [M]. 台北：东大图书股份有限公司 , 1991：550，552-553.

[9] 金学智 . 中国园林美学 [M]. 2 版 . 北京：中国建筑工业出版社 , 2005：379.

[10] （明）计成原著，陈植注释 . 园冶注释 [M]. 第二版 . 北京：中国建筑工业出版社，1988：42，62，79，243，32，47，37，62，37，51，131，137，206，213，228，51.

[11] 潘谷西 . 中国美术全集 建筑艺术编 3 园林建筑 [M]. 北京：中国建筑工业出版社 , 1988：1.

[12] 钱锺书 . 七缀集 [M]. 北京：生活 · 读书 · 新知三联书店 , 2002：1-32.

[13] （清）张潮辑 . 虞初新志 [M]. 石家庄：河北人民出版社 , 1985：101.

[14] （清）李渔 . 闲情偶寄 [M]. 上海：上海古籍出版社，2000：220.

[15] 周维权 . 中国古典园林史 [M]. 2 版 . 北京 : 清华大学出版社 ,1999：18，17，164-167.

[16] 汪菊渊 . 中国古代园林史 上 [M]. 北京：中国建筑工业出版社 , 2006：152-154.

[17] 乔永强 . “辋川别业” 不是园林 [J]. 北京林业大学学报 ( 社会科学版 ). 2006(02)：43-45.

[18] 翁经方，翁经馥 . 中国历代园林图文精选 第 2 辑 [M]. 上海：同济大学出版社 , 2005: 174-180.

[19] 朱育帆 . 艮岳景象研究 [D]. 北京林业大学博士论文，1997.

[20] 永昕群 . 两宋园林研究 [D]. 天津大学硕士论文，2003: 76.

[21] （宋）周密撰 . 癸辛杂识 [M]. 北京：中华书局 , 1988: 14-15.

[22] 孟平 . 狮子林史考 [D]. 东南大学硕士论文，2004: 35.

[23] 曹汛 . 略论我国古代园林叠山艺术的发展演变 [J]，建筑历史与理论 , 第 1 辑（1980）: 77.

[23] （明）庄昶 . 定山集 [M]// 景印文渊阁四库全书 第 1254 册 . 中国台北 : 台湾商务印书馆 , 1983: 236.

[25] （明）文徵明 . 甫田集 [M]// 景印文渊阁四库全书 第 1279 册 . 中国台北 : 台湾商务印书馆 , 1983: 138.

[26] （明）董其昌 . 容台集 [M]. 杭州：西泠印社出版社 , 2012: 279.

[27] 童寯 . 江南园林志 [M]. 北京：中国建筑工业出版社 , 1984: 45.

[28] 杨光辉 . 中国历代园林图文精选 第 4 辑 [M]. 上海：同济大学出版社 , 2005：24.

[29] （明）文震亨原著，陈植校注 . 长物志校注 [M]. 南京：江苏科学技术出版社，1984：41, 103, 347.

[30] （明）张岱著，夏咸淳校点 . 张岱诗文集 [M]. 上海：上海古籍出版社，1991：285-286.

[31] 陈从周 . 梓室余墨：陈从周随笔 [M]. 北京：生活 · 读书 · 新知三联书店 , 1999：279-280.

[32] 陈从周，蒋启霆选编；赵厚均注释 . 园综 [M]. 上海市：同济大学出版社 , 2003：280，238.

[33] （清）吴伟业 . 吴梅村全集 [M]. 上海：上海古籍出版社 , 1990：1059-1061.

[34] 曹汛 . 造园大师张南垣——纪念张南垣诞生四百周年（一）[J]. 中国园林 ,1988(1): 25.

[35] 陈植，张公弛选注 . 中国历代名园记选注 [M]. 合肥：安徽科学技术出版社 , 1983: 198-199，222-224，135-140，216，207，268，231，260，291.

[36] 顾凯 . 明代江南园林研究 [M]. 南京：东南大学出版社 , 2010: 178-180，232，115.

[37] 杨晓山 . 私人领域的变形：唐宋诗歌中的园林与玩好 [M]. 南京：江苏人民出版社 , 2008: 43-47.

[38] Craig Clunas. Fruitful Sites: Garden Culture in Ming Dynasty China[M]. Duke University Press, 1996: 16-59.

[39] 赵厚均等 . 中国历代园林图文精选 第 3 辑 [M]. 上海：同济大学出版社 , 2005: 95-96，89-90，212-213.

[40] 夏丽森 . 明代晚期中国园林设计的转型 [M]. // 吴欣主编 . 山水之境：中国文化中的风景园林 . 北京：三联书店 , 2015: 221.

[41] （英）柯律格 . 明代的图像与视觉性 [M]. 北京：北京大学出版社 , 2011: 28.

[42] 商传 . 明代文化史 [M]. 上海：东方出版中心 , 2007: 401.

[43] 宗白华 . 美学散步 [M]. 上海：上海人民出版社 , 1981: 82.

[44] 刘继潮 . 游观：中国古典绘画空间本体诠释 [M]. 北京：三联书店 , 2010：106.

[45] （明）王世贞撰 . 弇州续稿 [M]// 景印文渊阁四库全书 第 1282 册 . 中国台北：台湾商务印书馆 , 1983: 269, 62-65, 229, 821.

[46] 高居翰，黄晓，刘珊珊 . 不朽的林泉：中国古典园林绘画 [M]. 北京：生活 · 读书 · 新知三联书店 , 2012: 45, 52-54.

[47] 顾凯 . 重新认识江南园林：早期差异与晚明转折 [J]. 建筑学报 , 2009(S1)：106-109.

[48] 吴晓明 . 明代中后期园林题材绘画的研究 [D]. 北京：中央美术学院博士论文，2004: 49.

[49] 曹汛 . 张南垣的造园叠山作品 [J]. 中国建筑史论汇刊 , 2009(02): 352.

[50] （明）董其昌 . 画禅室随笔 [M]. 上海：华东师范大学出版社 , 2012: 76-77.

[51] （清）王士祯 . 居易录谈 [M]. 上海：商务印书馆，1936: 3.

[52] 曹汛 . 追踪张熊，寻找张氏之山 [J]. 建筑师 , 2007,(05): 102.

[53] 曹林娣 . 略论姑苏园林画境构成 [J]. 艺苑 . 2012(05): 7.

[54] 陈则恕 . “散点透视”论质疑 [J]. 西北师大学报 ( 社会科学版 ). 1999(03).

[55] 秦剑 . “散点透视”质疑 [J]. 西北美术 . 2008(01).

[56] 黄裳 . 梅花墅 [M]. // 皓首学术随笔 · 黄裳卷 . 北京：中华书局，2006: 197.

**作者简介：** 顾凯，东南大学建筑学院副教授

**原载于：** 顾凯 . 画意原则的确立与晚明造园的转折 [J]. 建筑学报，2010，（S1）.（有较多改动）

# 第二章
# 诠释

# 中国园林的宇宙论背景

郝大维　安乐哲
顾凯 译

本文是为构建一份中国园林词汇表所作的相当初步的努力。为此，我们将关注一些表达“宇宙论”背景特征的、非常普遍的观念，而中国园林必定会从中找到其位置。论文假定，园林的美学设计与其宇宙论背景之间有着极富启发性的联系。虽然我们不会在每个案例中都去费心详述这些联系，但从本期杂志的其他文章中可以为这些联系找到充分的证据[1]。无论如何，我们的这个斗胆推测是要在完全实事求是的基础上得以证明的。如果本文中所提供的认识能够使中国园林的研究者对他们的研究对象有更好的理解，并且将这种理解以更清晰的方式表达出来，那么，我们的初步任务就成功完成了。

在确定中国园林的宇宙观背景之时，我们要关注以下几个密切相关的阐释性概念（interpretive constructs）：围合（enclosure）、外域（environs）、空间（和时间）以及图式与透视（pattern and perspective）。我们将为这些概念提供一个比较性的讨论，希望由此表明：对于中国园林词汇表的构建，何种阐释是恰当的（relevant），何种阐释则是不恰当的（irrelevant）。

## 1. 四个阐释性概念

### 1.1 围合

我们经常围绕花园建造围栏，或者把花园围进后院。在一个更大的尺度上，我们把一座花园并入一组以墙包绕的环境。同样，在花园内部，也会有各种不同尺度的围合结构。就极端而言，围合的花园是作为一个避难所、一个重建的天堂，围墙把难驯的外部环境、荒蛮的混乱挡在外面。我们通常把为花园设定界限的实用或美学的根本原因，以为是相当直接而毫无疑问的事情。

如果我们准备对一种着重于界限或边缘方面的“围合”感进行强调，那无疑是对中国园林特征的一种误解。因为，尽管中国人也像其他国家人一样用墙来围合空间，但对于任何受限定的空间都有一种不确定性，这不同于对“围合”的普遍理解。对中国人而言，围合行为通常是强调中心，而不是强调边界的一种手段。围合物组织空间（和时间），而不是确定或设置边界。

唤起中国与西方之间差异感的最好的方式之一，是通过对最为人熟悉的围合形象——圆形和方形进行思考。

两种文化中共有的圆形图案的原始重要性，会遮蔽这两种文化对待这一图形的截然不同的态度。在以“存在”和“永恒”为终极定义的西方世界里，圆形的完美性被用来克服运动和变化的不完美性。存在之物被视为“圆融的球体”。有界限的宇宙本身通常被诠释为球形。但是，圆形公认的完美性并没有阻止某些毕达哥拉斯的现代继承者们在力图表达其性质时，哀叹数学表达上的不可通约性（比如无理数 $\pi$ ）。于是，我们西方人倾向于把圆形理性化，用一些更加接近于精确性和必然性需要的公式方法来表达。事实上，长期以来，西方思想家们的浪漫理想之一，就是“把圆弄方”（squaring the circle）。

在中国文化中，控制圆的并不是其边缘，而是其中心。在中国的艺术、文学或哲学中所常见的，并不是有边界的圆或球，而是从中心向外部延伸的、放射状的圆。把世界称为“万物”（或“万有”），绝不意味着这是一个有边界的、或者可以被边界包围的整体。世界是与此刻被认为是“中心”之处有着相关性协调的一系列焦点。

在西方可见的把圆弄方的主题，在中国有着其功能上的对应物：和圆形一样，也努力把方形视为最终是无边界的和不完善的东西。汉代的有着井然排序、互相关联的图表，将各个季候同主要方位、自然进程、动物种类等相匹配，而毫无穷尽的意味。就像放射状的圆形一样，这些组织方式是开放而无限可延的。

同样地，在中国的“百科全书”——类书——之中的知识组织方式，同西方百科全书的方式有着深刻的区别：后者依赖于一个详尽的字母表组织，其主要话题依照古典的“知识形式”——科学、宗教、艺术、哲学、伦理和政治——来安排，并主要采取形式定义和逻辑论证的方式来建立起不同讨论的一致性；中国的类书则不诉诸这种形式的和详尽的分类法，而是更多依赖于尽端开放的组织“原则”（图 1）。

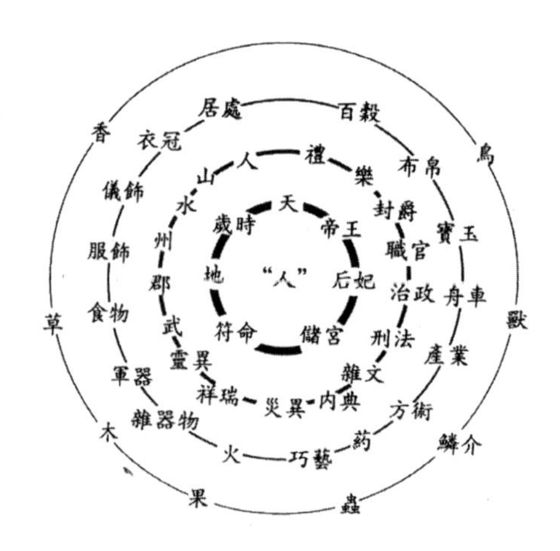


图 1.《艺文类聚》的知识秩序（梁从诫《不重合的圈——从百科全书看中西文化》，《面向未来》第 2 辑，1986）

中国的类书是分等级的，但这种等级却不是基于诸如类属 / 物种、或抽象形式原则的区分。人类被自觉地置于中心；不过这里的“人类”，与类属的或先验的“人性”无关，所指的是处于特殊历史境遇中，有着文化教导使命的特定中国帝王人物。

位于圆圈上部的各个范畴，由于它们为朝廷提供益处，是更为高贵的；而那些处于圆圈下半部的，则由于它们可能的有害影响，更为低贱。中国文化的经验体现在中央的统治者那里，类书不仅以这种特殊方式组织起它的世界，而且对此加以推崇。

采纳类书的运用自身术语的分类观念，有何重要意义？它使我们摆脱抽象本质、客观内涵以及阶级概念的束缚。我们放弃对运动和数学关系的内在与外在原则的热爱，取消对永恒物种的前达尔文主义信仰。同样，我们从中要寻求一个定义，而不仅仅是从例子的负担中解脱出来。这种定义的观念——“设定边界”——在西方的文化敏感性中到处弥漫。

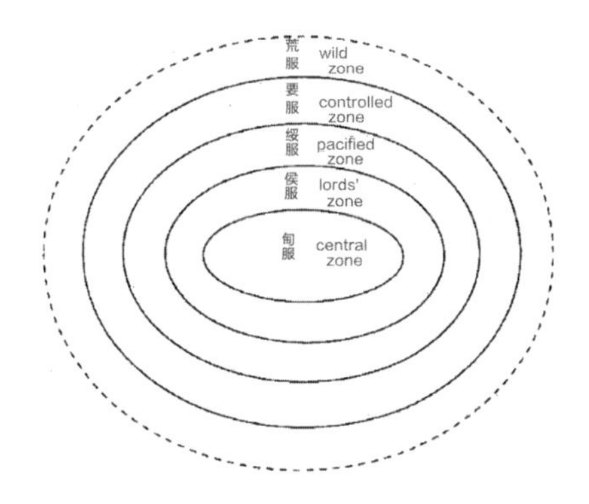


图2. 汉代政治秩序的“五服”模式

另一幅放射状圆圈的图示，是与汉代历史相关的“五服”理论图（图2）。《剑桥中国史》第一卷叙述了从刘邦开国到三个半世纪后逐渐解体的汉帝国历程[①]。在该卷中，余英时用“五服论”为工具来描述汉代世界的秩序动态：“按照这种理论，自从夏朝起，中国划分为五个同心的和分层次的地带或区域。中心区‘甸服’是皇室管理区，在国王的直接统治下。直接环绕皇室管理区的是国王建立起来的中国人的列国，被称为‘侯服’。侯服之外是为统治王朝征服的中国人的国家，构成所谓‘绥服’或‘宾服’。最后两个地区是留给野蛮人的。生活在绥服或宾服外面的蛮夷居地称为‘要服’（受管制的地区），这样命名是因为假定蛮夷隶属于中国人的控制之下，即使这种控制是很松散的。最后，在控制地区以外的是戎狄，他们在‘荒服’（荒凉的地区）中基本上是自己做主，而以中国为中心的世界秩序在荒服到达了它的自然的终点。”[②]

这一等级图解也用来描述以提供物品和劳役为形式的地方向中央朝廷贡纳的递减程度。虽然五服理论似乎更为复杂，但它其实是一种焦点/场域的区分，规定着一种“内－外”圈层的相关焦点：“对野蛮人的外部地区来说，中国是内部地区，正如同对外部的‘侯服’来说，‘甸服’是内部地区，在中国文明周围的‘要服’对‘荒服’来说就成为内部地区。”[③]

这一放射状系统似乎是中国人世界秩序的标志。它是一种向心的秩序，通过顺从的图式从一个中心轴向外清晰传达。这些具体的图式是众附庸国，它们以不同程度“作出贡献（con-tributing）”，并且其自身就由位于中心的权威而构成。他们使社会与政治实体的标准和价值成形，并成为焦点。这种确定的、详细的、寻求中心的焦点，逐渐消退于越发不确定和无织构的场域。中心的磁性吸引力在于，它以不同的成功程度进入其场域，悬置起全异的、多样的，以及常常相互矛盾的各个中心，从而构成其世界。

在一定程度地详细考察并图示了放射状圆形的作用后，现在我们可以非常简要地谈一下，方形或长方形的围合必须以同圆形一样的方式来理解——就是，以中心性而非边界为其特征，并且同其他放射状形式一样被“套叠”。

北京城的平面提供了一个图示，它既运用了套叠的方形——字面上的“中国盒子”——又对这些套叠方形所预含的轴向线形给以“软化”[4]。如果说设定边界是一个构筑物的关键要素，那么套叠的围合是不怎么需要的。但是，以北京为例，紫禁城嵌套于皇城之中，皇城又嵌套于内城，强调了中央之处的权利与威严的集中。外城构成了“远方”（beyond），进一步弱化了套叠状方形的可渗透的边界性。[5]

在西方传统中，围合表达的倾向是设定边界、形成和给以规定、进行定义，边界是享有特权的。在中国，中心处于支配地位，边界则可渗透、可伸缩、模糊不定。可以推想，如园林这样的美学构筑物反映着其宇宙论背景，那么作为围合场所的中国园林，以放射状圆形或嵌套方形的认识来分析，可能会成果斐然。

1.2 外域

在万物皆有生机的宇宙论的支配下，产生于古希腊并持续至今而不衰的心灵－肉体问题，不会、也不曾在中国出现。也就是说，既然灵性（spirituality）与生命共生，我们可以认为，灵性同生命一样遍及万物[6]。这种灵性与生命普遍存在，就意味着可促成可怜谬误的价值中立的自然并不存在。人性，并非构成既定本体差异基础上可分辨的“存在之链”上的特设一环，而是通过其复杂灵性的培养（这种灵性是以延伸、思虑、影响与内含来理解）而获得其分等级的宇宙角色。其实，这在“神”这个字的含义上就可以明显看到，依惯例既可译为“human spirituality”（人的灵性），又可译为“divinity”（神性），也可以从根深蒂固的文化实践中明显看到诸如祖宗崇拜和文化英杰崇拜（如孔子）。在中国传统中，“神人”通常就是神（gods）之所在。

中国自然宇宙观中人性与世界之间的连续性，导致这样一种认识：在自然与人类文化之间没有终极区分。同样的词汇既可以用来表达属于自然之中的秩序，也可以表达作为人类精神贡献的世界中的秩序：道、文、理、象、性等。[7]

古典西方理解中的“自然 / 礼法”（physis/nomos）对比，对于中国古典文化的形成并无决定性，从而，自然与人工技巧、或天性与教养间的差别，对中国人而言并不如对西方文化那么重要。承认这一点，对于认识中国和西方的美学传统的对比理解，就迈出了重要一步。

要迈出的第二步，是要认识到“有机”与“无机”的对比认识的有限适用性，这一对比认识是自然领域的许多西方观念的根基所在。尽管在描绘中国人对自然界的理解时诉诸有机性的隐喻，当然具有某种解释性的力量，但是，这种做法在区分中国同西方的有机性思考的形式方面而言，却是模糊不清的。李约瑟（Joseph Needham）认为，在西方：“动物有机体可能被映射到宇宙之上，但是，对人格神的信仰，却意味着总是必须有一个‘指导原则’。这条道路是中国人绝对不会走的。对他们来说……各组成部分间的合作是自发的，甚至是无意的，仅此就足够了。”⑧

至少从一个西方的视角来看，这是对“有机体”的不寻常的理解。这一概念极为普遍地同有生命之物相联系，将它们视为各部分的复杂排列、并对于某种结果或目标产生功能。确实，对有机体最为普遍的理解（这是亚里士多德的自然主义所采用的意义），就是作为有着各部分的一个整体，各部分有着功能上的关联以获得一个内在的目的。亚里士多德关于潜在性和现实性的语言常被用来表述这一观念。橡子的潜在地可以真正地成为一棵橡树。

这种有机体的生物学之感，在我们的各种科学和更广泛的智识文化中都普遍存在。亚里士多德在建立他的整个哲学系统中，有机的隐喻是他的基本工具。无论是对人类还是国家，甚至是整个宇宙，对任何研究对象探求其目的或功能，是亚里士多德获取知识的方法的根本所在。亚里士多德哲学中，正以此传达出终极原因的支配。

当然，在李约瑟用有机论来解释中国文化时，他想要挑战的是终极原因和有机论观念之间的本质关联。然而即便如此，如果我们把作为有机论起作用过程决定因素的终极原因观念，从有机论哲学中抽离出去，那么，至少对于西方智识文化的作用而言，这种观念也就不剩什么了。

有理由相信，在试图理解中国人的感性时对有机论观念的滥用，是忽略了生物学“有机论”同层级式（bureaucratic）“组织”之间重大差别的后果。正是后者，更为接近中国人用于理解关于他们的世界的模式。

确实，李约瑟本人似乎相信，对中国人的世界的有机式理解，来自于组织自然现象的层级式“行政方法”。李约瑟把《易经》评论为一个“宇宙归档系统”，并问道：“它在中国文明之中的强大力量，是不是来自于这样一个事实——它是对一个同层级式社会秩序基本一致的世界的看法？”[9]

对这一问题，他自己回答道：“或许在某种意义上，整个关联的有机论思维系统，是中国层级式社会的镜像。可以这样形容的，不仅是《易经》的庞大归档系统，还有层级矩阵世界中的象征性关联。人类社会和自然图景都关涉一个坐标系统、一个表格框架、一个层级矩阵，每一事物在此中都有其位置，并通过‘适当渠道’同其他事物相联。”[10]

史华慈（Benjamin Schwartz）赞同李约瑟的《易经》“宇宙归档系统”受到“层级式秩序感”强烈影响的主张，也赞同孟旦（Donald Munro）的家庭秩序为中国根本范式的意见[11]。史华慈的结论是：“或许可以说，‘国家类比’作为中国整体论和有机论的一种范式，要比生物学的有机体重要得多。”[12]

中国人把“宇宙”理解为“万物”，意味着他们其实根本没有这样一种宇宙的概念：一个在任何意义上都是封闭的或被定义的（defined）、连贯而秩序单一的世界。因此，在根本上中国人是“非宇宙（acosmotic）”的思想者。一个宇宙的和一个非宇宙的世界观之间的差别所暗示的是：并不存在作为创造过程解释的某种在上的“本原”（arche）（或“开端”）、而因此有着在哲学意义上“无秩序”（an-archic）（尽管“自然”可能确实是关于“种类”的），这些范畴不再是通过相似现象之中的类比而得的归纳。差别优先于本质的相似。

通过总结，有两点是要强调的。首先，如果人们说中国园林是一种“带修辞色彩的景观”（rhetorical landscape），那么这不应当解释为它试图要创造一个镜像于自然外域的人工世界。一个中国的带修辞色彩的景观是一个其自身的世界，在该词汇最深刻的意义上拥有同“自然”外域相同的本体论地位。从而，人们不可以把中国园林视为形式（柏拉图）或机能（亚里士多德）的模仿，也不应当认为它是带有西方浪漫主义的对自然的转化（transformation），当然它也不能被视为西方弗洛伊德式美学家们所认为的对自然的升华。如果我们要做什么简洁明确的主张的话，我们能说的最好的方式是：既然在中国人主导思维方式中缺乏自然和人工之间的强烈差别，作为艺术作品的园林的营造所涉及的是对自然的教化（education）。这种教化或培育保持着自然和人工之间的连续性。

其次，中国园林不是有机的，而是有组织的（organized）。这种组织感既可从道家，也可从儒家所得出：儒家的层级模式提供了一种方法，通过诉诸根植于传统重要性中的类比而进行组织；而从道家的角度，组织被认为是按照分项来拥有其自身持续（而动态）的特性，这以“德”的观念表达出来，大致可解释为“特定焦点”（particular focus）。在道家看来，各分项是通过相互尊重的行为而得到组织和协调的。由于大量性、多样性和特定性都得到保持，其结果不是任何意义上的“有机”。秩序存在于整体的特定焦点（“德”）和整合起在细节关联之域中焦点的“道”二者间的交接之处。无论在儒家还是在道家的组织方式中，受到组织的是“诸此”和“诸彼”。

1.3 空间（和时间）

作为一件艺术品的园林，尤其适合以空间与时间角度的特别意义来表达。空间可以在宏大的且往往相当多样的尺度上形成。而园林在时间上，不仅仅在于“季节性”的特征和因生长带来的变化，也在于人们会以时间条件（temporal qualifications）来进行欣赏。园林中的行进常常花去大量的时间。人们并不是以无所事事的态度在园林中消磨时间的，人在园林中的行进最好是将人的节奏与时间流逝的节奏匹配。

在西方，因其特有的宇宙观所强调，科学上对空间和时间的理解，支配了其他学科视角对其的理解。这对于艺术所特有的对空间和时间模式概念的接受，产生了特别的伤害。尤其是对于空间的观念，艺术受害尤甚。

在唯物主义者看来，空间是虚空的，原子在其中“盲目运行”；柏拉图把空间视为支撑“物质”存在的容器，由几何表面所限定的虚空的空间为其特征。亚里士多德用“场所”来看待空间。亚里士多德观点的一个解释是，只有“占据”场所的物体存在，空间才会存在。笛卡儿进一步发展了亚里士多德的认识，把空间视作广延（extension）——这也是他对物质所作的定义。这就意味着空间是物质性的，而“虚空”这种事物是不可能的，真空不可能存在。莱布尼兹则认为，空间由不可分单子（monads）的联系所构成。

在近代西方，衍生的笛卡儿主义和莱布尼兹主义理论在“绝对”和“相对”理论的外表下，相互争论不休。牛顿把空间解释为绝对的，爱因斯坦的特殊的相对论则要求相对的空间。这点至今仍然没有共识：广义相对论是否能以相对的观点起作用，或者说其实不需要一种绝对时空的观念，或者更可能是，需要某种超越“绝对”和“相对”隐喻的东西来表达其首要洞见。

上述简要叙述的目的，是在于强调这样一个事实：支配西方人对空间（及时间）的理解的，是出于科学家和技术员们“预言和控制”的需要，而不是出于非常关心这些观念的其他团体，即艺术家们的需要。从而在西方，同科学的动机相比，“庆祝和享受”的需要并没有被给予同样的关注。因此，任何一个浸染了科学常识的人都会发现，要欣赏艺术家们的直觉是相当困难的。

阿尔伯特·施韦策（Albert Schweitzer）对我们这个沉迷于科学的文化丧失人性的潜能深感挫伤，他曾疾呼：“伦理可以让空间和时间去下地狱！”而对美学来说这并不确实，艺术家当然可以——也常常做到——让严格科学的空间和时间的宇宙观去下地狱。当画家马克斯·贝克曼（Max Beckmann）说“我画在平坦、框定的画布之上——二维之中——是为了使自己抵御空间的无限性”之时，他所挑战的是科学家们在空间“意义”处理上的垄断。

去接近空间和时间的艺术观念的最佳方式，是承认艺术家们根本就不去发现“空间和时间究竟是什么”。从而，空间和时间的合理直觉是多样的。在牙科手术椅中和在情人的臂弯中，度过的时间有着不同的衡量。处于小室之中和住在大岛之上，所感受的空间局限可能会是一样的。

没有必要宣称，空间和时间是个人的和主观的。它们如同我们其他所有重要观念一样，是主体间的（intersubjective）。这不过是说，我们从相互之间学到我们必定以为的东西。这意味着我们可以学习的不仅是科学家。拉罗斯福哥（La Rochefoucauld）注意到，如果没有诗人的话，很少有人会去恋爱。我们是从我们的诗人那里学到如何去恋爱的。同样，我们的诗人、画家以及景观艺术家也都可以教我们关于空间和时间的事情。但如果我们要从我们的艺术家——最终是从中国园林的创造者——那里学习关于空间和时间的话，我们必须首先“剥离”我们对空间和时间“科学的”、客观的想象。

假定我们想要分析在西方被视为常识的对空间的认识，我们可能依次接受线、面、体作为空间的根本表现形式。一条线提供了一个方向性的意义——前和后——和一个距离的意义。面在距离和方向性之外，又增加了面积的意义，而体则通过增加体积而“完成”了我们对空间的表现。注意，欧几里德几何并无任何特定的关于空间的这种分析[13]，也无任何严格非欧几何的方式可以排除空间体积的自我显示[14]。受到这种相对中性方式的分析，空间对于任何一种解释都是被动的。

对于时间来说，这种“剥离”要容易一些，因为时间模式同生活过程的关联更为密切。我们很可能在除了钟表和日历之外，还以深度以及长度来衡量我们的生活。我们有“时机”（kairos）的观念，即“重大时刻”和“季节相关”[15]。我们可以引用叶芝（Yeats）的诗：“我啐唾在时光的脸上——它已把我改变。”我们对“夕阳西沉，求主与我同住”的诗句产生共鸣。我们确实从我们的艺术家那里学到了很多时间性。

如此去除了我们的客观论的和科学的偏见，那么对于同中国园林主题相关的空间和时间，我们又可以怎么说呢？中国的成双命名法普遍地将 kosmos 译为“宇宙”，该词明白地表达出时间和空间的相互依存。类似地，“世界”一词字面上表示“在其世代或纪元和传统之间的边界”。再次同希腊或印度的支配性推动力形成对比，对中国而言，时间遍及万物而不可抗拒；它不是物质的派生物，而是其中一个基本方面。与贬低时间与变化、追求永恒与不朽的各种传统不同，在古代中国，万物总在转化（“物化”）。事实上，缺乏某种要使诸现象“客观化”并成为“客体”的对客观性的主张，中国传统并不将时间和物体分开，允许无物体的时间或无时间的物体。一个虚空的时间长廊，或一个不朽的事物（在永恒的意义上），都是不可能的。[16]

在西方古典传统中，促使我们把时间和空间分离开的是从古希腊人那里继承而来的倾向：把世上事物视为在其形态方面固定，并因而有界限和受限定。如果我们不再对现象的形式方面给以本体论的特权，而是以其不断的变化来观察它们，我们则可以使其时间化，视其为“事件”而非“事物”，任一现象都是时间过程中的某种涌流（current）或脉冲（impulse）。事实上，这个世界普遍的持续转换能力正是时间的意义。[17]

正是因为世间万物是可再生的，时间也是可再生的。由于这个世界总是以这样或那样的视角得到接纳，又由于时间方面从来不是抽象的、虚构的或复制的，任一视角都既非直线又非循环，而是二者皆是的前进道路。也就是说，时空问题是螺旋前进的[18]。“前进道路”这一表达是特别适当的，因为这是我们在世界上通行的形象，作为弥漫于传统的根本隐喻而在“道”之中获得。

用亚里士多德的话来说，传统中的这种不愿从物质中分离出时间的一个后果是，不需要从一个被动、实质的原因中辨别出一个积极、有效的原因。事实上，诸如按惯例译为“nature”和“the world”的“自然”和“天地”这样的表达，并不简单地指一个世界，它们是指一个积极、进行的过程。这种生机勃勃世界的认识的一个推论是：在有情感与无情感、有生机与无生机、有生命与无生命之间，并没有任何最终的界限。

在我们的传统中，物质创造和将生命灌输入物质之间是有清晰分别的。纯粹的物质和纯粹的精神是两个完全不同的原则，因此，生命有一个非物质的或“形而上”的起源。假定在一个把“气”——精神生理上的（psychophysical）能量作为普遍范畴、万物多多少少都有生机的传统中，物质变化同生命之间并无分裂，那么我们完全可以把中国的自然宇宙论形容为万物有生论（hylozoism）。[19]

塑造了我们常识观念的近代西方哲学中，有一个对时间和空间性质的支配性理解是：时间是持续的，而空间是扩展的——时间以一维向前运动，空间则以三维保持静止。在中国古代，“世界”和“宇宙”的表达就清晰说明，时间和空间是绝不可分的。同时，语言的深层结构告诉我们，时间和空间是特定而非抽象的，这从言说者的视角就开始了：左 / 右、前 / 后、上 / 下、古 / 今。作为可分“维度”的时间和空间的不可分割性，清晰可见于汉代的相关性中——场所即是时间：东为春，南为夏，西为秋，北为冬。[20]

确实有时人们会把园林视为“避难所”，即便如此，它是其更广外域的一个全息影像（holograph）——反映着其周遭的一个小型世界。在西方，如我们前面所说，世界通常是以欧几里德式的或笛卡儿式的方式预想的。从而，我们的园林被构思为一个容器，我们置入花、木、池、桥于其中，这些要素之间的关系被定义为物质与隐喻力量的游戏，并以一个作为独立变量的被动空间为其特征。

如我们前面所说，在中国人的世界中，类比不是从宇宙到社会和人，而是恰恰相反：皇帝及其朝廷是象征焦点，作为既是宇宙的，又是世俗的模范，这一中心焦点使其周围的空间扩张，定义它们的特征。对这种人文主义的空间，我们需要一个不同于西方盛行的客观和科学的模式。这么来想一下：“空间”的意义是从动态，并总是特定的“线”（路径、“道”）的原始观念类比而来。书法和绘画之间的关系在于题辞和内在化的视角。甚至象棋也是在线上走子，而不是从方块到方块。

相比之下，西方文化中“线”的观念很大程度是从“点”衍生而来的几何观念。也就是说，一条线是两点之间的最短距离，其自身是由运动的点形成。但中国人对线性的理解是由道路或轨迹形象的观念所主导，这易于蜿蜒、曲折。从一个习惯于人为对称的人看来，中国人似乎在其美学构建上自觉地抵制直线。

进一步而言，中国园林中的深度感显然是非欧几里德式的，场所和路线似乎绘制于各表面上。于是，当各表面按照限定“近邻（vicinities）”的首要物来转换和改变其轮廓，就获得了深度。反过来，这些近邻也通过不时打断的视角——大门、门洞和“景”（园林营造者所选择的并往往为其命名），得以情境化（contextualized）。

对牛顿而言，我们太阳系中的行星是在弯曲的轨道上及平滑而盒状的空间中依赖万有引力而运动；对爱因斯坦而言，它们则是在一个弯曲空间的表面以直线运动，这一空间弯曲是此处太阳的膨胀特性的一个功能。古代中国人当然不是欧几里德派，他们并不把空间视为一个万物运动于其中的平滑或盒装的虚空；他们也不是修正了欧几里德派的笛卡儿派，把万物视为仅以其坐标 (x, y) 为标志而位于空间之中；他们也不是把空间置于万有引力场域的牛顿派。比起其他各种西方主要的设想，古代中国人的观念更接近于爱因斯坦派。但是爱因斯坦把牛顿的万有引力几何化，将空间转化成数学的线。既然这并非“道”的蜿蜒路径，或许我们可以说，中国人是“人文的”或“美学的”爱因斯坦派。

中国园林中的空间，并非是以“绝对”或“相对”的模式来考虑的。这些空间并非容器——物体在其中得到安排的围合物，也不是由物体的安排而构成的空间。作为时空连续统一体中的要素，物体，或确切说是“时间流”比如园林中的石头，事实上使其周围的空间扩张，而给予园林世界其形状。从而，以与我们天真地认为在其中得到安排的“物体”一样的方式，空间得到安排。这些空间的安排又继续同等地（pari passu）安排物体。一旦得到安排，每一个物体就构成了一个焦点，以其特别的方式将园林规定为“场域”。

时间也是得到安排的。人们以采取不时打断一座中国园林的视角而经历时间。各视角之间的间隔，根据周遭的特性得到安排，景与景之间的转换构成时间性。进一步而言，对构成园林的传统场景和暗指要素的欣赏，需要将记忆建设性地运用。一些园林其实就是“记忆的安排”，就如同它们是植物、山石、亭榭、水池、祠庵的安排一样。

结论一定是：中国园林中的空间和时间，就如同园林内容中的任何其他要素一样，是具体而特殊的。这是尤其重要的一点，并且应当强调：我们相信的（强烈持有的假设）是，如果我们假定这些要素同诸如植物、亭榭、山石或水池有着同等的本体论地位，才能最好地来理解中国园林中空间（和时间）的作用。它们就像园林中所包含的其他任一要素一样，可以被选择、营造和安排。

1.4 图式与视角

中国人的“这一世界”是独特而无限的，而观者总是位于其中。断言客观真理的基础并不存在，描述（description）与规定（prescription）之间的界线是模糊不清的，因为主体总是自反地牵涉于他们组织世界的方式之中。说起这个世界，也就是说起他们自身。

没有客观视角带来的进一步的后果是，对于世界的言说，甚至思考，是对于世界的行动。思想和言语是处置性的（dispositional）和行为性的（performative）。理论和实践的绝对分离让“说”与“做”分开，让“言论自由”之类的观念成为可能。这种分离依赖于“理论”，并不改变世界的可能性。而在中国古人的世界观之中，思考与言说是对塑造我们环境有着真实后果的“行为”。

庄子推崇“万物与我为一”，这并不是一种吠檀多式的（Vedanta-like）召唤——放弃个人的特性而溶于单一而完美的整体；相反，这是这样一种认识：在一个人的经验领域中，每一个独特现象都与任一其他现象是连续的。那么，这是不是一个彻底的主张——我们所谈的是所有现象吗？因为世界是行进中的，也因为其创造力是“其来有自的”(ab initio), 而不是“无中生有的”(ex nihilo)——在其所构成现象的进程中始终表达出的创造力——任何对这一问题的回答都必定是暂时性的。现象绝不是原子般的离散，也不是完整的。《庄子》第二篇谈道：“古之人，其知有所至矣。恶乎至？有以为未始有物者，至矣，尽矣，不可以加矣！其次以为有物矣，而未始有封也。”（古时候的人，他们的智识到达了某种地步。那是何种地步？他们中的一些人认为，从未曾开始成为万物，对这种认识，其高度、其极端都不能再增加了。次一等的人认为事物存在，但其中从未曾开始有边界。）……

这里有一个相关的考虑因素，就是要考虑到不同的语法期待。西方语言中内在的言语部分——名词、动词、形容词、副词，促使我们以一个指定的、反亚里士多德的、特定文化的方式把这个世界划分开[21]。在“深层结构”的影响下，我们倾向于分离开事物与行为、属性与形态、何地与何时、何时与何物——所有基本的亚里士多德范畴。然而，在古代中国的宇宙观中，时间、空间与物质之间有着流动性，这些亚里士多德作为事实基本特征的范畴并不支配划分世界的方式。用来定义一个中国人世界的范畴，必须被看作是跨越时间、空间和物质的边界的。比如，“道”——我们园林中的路径既为“是什么”（事物及其属性），又为“怎么样”（行为及其形态）。“道”与认识的主体，以及他们的理解品质的关系，就如同对知识的客体一样。我们必须抵抗由内植于我们语言中的深层结构所促成的诱惑，在事物与事件之间划出清晰界线，使“道”实体化为“作为何物的道”，而不是“作为如何的道”㉒。

一般而言，我们的外围状况提供了一个富于规则性的图式。偶尔，无论为何原因，当这些图式无效了，则提供一个对于发生情况的难忘记忆。因此，成为汉代宇宙观结构的关联图表，不仅描述（describe）对自然规则性的期待，也规定（prescribe）这个世界，并因而宣告这个世界应当组织自身的方式。

前面讨论过的类书，图解了我们应当称为伦理或美学的，而不是逻辑的组织原则的东西。个体条目从最“高贵”的开始，并以最“低贱”的结束：动物开始于“狮”和“象”，结束于“鼠”和“狐”；植物开始于“松”和“柏”、结束于“蓟”和“荆”。对世界的形容并非通过客观本质，而是规定性地划分为要素，这些要素对于处在大致中心的中国朝廷的经验有着渐增的影响。渗透于传统之中的此种修辞唯名论（tropic nominalism）[2]暗示着：统治者“命名”其世界时，也在以某种方式“命令”它。

同阐释中国园林相关的中国美学敏感性，另一个重要特征是对“混沌”给予积极的价值。在《庄子》中有一则为人熟知的故事，通过描述“混沌”的积极贡献，提供了个例子：“南海之帝为儵，北海之帝为忽，中央之帝为浑沌。儵与忽时相与遇于浑沌之地，浑沌待之甚善。儵与忽谋报浑沌之德，曰：‘人皆有七窍以视听食息，此独无有，尝试凿之。’日凿一窍，七日而浑沌死。”㉓

在这则寓言中，位于南北边界之内的混沌的统治要做相对理解。在混沌因儵与忽对他强加秩序而死之前，他通过持续地自内更新秩序而做出其贡献。内含的“无序”或“混沌”所在，并不抑制或破坏自我调整、自我组织的过程，相反，却激发它。

通过坚持秩序却总是因混沌而有如同蜂巢一般的丰富模糊性，这种动态的秩序感并不把规定秩序同所成秩序分离开，而是把变化的能量置于混沌自身之中（或者说，把混沌置于秩序自身的边界之中）。秩序是反身性的（reflexive）：它自我组织、自我更新；它是“自然而然”的。自然化了的创新，使得任何一种因果简化论或简单决定论都是成问题的。自由和创造力从而得到保证。

任何特定事件的清晰表达和稳定化规律性期待着其持续展开的方式，而事件本身之中的混沌方面则阻止了任何必要性观念或绝对可预言性。图式与不确定性的结合阻止了普遍主张的可能性，并使得任何全球化的归纳变得靠不住。所有我们能够依赖的是，对秩序的特定场所（site-specific）和特殊（particular）表达的相对稳定性，并在每一个我们可能放大为大规模变化的层次上，对随机变数给予持续的关注。从而，秩序总是本地的——也就是说，“焦点的”。

如果我们以前述认识来着手图式与视角的主题，我们一定会得到以下结论：如中国园林这样的营造，其中的图式对无经验者来说会常常呈现出某种“混沌”；或者，有人可能会认为中国园林中存在令人满意的秩序，而这可能是欺骗性的，它隐藏了无辨别力者会极易遗漏的大批另外的秩序。

“中国园林中的线条，如果能曲，就决不会直，如果能不对称，就决不会对称，如果能允许层层发现，就决不会一下暴露无遗。”[24]中国园林比较“野生”的基本原理，与中国传统中对“秩序”的截然不同的理解有关。哲学家彼得·考斯（Peter Caws）说：“秩序就是，对它来说，如果不然的话就会有问题。”那么在某个意义上，“图式”总是“视角”的一个功能。从而，得到期待或辨识的图式决定人们是否看到秩序，而不是混乱。但人们用来做出判断的视角是关键。对秩序的理性理解，同均一性和图式的规则性相关联。这种“逻辑的”成序暗示着一种宇宙论的预设，它以根据因果规律和形态图示的宇宙“逻格斯”为特征。这意味着，接纳秩序的视角并非通过观察者确定，而是由神的意志、逻辑规则或项目所含本质所涉的“客观”之物确定。由于引导我们判断线条的标准是“两点之间的最短距离”的前提期待，理性生物倾向于把曲线看作是无秩序的。

支配中国人思维的模式是“非宇宙的”（就是说，并不需要单一秩序宇宙的预设），并导向实际的个别情况，其多样关联性只有根据构成细节才可解释。在解释涉及的是图式规则性、关联着规定“这一”（总是场所特定的）秩序例证的意义上，理性思考则是宇宙论的、并最终是天体演化论的。

有某种类似于“天体演化论”的行为，同美学的、严格“非宇宙的”思维相关联，这可以通过某些宋代山水画得到图解。我们知道，这些画大多是在艺术家漫游于山水环境之后，以“记忆”而绘的“沉思性”营构。这些画往往看上去是以多平面构成的。典型而言，一幅画可以包含前景、中景和背景，画的主要焦点则位于中心层。人们被要求在画的中心采取姿态，并从此点来展望周围。当然，周围就是从画面中心的视角所得的世界本身。画家通过画的中心焦点所提供的视角，诠释了一个世界。他创造了一个世界。但是，他创造的不是这个世界（the world），因为有多少个可辨的焦点，就会有多少个世界。

如果有人认为图式和视角是密不可分的，并进一步坚持认为，内在的视角接受着由构成特定图式的细节而来的秩序，那么，他就更接近于把中国园林理解为一项真正美学的经营：它通常避开理性的视角，而采取类似一种焦点 / 场域的秩序概念。规定中国园林图式的视角，同我们已提出的、作为阐释世界方式的命名活动有着特别的关联，记住这一点是重要的。

这种通过选择视角而建立起图式的创造性命名过程，有一个宏大的例子，这就是由乾隆及其父亲雍正所主持的圆明园。在《圆明园》一书中[25]，霍普·丹比（Hope Danby）叙述了圆明园的场地和景致的命名——共 40 处。作者提出，在命名与景致之间有一种相互作用，可以相互唤起对方。其他园林的平面以精确的细节得到复制，园中各种场地让人联想起其他部分的景色记忆。命名的诗意行为，同园林要素的组织——岛屿、水池、祠庵、亭榭一样，生成了这一园林。其结果是 40 个主要视角，提供了 40 个有层次的图式。并且，由于命名并非从外部凿入园中（就像在混沌身上凿窍），因为命名活动是一项采取内在视角的美学行为，并因此护卫了园林特定构成特征的自主性，从而获得了一种有着丰富模糊性的秩序。

## 2. 总结

在前面的讨论中，我们试图完成一项双重任务。我们希望就阐释中国园林的任务来说，突出某些观念的恰当性以及另一些观念的不恰当性。并且，尽管我们并没有通过多少细节阐释的方式来展开，我们提出了一些论点，我们相信这些有助于关注同我们主题相关的阐释的独特问题。

简单来说，这些论点是：

1）中国的围合之中，占支配地位的是“中心”而不是“边界”；

2）中国人的主导思维方式中，“自然”和“人工”之间并没有严格区分；

3）决定中国园林一致性的，是“关联的”或“层级式”的重要性，而不是“有机”模式；

4）“本体等价”的意义使得空间（及时间）同中国园林中其他内容有着一样的地位——都是得到“安排”的要素；

5）“命名”有着作为决定一个视角焦点，并因而解释一个世界的方法效力。

**注释：**

① DENIS TWITCHETT, DENIS and MICHAELLOEWE (eds), The Cambridge History of China Volume I: The Ch'in and Han Empires 221 BC-AD 220 [M].Cambridge: Cambridge University Press, 1986.

② YÜ YING-SHIH, 'Han Foreign Relations', in The Cambridge History of China Volume I: The Ch'in and Hun Empires 221 BC-AD 220, pp. 379-380.

③ 同上 , p. 382.

④ CHARLES MOORE, WILLIAM J. MITCHELL and WILLIAM TURNBULL, JR., The Poetics of Gardens [M].Cambridge, MA: MIT Press, 1993.

⑤ 构成北京“移动中心”的南北向轴线行进是极其严格的，这掩盖了中国美学作品中常见的不对称性。但如《园林的诗意》作者所恰当指出（CHARLES MOORE et al., p. 183），如果比较伊朗城市伊斯法罕的轴线行进，会重建起人们期待的不对称性。这正是北京园林用以提供的：在伊斯法罕和北京，你都可以沿着一条轴线穿过城市，周围都是对称的；或者你也可以走一条迷宫一样的路线，沿路可以看到如画的风景。但是，在伊斯法罕，园林形成轴线几何性，而在北京，园林则是对抗它的。

⑥ 可阐释这种灵性方面的例子有: 孔子曰:“所谓圣人者，知通乎大道，应变而不穷，能测万物之情性者也。”（出自《大戴礼记》）孟子曰：“尽其心者，知其性也。知其性，则知天矣。”（出自《孟子》）

⑦ 参见 JOHN MAJOR, Heaven and Earth in Early Han Thought (Albany: State University of New York Press, 1993), p. 11. 该文坚持认为“宇宙是一个整体”。“在自然的事务与人类（及其统治者）的事务之间没有差别”这个意义上，我们则更愿意用“连续体”而不是“整体”。以下是这种连续体的例证：《易经》：“夫大人者，与天地合其德，与日月合其明，与四时合其序，与鬼神合其吉凶。”《庄子》：“天地与我并生，而万物与我为一。”

⑧ JOSEPH NEEDHAM, Science and Civilisation in China [M]. (Cambridge: Cambndge University Press, 1956, 2, p. 302.

⑨ 同上 , p. 337。

⑩ 同上 , p. 338。

⑪ BENJAMIN I. SCHWARTZ, The World of Thought in Ancient China [M].Cambridge, MA: Harvard University Press, 1985), p. 373.

⑫ 同上。

⑬ 我们的感知获知于欧几里德式视角到了这样一个程度：它通过科学惯例而起作用。多年前，心理学家索利斯（Thouless）论证了：透视感来自于我们已习惯于在平面上感知的方式。从而，我们的三维空间感是基于从我们的平面经验刺激而来的推论。参见：B. THOULESS, Regression to the Real Object, The British Journal of Psychology 21, 4 (1931) and 22, 3 & 4 (1932).

⑭ 对这一点，我们将在后面对图式与视角问题的讨论中详述。

⑮ 哲学家怀特海（A. N. WHITEHEAD）说：“邪恶的诡计是对在错误的季节出生的坚持。（The trick of evil is insistence upon birth at the wrong season）”

⑯ 这并不意味着“时空”是世界的必要条件——下面我们将看到，即便是这些，在对中国的浮现宇宙的描述中也是屈从的。（This does not mean that 'time-space' are necessary conditions of the world — as we will see below, even these are surrendered in the description of the

Chinese emergent cosmos.）

⑰ 把世界强调为流动的文献例子有：
子在川上曰："逝者如斯夫！不舍昼夜。"（出自《论语》）
"天地盈虚，与时消息，而况于人乎？况于鬼神乎？"（出自《易经》）

⑱ 这一认识的一个例子是：《老子》："寂兮寥兮，独立而不改，周行而不殆，可以为天地母。"

⑲ 对"气"的生机方面的例子有：
"有气则生，无气则死，生者以其气。"出自《管子》
"气变而有形，形变而有生。"出自《庄子》

⑳ 对这种敏感性的例证有：
"往来不穷谓之通。变则通，通则久。"出自《易经》
"有物混成，先天地生。寂兮寥兮，独立而不改，周行而不殆，可以为天地母。吾不知其名，强字之曰道，强为之名曰大。大曰逝，逝曰远，远曰反。"出自《老子》

㉑ 对亚里士多德来说，他的范畴既是逻辑的，又是形而上学的——它们既是思维的根本而不可分的概念，又是实在物的基本特征。也就是说，这些范畴是不同种类的存在（being），而不仅仅是主观概念。

㉒ 参见：A. C. GRAHAM, Relating Categories to Question Forms in Pre-Han Chinese Thought, Studies in Chinese Philosophy and Philosophical Literature [M]. Albany: SUNY Press, 1994, pp. 360-411. 作者在该文中总结道："……古代中国的句子结构使我们置入一个过程的世界，对此我们问'什么样（何者）？'，对事物的区分，我们问'哪一个（孰）？'，对于'道'的位置和方向，我们问'在哪里 / 从哪里 / 到哪里（恶乎）？'，并进一步问'什么时候（何时）？'以及其他问题形式。但在这个清晰世界的外围，是水、火、呼吸、空气 [ 原文如此：和土 ]，它们在不同程度上抵抗被范畴化，哪怕是事物或过程，中国哲学并不把它们归为'物'，而是归为'气'——万物离之则凝、入之则化。在'气'的领域内，'哪一个'的问题超越了'五行'，而把我们带入终极的二分：阴和阳。此外，对原始的'气'人们还可以问'从何处？'以及因其运动而问'在何时？'"

㉓《庄子》第七篇最后一节。比较 A. C. GRAHAM 的翻译：Chuang-tzu: The Inner Chapters [M]. London: George Allen & Unwin, 1981, P. 98.

㉔ MOORE et al., The Poetics of Gardens, 17.

㉕ HOPE DANBY, The Garden of Pefect Brightness [M]. London: Williams and Norgate, 1950.

**译者注：**

[1] "本期杂志"指本文首发所在的 Studies in the History of Gardens & Designed Landscapes 第 18 卷第 3 期（1998 年秋）。

[2] 修辞唯名论假定世界总是由语言和其他文化表达来解释的。[ "西方的唯名论传统有两个主要形式，物理主义唯名论（phisical nominalism）和修辞的唯名论（tropic nominalism）。物理主义唯名论假定世界由原初的个体组成。修辞唯名论源于古代希腊诡辩家，它假定世界总是由语言和其他文化表达来解释的。在两种唯名论中，包括假定普遍特性的分歧，仅仅是约定和任意的。物理主义唯名论假定了单个物体作为基本成分的真实世界，而修辞的唯名论则属于约定的。"参见：郝大维《从指涉到顺延：道家与自然》，安乐哲主编 . 道教与生态：宇宙景观的内在之道 . 南京市：江苏教育出版社 , 2008]

**作者简介：**郝大维（David L. Hall，1937-2001），哲学家、汉学家；安乐哲（Roger T. Ames），哲学家、汉学家

**原载于：**童明，董豫赣，葛明 . 园林与建筑 [M]. 北京：中国水利水电出版社 知识产权出版社 , 2009.（有少量改动）

# 自我、景致与行动：《园冶》借景篇

冯仕达
孙田 译

17 世纪的中国园林论著《园冶》，以文学典故丰富而出名[①]。已故的陈植教授于 1979 年出版了对这一专著的注释，自此，学习中国园林的学生得以欣赏文字典故之趣。最近，邱治平先生所译法文版《园冶》，亦为西方读者细说典故，有类似的贡献。然而迄今，有关这一中国园林论著中典故的概念意义，人们却论述甚微。学者们承认《园冶》的文学性，但并没有把书中典故看作理解该书重要性的关键性考量。于是就面临一个难题：学者们似乎是投入了很大的精力解释《园冶》典故，虽然它们看起来多半是“装饰的”、无关紧要的。

近年来，出现了对《园冶》的新分析，它们试图以新的方式解释这一论著的文学方面。仔细阅读后可以发现，这一论著显示了文本的修辞特色何以与诸如主客两分、园林设计者的地位等事项可能相关。本文对《园冶》借景篇同样提出新见。借景篇专注于讨论“借景”这一概念，它是汉语园林文献中此类方向中最早的一篇。在现代学术中，“借景”经常被理解为一项远处景物与观察主体之间的固定关系，而近期的研究则指出：对“借景”的这一认识并不为《园冶》文本所支持。本文中，我首先想讨论，与其说“借景”与园林中特别设计的景致 (designed vistas) 相关，不如说它是一类特别的设计思想；其次，我想提出一条思考脉络，以解释为什么在《园冶》中，“借景”可被称为园林设计最重要的方面。

为达成上述两项目的，我将遵循两个普遍的前提：第一，设置诠释性的工具是重要的，这有助于此论著向新的阅读群体开放，仅仅阅读文本自身是不够的。之后我会将比较哲学家吴光明的近作与《园冶》借景篇的部分片段联系，作一讨论[②]。第二，我们不能轻易地将《园冶》奉为经典，重要的是，经典的意义在于它必须面向当代读者——仿佛原著有意为之，而不只是面向17世纪读者的17世纪文献。

“借景篇”有四个中心段落，与四时相应。整个文本常被视为“诗意的”：这其中没有逻辑论证，讨论的主题看起来变动不居，文本充满了文学典故。

### 1. 流与旨

当检视此篇时，我发现了一个式样：文章的要旨围绕自我、景致与行动这三个考量中心循环出现。在有关春天的段落中，这一流转清晰可见：“高原极望，远岫环屏，堂开淑气侵人，门引春流到泽。嫣红艳紫，欣逢花里神仙；乐圣称贤，足并山中宰相。闲居曾赋，芳草应怜；扫径护兰芽，分香幽室；卷帘邀燕子，闲剪轻风。片片飞花，丝丝眠柳；寒生料峭，高架秋千。兴适清偏，怡情丘壑。顿开尘外想，拟入画中行。”

这一部分以四句写景开场，从“高原”与“远岫”的“彼处”，再到开堂与门 的“此处”。尾随的四行有关自我与经验，从前四句的“现在”转为可仿效的“过去”。“欣逢花里神仙”与冯梦龙所写的秋先有关。秋先爱花甚切，以至感动神灵，他得以夜会花仙。山中“宰相”则是陶弘景(456–536)，梁武帝曾向这位隐士请教良多——自我被类比为历史人物。

这一段落接下来的两行将被动的“行动”联系到主动的“回应”：以“闲居”作为写作的题目以回应我们的“芳草”。“闲居”典出潘岳的《闲居赋》，出自《文选》。“芳草”则出自屈原(公元前340–前287)的《离骚》，诗中有云：“何所独无芳草兮，尔何怀乎故宇”，这种植物因缺少人伴而寡欢。“闲居”与“芳草”既是典故，又均可涉及现实。这些文字让读者在“此处与现在”和“彼处与当时”之间穿梭。

段落随后的四行似乎是在近旁景致中的动作：扫径与卷帘。

接下来，读者碰到了更多有关景致的文字，这些文字以些许动作作结：高架秋千。“料峭”是一个有季节专属意义的词，指的是人们在春天感受到的寒意，这呼应了之前以“闲剪轻风”带出的归燕之想。“高架秋千”是对环境的具象回应，段落结尾的数行则进一步阐发了回应。这几行有关自我的内在情感，不像“山中宰相”之类对自我典故意义类比的强调，而涉及中国文学中广泛讨论的“尘世丘壑”与“画中行”，涉及对将来的体验。

所以，很清楚，我们执行并体验了一系列穿梭：景致—自我—行动—景致—自我。同时，读者也穿梭于“此处与现在”和“彼处与当时”。在借景篇的其他部分，文本并不严格地遵循这一顺序，所以，有的只是可辨的模式(pattern)，而非系统机械的想法。

文本中的这一样式回应了吴光明所称的“述行性思考”(performative thinking)，他称其为“游走性的、模糊的。思考‘驱动’自身‘漫游’；步移景异……动态游走的(peripatetic)‘我’(一个指示物)的所在为情境(situation)——我所处(situated)的地方唤起，我开始讲故事，通过确认这一情形……于是思绪漫步，经历并将不熟悉的化为熟悉的，这一转化，就是汉语隐喻。”《园冶》文本并不彻底检视对象(“借景”)，它定义复又推敲，缺乏以一种不含糊的方式告诉我们借景是什么；更准确地说，它蜿蜒游走，读者亦经历游走状的阅读与思考。循着文字之流，读者抓住了“借景”之旨。

## 2. 新与鲜

我们应该记得，《园冶》是详细处理“借景”概念的第一个汉语文本，而它并不强调其观念之新(novelty or newness)，这就让人意外了。相反，我们发现这一开创性文本主要处理的是普通的经验(例如“面对远岫环屏”)和格言短句(故事缩减成一个短语，例如“山中宰相”)，其重点在修辞性的平常之言。借用吴光明著作中对“新颖”(new)与“鲜活”(fresh)的讨论，我觉得借景篇避开了由不熟悉(unfamiliar)引向新鲜体味的路线，以鲜活的感觉(a sense of the fresh)更新熟悉之物。熟悉之物何以不流于陈腐？何以为鲜活的感觉所更新？这里，我举出《园冶》借景论游思的两个特点。

首先，问题在于借景篇的四个段落，每段对应不同的季节。现代学者张家骥先生提出一个观点：此篇有四个段落，分别对应不同的四时景象。此处的问题是，四时景象的典型性和可预知性或能强调熟悉的季节性经验，而破坏了提神的鲜活经验(the freshness of experience that refreshes us)。此外，现代学者赵一鹤先生亦指出，事实上，四个段落并不明显断开，而由过渡文字相连。例如，对“夏—秋”，文章写道：“苎衣不耐凉新，池荷香绾；梧叶忽惊秋落，虫草鸣幽。”对“秋—冬”，则“但觉篱残菊晚，应探岭暖梅先”。

这一文本持续地指出四时之变的现象，而并不强调每个季节的独立完整。其重点在季节流变的经验，而非固定的季节特色，这正暗示了鲜活之途。同样，这也与“述行性思考”相协调一致。正如吴光明先生所言：“生命是一种体验，是通过具体经历的一种体现。”重点在于经历的具体时间，而非对时间频率的抽象感觉。

其次，现在关注此篇四部分中的每一部分，我们可以回到较早的观察：自我、景致与行动之间的穿梭是一种可辨识的模式，但既非系统亦非机械的重复，突出的是这一穿梭的本质和一种游走思考之间的关系。

此篇之末，文章写道：“夫借景，林园之最要者也。如远借，邻借，仰借，俯借，应时而借。然物情所逗，目寄心期，似意在笔先，庶几描写之尽哉。”这里我们被引入奇径通达造园之心，通往设计构思的瞬间。这里的难题是：在“此处与现在”和“彼处与当时”之间的漫游与即刻的、内心的创造力有何关联，这漫游与别处 (elsewhere) 的关系又是怎样？

在此，吴光明先生就中国思维的隐喻性 (metaphorical) 和历史性 (historical) 的论述是很有助益的。他说：“历史，是我对其他时代的理解。这意味着历史是我在时间中隐喻性的延伸。缘于隐喻是我由‘现在—此处’理解‘彼处—当时’的行动，是我自己。‘当时’可以是未来，亦可为过去。将来，在其与现在隐喻性的联系中，与现在的历史关联，和过去与现在的一样。过去是历史的；未来是一种预期中的、以前的历史 (The past is historical; the future is a proleptive, prevenient,history.)。”根据这段引言，我们可以考虑：自我、景致与行动间的穿梭、类比为历史人物的自我观念、即刻经验的自我以及可能的未来经验的自我之间的穿梭，我们认识到，《园冶》文句所展示的正是隐喻性与历史性思维。每当我们以熟悉和记忆的名义描绘出一个新的或是可能的景致，似乎即是在回应吴光明对鲜活的讨论：“纵然我们重新为人，我们的心依旧留在舒服的过去：那里什么都是熟悉的，那里甚至不完美的也是我们的家。所以我们喜欢鲜活，不喜欢新颖……经由‘熟悉’，我们可以打破骇人的‘新颖’而直达‘鲜活’；我们于是在安全的旧 (old) 中更生，这就是隐喻带给我们的。所以，隐喻是展示新颖而将其化为鲜活的逻辑。”

大体上，《园冶》要求设计师将再解释 (reinterpretation) 视作创作过程。它提供的不是借景的方法，而是如何设计一个思考过程的途径。它提供的不是历史知识，而是文化的连续性；这暗含了缺失和转化。充斥于《园冶》借景篇中的典故是文化连续的媒介，而不只是修辞装饰。通过典故的运用，《园冶》具有一种周全的自我指涉 (This usage of allusions makes the treatise self-referentiality consistent)：这是有关“借”的文本，其文自身向它文借语，是故主题与操作模式并不分离。《园冶》向读者提出一种默契：读者也将隐喻性延伸于其他境遇。汉语文本设置了 (configures) 格言短句、常见或很可能发生的事物。这种设置性的思考 (configurative thinking) 紧扣具体细节，避免了通常逻辑论述中的抽象。那么，细节何以能联系到普遍的一般理解而无须求助抽象手段？这里，一般性意味着相互关系。我对某位长者的惦念，一旦言明，自然地引申为我们每个人对自己长者的惦念，我们共有的对长者的惦念，以及普遍性的对一般的长者的惦念。山中宰相的具体情境唤起了一种一般性的认识：积极从政与消极归隐的相互渗透。

### 3. 巨匠之声与漫游之思

众所周知，《园冶》的作者计成 (1582-1642) 为他人设计园林，而绝大多数中国园林文献为园主或访客所著。出于这个理由，《园冶》被视为传达设计巨匠的声音、意图和内心感受。上文对借景篇的细读否定了这种认识。如果借景篇有一个暗含主体 (implied subject)，一位设计并借景的主角，我们很难断言他究竟是“设计师”，还是“园主 / 访客”。文章暗含主体的分裂身份 (fractured identity，设计师 / 园主)，意味着文本中没有最终权威的声音。然而，在专业性的 (professional) 文本中，权威的声音应毫不含糊地出自设计师；在这个意义上，《园冶》不是一个专业性的文本。《园冶》首章中介绍给读者的“主人”在整个文本中有效地保持着他含糊的身份。我们必须理解行动主体与行动、设计师与设计行动的相互关系。设计师设计，设计亦造就 (does) 设计师，也就是说，设计师在设计某个具体园林的时候才成为设计师。“成为设计师”与“设计的行动”是同步的过程，而不是先以诸如《园冶》等书建立一种设计能力，从而成就设计师的身份。现在，我们可能更容易理解为什么《园冶》告诉我们“夫借景，林园之最要者也”。借景篇显示其关乎园林设计创造性时刻的核心。借景是一种游走性思维，此彼远近、此时彼刻、外景内心由游走性思维贯穿起来，体验其中而不自知。这不是一种涉及明确概念、逻辑论证、原理运用的思维，而是一种隐喻性的、历史性的思维，它避开了理论抽象而青睐有具体细节的引经据典。

## 4. 结语

如前文所示，《园冶》借景篇提出园林设计者与访客的等同性 (parity)、诗意的语言与记忆在建构景观经验中的角色、“新”之震荡与不断更生的“鲜”等。在某种程度上，这些主题可被视为与当代建筑与景观设计思想中诸多方面的同源同类 (cognate)，所以，《园冶》或能对丰富当代设计文化有所贡献。

然而，对于跨文化交流而言，将中国园林文献当作一个简单而用之不竭的洞见之源是一种误解。这一中国传统面临着危险，而跨文化沟通能提供必要的刺激，以面对一个严肃的问题：我在分析《园冶》借景篇中强调的游走性思维，当它试图通过鲜活刷新陈旧与熟悉时，可能从鲜活流于陈腐，从精妙变为平庸。这种思维的萎缩以重复陈词和列举事实的面目出现，停留在提供直接资讯的层面上。在 20 世纪 80 年代，有关《园冶》的新一波学术写作出现了。当时有一种倾向，学者们专注于讨论《园冶》中若干片语和想法的重要性，却以重复原始的讨论框架的方式进行讨论[③]。20 年来这种关注内容的倾向，其代价是冷落了对激活内容迂回思维的意识，是故前文所提及的主题与操作模式的一致亦被忽略。在此，西方传统的概念资源有特别的针对性，因为它提供了间离汉语述行性思维的语言，让我们激起新的阅读，并刷新我们对新的阅读的敏锐感。

**注释：**

① 我们所知的《园冶》，主要依据是藏于东京内阁文库的明刻本。

② 汉语本参见：吴光明．古代儒家思想模式试论——中国文化诠释学的观点 [M]// 黄俊杰，杨儒宾．中国古代思维方式探索．中国台北：中正书局，1996.——译者注。

③ 例如，喻维国．重读《园冶》随笔 [J]. 建筑师，1982（13）：17-22。

**参考文献：**

[1] （明）计成 . 园冶注释 [M]. 陈植注 . 北京：中国建筑工业出版社，1979.

[2] （明）计成 . 园冶注释 [M]. 陈植注 . 修订本 . 北京：中国建筑工业出版社，1988.

[3] 张家骥 . 园冶全释 [M]. 太原：山西人民出版社，1993.

[4] JI C. Yuanye: Le traité du jardin[M]. Translated by CHIU C B. Collections jardins et paysages. Besançon: Les Éditions de l' Imprimeur, 1997.

[5] FUNG S. Body and Appropriateness in Yuan ye（《园冶》的体与宜）[J]. Intersight, 1997（4）: 84-91.

[6] FUNG S. Here and There in Yuan ye (《园冶》的此与彼)[J]. Studies in the History of Gardens and Designed Landscapes, 1999, 19（1）: 36-45.

[7] WU K. On Chinese Body Thinking: A Cultural Hermeneutic [M]. Leiden: E.J. Brill, 1997.

[8] WU K. Spatiotemporal Interpenetration in Chinese Thinking [M]// HUANG C, ZÜRCHER E. Time and Space in Chinese Culture. Leiden: E.J. Brill, 1995: 17-44.

[9] 赵一鹤 .《园冶 · 借景》释旨 // 中国科学院中华古建筑研究社 . 中华古建筑 [M]. 北京：中国科学技术出版社，1990：13-18.

[10] 曹汛 . 计成研究 [J]. 建筑师，1982（13）：1-16.

**作者简介：**冯仕达，香港中文大学副教授

**原载于：**冯仕达 . 自我、景致与行动——《园冶》借景篇 [J]. 中国园林 , 2009(11).

# 空间的诗学：呈现与调和

杨晓山

## 1. 门里门外

城市园林并非没有缺点，我们在白居易的诗歌里已经看到，城市为城市隐居者的精神自足提供了必要的物质便利和物质享受。但是，园必须与和它紧密相接的忙碌的外部世界分隔开来。划定边界的努力促使诗歌里经常出现“前门”这个意象。在前一章的最后部分，我已经引用了白居易《春葺新居》的部分内容。这首诗的结尾部分是：“一物苟可适，万缘都若遗。设如宅门外，有事吾不知。”（《白居易集笺校》，8・459)

其实白居易的意识十分清醒，他宣称在园子里他只不过是“若”忘了生活里所有的“缘”。在“设如”门之外有事的时候，他实际上是承认自己乃有意忽略来自园林之外的世俗世界的威胁。中唐的园林诗歌长期关注前门，并把它作为划分内外的界限，这正说明园林只是一块人为隔离开来的、不稳定的空间。

前门的意象并非中唐诗歌的独创。关门是一种象征性的行为，象征把自己关进隐居者的精神空间里，这种象征是由来已久的。王维的《济州过赵叟家宴》首联就简要地描绘出门的这种功能：“虽与人境接，闭门成隐居。”（《全唐诗》，127 ・1290）

同样把门作为外部“人境”和内部“隐居”之间界限的，还有包融（727 年健在）的《酬忠公林亭》：“江外有真隐，寂居岁已侵。结庐近西术", 种树久成阴。人迹乍及户，车声遥隔林。自言解尘事，咫尺能辎尘。为道岂庐霍#，会静由吾心。方秋院木落，仰望日萧森。持我兴来趣，采菊行来寻。尘念到门尽，远情对君深。”（《全唐诗》，114・1154）

尽管包融把前门作为抵御“尘念”的栅栏，但是依然十分清楚的是，他认为真正的隐居是一种心境。无论是在主题上还是在修辞上，包融对个人主观精神超越外部环境的强调，都可以在陶潜的《饮酒诗》第五首中找到影子：“结庐在人境，而无车马喧。问君何能尔，心远地自偏。”（《先秦汉魏晋南北朝诗》，998）

即便是在中唐，一般人还是认为心境是隐居的首要因素。就像欧阳詹在《题华十二判官汝州宅内亭》的序言中所言：“墙外人寰，入门云林，使人心以之闲神，以之远华。朝于斯，夕于斯，心不朗，神不王，其可得乎？”（《全唐诗》，349・3907）

但与此同时，我们会发现情况发生了转移，前门作为界定隐居空间的物质性存在得到了突出；就像刘禹锡在《题寿安甘棠馆》之二中戏剧性地表现出来的那样：“门前洛阳道，门里桃花路。尘土与烟霞，其间十余步。”（《全唐诗》，364・4106）

本诗没有对门里门外的世界大作渲染，而是聚焦于狭小的“十余步”的边界地，从而突出了门里门外的世界既有分离又有衔接。在这种门里门外的分割中，个人主体的超越性心态虽然没有被一笔勾销，但也是讳莫如深了。

当前门被当作绝对性的界限时，进门便成为进入隐居世界的一个象征性行为。姚合（781–846）以“入门尘外思”这样的句子，开始他描绘长安园林的诗歌[③]。储嗣宗（853年健在）在《宿甘棠馆》中也表达了同样的感受：“尘迹入门尽，悄然江海心。水声巫峡远，山色洞庭深。”（《全唐诗》，594・6883）

这里的第一句与包融的“尘念到门尽”非常相像，但其间还是有细微的区别。在包融的诗歌里，前门的意象包含了超越性的个人主观精神。储嗣宗的诗歌则相反，恰是从外部世界进入内部世界的实际行为引发了隐居的心情。

9世纪的后半个世纪，门外世界和门内世界的对比仍旧是一个常见的诗歌主题。陆龟蒙（卒于881年）在《奉和袭美二游诗》中的一首诗中，是这样描绘著名的辟疆园的[④]：“出门向域路，车马声蹦跻。入门望亭隈，水木气岑寂。”（《全唐诗》，617・7114）

在罗邺（877年健在）的《题沧浪峡》里，我们读到了这样的开头：“门向红尘

日日开，入门襟袖远尘埃。”（《全唐诗》，654·7514）

从中唐开始，诗人们在对作为分界线的前门津津乐道的时候，往往都表现出一种高度的自我意识。白居易的《池上逐凉》就是一例：“门前便是红尘地，林外无非赤日天。谁信好风清簟上，更无一事但翛然？”(《白居易集笺校》，33·2260)

白居易的园林前有大门，上有树荫，与外界隔离开来了。但是，哪怕是在这种双重绝缘体的背后，仍会使人感到作为隐居的园子是何等的脆弱。诗人在第二联里反诘相问的时候，显然是踌躇满志的。但与此同时，这一问题也使我们对诗人所谓“更无一事”的宣称，抱着姑妄信之的态度。

要保持门里门外的界限，常常需要对园外的大世界视而不见。当门外世界侵入诗人的视野时，那个人为界定的园林空间的稳定性就即刻被破坏。白居易的《奉和思黯相公雨后林园四韵见示》写的就是这种情形：“新晴夏景好，复此池边地。烟树绿含滋，水风清有味。便成林下隐，都忘门前事。骑吏引归轩，始知身富贵。”（《白居易集笺校》，34·2351）

白居易对牛僧儒（思黯相公）园子的描写，以及他关于园林是城市隐居之所的议论都没有什么新意。然而，白居易宣布牛僧儒“都忘门前事”的话音未落，门外之事就变本加厉地卷土重来：牛僧儒作为朝廷大员，威风凛凛地打道回府了。诗中对门外世界的骚动淡淡一提，就突出了门里门外两个世界的不协调。把这两个世界扭在一起的是牛僧儒的“林下隐”和 “富贵”朝臣的双重身份。

## 2. 园林的自然化

在划定界限以隔开园林内部隐居空间与外面红尘世界的同时，又要不遗余力地引进自然景色，以期从视觉上打破园林空间的局限。对草木的修剪就是把园林与自然在视觉上融为一体的一种手段。

在白居易的《池上逐凉》中，树木就是一座屏风，遮挡“赤日天”。“赤日天”乃世俗世界的象征，与之对应的“红尘地”也具有同样的象征功能。但当天空作为更广大的自然象征出现时——就如中国诗歌中经常出现的那样，情况就开始发生逆转了。我们先来看《截树》这个例子：“种树当前轩，树高柯叶繁。惜哉远山色，隐此蒙笼间。一朝持斧斤，手自截其端。万叶落头上，千峰来面前。忽似决云雾，豁达睹青天。又如所念人，久别一款颜。始有清风至，稍见飞鸟还。开怀东南望，目远心辽然。人各有偏好，物莫能两全。岂不爱柔条？不如见青山。”（《白居易集笺校》，3·394）

园林的自然化是一门讲究平衡的精妙艺术。为了收获更多，做出小小的牺牲是必要的。剪除可爱的“柔条”是为了获得更为开阔的山景和蓝天，可以使人在有限的园林空间内的视野更为开阔。

《截树》的结尾部分语言非常散漫，解释诗人自己动手修剪园林乃是通过放弃一种自然形态追求另一种自然形态。修葺园林既需要种树，又需要修剪树木，这一点对白居易来说，必须进行细致的解释。因为他认为，或者说他假装认为，别人可能根本就不曾注意到这一点。这种解释决定了《池畔二首》的书写形式。在第一首诗歌里，修剪树枝是为了扩大上方的空间。在第二首诗里，砍去过于繁茂的竹子是考虑到下方池塘的景观：“结构池西廊，疏理池东树。此意人不知，欲为待月处。持刀间密竹，竹少风来多。此意人不会，欲令池有波。”（《白居易集笺校》，8·459）

限制树木和竹子的生长是控制自然蔓延发展的一种方式，如此，园林的景观才能对自然形态加以传神。月亮的景象——不仅是挂在天上，还有倒映在水中的景象——增添了池塘的深度和神秘的美感。植物被砍去以后，风吹波起，使池塘生机盎然。在《闲园独赏》里，风对于池塘的这种作用得到了淋漓尽致的表现：“午后郊园静，晴来景物新。雨添山气色，风借水精神。”（《白居易集笺校》，32·2218）

理想的园林景观不仅要有远有近，而且要通过动景（风）促使静景（池中之水）更显生机，从而把自然界的各种景象聚集在一起，形成一个审美的整体。

并非每一个人在使园林贴近自然时都遵从同样的手法。因此好为人师的韩愈在《竹迳》——《奉和虢州刘给事使君三堂新题二十一咏》之一中提出了颇有见地的意见：“无尘从不扫，有鸟莫令弹。若要添风月，应除数百竿。”（《全唐诗》，343·3849）

第一句写竹径，说人为的努力是不需要的，就让物体保持原样就行了。但是第二联暗示，作为对自然的模拟，竹径尚有美中不足：“风月”可以使之增色。因此必须砍掉一些竹子。上文曾经提到过白居易的《池畔二首》，白居易修剪园林的目的也正是为了添“风月”。

为诗作注的人已经注意到，韩愈诗歌的最后一句出自杜甫描写成都草堂的《将赴成都草堂途中有作先寄严郑公五首》第四首：“常苦沙崩损药栏，也从江槛落风湍。

新松恨不高千尺，恶竹应须斩万竿。”（《全唐诗》，228，2477）

杜甫在修整房宅时，一方面保持自然常在，另一方面对自然的侵蚀力量加以控制。在园庭之中，砍去“恶竹”正是为“新松”的生长腾出足够的空间，从而获得一种园艺的平衡。

这首诗写于764年杜甫返回成都的旅途中。大约一年之后，当杜甫回到草堂时，便实施了他的园艺计划。《营屋》对此进行了说明：“我有阴江竹，能令朱夏寒。阴通积水内，高入浮云端。甚疑鬼物凭，不顾翦伐残。东偏若面势，户牖永可安。爱惜已六载，兹晨去千竿。萧萧见白日，汹汹开奔湍。”（《全唐诗》，220·2328）

历来的注疏家们没有注意到，这首诗显然就是白居易《截树》的原型。无论是在实际行为上还是在诗情上，白居易都模仿了杜甫的这首诗。牺牲自己“爱惜”的树木，为的是扩大园林的视觉空间。

砍伐和修剪树枝的意义，并不总是局限于园艺。杜甫的两首诗闪烁其词地暗示，多余的竹子乃是一种道德障碍的象征，尽管这种象征的具体所指没有清晰地表达出来[⑤]。在韩偓的《桃林场客舍之前有池半亩木槿栉比于水遮山因命仆夫运斤梳沐豁然清朗复睹太虚因作五言八韵》一诗中，我们就可以发现从事园艺既是一种审美行为，也是一种具有道德象征的举动：“插槿作藩篱，丛生覆小池。为能妨远目，因遣去闲枝。邻叟偷来赏，栖禽欲下疑。虚空无障处，蒙闭有开时。苇鹭怜潇洒，泥鳅畏日曦。稍宽春水面，尽见晚山眉。岸稳人偷钓，阶明日上基。世间多弊事，事事要良医。”（《全唐诗》，681·7805）

园艺本为一种纯粹的审美行为，而此诗的最后两句，则赋予园艺一个道德层面的内涵：树木生长过多的园林成为病体的象征，而病体又成了政体的象征。于是就出现了治园、治体、治国这三个层面的类比。

### 3. 框取自然，反照自然

移开繁密的树木和竹子等视觉上的障碍物，并非把远景引入园林的唯一方式。在园林里或园林附近开一些口子，比如开窗户、开门和开花窗也是把外部景观纳入园林的一些方式。

谢灵运可能是第一个把园林中门窗的审美功能写进中国诗歌的诗人，尤其是他那些描写始宁别墅的诗篇。始宁别墅包括两处分开的建筑群：南山上的房子是谢灵运的祖父谢玄(343-388)建的老宅子；北山上的园子才是谢灵运自己加建的。根据《山居赋》里的描述，谢灵运改进老宅子的一个措施是增加一扇门和一扇窗。此举为的是取全周边地区的风景："敞南户以对远岭，辟东窗以瞩近田。"[6]

在一条注释中，谢灵运强调，通过窗户既可以看到"江山之美"，又能看见近处的田园[7]。因此，这个改进措施不仅使谢灵运把自己的田产一览无余，而且还可以在审美意义上把自然的风光占为己有。

北山上的建筑不需要什么改进。此处根据谢灵运已酝酿好的计划，门和窗都成了风景的图框："罗曾崖于户里，列镜澜于窗前。"[8]

众所周知，谢灵运是中国第一个山水大诗人。在文学批评史中，谢灵运诗歌里山、水意象的平衡和互补是一个常见的论题。尚未得到充分重视的是，这些意象是如何通过窗、门等艺术造型来框定的。下文是从《田南树园激流植援》里节选出来的，可作为一个例子："中园屏氛杂，清旷招远风。卜室倚北阜，启扉面南江。激涧代汲井，插槿当列墉。羣木既罗户，众山亦当窗。"

但是，唐代诗人在关注窗户作为风景框架的作用时，他们的追摹对象可能不是谢灵运，而是谢朓。谢朓《郡内高斋闲望答吕法曹诗》中的下列诗句极为重要："结构何迢遰，旷望极高深。窗中列远岫，庭际俯乔林。"（《先秦汉魏晋南北朝诗》，1427页）

孙康宜曾经提到，风景在这里是"被窗户结构和包含"的，颇耐人寻味[9]。该诗被编选入《文选》。《文选》乃唐代士子们应试的一个基本教材，谢朓此诗因此也被人背得滚瓜烂熟。比如，799年白居易参加宣城的秋季乡试时，诗歌考试的题目就是"窗中列远岫"（《白居易集笺校》，38·2598）。

谢朓的《新治北窗和何从事诗》一诗被人征引得少一些，但它或许示范性更强。就像谢灵运始宁宅院的例子一样，此处的窗户造型乃是为了获取一种审美的效果："开牖期清旷，开帘候风景。泱泱日照溪，团团云去岭。岧嶤兰撩峻，骈阗石路整。池北树如浮，竹外山犹影。"（《先秦汉魏晋南北朝诗》，1442页）

谢朓从窗户里看风景时，犹如在看一幅传统的中国山水画。随着卷轴的展开，画面一点一点地展现在眼前；同样，在诗人把帘子慢慢卷起来的时候，外面的风景也一点一点地进入诗人的视野。观画也好，看景也好，都得“期”，得“俟”，直至全景展现在眼前。

在谢朓那里，框在窗格里的风景和画在屏风上的风景形成了对比。这个对比是暗藏于诗中的，并没有直接陈述出来。相反，在唐代，这种对比经常是明显的。在张仲素（769？–819）的《窗中列远岫赋》中，我们读到：“爰开窗以列岫，若施障而图山。”（《全唐文》，644・2887）

孟郊（751–814）的《生生亭》里也有如此明显的对比：“置亭嵽嵲头，开窗纳遥青。遥青新画出，三十六扇屏。”（《全唐诗》，376・4221）

孟郊通过双重的框取来描绘嵩山的远景：首先，三十六峰中的每一峰都出现在一幅屏风里，而这些屏风乃是诗人想象出来的。接着，想象中的山峰进一步进入窗户的框架中，从而连成了一幅统一的“画”。

从8世纪开始，唐诗出现了一个新的倾向。开阔的风景不断地出现在小型的窗户里。这种对比经常通过夸大的数字来强调。皎然（720？–？）的《题沈少府书斋》一诗，尽管语言依然十分质朴，却利用这种方式取得了一种微妙的效果。该诗的最后四句是：“有兴常临水，有时不见山。千峰数可尽，不出小窗间。”（《全唐诗》，817・9211）

这里采取了一种谢朓式的风景组图方式。俯视的角度和仰视的角度在诗歌的第一联里交替出现（第一句的水和第二句的山）。第二个对句则浓缩了大景（千峰）进入小景（小窗）的过程。这种视觉上和空间上的调控能力并非只是窗户的功能，它也取决于诗人的“兴”，即有足够的闲暇和兴致来细数千峰。

钱起《窗里山》中的“千”与皎然诗中的“千”有异曲同工之妙：“远岫见如近，千里一窗里。坐来石上云，乍谓壶中起。”(《蓝田溪杂咏二十二首》，《全唐诗》，239・2685)

钱诗中的意象是以一种压缩的方式来安排的，这种压缩不仅消解了窗户与山峰之间的距离感，而且缩大（千里）为小（一窗）[10]。最后这种压缩的效果，又通过某种形式的扩张得到了平衡。最后一句暗用了壶公的典故。壶公在悬挂于药房外的葫芦里创造了一个华丽的、井然的宫殿[11]。通过窗和壶嘴的对比，框取在窗户里的风景转化为一种神秘的仙界幻影[12]。

在钱起绝句的第三句，我们看到了王维诗句的影子。该句出于著名的《终南别业》

的第二联："行到水穷处，坐看云起时。"[13]

但是，其间有重大的区别。王维的对句表现出了动景和静景之间的一种完美平衡。水穷处的静态之水与云起时的动态并列，动态的"行"与静态的"坐"相互交替。进一步看，每一句里人的主观情绪与风景之间的关系都是对列式的：第一句是人动与物静的对立，第二句是人静与物动的对立。钱起的诗歌则不同，诗人对窗户里框现出来的开阔景象的凝视，是一种纯属静态的行为。

从窗户里获得的景象是以山为主的。我们都知道，中国的风景概念包括水和山。像谢灵运的始宁别墅那种乡间园林，水景是举目可得的。与之相反，大多数城市园林由于地理位置的关系，无法直接观赏到自然界中的河流。当然，这种不便可以通过在园子里凿一个池塘来弥补，如同我们在白居易的《题崔少尹上林坊新居》中所看到的那样："坊静居新深且悠，忽疑缩地到沧州[14]。宅东篱缺嵩峰出，堂后池开洛水流。"（《白居易集笺校》，35・2444）

只要在篱笆上开一个缺口，嵩山山峰的景象就显露了出来。而要把洛河水引进园林，则需要费一番周折，挖掘一个人工池塘。洛水的引入给池塘带来了生气，与此同时，洛水也成了园林景观中一个可以操控的部分。

地上注满水的洞穴还有另一种功用。当诗人凝视一个池塘或一口井的时候，他的注意力通常会固定在倒映在水中的天空上。结果，原本向下的凝视变成了间接向上的注眸。在《经王处士原居》中，张籍写道："庭闲云满井，窗晓雪通山。"（《全唐诗》，384・4324）

窗户在这里框取远山景象的作用是我们所熟悉的。井则具有双重的中介作用：天上的云既通过水来反照，又通过井口加以框取。

当白居易力图说服杨汝士（821年健在）买下他隔壁的宅院时，他用了两行诗句来总结这座园子在地理位置上的优势。在结构上，这些诗句与张籍那些窗户框取景色和水反照景色的诗句十分相像："云映嵩峰当户牖，月和伊水入池台。"[15]

通过迂回的视线，诗句展现了自然景色融入园林景观时被调整的复杂形式。第一句的焦点是云。但诗人的眼光不是直接指向云，而是指向它投射在嵩山山峰上的闪烁光线。这些山峰的景象又依次被窗户括了进来。第二句的月亮所经过的调整过程绝不比前者简单。它首先映入伊水之中，然后与河水一起被"移"入园池之中，最后再反射在池台之上。

中唐诗歌对小池塘迷幻不已，其核心原因就是注水洞穴所具有的这种反照和取景的双重功能。其中最著名的例子莫过于韩愈的《盆池五首》，其中最后一首是这么写的："池光天影共青青，拍岸才添水数瓶。且待夜深明月去，试看涵泳几多星。"（《全唐诗》，343・3847）

在诗歌的结尾，韩愈把星光闪烁的夜空作为倒影来写。这在中唐描写小池的诗歌中非常典型。白居易《官舍内新凿小池》的结尾，就采用了相同的手法："帘下开小池，盈盈水方积。中底铺白沙，四隅甃青石。勿言不深广，但取幽人适。泛滟微雨朝，泓澄明月夕。岂无大江水，波浪连天白？未如床席间，方丈深盈尺。清浅可狎弄，昏烦聊漱涤。最爱晓暝时，一片秋天碧。"（《白居易集笺校》，7・367）

在园林的私人空间里，白居易似乎非常在意外部世界的世俗眼光。他怕人们会认为他的池塘太小，根本就不值得这样小题大做。他的自我申辩也很常见：他根本就不在乎池塘的大小，他看重的仅仅是"但取幽人适"[16]。

从韩愈和白居易的这些诗歌中，我们可以窥见唐诗描写小池的一般情况[17]。第一，诗人关注的是天空在水里的倒影。第二，与长河巨川相比，小池之小不仅仅在于其尺寸，投影于其中的有限物象也突出了这种小（与它形成鲜明对比的是窗户，正如我们已经看到的那样，窗户常常可以框取较大范围的自然景观）。在白居易的诗歌里，池塘只能涵盖"一片秋天碧"。在韩愈的诗歌里，这一点以一种更为具体的方式传达出来。第二联在暗示时间推移的同时，也娴熟地表明了池塘之小。月亮和星星当然会同时出现在夜空，但韩愈似乎在说，之所以要等到月亮下去星星的影子才能出现，是因为池塘太小以致无法同时容纳这么多的物象。第三，诗人的机智体现在以一种刻意的自我调侃来回应世人的怀疑。在《盆池五首》的第一首中，韩愈充当了一个旁观者的角色来描绘自己："老翁真个似童儿。"同样，白居易插科打诨地回答一个虚拟的对话者说："勿言不深广。"[18]第四，正如我们在白居易的诗歌中所看到的那样，游戏性的言辞表达了小池的合目的性：小池乃是园主隐居心态的一种客观呈现。我们在前文说过，池塘处于作为隐居之所的城市园林的中心位置。很显然，这种功能拓展到了盆池上[19]。

上述这些结论同样适用于9世纪描写盆池的诗歌，或许最能说明问题的是不太知名的诗人方干（809–888）写的三首诗。其中的两首写的是同一个池塘，连题目都是一样的——《路支使小池》。第一首是这样写的："儿童戏穿凿，咫尺见津涯。藓岸和纤草，松泉溅浅沙。光含半床月，影入一枝花。到此无醒日，当时有习家。"（《全

唐诗》，649 · 7456）

第二首写的是卢家池塘："广狭偶然非制定，犹将方寸像沧溟。一泓春水无多浪，数尺晴天几个星。露满玉盘当半夜，匣开金镜在中庭。主人垂钓常来此，虽把鱼竿醉未醒。"（《全唐诗》，561 · 7474）

第三首《干秀才小池》在韵律、意象和主题上都与第二首相近，采用的也是七言诗形式："一泓潋滟复澄明，半日功夫劚小庭。占地未过四五尺，浸天唯入两三星。鷁舟草际浮霜叶，渔火沙边驻小萤。才见规模识方寸，知君立意象沧溟。"（《全唐诗》，651 · 7479）

方干的诗歌里频频提到池塘是如何之小，而倒映在其中的物体又是如何之少。我们在韩愈和白居易的诗歌里也已经看到过这种倾向，在方干的诗中则是有过之而无不及。在每一首诗的最后一句，方干也强调说，池塘乃自由和隐居之所。方干的诗里缺少的是韩愈和白居易诗中那种刻意的调侃。方干第一首诗的第一句和韩愈《盆池五首》里第一首诗的第一句很相像，但二者又有区别：方干以观赏者的身份来阐发池塘的意义，而韩愈是用一种轻松的口吻来自我解嘲。方干是游历园林的理想观众，他能对园林池塘的外观进行细致的观察，并对其象征意义进行机智的解释。因此，他能够抓住园主的立意，用池塘来规模沧海。

杜牧的《盆池》则立意不同："凿破苍苔地，偷他一片天。白云生镜里，明月落阶前。"（《全唐诗》，523 · 5989）

反照天空的景色本是盆池的自然功能。然而，在这里却变成一种人为的占有行为。如此一来，盆池反照自然就很成问题了。当然，此处的口气是开玩笑式的。杜牧凿池的立意是"偷"取自然，尽管他的野心不大："一片天"足矣。所谓"偷"东西，就是化物得其所为物非其所。杜牧对池中"白云"视觉上的占有，也就变成了一种迂回曲折的以诗占物的形式。

杜牧诗中第三句的"镜"与方干第二首诗第六句的"镜"一样，只是为了说明池水的清澈可鉴。但这无意中提醒了我们，镜子和池塘及井同样具有框取景象和反照景象的作用。唐代园林诗中提到了镜子的意象，或是自然在镜中的反射。一个较早的例子是王维的下列两行诗句："隔窗云雾生衣上，卷幔山泉入镜中。"[20]

当窗帘卷起来的时候，外景就被窗子框住了。然而，王维却有意把注意力放在室内的镜子上。"山泉"本身常常被比作镜子。此处山泉的意象经过了几番回旋：首先是被窗户框住，然后又被镜框进一步定型，最后再以镜中风景呈现。

在8世纪的唐诗里，王维诗句中的那种镜子形象相对不多。等到9世纪的后半期，镜子成为园林诗歌里非常常见的聚焦点。在张乔（871年 进士）的《题郑侍御蓝田别业》中，我们读道："小径通商岭，高窗见杜陵。云霞朝入镜，猿鸟夜窥灯。"（《全唐诗》，638・730）

吴融（卒于903年？）的《即事》也包含了相同的意象："晓窥青镜千峰入，暮倚长松独鹤归。"（《全唐诗》，687・7893）

王维、张乔和吴融描绘的都是乡间或郊野的园林。颇具反讽意味的是，如此接近自然的所在，却推动了利用中介的风气。从园林的池塘、到盆池、到镜子，唐代园林诗里反照自然和框取自然的形式日趋小巧，日趋矫揉[21]。园外之景一旦融入园内之景，就变得拘谨、不自然了。

## 4. 北方园林里的南方景致

中唐诗人并不总是满足于通过视觉上的幻象来掌控远处的自然风光。在白居易的《题崔少尹上林坊新居》里，洛河的水被实实在在地引进了人工开凿的园池。在白居易写给杨汝士的那首诗里也提到，伊河之水也被引进了园林。在这两个例子里，由于园林地理位置的便利，园林与自然连为一体是相当容易的事。

当然，这样的地理优势对于园林来说也不是绝对必要。我们在上文曾经多次看到，在诗人眼里，江湖虽大，但是一池之水不仅可以取而代之，甚至可以更胜一筹。假山与真山也体现了同样的关系。白居易的《累土山》描写的是元宗简（卒于822年）在长安新买的宅院，该组诗的第二首就提到了这样的假山："堆土渐高山意出，终南移入户庭间。玉峰蓝水应惆怅，恐见新山望旧山。"（《白居易集笺校》，15・904）

白居易自注此诗说，元宗简的旧宅地处蓝田，宅名"玉峰"。当元宗简从乡间搬到城市后，也就置蓝田山于身后了。但失去了真山却可以用假山来替补。诗中通过想象"旧山"生怕被人遗忘而肯定假是可以代真的。

白居易本人就是一个以假代真的高手。《新涧亭》是反映这种真假替代的力作："烟萝初合涧新开，闲上西亭日几回？老病归山应未得，且移泉石就身来。"（《白

居易集笺校》，3・2445）

白居易归山不得，却能让群山来朝。虽然群山在此是以一种微缩而又更为凝聚的方式出现。老病之年，在园中开一涧之水，也算是不得已而为之。虽说如此，园中之涧还是表明人工虽然不能完全压倒自然，却也可以取而代之。

园林虽属人为的构造，但还是比其他的人造艺术品更加接近自然。这就是白居易《滩声》一诗强调的论点："碧玉班班沙历历，清流决决响泠泠。自从造得滩声后，玉管朱弦可要听？"（《白居易集笺校》，36・2518）

最后一句让我们想起左思（大约卒于306年）《招隐士》中的两句诗："非必丝与竹，山水有清音。"（《先秦汉魏晋南北朝诗》，734页）

但是，白诗和左诗之间有一个明显区别。左思提出了典型的自然和人造艺术之间的对立。白居易的对比则与此不同，他的对比在两种不同的人工艺术品之间——模仿自然之声的"滩声"和"玉管朱弦"。

然而，有时对真实之物的渴望又是如此的急切，以致艺术替代品往往显得不够充分。当韩愈描绘裴度园子里的假山时，他是以这样的评论开头的："公乎真爱山，看山旦连夕。犹嫌山在眼，不得着脚历。"[22]假山作为真山的一种替代，虽然朝夕"在眼"，却无法满足园主想在山中漫游的渴望。

裴度乃富有之人，可以采取一个不惜代价的补救措施。曾几何时，裴度在洛阳东北角的通远坊购买了一座豪宅，此宅原属玄宗（712年至756年在位）朝最受尊宠的乐师李龟年。裴度买下宅子之后，就把它从原址移到定鼎门南面的午桥，名为"绿野堂"[23]。关于如此大张旗鼓的土木工程，裴度没有留下清楚的文字资料解释此举的目的何在。但我们在他留下来的唯一一首写到绿野堂的诗歌《溪居》里可以找到明晰的线索："门径俯清溪，茅檐古木齐。红尘飘不到，时有水禽啼。"（《全唐诗》，335・3756）

裴度在洛阳的集贤坊已经有一所豪宅，乃全城风景最佳之处。几乎可以肯定，裴度修盖绿野堂是为了郊外有一座别墅。绿野堂竣工之后，裴度赋诗十韵为贺（裴诗已不存），并要求白居易、刘禹锡和姚合也和作一首。白、刘、姚三人都不出所料地突出了隐居的主题。在白居易的诗中，裴度被描写成"中隐"的模范代表："巢许终身稳[24]，萧曹到老忙[25]。千年落公便，进退处中央。"[26]

姚合对裴度的刻画也是大同小异："古今功独出，大小隐俱成。"[27]

在刘禹锡的诗歌里，裴度则是一个能够做到功成身退的智者："位极却忘贵，功成欲爱闲。官名司管籥，心术去机关。"[28]

像绿野堂这样壮观的迁移工程，能出得起如此之耗资的人寥寥无几，故而此类工程罕见，其实也是没有必要的。中唐诗人更为典型的想法是，能在城市中闹中取静，建造一个"红尘飘不到"的隐居之所。在把园林作为城市隐居之所来建造时，移景更多的是把自然融入园林，而不是把园林搬进自然。

为了创造自然或唤起对自然的想象，北方的园林常常从南方的风景里寻找新的启发。一般来说，唐诗中的南方包括四个地理区域：长江下游地区（通常被称为江南）、长江中游地区（大概包括古代楚国的领域）、长江上游地区（巴蜀地区）和更南的区域（包括东边的岭南地区和西边的南越地区）[29]。在我们的讨论范围中，岭南地区和南越地区可以不予考虑，因为中唐的园林诗很少提及那里的风景[30]。尽管长江周围的这三个地区各有自己独特的地形特征和文化环境，但是描绘北方园林的诗歌常常并列着三种不同的地域意象，就像白居易《题牛相公归仁里宅新成小滩》里的两处所写的那样："两岸滟滪口，一泊潇湘天。"（前句为长江上游，后句为长江中游）……"巴峡声心里，松江色眼前。"（前句为长江上游，后句为长江下游）（《白居易集笺校》，36・2463）

同样，在姚合《题长安薛员外水阁》的开头，我们看到："亭亭新阁成，风景益鲜明。石尽太湖色，水多湘渚声。"（《全唐诗》，499・5680）

此处的园子里有著名的太湖石，所以很自然令人想起了太湖（下一章将会讲到，大量的太湖石被运往北方，并被安置在北方的园林里）。湘江的水声则完全来自于诗人的想象。

长江上游地区的诗意来自三峡的壮观，长江中游地区之所以令人神往，则主要在于湘江了。湘江常常被称为"潇湘"（原意是"清澈的、深广的湘水"）[31]。李涉（806–821年间健在）《鹧鸪词》里的两行诗句简洁地使用了与湘水有关的文学典故："二女空垂泪，三闾枉自沉。"（《全唐诗》，477・5424）

"二女"指娥皇和女英，是传说中舜帝的两位妃子。舜帝去世后，二妃痛哭不已并把眼泪抛洒在竹子上。结果竹子上留下了她们的泪痕。二妃死后成了湘水之神[32]。"三闾"指的是三闾大夫屈原（约公元前340年–前278年）[33]。屈原遭到诽谤而被同君不公允地流放，最后在湘江的支流汨罗江投水自尽了。从贾谊（公元前201年–前169年）

开始，此后的诗人每当流放到湘江周边地区时，往往都以屈原自况。柳宗元（773–819）和韩愈就是中唐最著名的例子[34]。

但是，中唐诗人在采用湘江意象描写城市园林时，与湘江相连的忧伤情绪以及忠臣被逐的主题往往荡然无存，湘江变成了一种想象之中的自由空间。孟郊的《游城南韩氏庄》便是如此："初疑潇湘水，锁在朱门中。时见水底月，动摇池上风。清气润竹林，白光连虚空。浪簇霄汉羽，岸芳金碧丛。何言数亩间，环泛路不穷。愿逐神仙侣，飘然汗漫通。"（《全唐诗》，375・4209）

孟郊以孤僻著称，他好用奇语偏词，有时近于怪异。这首诗却说明孟郊在特定的场合里也能够写出高度常规化的诗篇。此诗的意象和主题用"何言"一词作为过渡，从描绘过渡到抒情上来，这在描写园池的诗歌里是屡见不鲜的。

孟郊在游韩愈（韩氏）长安园池时所看到的潇湘风光，在他自己洛阳的园子里也可以找到。下面的诗句摘自他的《立德新居》："空旷伊洛视，仿佛潇湘心。何必尚远异，忧劳满行襟。"（《全唐诗》，376・4223）

我们已经看到过，远处与眼前的对比是中唐园林诗中常见的主题，后者可以取前者而代之，甚至可以更胜一筹。在有关隐居的诗歌里常常用"何必"来明知故问，这一传统源远流长，一直可以追溯到东方朔。但孟郊在这里采用这种明知故问的修辞手段，却代表了中唐的一个特色。传统的关于乡村与城市的对立变成真正的南方风景和北方园林复制品之间的对立。

在中唐的园林艺术里，最符合审美理想的是江南的风光，而不是三峡和湘水地区。江南形胜，自南朝以来就一直为人们所称道。除此之外，还有一个出乎意想的原因：由于中唐的政局变幻不定，朝官外调，外官入朝，如同走马灯一般。到江南做地方官，尽管时常被看成一种政治上的挫折，但却可以获得更多的审美享受。元稹被放逐到越州时，曾经给白居易写了一首《以州宅夸于乐天》："州城迥绕拂云堆，镜水稽山满眼来。四面常时对屏障，一家终日在楼台。星河似向檐前落，鼓角惊从地底回。我是玉皇香案吏[35]，谪居犹得住蓬莱[36]。"（《全唐诗》，417・4599）

在楼台上看到的美妙景色使元稹产生了一种幻觉，就好像住在传说中的蓬莱仙境一样。但与此同时，他也沉重地意识到，越州不过是自己的一个临时落脚点而已。此后，他又寄诗给白居易，夸赞江南美景，但此诗的开头就表现出了一种遗憾："仙都难画亦难书，暂合登临不合居。"[37]

在元稹这样的北方人眼里，江南虽然风景如画，却不是适合长期居住的地方。若要结合南方和北方的优势，最好的方法就是把江南的自然风物运到北方，把江南的美景移植到北方的园林里去。因此出现的一种普遍现象就是，很多中唐文士都从江南收集大量的名物，包括奇石、名花和异鸟等，用以点缀他们的北方园林。元稹离开越州时就带走了一些精选出来的花草。《花栽二首》对此有所记述："（其一）买得山花一两栽，离乡别土易摧颓。欲知北客居南意，看取南花北地来。（其二）南花北地种应难，且向船中尽日看。纵使将来眼前死，犹胜抛掷在空栏。"（《全唐诗》，414・4580）

北方和南方的对立始终贯穿在这两首诗里。元稹北归之日，就是花栽离开南方故土之时。就像身为北方人的元稹觉得自己不过是南方的一名游子一样，南方的花朵也会感到自己不适应北方的气候条件。

元稹流落江南本是时局所致。在这种南北对立之中，元稹流落江南却成为一个审美意义上的探险之旅，其目的是为他的北方园林收集不少精美的花卉。元稹以一种自我解嘲和自我辩护的强调来回答一个潜在观察者所提出的质疑。尽管他深知南方的花卉移植到北方不容易成活，它们很可能就会"眼前死"，但是他还要肯定这种移植的努力：对于花朵来说，与其能享尽天年而无人欣赏，不如在知己的眼前就地夭折。

尽管元稹的努力很可能注定要失败，但依然不乏大量成功的例子。白居易在苏州和杭州任职期间，也收集了不少稀有玩好，并把它们运往或带回洛阳的园林。这些玩好包括从苏州带回的两片青石和数枝白莲。在《莲石》中，他对此做了记录："青石一两片，白莲三四枝。寄将东洛去，心与物相随。石倚风前树，莲栽月下池。遥知安置处，预想发荣时。领郡来何远？还乡去已迟。莫言千里别，晚岁有心期。"（《白居易集笺校》，24・1671）

白居易虽然在许多诗里都不厌其烦地说自己在苏州的生活是如何的愉悦，但他对洛阳却是朝思暮想。和元稹一样，他认为自己在南方只是一个游子。而在另一方面，南方的美景确确实实吸引了他，并促使他想方设法通过移植和搬运，把南方最好的风物融入自己的北方园林之中。在此诗之中，他显然比他的朋友元稹要乐观得多。元稹预见他的移栽很快就会萎谢，而白居易则期待着白莲花在他的园池里尽情地绽放。

从苏州带来的这些风物一旦布列在白居易的洛阳园林里，就能够再现江南的风情，或者至少令人想起这种风情。《池上小宴问程秀才》就生动地表达了这一层意思："洛下林园好自知，江南境物暗相随。净淘红粒罯香饭[38]，薄切紫鳞烹水葵。雨滴篷声青雀舫，浪摇花影白莲池。停杯一问苏州客，何似吴松江上时？”（《白居易集笺校》，28・1950）

第一联已经说明了该诗的主要目的。诗人就是想说说点缀着“江南境物”的“洛下林园好”。第二联写的是江南美食之美（毕竟这首诗与酒宴有关）。第三个对句提到了“暗”随作者从南方到北方的两样物品：青雀舫和白莲花[39]。但是，如果仅是园林主人自己“自知”，这种移植和搬运带回的物品尚不能充分地展现其审美的力量。三杯两盏之后，甚为自得的主人迫不及待地要揭开他的“秘密”。最后一联以开玩笑的语气向客人提出了一个反诘疑问，要求客人把园景的意义说个一清二楚[40]。

从白居易同时代人写的诗歌里，也可以看到他修建江南风味的园林是何等的成功。徐凝（813 年健在）的《侍郎宅泛池》是这么写的：“莲子花边回竹岸，鸡头叶上荡兰舟。谁知洛北朱门里，便到江南绿水游。”（《全唐诗》，474・5383）

徐凝的诗歌采用了一种非常典型的绝句结构，即先浮光掠影地描写几个细节，然后对能在北方城市园林中见到南方景色表示惊叹。确实，这种故作惊讶之语成了一种俗套，客人可以信手拈来，对园林主人表示赞赏。

徐凝诗中提到的白莲花肯定就是白居易在《莲石》中提到的那种。那是白居易从苏州带来的。白居易选择这一品种不仅仅是考虑到该花本身带有的异地风情，也因为它很适合树立一种个人独特的审美风格。《种白莲》透露了这个精心选择的过程：“吴中白藕洛中栽，莫恋江南花懒开。万里携归尔知否？红蕉朱槿不将来。”(《白居易集笺校》，25・1731)

通过选择颜色较为罕见的植物品种，白居易把自己和普通的园主区分开来：“厌绿栽黄竹，嫌红种白莲。”[41]

当然，对向居易来说，建造一个能够让人联想起南方园林的园子，不仅是为了展示自己的审美趣味。《新小滩》还揭示出江南风情和都市隐居的理念是息息相关的：“石浅沙平流水寒，水边斜插一渔竿。江南客见生乡思，道似严陵七里滩。”（《白居易集笺校》，36・2509）

白居易的小滩布置得像个舞台，而一支渔竿就是舞台上唯一的道具。要揭示鱼竿的象征意义实在是再容易不过了。“江南客”大发“乡思”，这也算是礼尚往来，对园主在北方园林里创造出江南风景表示恭维。这位独具慧眼的江南客人对鱼竿的意蕴作了进一步的破解，他把在白居易园子里看到的景象比作严光曾经钓过鱼的地方。严光（字子陵）和光武帝（25–57年在位）曾经是同学。严光辞谢光武帝的聘请之后，跑到七里濑（也叫七里滩）北岸的富春山隐居起来。严光钓鱼的地方被称为“严陵钓”[42]。南朝之后，严光成为中国诗歌里最为人称道的隐士之一，他居住的七里滩也成了隐居地的同义词[43]。

这位“江南客”算是巧于辞令了，但是，如果他能再接再厉，说明白居易的小滩并非仅仅“似严陵七里滩”，而是青出于蓝而胜于蓝，那么白居易肯定会更为开心。在《家园三绝》的一首诗里，我们可以看到白居易自己是如何描绘自己的小池的：“沧浪峡水子陵滩，路远江深欲去难。何似家池通小院，卧房阶下插鱼竿？”（《白居易集笺校》，33·2246）

在北方园林里对江南水景加以再创造，不仅仅是一个缩大为小的过程，也是一个去粗存精的过程。既阔又险的原始状态的自然被移入控制得井井有条的园林里，可谓是取其精华而拒其不测。园林作为再创造和提炼过的自然，为隐居者提供了一个保护性的空间。“主体对此空间持有主动权，在此空间之内，主体戏剧性地展现自己的体验。”[44]

在白居易的《看采莲》里，我们同样可以看到，园林是一个安全的空间。在此，园主可以戏剧性地展现自己的体验：“小桃闲上小莲船，半采红莲半白莲。不似江南恶风浪，芙蓉池在卧床前。”（《白居易集笺校》，28·1955）

“采莲曲”是南朝乐府诗里的一个诗歌子类。此类诗歌微微带有一些情色的成分，描写的是妖娆美貌的南方女子摘取莲花的情景，在唐朝仍然十分地流行[45]。“采莲”原本是一个诗题，在这里却成了白居易园池中的一场戏。在这种化诗为戏的过程中，有几点我们应该注意：第一，“小”被反复地强调。“小桃”之名和“小莲船”之小，都突出了一个“小”字。第二，江南风景的呈现有两个要素：一是白居易从苏州带回来的那些白莲花；二是小桃原是家中姬妾，此处却被改造为乐府诗传统中那种难以捉摸的、来去自由的典型南方美女。在演给园主看的小型戏剧中，小桃成了主角，白莲变成了舞台上的布景。第三，白居易的园池不仅仅是真正江南水景以小见大的再创造，同时也是对江南水景的否定，因为真正的江南水景会有“恶风浪”。白居易提到了“江南恶风浪”，这使我们注意到，传统的“采莲曲”对这种危险因素是只字不提的。白居易诗中提出这一点，乃是为了强调江南情调的园林作为一个安全的所在，是优越于真正的原生江南的。因此，这儿出现了一个跌宕：诗中的每一个细节都旨在唤起对江南的想象，但是诗人却可以自鸣得意地宣称他的池塘“不似江南”。仿造的江南胜过了真正的江南。

从江南运来的珍品一旦被安置在北方的园林里，就被融入了一种个人所有的空间。这拥有感，也是使人感到江南风格的园林超过真正江南的另一个原因。在《莲石》一诗中，白居易一方面想象着苏州风物将会使他的园林大为增色，另一方面又表达了强烈的“还乡”渴望。的确，尽管江南的风光使他感到乐此不疲，但也使他产生了思归之情。《六月三日夜闻蝉》就写于826年白居易任职苏州之时：“荷香清露坠，柳动好风生。微月初三夜，新蝉第一声。乍闻愁北客，静听忆东京。我有竹林宅，别来蝉再鸣。不知池上月，谁拨小船行？”（《白居易集笺校》，24 · 1670）

这首诗是以感物的模式组织起来的。唧唧的蝉鸣之声牵动了白居易对洛阳园林的思念。从景象到情思的转化乃是一种常见的作诗手法，但这里的转化方向值得我们注意。白居易的园林诗，一般都是令人对江南美景心驰神往，此诗却从真正的南方风景转移到仿造江南风景的北方园林，而这北方园林原本就是为了再现江南风景的。从这一转折中，我们可以感悟到江南和具有江南情调的园林之间的差别：前者只是一个供人观赏的审美空间，而后者既有审美价值，又为园主所占有。白居易自称为苏州之“客”，其永恒的身份是和他北方的“竹林宅”联系在一起的。从白居易想到在他的池塘里“谁拨小船行”这一点上，我们可以感受到他的一种焦虑，因为他本人对当时有园无主的现象持批评态度。

写于苏州的另一首诗《忆洛中所居》也表达了相同的思乡主题：“忽忆东都宅，春来事宛然。雪销行径里，水上卧房前。厌绿栽黄竹，嫌红种白莲。醉教莺送酒，闲遣鹤看船。幸是林园主，惭为食禄牵。宦情薄似纸，乡思急于弦。岂合姑苏守，归休更待年。”(《白居易集笺校》，25 · 1702)

像先前的那首诗一样，本诗颇具讽刺意味：白居易身在江南，心里却挂念着自己在北方的园子。这种思念的背后，我们可以看到真正的江南与具有江南情调的园林之间的区别：前者是他乡异土，后者则为自己所有。与这种区别对应的是如下的对比：“姑苏守”乃是任期有限的一官半职，“林园主”才是白居易永恒的身份。

中唐诗歌中的城市园林努力在人工和自然之间进行调和，其手段是通过一个去取的过程来建立一种个人的隐居空间。这种空间诗学中的核心问题是如何协调“园内”和“园外”之间的关系。对前门的集中关注则反映了从城市公共领域中分离出私人空间的迫切愿望。同时，通过园艺的控制手段并利用门、窗、池和井等形式的裂隙，可以打破园林在视觉上的种种限制。

前门之所以能够作为一个分界线，还是取决于园主作为土地所有者的合法身份。砍去过高的树木和修剪竹林，有利于确保园林里不同自然形态的正确形式和合理位置。框取自然在水和镜中的倒影，本质上是一种诗歌构物的功能。这种功能可以使得自然形态在诗人的凝视之中进入园林而得到控制。所谓框取乃是观察和控制事物的一种方式。“原封不动的”自然有时是混乱无序的，随时都可能四散消亡。然而，诗人独具慧眼，可以提取自然中有意义的因素，并把它们协调为一个有序的、统一的整体。自然在去粗存精之后，变得更为浓缩、更为醒目、更为意蕴深厚，同时也可为人所控制、为人所占有。园林构造是否得体，取决于它在多大程度上成功地复制自然、模仿自然或者是使人想到自然。虽说如此，作为人工构造的园林还是优于自然的，其原因就在于刚才提到的控制欲和占有欲。这种控制和占有既可以是实实在在的，也可以仅仅是存在于诗歌中的控制和占有。

**注释：**

① 这一句最后的“西术”很难理解，我倾向于把“术”读为“街”。译者按“术”繁体为“術”，与“街”形似。

② “庐霍”在古诗中一般用来指代隐居之所。

③《题郭侍郎亲仁里幽居》,《全唐诗》399 · 5678。

④ 关于顾辟疆（生活 14 世纪）的园子的详情，请见刘义庆的《世说新语笺疏》{24 · 776}。

⑤ 杜甫的《恶树》是更清楚的例证（《全唐诗》，226 · 2441)。在这首诗里，杜甫把那些令人讨厌的树（诗人经常用手斧来砍伐它们）作为不才者的象征。

⑥《全宋文》，31 · 42a（《全上古三代秦汉三国六朝文》，2605b）。

⑦ 同上。

⑧ 同上书，31 · 8a（《全上古三代秦汉三国六朝文》，2607b）。

⑨ 孙康宜 (Chang, Kang-I Sun)，《六朝诗研究》（*Six Dynasties Poetry*），137 页。

⑩ 数字“干”不是确指，但在这里被有意地用来与“一”形成对比。

⑪ 葛洪《神仙传》，5 · 38。也可见《后汉书》，82 · 2743。

⑫ 有世界乃是一个巨大的葫芦的传说，可见石泰安（Stein, Ralf A.）《微缩的世界：远东宗教思想中的住宅园林》（*The World in Miniature: Container Gardens and Dwelling in Far Eastern Religious Thought*），58–77 页。

⑬《终南别业》（《全赓诗》，126 · 1276）。这句诗似乎是王维《桃源行》（《全旃诗》，125 · 1257）中“坐看红树不知远，行尽青溪不见人”的翻版。

⑭ 此处指的是费长房的故居。费长房是一个高人，他能够“缩地脉千里”，因此远在天边的东西一下子就可以近在眼前。见葛洪的《神仙传》，5 · 39。

⑮ 《以诗代书寄户部杨侍郎劝买东邻王家宅》(《白居易集笺校》，33 · 2265)。

⑯ 浩虚舟（822 年进士）在《盆池赋》(《全唐文》，624 · 2788—89) 里表达了同样的意思，他把盆池的功能描述为“自适”。

⑰ 尽行白居易诗歌里的“小池”不同于韩愈诗歌里的“盆池”。但在中国诗歌里，与此相关的意象和主题是相似的。我用“小池”同时指代二者。

⑱ 正如宇文所安所指出的那样，中唐诗歌在表现私人生活时所呈现的机智，“经常需要一个外部的观察者或外部视点，有时用‘勿言’这样的短语引出。这个外人往往把诗人关心的东西看得非常渺小、低微和平常。这样一来，外部世界的寻常角度就保证了诗人解释的独特性，这种解释便‘属于’诗人本人。强调物品之小是至为重要的，因为这样一来就可以保证，这些物品的价值全在诗人小题大做的解释之中”（《中国“中世纪”的终结》，86 页）。白居易和韩愈有关盆池的诗歌比较，同样可以参阅《中国“中世纪”的终结》的 95-99 页。

⑲ 这一章我关注的重点不是盆池的象征意义，但这一点也是非常重要的。比如，在韩愈的《奉和钱七兄曹长盆池所植》（《全唐诗》，342 · 3833）中，盆池里的花显然就是政治混乱的象征。 齐己（864-943？）的《盆池》(《全唐诗》，839 · 9472) 则继承了咏物的传统，把盆池当做一面道德的镜子。

⑳ 《敕借岐王九成宫避暑应教》(《全唐诗》，128 · 1295)。这里的“镜”也可能是指流水汩汩而入的山泉，但我更倾向于把它作为直书其事来读解。关于此句的相关评论可见宇文所安的《盛唐诗》（*The Great Age of Chinese Poetry*），30 页。

㉑ 在唐诗中，酒杯和药碗有时也有相同的功能。具体的例子可以参见岑参（715-770）的《春寻河阳陶处士别业》(《全唐诗》，200 · 2086）和姚合的《题河上亭》（《全唐诗》，499 · 5686）。相关的讨论在侯迺惠的《诗情与幽境：唐代文人的园林生活》（466 页）中可以找到。

㉒ 《和裴仆射相公假山十一韵》(《全唐诗》，342 · 3837)。

㉓ 见郑处诲《明皇杂录》，2 · 27。

㉔ 巢父和许由都是传说中尧帝时期的隐士。见皇甫谧的《高士传》，1 · 11-14。

㉕ 萧何（卒于公元前 193 年）和曹参（卒于公元前 190 年）都是汉初有能力的宰相（曹参接了萧何的相位）。当时有一首民谣歌颂他们，见《史记》，54 · 2031。

㉖ 《奉和裴令公新成午桥庄绿野堂即事》（《白居易集笺校》，33 · 2238）。

㉗ 《奉和裴令公新成绿野堂即事》(《全唐诗》，501 · 5694)。

㉘ 《奉和裴令公新成绿野堂即书》(《全庙诗》，362 · 4092)。

㉙ 关于文学上对唐帝国最南边地区的表现，可参见薛爱华 (Schafer, Edward H.) 的《朱雀：唐代的南方意象》（*The Vermillion Bird: T'ang Images of the South*）。

㉚ 广东的罗浮山或许算是一个例外。罗浮山的石头被运到北方阔林，比如李德裕的平泉庄园。立在李德裕园中的一块石头就叫罗浮山。见李德裕《重忆山居》的第四首（《全唐诗》475 · 5412)。传说一座浮山漂过了南海，最后和罗山融合成了一体，后来这座山就叫罗浮山。请参阅《太平御览》的《罗浮山记》（41 · 7a）。罗浮山因其为道教圣地而闻名。据说葛洪（284-364）就是在此山修炼的，见《晋书》（72 · 1911)。道教三十六洞天的朱叫曜真之洞就在罗浮山，见《艺文类聚》的《茅君内传》（7a · 139）。在张君房的《云笈七箴》（27 · 3a）中，它在十大洞天里排名第七。十大洞天排在三十六小洞天之上。

㉛ 把“潇”解释为“深而澈”，可见郦道元的《水经注》（28 · 1949）。但是还有大量的例子证明“潇湘”指的就是潇水和湘水，如柳宗元的《湘口馆潇湘二水所会》（《全唐诗》352 · 3942）和钱起的《潇湘二十韵》（《全唐诗》840 · 9474)。不可能也没有必要去争论“潇湘”到底是一条河还是两条河。

㉜ 张华《博物志》，8 · 13。也见于任坊的《述异记》，1 · 5b—6a。

㉝ 作为楚国的贵族，屈原为三闾大夫，职管三闾的礼仪事务。所谓“三闾”乃是楚国王室的宗亲，亦指其在楚都郢的住所。

㉞ 见姜斐德（*Murck, Afreda*）《潇湘八景与北宋贬滴文化》（“*The Eight Viewsof Xiao-Xiang and the Northern Song Culture of Exile*”），114-116 页。

㉟ 这里的“玉皇”指皇帝。“香案吏”泛指朝臣。朝臣之所以被称为“香案吏”，可能是因为唐朝皇帝在紫宸内阁里会见朝臣时，有两个起居舍人夹香案分立于殿下，见《新唐书》（47 · 1208）。当然，元稹在这首诗里，有意让人们想起玉皇是和道家传统相联系的，他仿佛成了立在殿下的官员班首。此后的贬谪官员有把自己写成“香案吏”的，还有苏轼的《舟行至清远县见颜秀才极谈惠州风物之美》（《苏轼诗集》，38 · 2046）。

㊱ 蓬莱是渤海的五大仙山之一。其他的四座是岱舆、员峤、方壶和瀛洲。传说在这些仙山上有一种长满果子的仙树，吃了这些果子就可以长生不老。请参阅《列子集释》（5 · 151-152）。《史记》只提到后面的三座山（6 · 247 和 28 · 1369）。收到元稹乐观的诗篇之后，白居易在《答微之夸越州州宅》中也夸耀杭州乃江南诸郡之首（当时他正在杭州任太守）：“知君暗数江南郡，除却余杭尽不如。”（《白居易集笺校》，23 · 1528）

㊲ 《觅夸州宅旦荇拔色兼酬前篇末句》（《全唐诗》，417 · 4599）。

㊳ 按照朱金城的说法，这里的“炊”读为“詈”。

㊴ 在白居易洛阳园林的池塘里，苏州带来的青雀舫（也叫青板舫）和白莲花成为制造江南情调的两个最重要物件。这里还能举出一个例子来，就是白居易的《白莲池泛舟》：“白藕新花照水开，红窗小舫信风回。谁教一片江南兴，逐我殷勤万里来？”（《白居易集笺校》，27 · 1887)

㊵ 客人程秀才的具体名字我们已经不知道了。从白居易的《醉别程秀才》（《白居易集笺校》，31 · 2129）一诗来看，他善于弹筝，尤其擅长弹奏牵引湘江情思的曲目。

㊶ 《忆洛中所居》（《白居易集笺校》25 · 1702）。对审美个性的追求可以引起人们对园主道德的怀疑，以为园主在夸耀财富。比如曹邺（850 年进士）的《贵宅》(《全唐诗》，592 · 6868) 就描写了一个厌倦富贵繁复之花的富少把一些药草种在了自己的园子里。

㊷ 见《后汉书》，83 · 2754。

㊸ 唐朝以前提到“七里滩”的著名诗歌有谢灵运的《七里濑》(《先秦汉魏晋南北朝诗》，1160 页）和任昉（460-508）的《严陵濑诗》（《先秦汉魏晋南北朝诗》，1601 页）。在唐朝，涉及“七里濑”的诗歌数量非常多。

㊹ 宇文所安《中国“中世纪”的终结》（*The End of the Chinese “Middle Ages”*），96 页。

㊺ 据说是梁武帝（502-549 年在位）创制《采莲曲》，见《乐府诗集》，50 · 726。唐诗中以此为题的诗作数目太多了，数都数不过来。白居易的《采莲曲》（《白居易集笺校》19 · 1303）只是其中的一个例子。

**作者简介：**杨晓山，美国圣母大学乐亚语言与文化系副教授

**原载于：**杨晓山 . 私人领域的变形：唐宋诗歌中的园林与玩好 [M]. 江苏人民出版社，2008.

# 迷失翻译间：现代话语中的中国园林

鲁安东

## 1. 引言

中国园林作为一种建筑类别在中国现当代建筑中有着令人惊异的使用率，它作为一个重要参照点被广泛用于建筑师和学者的写作、设计提案和日常对话当中。以中国园林为对象的文章曾经占据全部建筑论文中的相当部分，特别是在20世纪60年代早期至中期以及80年代。中国园林的流行，部分因它代表着传统的在自然中诗意栖居的理想，但同样因它与中国在20世纪五六十年代被引入和阐释的空间概念之间的特别关联。在其现代阐释（或翻译）中，中国园林代表了一种动态观看的经验模式，并支持了一种将空间视为视点和观看路线的动态组合的方法（图1）。因此它为一种既“现代”又“民族”的历史任务提供了一个有力的先例。但是，很少有人对这个翻译过程加以关注，特别是对这个过程中发生的那些变异。

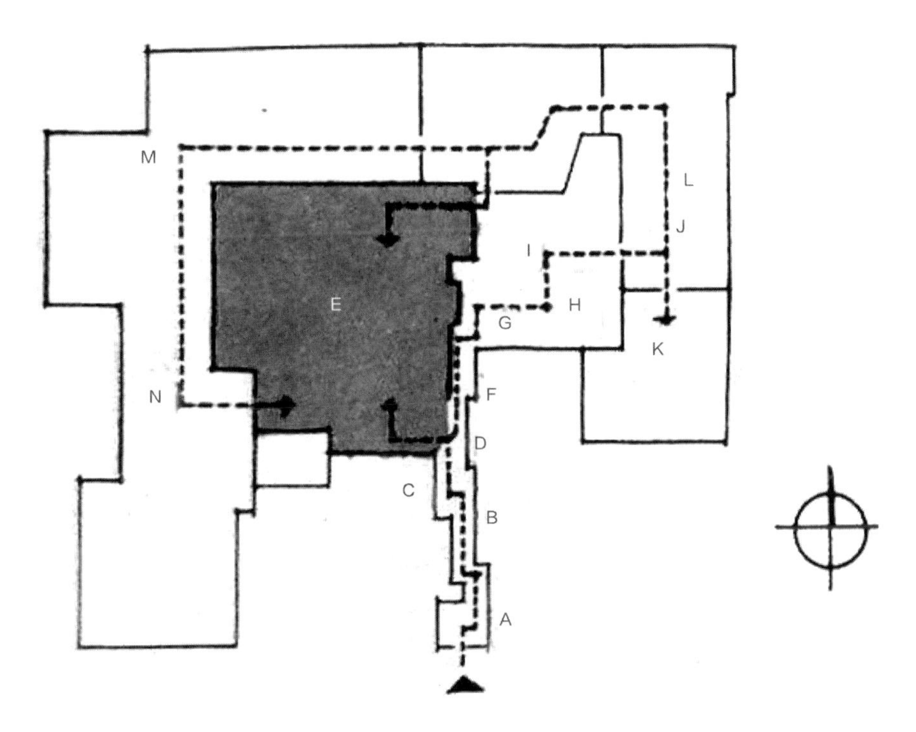


A. 留园入门
B. 入口折廊
C. 留园门厅
D. 古木交柯
E. 绿荫
F. 曲廊进口
G. 五峰仙馆院
H. 石林小屋院
I. 石林小院
J. 鸳鸯厅（北）
K. 鸳鸯厅（南）
L. 冠云楼前院
M. 留园北部
N. 留园西部

图 1. 留园空间序列分析（彭一刚，1986）

## 2. 现代园林研究

尽管中国园林在其悠久连续的历史、一致的主题以及与绘画和诗歌之间特有的整体性等方面享有恰当的声誉，它却一直是一个松散的事业而不构成一种实践[①]。关于中国园林的大量文献主要由园记和散文构成。当然也存在少量例外，如成书于1631年的造园指南《园冶》，在1931年被重新发现之前，它在中国一直默默无闻[②]。总体而言，中国园林缺乏能够将这个职业区别于绘画及工艺（例如叠山）的理论话语。另一方面，今天我们所认为的与中国园林相关的大多数概念和原则来自现代学术研究。

现代对于中国园林的研究始于日本学者对中国进行“重新发现”以及在日本建立景观建筑学学科。20世纪10年代至20年代，史学家如伊东忠太和龙居松之助、旅行作家后藤朝太郎开始在日本园艺学会的期刊《庭园与风景》上发表关于中国园林的文章[③]。作为回应，中国学者自20世纪20年代末开始发掘自己的园林文化[④]，他们的很多工作为未来的理论阐释奠定了基础。特别值得一提的有园林史学家陈植的史学研究[⑤]、建筑史学家刘敦桢对苏州古典建筑的调查[⑥]以及建筑师童寯在1932~1937年间对江南地区古典园林的开创性的调查[⑦]。

随着十多年战乱的结束，被中断的园林研究在1949年之后得以继续。由此至1966年之间的时段进行了大量的学术研究和对园林和公园的修复与营建工作。值得注意的是，这段时期中的研究工作在很大程度上被当代学者所忽视。这部分由于当时的研究成果在传播方面的限制，它们常常以内部文件或技术报告的形式出现[⑧]。这一时期的园林研究在相当程度上以机构为基础，并大多在各大学的建筑院系下[⑨]：例如南京工学院对苏州园林（1953–1956）和其他江南园林（1963）的调查[⑩]；华南工学院对岭南园林的二次调查（1954和1961）[⑪]；天津大学对北京和承德御苑的调查[⑫]；以及同济大学对苏州园林和旧住宅的调查（1955–1956）[⑬]。

这段多产时期实际上由两个阶段组成，其中在1957年至1961年间有五年间隔[⑭]。在第二个阶段涌现出许多对造园意匠和技巧的分析性研究，目的是针对它们在当代实践中的运用。这一实用性的角度促使研究者关注“造园艺术”的整体概念，而不是一个个单独的园林。而“造园艺术”的首要关注点是空间布局和造景；但特别有趣的是存在一个特殊的动态经验的观念将这二者联系起来，而这个观念并未在前一阶段中得到表现[⑮]。

最早对园林布局中的“空间组合”加以讨论的文章是由刘敦桢写于1957年。在这篇文章的结语中，刘明确提出了一种基于主次关系、体量－空间平衡以及对比的使用的组合性布局[16]。但在6年后，作为刘敦桢助手的潘谷西的一篇文章中，园林布局的问题被表述为一个基于观赏点和观赏路线的系统化构图问题[17]。虽然潘的文章讨论了与刘1957年的文章相似的园林意匠，但他的关注点却集中于一个现代主义的空间概念。正如潘在几十年后写道：“刚接触苏州古典园林时，在审美感情上是错位的，直到对它进行了较深入的体察和分析，才发现现代建筑所推崇的空间理论，在苏州园林中有它独特的、精湛的表现。”[18]

潘谷西对于中国园林的解读成功地将基于文化的园林经验转译为一个最适宜以图示表现的空间配置。一方面，他将观赏点等同于建筑物，并通过高远比来评价其对应的景观（图2）；另一方面，他引入了一个用于组织“风景的展开和观赏程序”的观赏路线的概念（图3）。观赏路线既是一个空间上的运动顺序、又是一个时间上的经验顺序，在其基础上风景的对比和序列可以被规划和设计。

这种对风景和运动的组织被认为与传统造园术语“步移景异”相近，其含义被认为是指随着观赏者向前运动而出现新的并常常是如画式的风景，观赏者通过这种方式被引入一种与其运动相应的塑性经验中。关于这个术语的历史文献相当少；即使我们无法据此得出结论认为这个术语是一个完全现代的发明，它至少已经在相当程度上经过了转译，以意指一种“有连续性的、动态的绘画意境”[19]。这些被纳入这个术语的连续性和动态的含义包括两个平行的内容。

首先，正如潘谷西在他的文中确认的，观看带来一种驱动人向前探索的心理价值。这个观点近似于戈登·卡伦（Gordon Cullen）提出的所谓“序列视觉”的新如画主义理论[20]。卡伦认为环境经验通常由一系列拉扯与揭示构成，并伴随着由对比，或者说“并置剧本”产生的喜悦和兴趣（图4）。

其次，园林经验的连续性符合一种韵律秩序并包含作为“起”和“结”的风景。这个观点认为园林经验服从于一种对时间的叙事组织，以及一种对其整体结构图式的目标进行跟踪的认知过程。园林设计家孙筱祥将这个观点与传统的绘画理论联系起来[21]。他赞成一种“动态连续风景构图”并将园林经验与观赏长卷绘画的动态经验相比较。与潘不同的是，孙更多关注于时间本身的结构，而不是被编译为观赏路线的暗示时间。

尽管这两种角度都试图解释基于文化的园林经验，它们均预设了一个深层的现代

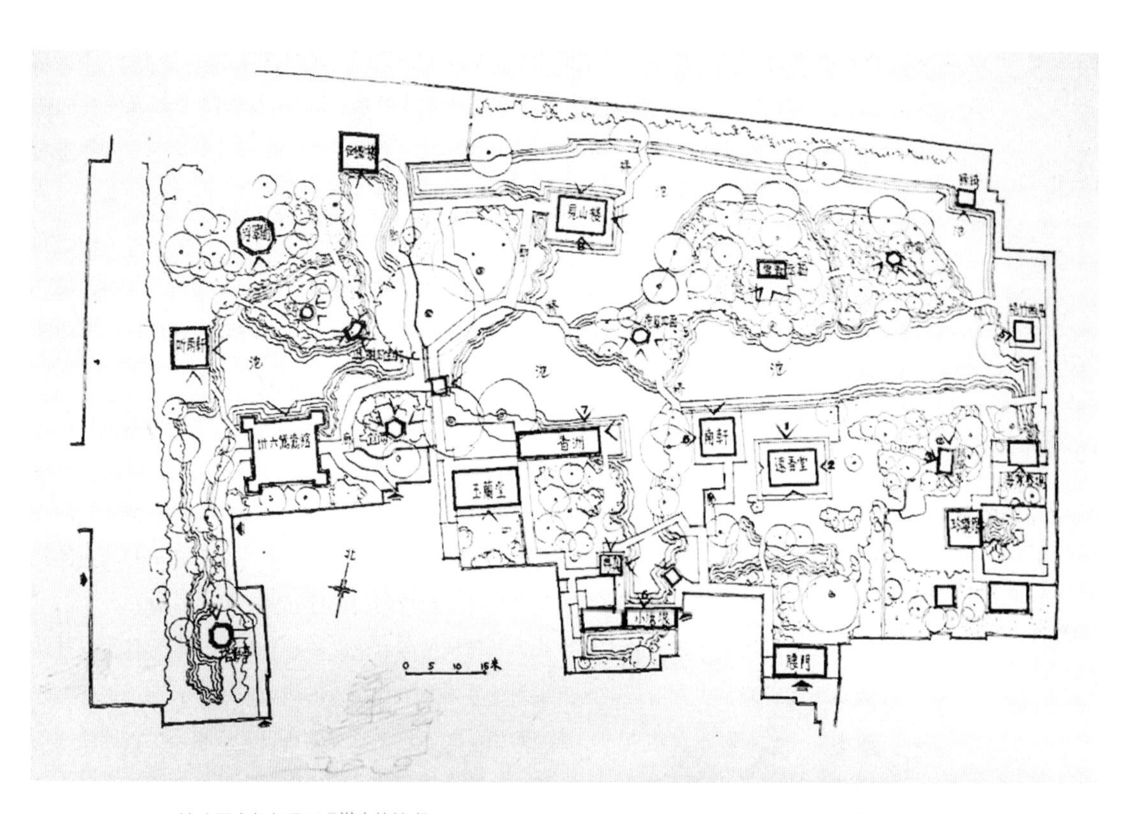


拙政园中部各重要观赏点的特点

| 观赏点 | 地面标高 *（m） | 观赏特点 |
| --- | --- | --- |
| 远香堂室内地面 | +1.91 | 主要厅堂，四面有对景，前景开敞 |
| 远香堂室外平台口 | +1.60 | 主要观赏所在。隔水看山 |
| 香洲舱前平台 | +0.96 | 低视点，因水得景 |
| 香洲楼上 | +4.96 | 高视点，可俯览山池亭榭 |
| 见山楼楼下地面 | +0.91 | 低视点，因水得景 |
| 见山楼楼上 | +3.51 | 高视点，可俯览山池亭榭 |
| 小沧浪 | +1.10 | 低视点，因水得景，前景深远而多层次 |
| 小飞红 | +1.04 ~ 1.32 | 桥梁，因水得景 |
| 西牛亭 | +1.15 | 因水得景，前景深远 |

注：高度自低水位水面算起，视距由厅堂门口至亭子或假山。

园林主景与主要观赏点之间的距离举例

| 园名 | 视距起讫点 | 主景的视距（m） | 主景的高度（m） | | |
| --- | --- | --- | --- | --- | --- |
| | | | 房屋 | 亭子 | 山 |
| 拙政园 | 从“远香堂”至“雪香云蔚” | 34 | | 8.5 | 4.5 |
| 留园 | 从“涵碧山房”至“可亭” | 35 | | 10 | 4 |
| 怡园 | 从“藕香榭”至“小沧浪” | 32 | | 9 | 4~5 |
| 狮子林 | 从荷花厅至对面假山 | 18 | | | |
| 沧浪亭 | 从“明道堂”至“沧浪亭” | 13 | | | |
| 网师园 | 从“看松读画轩”至“濯缨水阁”及石山 | 31 | 5.5 | | 6 |
| 环秀山庄 | 从西侧边楼至假山主峰 | 12 | | | 7 |

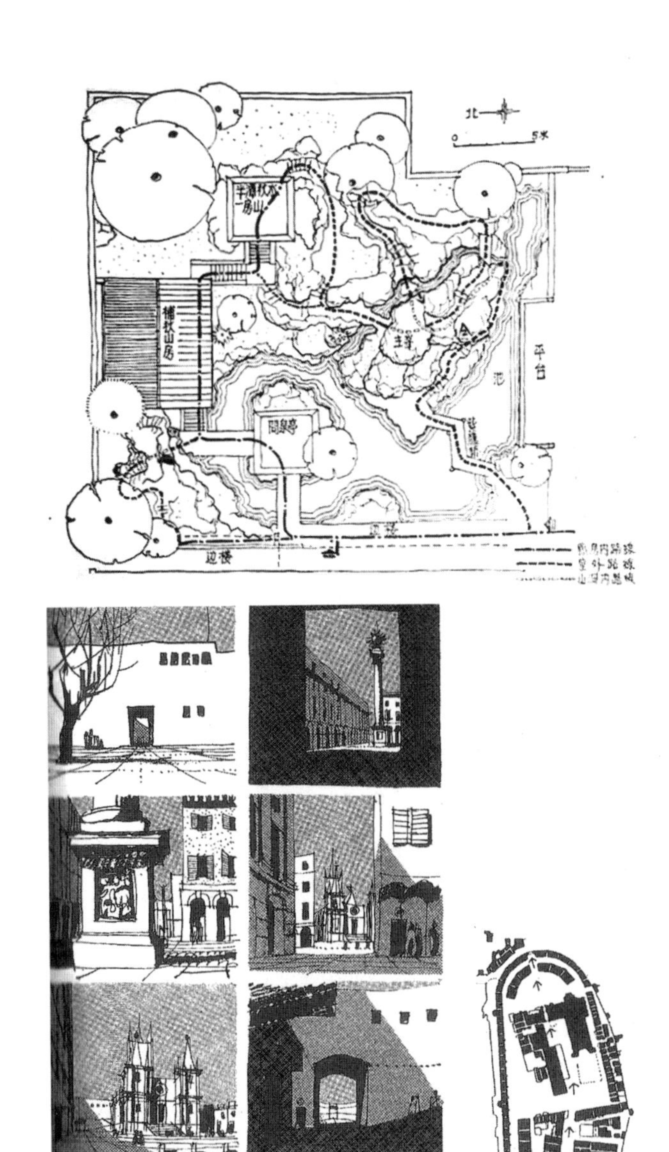


图 2. 拙政园中的观赏点（潘谷西，1963，第 15 页）
图 3. 环秀山庄中的观赏路线（潘谷西，1963，第 18 页）
图 4. 序列视觉，戈登·卡伦（Gordon Cullen），《城镇景观》

主义的空间计划。这一阶段的文章中令人惊异地频繁使用着诸如“空间组织”“动态”和“连续”之类的概念，将空间理论作为中国园林的一个暗喻；而更为重要的是，它们的首要目标是解释园林经验如何通过造园的意匠和技巧进行规划和设计。这一目标在相当程度上符合当时强调“古为今用”的历史条件。

### 3. 当代园林研究中的园林经验问题

中国园林的学术研究在 1978 年之后很快迎来了一波尺度前所未有的新浪潮。但是尽管园林经验依然是兴趣点之一，先前动态的空间模型则被新的研究视角所代替。

一个影响较大的研究视角是对意境美学理论的发展。境的概念早在唐代即已用于诗歌理论并在清代被用于绘画理论[22]；它在 1919 年后的现代文学理论中已成为一个热门词汇[23]。但只有通过美学家宗白华的悉心思考，意境才成为一个普遍性的美学概念，而他将意境理解为自然情感与物象现实相交融的观点使园林成为这种美学的一个独特实例[24]。20 世纪 80 年代，随着意境美学的热潮[25]，园林理论家们发展出一种新的美学视角[26]，这个视角将意境视作造园的最终目标，并且更多地关注于在前一阶段的园林经验分析中被忽视的非物质因素[27]。

另一种与美学视角平行的倾向正视与园林密切相关的诗意和生活方式，并复原真实的园林经验。学者们重新启用传统散文式的写作方式，其中最好的例子是陈从周的五篇《说园》[28]。

美学视角和文学视角均对园林经验进行描述性的阐释，这有别于之前主导的实用性的“翻译”（图 5、图 6）。然而，这样一种文化转向并未消除关于“动态空间经验”的神话，后者依然在建筑师的圈子中大行其道。尽管运动经验已经不再为园林学术研究所关注，它却在先前中国园林和现代空间的关联的影响下，仍然是对空间形态和意义的建筑研究的基础。

虽然中国园林一直被认为是关于空间处理的设计手法的宝库，在 1978 年后，建筑学对中国园林的兴趣骤然升高。这部分是由于对民族建筑性格的重新追寻，也部分得益于当时后现代主义的流行，特别是它对区域文化和历史内涵的关注。由贝聿铭设计的香山饭店（1979–1982）大大激发了建筑师们的兴趣，因为它证实了中国园林中

5 6
7

图 5. 中国建筑学会主办的《建筑学报》（1964 年 6 月）的封面代表了当时的实用话语
图 6.《建筑学报》（1979 年 2 月）的封面反映了向描述性视角的转变
图 7. 贝聿铭设计的北京香山饭店，前景为暗喻着传统流觞仪式的曲水

复杂的空间手法和丰富的文化隐喻可以兼容于现代的功能和形式（图 7）。而 20 世纪 60 年代的“空间构图”（潘谷西）和“时间结构”（孙筱祥）的观点也仍然在很大程度上继续存在于主流建筑研究中。例如，彭一刚的《中国古典园林分析》对观赏点和观赏路线进行了全面的分析并大量使用了示意图[29]；而王路则用“起承转合”的文学结构来分析山林佛寺的进香路线（图 8）[30]。

尽管现代主义将园林翻译为空间曾经有着重要的历史作用，并且提供了一种通过建筑学来分析园林经验的操作性模型，它的有效性有待进一步商榷。传统的“游”“景”和“处”的概念被当作“运动”“景观”和“观赏点”的同义词使用，而缺少对它们的细微和含糊内涵的质疑。事实上，正是通过这些潜在的翻译过程，中国园林才能够如此轻易地套入现代空间。在下文中我将尝试澄清这些翻译过程中的一些误读。

**4. 连续性之误：将“游”诠释为“运动”**

第一个明显的误读存在于将“游”诠释为“运动”的过程中，它关于运动默认的连续性概念，即前文加以讨论的空间随着运动展开的经验模式。“运动”成为一种对组织的暗喻，在其基础上，园林景致的时间和空间得以分别为观赏点和观赏路线所概括，并进一步整合为一个整体时空。然而，这样一种经验模式是来自欧洲如画式园林，而不是中国传统。

欧洲如画式园林的一种常见的表现手段使用两种相对的图像类型：对单个场所的近景观察和场地地图（有时为鸟瞰图）。单幅的风景画代表着地面上的视觉，就像景观正在眼前展开。另外，地图将园林表现为统一的空间布置，在其基础上“一系列的地面景观得以组织起来，并且为一个可能的回游或者叙事建立相应的舞台”。[31]二者常常通过地图上面注明特定场地位置的标记联系起来。例如约翰・弗里德里希・卡尔（Johann Friedrich Karl）为“友谊林园”所作的图册包括一张地图以及 21 幅雕版图，它们被沿着一条穿过林园的隐含路径的顺序排列（图 9、图 10）。通过这种形式，园林被体验为一系列与整个空间有关并互相关联的场所。观赏者必须在认知的地图模式和感知的观景模式之间来回运动以解密隐藏的空间密码。

作为比较，兵部尚书徐用仪（1826–1900）为自己在海盐的私园所作的图册包括

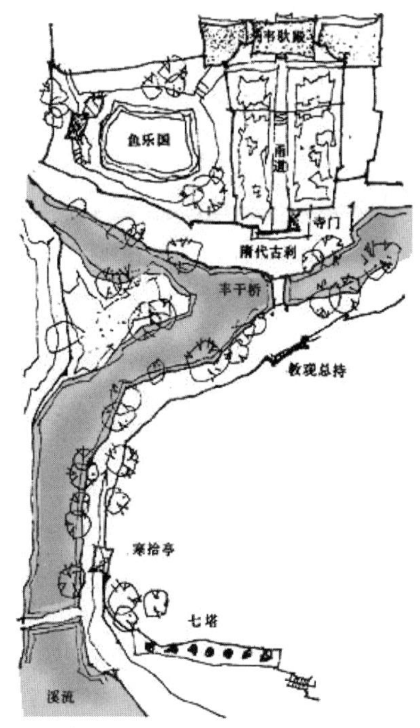


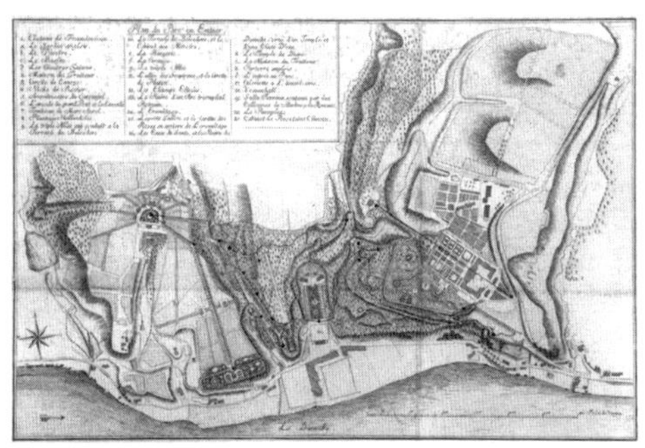

8 9 10

图 8. 天台山国清寺进香路线（王路，1988：第 138 页）
图 9. 地图，约翰 · 弗里德里希 · 卡尔（Johann Friedrich Karl），《友谊林园与城堡风景图册》（1794），帕绍国立图书馆
图 10. 美国式凉亭，《友谊林园与城堡风景图册》

32 帧，其中一幅是对整个园林的俯瞰图[32]。乍看起来，俯瞰图和近景图在格式和绘画风格上似乎并没有太多区别，而近景图似乎只是对俯瞰图加以放大。但是如果对图册进一步加以研究，我们可以看到二者之间的一些明显区别。首先，近景图中某些园林元素被有意省略，从而将观赏者的注意力集中到该页的主题上。例如在俯瞰图中位于水阁附近的曲桥在具体的近景图中被移除了（图 11、图 12）。其次，俯瞰图中完全没有人迹，而带主题的近景图中则有精心配置的人物：抚琴的主人面对我们坐在水阁中，并占据整个画面的显著位置；而他的听众则分布在园林各处——一位坐在主人身边，二位站在水池对岸，另外二位则站在水阁右侧的长廊中，他们均面向主人并静听琴曲。这些人物的姿势和相互关系暗示着弥漫在整幅画中的不可见的琴音，声音占据着场所。这通过图右上角的题名“临波琴啸”被明确标识出来，它陈述着这幅画中包含的景。相反，俯瞰图则不带任何文字。

因此，尽管俯瞰图和单景册页使用了相同的笔法和相似的高空视点，它们以不同的方式吸引着观赏者。俯瞰图将显著的园林元素组织在一个整体的空间布局中，它们被回廊和墙连接或分隔为独立的区域。相反，单景册页将园林的片段表现为单独的意境，并由人物加以占据，这些人物让观赏者设想身临其境、从而被引入图画之中。因此，想要观赏这个图册，观赏者需要在俯察模式和体验模式之间来回转变。

虽然徐用仪的单景册页同样诱发体验模式，它却绝不同于卡尔的风景画所唤起的那种体验模式。在卡尔的雕版图中，观赏者是通过一个画面以外的视点来观看风景的，而这个视点可以很容易在地图上加以识别。而相反，徐用仪的册页并不对应真实的视觉。观赏者通过图像和语言的暗示被传送到画面之中，并激活那个站在亭中的替身人。因此，徐用仪画册的观赏者并非被置于某个设定的视点，而是通过一个“主体传送”过程进入到该画所包含的“主体参照点”（这两个概念我将在后文详加讨论）。建筑在辅助这些不同体验模式时起到不同的作用：在友谊林园，建筑将场所刻画为事件的戏剧性场景或者纪念性的地标；而在徐园中，水阁被用于限定主体参照点的位置，用于限定沉浸于画中的观赏者和他想象中的环境之间的关系。

在欧洲的视觉性和中国的观赏性之间存在明显区别。欧洲的风景观念是基于对视觉景观的经营来保障对理念的有效传递。想象与情感被附着在感知图像上，而后者又服从透视法则，正如约瑟夫・爱迪生（Joseph Addison）所说：“想象的愉悦感来自实在的视觉和对外界物体的概观：而这些，我认为，全部基于我们所见的那些伟大、罕见或者美丽的景物。”[33] 另一方面，中国的“景”的概念则关注于通过观者的情感和想象创造的意境。

基于这一差别，我们可以区分两种不同的园林经验。在卡尔对友谊园林的图画中，虽然观赏者在观看时身在画面之外，这个画面必须被理解为一个场所提供给人眼的风景，它通过建筑来标记和陈述。此时观赏者被明确地置身于园林之中，在一个通向画面描绘的场所的路径上。而随着风景的变化，观赏者也从一个观赏点走到下一个观赏点，这些观赏点排列起来构成了地图上的一个明确的观赏路径。这种如画式的体验模式可以表述为在空间中加以组织的场所和观赏点，它们通过风景和运动被联系起来。这一模式构成了奥古斯特·舒瓦齐（Auguste Choisy）对雅典卫城的理性分析的基础[34]（图 13），而后者被柯布西耶在《走向新建筑》[35] 中改编为现代建筑的一个基本原理（即所谓的“建筑漫步”）。与此相反的是，在徐用仪的图册中，观赏者被引入一幅幅图画中，而并没有获得任何关于这些景之间关系的线索，无论是空间的还是时间的。虽然部分册页在构图中“借用”了远方的景物，这些景物并不提供准确的空间信息。观赏者是以一种散漫的方式来体验景观的序列，仿佛他被引入一个主体参照点后又被引出，而后再度引入下一个点，如此类推。因此，徐用仪所针对的园林经验是关于迷失、关于通过与观赏者的意象契合来消解场所的地点性。

在这两个例子中，观赏者均进入了图画中。在卡尔的雕版图中，正如吉莉安娜·布鲁诺（Giuliana Bruno）指出的：“被作为‘文本中的观者’嵌入园林设计中的使用者，参与到对场地进行的建筑配置的诗意之中。身体同时作为这出空间戏剧的演员和观众。以这样的方式，观者作为一个身心合一体，进入了图画。”[36] 这种出现于 18 世纪的新的运动空间性是基于一种综合了想象与物理接触的触觉意识。漫步着的身体通过在空间扩张中安置自己的欲望来消费空间。主体的身体化不仅涉及空间和时间的在场感，同样涉及一个对运动（及其带来的可能性）的寄托。因此，“空间不是作为事物本身存在，而是作为给我们的事物。主体的运动创造了一种不断展开新关系的场所感”。[37] 另一方面，在徐用仪的图册中，观赏者被以一种通感代入的方式引诱自己浸入空间，而不是以“观看者”的方式。此时，视觉只是诸多感官之一，所见之物是自我与世界的整体，一个同化于世界的自我，或者说一个被自我所察觉的世界。这种自我和被自我所见的世界之间的依存关系，使中国园林中的意境概念有别于欧洲如画式园林中的场所概念。后者预设了一种物质性，一个真实的被行走的场地；而前者则是一种不依

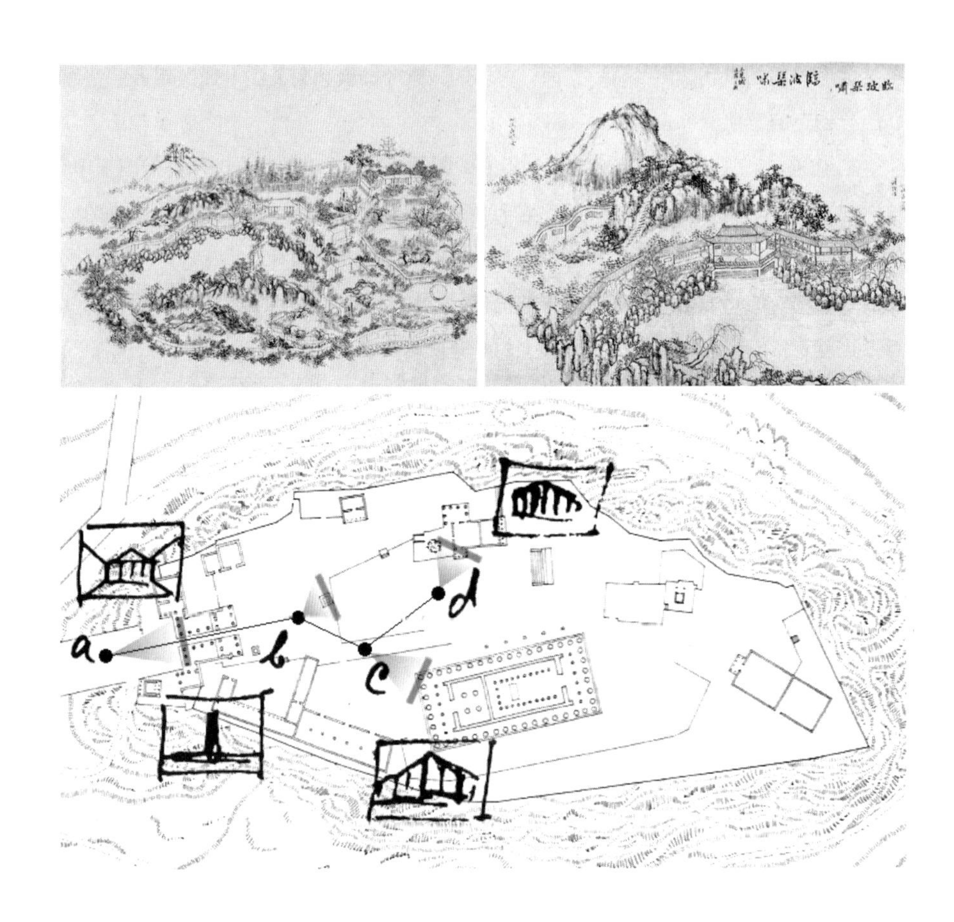


11 12
13

图 11. 俯瞰图，徐用仪，《徐园图》（19 世纪晚期，32 帧）
图 12. 册页《临波琴啸》
图 13. 雅典卫城中的“建筑蒙太奇”，示意图基于爱森斯坦（1938）对舒瓦齐（1899）的研究

赖于场地性的身临其境的亲密感。

简而言之，在现代主义学者们将“运动”作为园林空间的展开秩序时，他们并未重视“运动”经验背后所包含的一组现代的身体-空间关系。谢尔盖·爱森斯坦（Sergei Eisenstein）对传统的“散步”和现代的“路径”之间作了很有启发意义的区分[38]：“今天，心灵随着路径穿过大量在时间空间中相隔很远的现象，并以特定的次序将它们组织为一个有意义的概念（注：即路径）。而在过去则相反：观看者走过一系列精心布置的现象，并顺序沉浸于他的视觉感官之中。”爱森斯坦关注的是一种作为“地平线的蔓延式扩张”的现代空间，以及西方文化中从“内向性经验”向“外向性经验”的转变。外向性经验是一种关于我们与世界之间以时空连续的方式互动的现代预设，通过它我们得以将世界体验为一个漫游空间。然而当现代的外向经验将空间绵延为一种永远的生成过程，它也消解了空间与人之间的亲密感，而这是中国园林诗意的核心之一。

### 5. 感知之误：将“景”诠释为“观”

在历史上，造园常常被等同于造景或者理景，“中国园林的设计通常被归纳为一组对景进行创造和处理的方法。”[39]现代学者努力将景等同于视觉，从而让它能够用在空间中定位的视点（它们被默认为建筑所在的位置），及它们对应的景观之间的距离、比例和构图来加以分析和规划（图 14）。

尽管这个假设合理地适用于某些场合，在另一些场合它则较有问题。古典山水画中基于抬升视平线的构图方式（即“三远”法）的确常常被用于园林厅堂主景的经营，但是也存在另一种以漏窗为代表的视觉传统，它反映着 13 世纪以来逐渐加强的表现性和个人性。我们可以记起陈从周提出的“静观”和“动观”的区别[40]。当静态的主景彰显着空间中的视觉并诉诸自然体验（诸如“可行”“可望”“可居”“可游”[41]）时，镂空的扇屏，以其直接、生动和奇异，则针对着一种瞬间的启示，并呼唤一种即时的精神领悟，而不是身体的视觉感官（图 15）。

对于瞬间启示的追求（或许体现为日益增加的对长廊的使用）产生了一种新的时间性，它随着人向前运动而将一系列框景驱动起来。这种绵延的时间性同样受到影响日益增加的对于时间的诗学结构的意识的影响[42]。“起承转合”的四段过程暗示一种

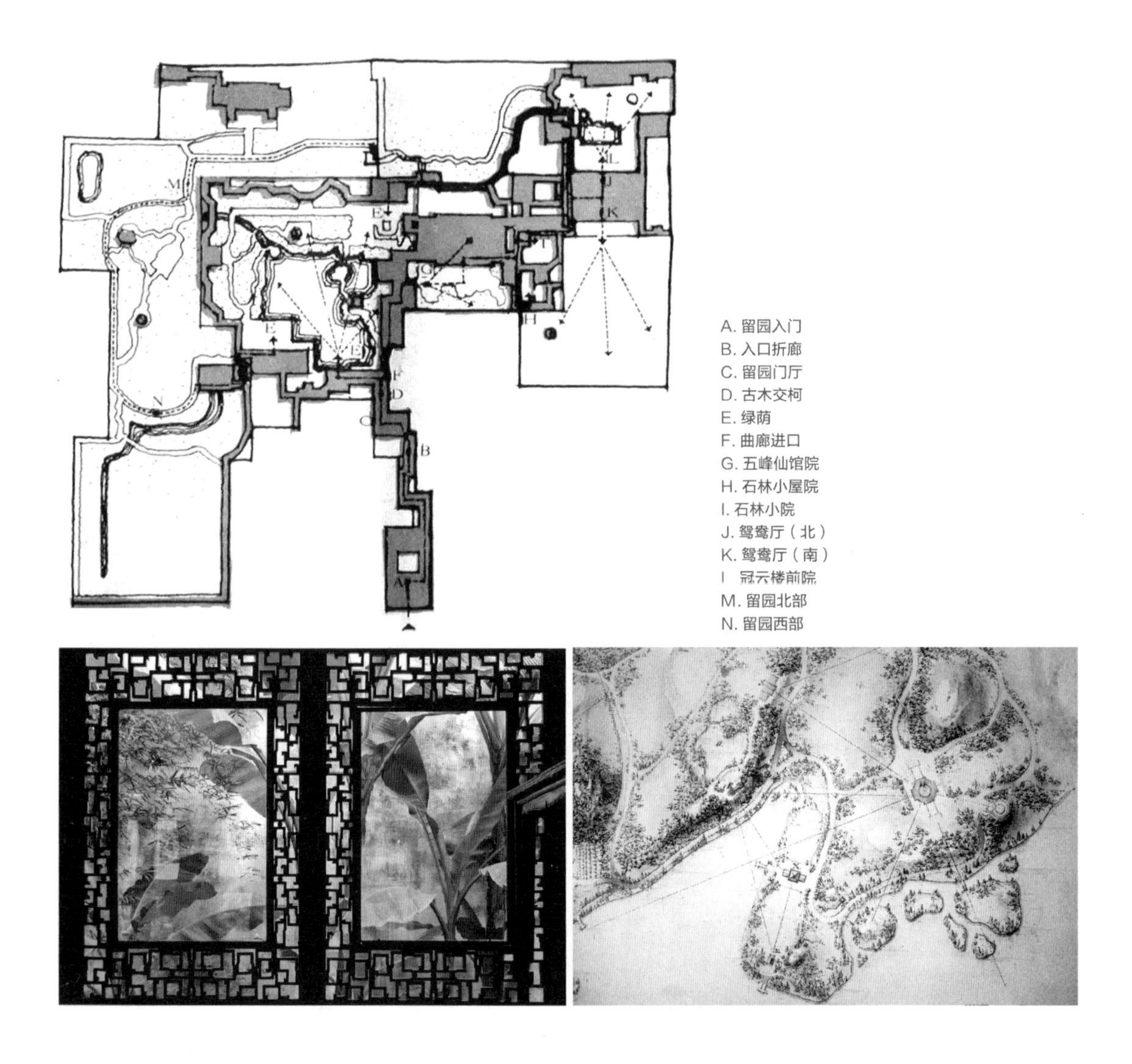


14
15 16

图 14. 对苏州留园的空间分析（彭一刚，1986）
图 15. 对芭蕉进行框景的漏窗
图 16. 派帕（Fredrik Magnus Piper），哈加公园旧园及新园总平面图（局部，1786）

通向统一提升的线性运动，但在造园活动中，它涉及两种相互竞争的视觉方式：“起”与“合”通常对应着空间中的深视，而“承”与“转”则对应着被时间化的随意的观看过程，并且以绘画的瞬间启示和诗歌的逐渐揭示为特点。在正式视觉和非正式视觉之间的竞争由于意境的引入而变得更为复杂。

如画式园林的规划体现了一种对空间有意识的布局（图 16）。从这样一张图中我们可以看到一个清晰的与整个基地相对的场所概念，一个通过植物配置进行限定的互相锁定的景观系统，以及用来连接各个场所的曲折的路径和步道。这样一种组织形式的核心是一个场所概念，它综合了至少三种不同的含义：“作为地点的场所”，被建筑加以标识；“作为视点的场所”，将该地点及观看者的身体绑定在基地上；“作为情境[43]的场所”，为从外部看向该地点的精心控制的视觉提供语义内涵。一个漫步的身体承载着双眼，激活一个个地点和视点，并且通过对“别处”地点的感知和追求将它们驱动起来。

这种布局配置以每个场所作为其结构单元，并依赖于身体－眼睛二元体的运动对它们加以组织。而在中国园林中，这种将建筑地点等同于视点的方法则相当有问题。我将用一个实例来证明这一点。

梧竹幽居亭位于拙政园中部东侧（图 17）。这个亭子通过在四面各有一个月洞门的内室外附加一圈回廊而被有意地放大了。在亭子北侧种植着梧桐和竹这两种象征着文人清高的植物。亭中的月洞门彼此相对，并在从内向外看时产生一种幻觉效果，但是没有一个月洞门有着特别的景观。

值得注意的是这样一个事实，这个亭子的位置相当接近著名的远借北寺塔的西向景观的观景点（图 18）。而有意思的是，这个关键位置却并未通过任何建筑或者题铭加以标识。紧邻的梧竹幽居亭似乎并未试图摄入雄伟的远景，而它面向北寺塔方向[44]的西向景观则为附近的树干所阻碍，并且看起来颇为简陋（图 19）。一方面，通过消除与外界的视觉关联，这个亭子强调着内向性体验，或者正如该亭题名所暗示的，“幽居”。另一方面，这个被放大的亭子的精致形态与它西北侧的曲桥、西侧倾向水面的夭矫的树干以及沿着中部园林东墙的修直长廊形成了很好的平衡，它为园中多个观景点的东向景观提供了聚焦点（图 20）。坐在月洞门之间，体验者被反映着外部世界的四面“镜子”所隔绝，而他的孤独则有梧桐和竹这两位自然友人稍加抚慰，它们已知在彼，而非眼前所见（图 21）。

| 17 | 20 21 |
| --- | --- |
| 18 19 | 22 |

图 17. 梧竹幽居亭外观
图 18. 在园林造景中远借北寺塔
图 19. 从梧竹幽居亭内向西看
图 20. 拙政园的布局。从 A 点出发的箭头：借景；其他箭头：看向该亭的视线
图 21. 由相互对立的月洞门构成的内向省视的装置
图 22. 留园濠濮亭

这个亭子有着双重存在：它既是风景中的一个优雅建筑物、又是一个独立存在的被隔绝的场所。后者通过亭子的命名得以加强。在中国园林中，体验者常常会发现自己面对两种同时存在的图画式的和文学式的配置。这两种配置分别对应着同一场所的外部性和内部性。而随着体验者进入和离开建筑物，他频繁地转换着不同的感受方式，并获得一种沉浸性与观赏性相交织的体验。

## 6. 空间之误：将“处”诠释为“空间”

在上文中我们已经讨论了连续性之误和感知之误。前者关注于内向性经验（人在漫步中同化于自然）被运动和环境之间互动的外向性经验所替代，后者则关注于景的内部性（一个与外部无关的绝对在场）被观看行为的外部性（它带有一个始终与其他场所和整个基地相关的场地性）所替代。在这一小节，我将讨论使园林成为一种精神游戏而不仅是身体实践的关键性的“主体传送”的概念。

“主体传送”是一个语言学概念，它是指一种特定的心理过程，即读者的意识从真实环境转移到故事世界中，并从一个特定的人物、时间和场所的角度（即所谓的“主体参照点”）来感受那个想象世界并且跟踪其发展，进而理解故事[45]。它被认为是人进行理解的一个自然过程。

中国的造园能否被定义为一种主体传送的建筑学、一种在感知基础上通过对想象中的“我”的“此地”和“此时”进行定义和操纵来控制主体参照点的建筑学呢？主体参照点常常被误认为视点，这种误读将体验者的主动参与过程减少为对设计信息的被动的感知和接受过程。为了澄清这种困惑，我用苏州留园濠濮亭的例子进行讨论（图 22）。

留园的场地最早由致仕的太仆寺卿徐泰时在 1593-1596 年间加以经营，而后逐渐荒废。在 1794 ~ 1798 年间，当时的主人刘恕对该园进行了全面的整修，并奠定其布局和主要特点。濠濮亭的历史可以追溯至刘恕的时期，当时它叫作掬月亭。在刘懋功为该园所绘的图（1857）中（图 23），此亭被描绘为园中的一个焦点，其周围环境也相当接近今天的形制。当该园在 1873 ~ 1876 年间被修复之后，于童寯的手绘平面图中（1936），该园的布局和建筑也几乎没有什么改变，但此时亭子的题名已经变成

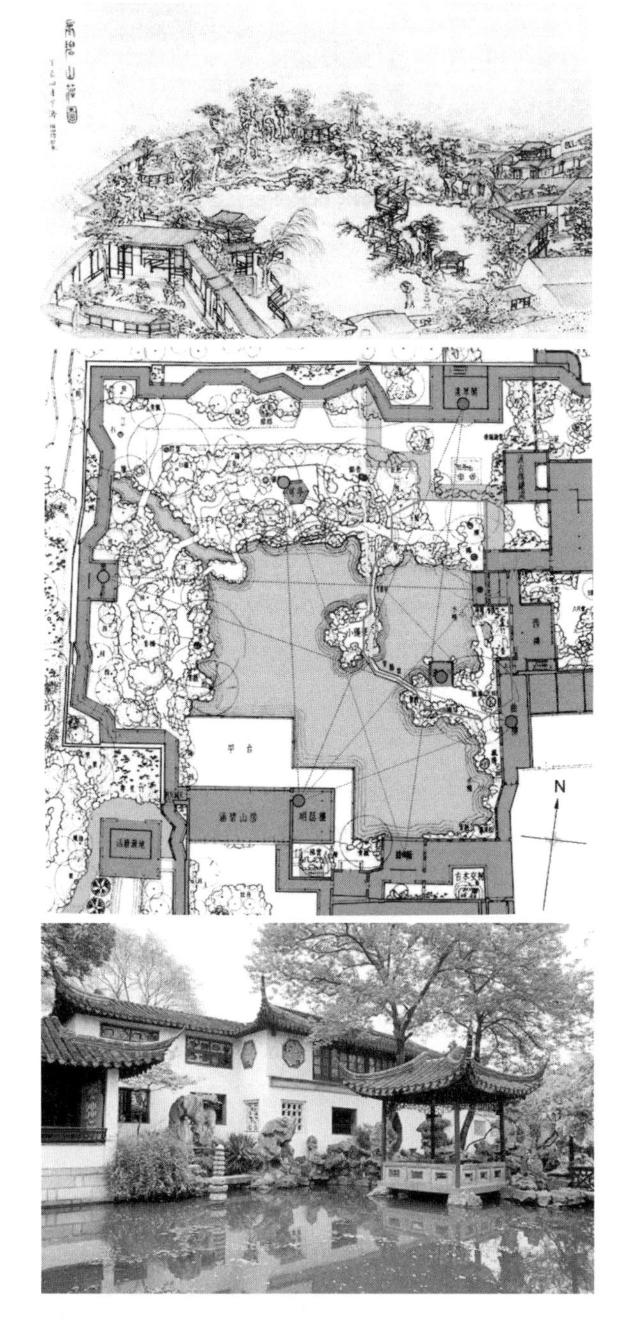

23
24
25

图 23. 刘懋功《寒碧山庄图》（1857）
图 24. 濠濮亭与留园中部周边观赏点关系示意图
图 25. 留园濠濮亭

了“濠濮间想”。究竟是什么导致了这个题名的变化呢?

濠濮亭位于中部水池东侧，它从该园位于楼或者假山之上的大多数观赏点均可见（图 24）。此亭通过石墩立于水上，俯看着一个静谧的水院（图 25）。“知鱼”的主题通过亭子和水面的位置关系得到表达。由于从亭子向外的视觉受到限制，体验者的注意力被吸引到水面之上。这个水院在西侧由藤架步道加以围合，在南侧由假山和植物，在东侧由建筑，而在北侧则曾经由曲廊所围合。这个曲廊在 1937 ~ 1949 年的战乱中被毁，而后未再复原。

为何同样一座建筑能够支持两个不同的主题——一个关于鱼、另一个关于月呢?最早“掬月”的题名由刘恕所拟。刘恕是一位热衷的奇石收藏家，他在 1794 ~ 1798 年间对该园的整修部分是出于安置和陈列自己藏品的目的。刘将自己十二块最佳藏品中的三块置于这个亭子周围。其中一块名为“印月”，它天然带有一个圆形的孔隙，月光可以通过它被“印”在这个北向亭子的水面阴影之上。石峰和北向的亭子巧妙地构成了一个精密的光艺术装置——在每一个明朗的夜晚都可以创造出一个伸手可掬的“满月”。在刘懋功的园图（1857）中，这个带有孔隙的石峰是园中的显著之物。而这块巨石却再未出现在其后的各种记录中，故而可能在 1873 年修复之前遗失，这可能是此亭改名的原因。

但是，无论是对于“掬月”还是“濠濮”，建筑物都保持着沉默。它只是简单地遮蔽着这个特殊的位置以及支持着它和水面的关系。因而它可以在不改动建筑的情况下适应不同的主题。站在亭中，体验者对自然的氛围和题写的文字进行综合感受并创造意境。这二者中任何一个的改变都会导致新意境的出现。题写的文字并非附加于园林之上的意义层次，而是限定和表述着主体参照点。它们不仅促进对场所的体验，同时邀约人的精神并推动它超越体验模式本身。

建筑物框定身体，而主题（通过文字被陈述）则将心灵集中到纷繁混乱的环境经验中的某些特点上。这个聚焦过程帮助体验者体察自然的律动，并暂时将他的精神从园林、从他的身体、从社会存在中释放出来。通过改变一个建筑的题名，同一个环境会经过不同的聚焦方式，并被营造为不同的意境。建筑物与主题构成了一个整体意境体验的两种相互交织的工具。前者框定、后者聚焦。人不断对空间和时间进行重组以容纳自己的想象之心。中国园林是一种主体传送的艺术。

## 7. 结语

在20世纪50~60年代，为了使中国传统适应“普适”的现代主义，中国园林被翻译为一种延展的触觉空间。从历史的角度而言，它帮助建立了一种既现代又有民族性的空间概念，并作为建筑实践的基础。在本文中，我试图将这个翻译过程置于中国园林研究的历史之中，并审视三个被误译的重要概念：运动、景观和视点。这些概念构成了将园林经验作为“动态连续组合”的现代主义分析的基础。通过对这些概念的分析，我试图澄清三对相互关联的关系：漫游（身体）和同化（心灵）的关系、外部（外视）和内部（内视）的关系以及被动（感知）和主动（想象）的关系。这样一个过于繁复的研究的目的是澄清基于运动视觉的经验模型中的几个习以为常的谬误，并且通过重新引入一些被忽视的园林经验的特征（例如消解场地性的沉浸式意境以及文字的聚焦作用等）对这个经验模型加以修正，而不损害其本身的解释力。最后，我想提出一种中国园林的新暗喻：不再是现代主义的“空间”及它带有的运动性、场地性和视觉性，而是一种“主体传送”的游戏，一种叙述建构，它帮助我们重新找回园林空间中的非正式性、沉浸性和想象性。

**注释：**

① 实践：以理论为指导的行动。

② 阚铎．园冶识语．中国营造学社汇刊，1932，2（3）；曹汛．计成研究．建筑师，13。

③ 田中淡．中国造园史研究的现状与课题（上）．中国园林，1998，14（1）：12-14；田中淡．中国造园史研究的现状与课题（下）．中国园林，1998，14（2）：26-28。

④ 最早的中华造园学会成立于1928年。

⑤ 陈植．中国造园之史的发展．安徽建设月刊，1931，3（5）；陈植．中国造园家考．造园研究，1936，16。

⑥ 刘敦桢．苏州古建筑调查记．中国营造学社汇刊，1936，6（3）。

⑦ 童寯．江南园林志．中国建筑工业出版社，1963/1937。

⑧ 汪星伯．关于旧园改造和维护的一些经验，出版日期不详；汪星伯．苏州园林资料汇编．出版日期不详。

⑨ 园艺学家汪菊渊领导的“造园组”是一个例外。“造园组”1951年创办于清华大学营建系，1953年迁回北京农业大学，后于1956年转属北京林学院。（汪菊渊．中国古代园林史．北林油印稿，1960）

⑩ 刘敦桢．苏州的园林（上）．城市建设，1957（4）：7-9；刘敦桢．苏州的园林（下）．城市建设，1957（5）：17-20；刘敦桢．苏州古典园林．中国建筑工业出版社，1979/1960；潘谷西．苏州园林的观赏点和观赏路线．建筑学报，1963（6）：14-18；刘先觉，潘谷西．江南园林图录．东南大学出版社，2007。

⑪ 夏昌世，莫伯治. 岭南庭园. 中国建筑工业出版社，2008/1963。

⑫ 卢绳. 承德避暑山庄. 文物参考资料，1956（9）；卢绳. 北京故宫乾隆花园. 文物参考资料，1957（6）。

⑬ 陈从周. 苏州园林，1956；同济大学建筑工程系. 苏州旧住宅参考图集，1958。

⑭ “整风运动”（1957）。

⑮ 潘谷西. 苏州园林的观赏点和观赏路线. 建筑学报，1963(6): 14-18; 孙筱祥. 中国山水画论中有关园林布局理论的探讨. 园艺学报，1964，3（1）：63-74。

⑯ 刘敦桢. 苏州的园林（下）. 城市建设，1957（5）：19-20。

⑰ 潘谷西. 苏州园林的观赏点和观赏路线. 建筑学报，1963（6）：14-18；刘敦桢《苏州古典园林》一书中包括了相同的讨论。（刘敦桢. 苏州古典园林. 中国建筑工业出版社，1979：10-11. ）这一观点可能是刘敦桢领导的研究组的共识。

⑱ 潘谷西. 江南理景艺术. 东南大学出版社，2001：前言。

⑲ 周维权. 避暑山庄的园林艺术. 建筑学报，1960（6）：30。

⑳ G. Cullen. *The concise townscape. Architectural Press*, 1961.

㉑ 孙筱祥. 中国山水画论中有关园林布局理论的探讨. 园艺学报，1964，3（1）：63-74。

㉒ 例如［清］方士庶. 天慵庵笔记；［清］布颜图. 画学心法问答。

㉓ 古风. 2001. 意境探微. 百花洲文艺出版社。

㉔ 宗白华. 美学散步. 上海人民出版社，1981/1943。

㉕ 李泽厚. 美的历程. 文物出版社，1981；叶朗. 中国美术史大纲. 上海人民出版社，1985。

㉖ 尽管园林经验是前一阶段研究中的核心问题，它并未被视为“园林美学”。

㉗ 金学智. 中国园林美学. 江苏文艺出版社，1990；张家骥. 中国造园论. 黑龙江人民出版社，1991。

㉘ 陈从周. 说园. 同济大学出版社，1982。

㉙ 彭一刚. 中国古典园林分析. 中国建筑工业出版社，1986。

㉚ 王路. 起承转合——试论山林佛寺的结构章法. 建筑师，1988，29：131-141。

㉛ J. D. Hunt. *Greater perfections: the practice of garden theory*. Thames & Hudson, 2000: 145-47。

㉜ 在俯瞰图出现之前，园记可能在园林图册中起到类似的作用。

㉝ L. Lefaivre & A. Tzonis. *The emergence of modern architecture: a documentary history from 1000 to 1810.* Routledge, 2004: 273.

㉞ Choisy, Auguste. *Le histoire d’architecture.* Paris: Gauthier-Villars, 1899.

㉟ Le Corbusier. *Towards a new architecture.* Trans. F. Etchells. London: Architectural Press, 1970/1923.

㊱ G. Bruno. *Atlas of emotion: journeys in art, architecture and film.* Verso, 2002: 195.

㊲ 同上，195-196。

⑱ S. Eisenstein. “Montage and Architecture”, reprinted in: *Assemblage,* 1989/1937, 10: 110–131.

⑲ J. Feng. 1998. “Jing, the concept of scenery in texts on the traditional Chinese garden”, in: *Studies in the History of Gardens and Designed Landscapes.* 1998, 18(4): 339.

⑳ 陈从周. 说园. 同济大学出版社，1982。

㊶ 见 [ 宋 ] 郭熙 郭思《林泉高致》。

㊷ [ 元 ] 范椁《诗法》。

㊸ 该地点的性格，见 D. Leatherbarrow. “Architecture and situation: a study of the architectural writings of Robert Morris”, in: *Journal of the Society of Architectural Historians*, 1985, 44: 48–59.

㊹ 同样是该园主要建筑的方向。

㊺ J. Duchan, G. Bruder & L. Hewitt. *Deixis in narrative: a cognitive science perspective.* Lawrence Erlbaum, 1995.

**作者简介：**鲁安东，南京大学建筑与城市规划学院教授

**原载于：**（英）卡森斯，陈薇 . 建筑研究 1 词语 · 建筑物 · 图 [M]. 北京：中国建筑工业出版社，2011.

# 苏州园林与文化记忆[1]

许亦农

文章的这个标题隐含了两个令人关注的问题。一是在苏州，园林保护经历了漫长的岁月，那么问题就集中在园林保护中反映出的对往昔的各种态度；二是关于园林通过其保护为苏州地区的文化和生活作出贡献的各种可能的方式。在这篇短文中，我着重论述园林保护不同模式的多种含义，主要以沧浪亭和绣谷园为例，然后简析其他几个苏州名园，以扩展讨论的范围。对中国古代园林文化的研究构成了我们现在称之为"人文科学"的一个组成部分，而且园林文化的过去，就像宇文所安（Stephen Owen）所评述的金陵的过去一样，是一个"历史的过去和文学的过去在其中不可拆析地交织在一起"的过去。[2] 出于这个原因，在讨论过程中读者会发现，源于文学诗词的语言、词汇和某些研究方法经常被运用到园林中。[3] 文章的最后部分简短地考察了关于这些园林在苏州可能起到的各种作用的问题。不过由于我们的原始材料的匮乏，这部分讨论受到双重限制：第一，这里的讨论仅对问题进行界定，而不是找到确定答案；第二，尽管历时性分析更加可取，这里却只能采用共时性的方法。

在作于 1937 年但首次出版于 1963 年的经典之作——《江南园林志》一书中，童寯为我们提供了相当全面的江南地区园林概况。在叙述他所理解的这些园林的历史时，童寯曾提到："江南园林，创自宋者，今欲寻其所在，十无一二。独明构经清代迄今，易主重修之余，存者尚多……江南园林，论质论量，今日无出苏州之右者。"[4] 这里，除了对苏州在研究私家园林上的重要性的认识之外，一条特定的论究线索可以从童寯的议论中派生出来：童寯显然承认园林为了能够长时间“存留”下来，必须经过“重修”(restoration)；但“重修”并不一定确保这些园子的存留，所以“尚多”的园子幸存下来，而不是全部；因此任何不加分析、不加鉴别地使用“重修”一词，很容易使园林盛衰的复杂图景变得模糊不清。

但是所有这些论点都基于一种假设：即明代或之前的一些园林确实留存了下来。就这一点而言，柯律格 (Craig Clunas) 有不同的思考：“尽管存在着园名层面上的延续 (continuity)，可悲的事实却与我们那可以理解的愿望相反，即不论在苏州还是别的地方，没有任何一处明朝时期的园林景观以其初始的形式 (form) 留存 (survive) 下来。”[5] 柯律格在这里运用的“延续”和“留存”概念依据了一系列标准，这些标准似乎与中国古代晚期很多园林小品文作者所使用的标准不完全一致，尽管历史性和真实性对于宋朝以来的文人是一个重要的问题。假使我们定要从欧洲的视野去探讨这个论点，克鲁纳斯使用的具有内在模糊性的“形式”一词也许不能使其论点变得明了，这是因为在西方思想中，它一方面表示“形态”(shape)，另一方面则意指“理念”(idea) 或“本质”(essence)，[6] 而园林历史研究中问题的关键既是关于物质方面的变化本身，也是关于人们对这些变化的看法和认识。在物质层面上，就如我们在以下部分将看到的，柯律格的结论或许下得过于仓促，其方式也过于简单，因为他似乎忽视了这样一个事实：一座园林整体的空间布局和配置在很多情况下都被当作对之进行修复或擅用 (appropriation) 工作的最重要的基础之一，在概念上也构成了园林景观和其身份特征的主要的甚或决定性的一部分。

一些苏州的园林的确得以保留，但这种保留不仅是由“重修”达到的，也是通过一系列不同的干预模式实现的。从另一方面来讲，“重修”一词让我们追问在每次干预中准确地说到底是什么被“重修”。为了方便讨论起见，我选择了一些在旧的园林基础上建园的事件而加以分析，并着重讨论三个不同特点的模式：其一，强调“重修”甚或“修而新之”，从而传达出一种园林在时间上延续的强烈意念；其二，通过形体上“擅用”旧园而建新园，同时默认新旧之间在概念上的共鸣；其三，完全“取代”旧园，以突出不一致性和不连续性。在物质性和概念性相互作用的渗透下，这三种突出的模式代表了园林保护领域中各种不同理念和实践组成的连续体，而且无论是考虑不同园林，还是探察一座园林历史的不同阶段，在三种模式之间划不出清晰而牢固的界限。

重修园林以达到其延续性目的的最突出的例子是沧浪亭，[7] 最早由苏舜钦 (1008–1048) 建造。因受 1043~1045 年间庆历改革的反对者的陷害而被削职为民，苏舜钦于 1045 年早春南游而寓居苏州。很可能在大约两年之后，他买下了城南一处废园之地，昔日为吴越权贵孙承揭所有。苏舜钦于是在其地傍溪建了一座亭子，名之为沧浪，作《沧浪亭记》，并在之后的几个月里以此地为题赋诗多首。[8]

到了北宋（960–1126）时期，园林艺术在士大夫文化中所起的作用已经与很多世纪以来的诗文写作一样：即自我磨练和自我表达。借其沧浪亭，苏舜钦在处理一组基本关系中磨练自己，然后表达自己；这是每一个文人生活中始终存在的一组关系：即自我与天地万物的关系、与人类往事的关系和与现时社会的关系。他的沧浪亭诗文中对这些关系的叙述是在解决关于自我的一系列问题。这些关系相互交织在一起，却集中在从各种依附状态中解脱出来的问题。这是苏舜钦在其生活处在危机时刻必须应付的问题。

苏舜钦的沧浪亭的命名常被误认为揭示了其归隐的意图。[9] 但来自《孟子》和《楚辞·渔夫》名句的沧浪一词，包含着深刻反向性 (poloarity) 的意义：“沧浪之水清兮，可以濯我缨。沧浪之水浊兮，可以濯我足。”[10] 这行歌词用隐喻的手法明确了一个文人在社会上希望恪守的政治立场——如果朝政清明，儒家文化熏陶下的文人就应该出仕，好像带上标示官品的缨冠；但如果朝政腐败，君子就应该退隐山林，如同池中涮足而闲处。[11] 正是这种在既相互对比又相互补充的两极生活态度和方式之间依情况而定的摆动，为苏舜钦建造沧浪亭时的心境提供了基础；也正是这种摆动吸引了其他文士官员，乃至清朝皇帝对此地的重视。苏舜钦并没有打算放弃其政治上的抱负。经过冷静、理智地思考，他现在认识到他之所以为自己的不幸如此苦恼，是因为他对名望与财富的渴求——一种他现在为之悔恨的那令人沉溺其中的依附状态。沧浪之地帮助他认真反思他过去追求中的荣辱起伏，找到从各种依附状态中解脱出来的“真趣”，达到了一个新的理解境地，而最终得以“自胜”[12]。他将消极的逃避[13] 转变为积极的等待：对他来说，尽管 11 世纪 40 年代的政局浑浊，情况或许不会总是这样；总有一天，政府会再次变得诚挚而清明。[14]

通过建造他的亭子并为之命名，然后再为之创作诗文，苏舜钦改变了旧园子的意义。建园如作文，它清晰地说出建造者或园主的思想，表达他的价值观和抱负，也激发其他人为之写作。与此类似，园林重建就是重写已作之文，于是为之添加新的观念或想法，更换其反映的价值观、丰富其意义。到苏舜钦作其《沧浪亭记》时为止，他在那块地段上所做的仅仅是立了一个亭子；[15]然而在旧园址上增添这单一建筑并为之命名，就等于他重写了一篇作品，而这一新作传达了其前身不曾传达的信息。一座根本上全新的园林脱颖而出，突出了它与旧园在概念上的断裂。但反过来看，园地的池塘、小山和花草树木所构成的胜境给予苏舜钦难得的宁静，激发了他的思想和写作。所以这块园地变成了文学创作一个不可或缺的组成部分，既是其环境也是其主题。一种双向运作能在这里进行，正是因为这块旧园之地自身适合于所有范畴的引征——自然、历史和社会。

苏舜钦的等待终于有了鼓舞人心的结果——1048 年，他的吏籍得以恢复并被起用为湖州长史。可是他还未赴任，就于当年 12 月突然病逝。苏舜钦死后，沧浪亭屡易其主，但到了元朝（1260–1368），这块园地为两所寺庙所占，而苏舜钦的亭子则早已不复存在。

1546 年，僧人文瑛在大云庵旁建造了一座新亭，名之为“沧浪”。文瑛于是请归有光（1506–1571）作《沧浪亭记》[16]，以记此事。而归有光的文章却并没有真正地记录文瑛建亭之举，而是勾画出了一个完整的循环过程：首先“沧浪亭为大云庵”，然后“大云庵[复]为沧浪亭”。这样的描述运用巧妙的修辞手段，有效地把用典 (allusion) 转化为归属 (attribution)，从而使“重修”此亭这一理念出现在读者面前。从归有光的文中，我们知道文瑛所说的是他在苏舜钦曾经建亭的地方建了一个亭子；以苏舜钦的故事为典，文瑛建了一个有其自身存在权利的沧浪亭，而他请求归有光记述他自己作出此举的原因。但归有光却坚决认为文瑛只不过“重修”了这里曾经存在过的旧物，他的亭子不仅因苏舜钦的亭子而存在，而且实在是后者的延续——文瑛的亭子必须归因于苏舜钦的亭子。

归有光的理论是，“重修”沧浪亭的潜在动力来自“声名”的永恒品质，以及它理所当然的载者：士。为阐明这个论点，归有光征引了——也包括不征引——当地历史上不论是远古还是近期的杰出人物，强调这些人物都不是他心中所想到的那种士，因此对任何持久之胜地来讲都无足轻重。那么沧浪亭的历史根本上就是一部文学史：苏舜钦的名字之所以能够永存是因为他是士，也因为那些具有和他同样价值观和抱负的后继者。[17]不过为了解释是这位禅僧“重修”了苏舜钦的亭子并且“恢复”了亭名，归有光不得不在文章结尾做个声明，告诉读者文瑛究竟是位什么样的人：“文瑛读书喜诗，与吾徒游，呼之为沧浪僧云。”归有光多多少少以屈尊俯就的态度把文瑛等同于士，仿佛在对文瑛说：“如果你希望你的建亭之举有意义，你的亭子值得一记，你就必须是我们当中的一员，维护我们的这个文化［斯文］。”

归有光的文字干预虽然没有马上见效，但其影响却是深远的。袁宏道（1568–1610）在其《园亭记略》中就没有认为沧浪亭得以重修：“吴中园亭，旧日知名者，有钱氏南园，苏子美沧浪亭，朱长文（1041–1098）乐圃，范成大（1126–1193）石湖旧隐，今皆荒废。所谓崇岗清池、幽峦翠筱者，已为牧儿樵竖，斩草拾砾之场矣。”[18]然而文瑛和归有光的名字却记在此后编纂的每一部地方志中的“沧浪亭”条目之下，其用词为“文瑛重修沧浪亭”和“归有光作记”。沧浪亭的文化延续就这样创造出来了。

把沧浪亭的地段改回到一处园林之地发生在1695年，当时宋荦（1634–1713）以其在任江苏巡抚的身份，在地段的小山顶上新建一亭，并为之保留了沧浪之名。同时，他在地段上加建了多处廊榭亭馆，其立意都与苏舜钦的文学作品密切相关。也正是从这个时候起，沧浪亭归地方政府所有，用作官家传舍。宋荦对沧浪亭的关注如此强烈，以致除了以此地为题做了不少诗篇之外，为历时六个月的建造工程捐出其俸禄的一部分；然后于1696年在编纂《沧浪小志》二卷之前撰写《重修沧浪亭记》；两年后又编辑《苏子美文集》，并为之作序。

在记述其建造之举的《重修沧浪亭记》[19]中，宋荦明确传达了强烈的延续意念：他建亭的努力得以复沧浪亭之旧观。但除了地形景物特点之外，这个延续的意念并不存在于其园林形体外观的层面上：对宋荦来讲，苏舜钦的沧浪亭，与其说是一个历史事实，更大程度上倒不如被认作一幅关联苏舜钦的事迹和抱负的永恒的意象：被重修的是此亭名所意指的各种特定的价值。不过，为什么苏舜钦会成为宋荦如此特殊的参照对象，以至于宋荦能够沉溺在“重修”沧浪亭并且“修复”所有与苏舜钦有关的事物？

苏舜钦的生涯是那种反复出现的悲剧——“不遇时”——的经典实例。他文学上的才华，政治上的卓见和抱负，以及个人节操都为其同代人称道，而所有这些正是一个充满希望的光明前程不可或缺的素质。但削职为民四年后，其英年早逝摧毁了这一希望。对苏舜钦的命运，人们普遍有一种深切惋惜遗憾之感，而恰恰就是这种对未能自我实现的遗憾之感促使宋荦修建沧浪亭并为之写作。不仅如此，苏舜钦遭受的厄运并不是他特有的不幸，任何立志在文学和仕途上千古流芳的文士官员都无法确保避开类似的不幸。因此这是一种普遍的焦虑，宋荦自己也不能逃脱其缚。从这个意义上讲，宋荦对苏舜钦的不幸之感受不仅仅是简单的同情 (sympathy)，更多的却是移情 (empathy)，而这移情之感以猛烈的方式转化为行动。

在他的《重修沧浪亭记》中，宋荦不仅使部分行文与苏舜钦的《沧浪亭记》在风格上惊人地相似，而且有意重复了在后者中出现的一些具体的、有特色的内容。表面上，所有这些都令宋荦的这篇文章看起来是件简单的模仿作品。可事实并非如此。宋荦所做的，是重新撰写这个故事，因为先前的版本中的一些内容不仅吸引了他，而且也令他不安。于是通过添加、删除和更改，他使故事转向并订正了那些令他忧虑的根源。他重新创造了一种情景脉络，希望使事情发展为现在和过去“应该”的样子，从而在一个理想的过去与现在之间建立一种延续，并指向一个理想的未来。所以宋荦的行为不是简单的重复，而是修正：对他来讲，这块园地应该从一处被迫在池中濯足之所，修正为一方能够充满自信地濯缨之地。

宋荦没有把他“重修”沧浪亭当作一次性的工程，而是也考虑到其维护和未来的不断修葺。确实，在以后的帝国时代后期的两个世纪中，沧浪亭经历了一次又一次的修葺或重建。其中格外引人注目的是 1827 年和 1872~1873 年分别由其时在任的江苏巡抚梁章钜（1775-1849）和张树声（1824-1884）主持的两次大规模重修。

梁章钜重修沧浪亭时，苏州地区仍然非常繁荣。他不仅从苏舜钦的故事获得启发，也从宋荦的成就找到动力：他不仅作记，篇名与宋荦的相同，而且在同年编纂了《沧浪亭志》四卷。[20] 其《重修沧浪亭记》[21] 中的部分叙述甚至也与宋荦的类似。然而，仔细阅读梁章钜的《重修沧浪亭记》，可以发现记述重点上的微妙变化。一方面，沧浪亭之不朽“不关乎名、位、豪、贵”，唯独文学传统确保它的永存。在这一点上，梁章钜的论究在归有光笔下而不是在宋荦文中找到了更多的共鸣。另一方面，梁章钜为这块园地添加了一楼以祀奉梁洪（公元 1 世纪）。梁洪以其气节和博学而著名，也因其立志归隐山林而称世。那么，梁章钜通过这默默的一笔，在一定程度上不动声色地平衡了宋荦强调的沧浪亭的含义：他把在其晚期著述中表达出来的个人愿望映印在这块园地上，而这个愿望在此处的合理性又来自苏舜钦早期诗篇中表达出的些许表面上的隐退念头。换句话说，梁章钜微妙而深刻地调整了宋荦所重写的苏舜钦的沧浪亭故事。

梁章钜重修的沧浪亭仅仅存在了 35 年。苏州城于 1860 年被太平军攻陷以及两年后为清军收复期间，整个苏州城遭受了大规模的破坏。苏州的地区大都市的地位继而为上海取代。张树声在他的《重修沧浪亭记》[22]一文中的叙述于是集中在一个新的主题中心上——那就是让这座园林“回复”到先前之胜的主题。通过重新安排园地上的主要景物，张树声再现了沧浪亭的一幅“新”的景象，这幅景象不是与某个久远的岁月，而是与那个新近的过去相吻合。如果说宋荦和梁章钜的两次“重修”沧浪亭各自都集中在重新创造一个情景脉络，这样的情景脉络旨在表明事情应该是什么样，而且恰恰因为这个目的，它所指向的是未来，那么张树声的工程则是把人们的视线引向过去。宋荦和梁章钜当然关注过去，但他们所用的过去距之遥远，故容易操纵，从而任由现在去追求未来；对比之下，张树声提到的过去是新近的过去，因此是一个真正的过去，而“回复”这个过去也就被视为可能。

不仅如此，这个“回复”的主题为一个更宏大的梦想服务：张树声把沧浪亭当作整座城市和整个苏州地区气运的标识，而他这次修复则是它们在太平天国破坏性战争后复苏的征象。沧浪亭被赋予的征象角色很可能是从人们所理解的一个地区众多座园林的共同命运与这个地区的盛衰之间的对应关系中衍生出来的。这种观念由北宋学者李格非（约 1045- 约 1105）在他的《洛阳名园记》[23]中强调了出来。而沧浪亭这座特殊的园林之所以能起到这样的作用，在很大程度上因为它是一处当地政府的财产。张树声不认为太平天国给苏州地区带来的社会、经济、政治等方面的混乱出自偶然，而是内在于事物发展的自然趋势，也就是其发展和逆转交替出现的生命循环往复过程。这种交替的发生也不是或然的，而是应时而现。所以对张树声来说，重修沧浪亭对这个地区复兴的预示不是勉强而为的：这只显露出天下万物相互联系、相互作用的不可避免的发展过程。

每一次对沧浪亭的干预——从僧人文瑛一直到张树声——都载于每一部地方志中，都用“重修”一词来界定，让我们意识到一种对这座园林生命循环发展和文化延续的共同理解或期望。这个共识的基础因素包括被认定的其地段位置的延续性，其承载着广泛含义的名称的延续性以及几乎在每一篇关于沧浪亭的文章中都强调了的空间布局和地形景物特点的延续性。我已经说明了驱使每一个修葺者从事重修工作的具体原因，以及他们每一个人完成此项事业的特殊想法和计划。这座园林每一次重修带来的，是一次对这块园地含义的不同理解和想法的汇集。苏舜钦的“写作”既发生在地段也出现在文本，沧浪亭的典故由此而诞生；归有光、宋荦、梁章钜和张树声每个人的“重写”也同时在地段与文本上运作，沧浪亭故事的含义因之而不断丰富。地段为文本提供了说明，而文本则成为地段的脚注。因此地段与文本二者在相互联系中运行，每一方都要求另一方作为其自身能有意义地存在的一个条件。以各个富于隐喻的名称为媒介，不同的理解和想法在地段和文本之间川流不息。因此，无论在物质形体上还是在意义指向上，沧浪亭没有成为一个固定的模式：中心主题贯穿其整个历史，但从各种具体的社会、政治和思想环境中产生的不同要素、不同诠释一次又一次积累起来。于是这块有形的地段和与它相关的文学作品聚合在一起，形成了一个完整的统一体，一个不断生长的、不断丰富自己的“观念化的堆积物”[24]，使这里的记忆行为更加生动而且难忘。

必须承认，在苏州文人园林中，沧浪亭的例子是独一无二的，因为它在1695年被转变为地方政府的财产：很可能出于这个原因，为文化延续而“重修”的观念——不论是突出强调的还是为人所理解的——尤其突出，而且这个观念在此园的发展轨迹上持久不变。但这并不意味着园林重修的观念本身仅在沧浪亭出现。我在文章的开始曾引用童寯的评述，即一座私家园林历史中的每一次干预通常紧随园主之变更而发生。干预的特定趋向则取决于新园主的社会背景、个人经历，以及他当时的思想内容和思维方式。当这些前提条件中的任何一条在某前园主那里找到了呼应，那么明确“重修”的条件就有可能出现。绣谷园就是这种情况的一个令人瞩目的例子。

1647年，当地文人蒋垓在城西北买下一小块地，并在其上建了一个园子。不过园子在一段时间里没有名字，这种状况直到一块刻有“绣谷”二字的旧石从园中挖出后才改变。从书法的风格上，蒋垓断定这两个字一定写于北宋年间，甚至更早。令蒋垓惊叹的是，镌刻于石的这两个字为他应时而出，物之隐现在他看来确有其“数”，于是他将此石镶嵌于壁，用此二字为园名，并于1660年做《绣谷记》。[25]为我们现在的讨论，他写的《记》中有三个要点值得具体说明。第一，蒋垓声明建造此园的目的是为其父提供解官后的课读之地；而当这个崇高的用途明确后，“园林”的意念显然就被淡化了。第二，虽然蒋垓创建了绣谷园，但这却是在蒋垓购买的那块地上现存的形体布局的基础上进行的，而此地先前的主人则不被提及。第三，在为园子命名的问题上，蒋垓优先考虑的是此名称品质之“嘉”——包括其令人尊重的文学渊源[26]、其书法特点[27]和其应时而出的现象，其次才是名称“与目前景状有合”的要求。所以，蒋垓一方面借用那奇迹般出现的词语作为园名，另一方面在取用此地形体布局的同时隐匿其先前主人之名，从而达到把他新创建的园子与其所取代的宅院之间在概念上割裂开来的目的。

蒋垓死后，园主三易，直到其孙蒋深（1668–1737）于17世纪晚期将此园买回。在蒋深的请求下，蒋家的远亲严虞惇（1650–1713）做《重修绣谷园记》。[28]在重述蒋垓获得园名的故事之后，严虞惇写道："孝廉（即蒋垓）捐馆舍，园属之何人？'绣谷'之名，若灭若没者四十余年。孝廉之嗣孙曰深，字树存，博学好古。裒先世之文，得向之所为'绣谷记'者。求其处，则园已三易主矣。慨然于堂构之弗荷，乃复而迁之。苏秽芟荒，崇峭决深；莳植益蕃，丹垩益新。顾瞻亭庑、旧石具存。于是树存曰：'嘻！此王父之遗志也。'遂以《记》书而镵之石，而与旧石俱陷之壁。"

此园之"重修"的概念首先是由园名的恢复传达出来的。其次，严虞惇对蒋深重修园子的体力工作的夸张叙述，包括芟杂草、除秽物，与蒋垓对他自己劳作的描写非常相似，这样则强化了重复性、进而延续性的意识。然而可以想象，蒋深给绣谷园带来的不仅仅是它的翻新。从其表内侄孙天寅写于1729年的《西畴阁记》，我们知道蒋深扩展了园址，也在园中添加了许多新的内容；后来在18世纪10年代，他在新的园址上又建了西畴阁。[29]方式上与宋荦的沧浪亭延续性的意识相似，严虞惇对绣谷园延续的理解不以园林的形体外观为依据，而是来自他处——蒋深"重修"此园一事的解读牢牢地建立在家族产业的保护上，而园名的文化意义被降低到指示词的作用，因此完全是次要的。

不过，如果只是在"园林"范畴中去理解绣谷园的话，将深重修此园对严虞惇来说就会是一肤浅之举："于是树存读书其中，仰咏尧舜言，俯追姬孔辙。扬清芬，怀骏烈，而绣谷遂复为蒋氏业也。"

所以蒋深的重修之举是否真正使这块园址得以延续，既取决于他是个什么样的人，也取决于他过着什么样的文化生活。但是如果没有持久的媒介，这种延续性是无法维系的。因此严虞惇不得不进一步强调："夫天下之物，显晦有时，而废兴有数。'绣谷'之石，晦数百年，而孝廉得之；孝廉之园，废数十年，而树存复之。以是知天下无物可久，而为文字可以传于无穷。树存之汲汲于'记'与石之不朽也，思深哉！"

严虞惇似乎在论究，新近重修的园子毕竟是转瞬即逝的；它扮演的角色只是一个具有促进各种事情发生的潜力的预设场所——在这里，蒋深的孝道得以表明，其家族读书的事业得以继续，而最重要的是，文字在文化记忆之永存中的分量得到例证。为了强化他的论点，严虞惇在其文章最后提出了这座园林的记忆能借以存活下去的一种方式："树存既请王君石谷（即王翚，1632–1717）为之图，海内士大夫皆歌诗以记其事；园之胜概，隐隐心目间。余他日得脱尘网，归故乡，逍遥琴书，亲戚道故，园中之草木拳石，尚能一一为树存赋之矣。"

人们的确记住了绣谷园，即使在蒋家失去这块地产后很长时间里也是如此。一直到19世纪末，关于它的记载不断出现在一些文人的笔记中，其中突出的是钱泳（1759–1844）、梁章钜和黄体芳（活跃于19世纪下半叶）的文章。[30]尤其值得注意的是，这些后来的学者与严虞惇、孙天寅在对这个园子的着眼点上的差异。双方当然有一些他们共同感兴趣的内容，比如那块刻石的显现和王翚在这座园林历史中的活动。自然也有他们不会共享的内容，即发生在严虞惇和孙天寅之后的一些事情，包括这座园林在蒋家之后几度易手——1796~1820年先归叶家，然后在19世纪20年代属谢家，最后在19世纪30年代归王家所有。然而有一条见闻是严虞惇和孙天寅本可以在他们的文章中涉及却只字未提；相反，这条见闻却为后来的那些学者所品味。最能说明问题的正是这条见闻在严虞惇和孙天寅那里的省略。

康熙(1662–1722在位)己卯三十八年(1699)，蒋深举办了一个送春会，有一批名士参加，包括尤侗(1618–1704)、朱彝尊(1629–1709)、惠士奇(1671–1741)，还有当时年仅26岁，因而只能居末座的沈德潜(1673–1769)。王翚和他的学生杨晋(1644–1728)被邀为此盛会作画。60年后，又是一个己卯年(1759)，这时已是乾隆年间(1736–1795)，蒋深之子蒋仙根再办送春会，此时86岁高龄的沈德潜已从尚书的职务上退下，这次被奉为首座。钱泳、梁章钜和黄体芳每人都花了相对大的篇幅讲述这两次事件，而他们的文章中却丝毫没有关于这座园林重修的意思。如果我们把时间范围考虑进来，严虞惇和孙天寅——如果他们想这么做的话——肯定能够提及1699年的聚会；而就这个聚会重要的文化意义来讲，他们在文中对此甚至只字不写似乎显得有些奇怪。

可是如果我们从另一个角度来解读这个现象，两个文本之间的差异却是相当符合逻辑的。对作为蒋氏亲戚的严虞惇和孙天寅来说，"重修"这座园林的这一主题必须强调出来，在这个主题中，这块园地的延续体现了家族事业的延续。1699年的聚会对苏州文化来说的确不同寻常，但有可能岔开严虞惇和孙天寅所强调的要点。而钱泳、梁章钜和黄体芳则以局外人的眼光把这座园林放在更大的历史环境中。其园名得以存留主要是因为那块刻石，但它的中立性似乎为着眼点从蒋家这个小圈子转移到当地社会范围提供了方便。通过特别提到——甚至可能是赞美——蒋家以后园主的频繁更换，钱泳、梁章钜和黄体芳重视的不是这块作为一个家族财产的园地的沧桑，而是它本身作为当地历史片断展开的一个背景环境所起的作用。在那无情的自然循环往复中交织着有情的人为成就的起伏盛衰。

所以，我们在这里可以在文人学者中辨别出关于这座园林的两种文化记忆，每一种记忆都基于不同看法和着眼点。与沧浪亭相似，地段未变的绣谷园的名字，蒋氏家族对此地的重新拥有，以及其空间布局和景物特点的持久，为严虞惇和孙天寅所断言的这座园林沿着蒋氏世代家系概念上的延续性在其物质形体延续性中得以体现提供了理由。但从更大的范围来考虑，蒋家以后园主的频繁更换和园名本身的中立性，又为局外人诠释的焦点从家族事业转向人类社会与自然界之间相互运作的转变开通了方便之路，从而丰富了人们对此地的记忆。这种情形与沧浪亭的状况形成对比：沧浪亭一直是地方政府的财产，而地方政府则可被视为一个不变的实体，再加上沧浪亭之名又承载着丰富而深刻的含义。所以在沧浪亭情况里，园林修建的中心人物与其他评论者的各种观点都沿着一个共同的思考方向发展，但在其发展轨迹的不同位置上又有分歧，因此使这个园地的文化意义和价值不断积累。[31]

沧浪亭和绣谷园情况的特殊性并不能勾画出苏州园林保护中思想意识的整体轮廓，而只是强调了其发展的几个突出特点。那四个关键因素——园名、园址、空间布局和形态以及园子的所有权——则以不同的运作方式一致为这些特点的突出起到促进作用。不过为了拓宽审视苏州园林保护的眼界，我们还可以再浏览一下从苏州其他几个著名园林的史迹中选录出的一些小片断。

第一个小片段来自艺圃。到 17 世纪末为止，这个园址的主人和名称至少更换了三次——从 16 世纪 60 年代袁祖庚 (1519–1590) 的城市山林和醉颖堂，到 17 世纪 30~40 年代文震孟 (1574–1636) 的药圃，再到清初姜埰 (1607–1673) 的颐圃，又名敬亭山房，直到姜埰死后，最终成为姜埰的二儿子姜实节 (1647–1709) 的艺圃。这些园名大多隐含着不同于出仕的姿态的意思；其中一些坚持用“圃”这个通用词，而姜实节的园名在语音上与其父的园名很接近。然而这些园主不仅在个性方面，而且在文化经历与社会背景上都各自不同；而在近乎一个半世纪里，园内的景物建筑也同样发生了变化，比如汪琬 (1624–1691) 列举的园中主要组成部分表明姜家在这块园址上增添了不少建筑。[32]

为了把这些园主穿在一起，以形成一连串交相呼应的事件，从而达到指出这块园址的文化延续性的目的，被姜实节邀请作园记的归庄 (1613–1673)、魏禧 (1624–1680) 和汪琬在各自的论述上看起来似乎持有不同的观点，但实际结果却是彼此间的共鸣。汪琬强调，尽管园主屡易，这块园址仍享有持久的名声和独特的品质，因此不同于那仅为提供享乐、炫耀财富的众多无名园子，很快就会“荡为冷风，化为蔓草矣”。为了阐明他的论点，汪琬以一种特殊的方式简洁地总结了每一位园主自己独特的正直品格，那就是，使这些园主的不同品格通过彼此互补而汇聚在园址的历史上，这样相互分离的园主就仿佛化为 一个人。[33] 于是这块园址就与这个集合的品格达到了认同。

魏禧尽管也承认艺圃林木之秀、泉池之美，但其要点还是与汪琬的类似，即追溯此园历史到 16 世纪 60 年代，强调那三位相继的主要园主——袁祖庚、文震孟和姜埰都是“贤人”。然后魏禧作了一个类比：“吾将比柳子之贺邱遭也。”[34]809 年，柳宗元 (773–819) 写下著名的《永州八记》中的一篇——《钴鉧潭西小丘记》，描述他如何发现并买下西山钴鉧潭边一处奇异的石丘，以此来说明物之价值只有在适宜的时刻得遇适宜之人时才能得到赏识。[35] 魏禧论说的效果不是让这座园林的历史被切成由不同园主和盛衰交替模式界定的几个阶段，而是通过柳宗元之典的引用，时间被搁置起来，那么在这个共时的世界里，袁祖庚、文震孟和姜埰一起化为这个园子一位称职的主人，而这个园子也是他们共同情趣的称职的物事。

现在我们再来看一看归有光的孙子，归庄的两篇园记。[36] 在这两篇文章中，归庄坚持认为姜埰的园景与文震孟的没什么不同。但他的论点在为姜埰的“城市山林”匾额写的那篇“跋”中变得更有说服力，而“城市山林”这一词组也正是艺圃的第一位主人——袁祖庚用来命名他自己的园子的。与归有光对沧浪亭和大云庵之间关系的处理非常类似，归庄构思的艺圃历史也呈现出一个完整的循环：“夫城市山林之为药圃，此有明将衰之际也；药圃之复为城市山林，则鼎迁而社屋久矣。”然而这个循环的勾画是以一个建构起来的对比为背景的，“虽陵谷变迁，而此地之池台花竹，犹夫昔也”——于是艺圃的园景被描写为在社会与政治动荡中保持不变。那么这块地段的文化延续则建立在此园内时间停滞和外面世界无情变化的二而合一的基础之上。

地段、名称和空间布局在我们的第二个小片断中同样重要，这个小片断来自坐落在沧浪亭东面约 600m 的网师园。园子最初由宋宗元 (1710–1779) 建于 18 世纪 50 年代末，并命之以今名，但不久便破损失修。18 世纪 90 年代，瞿兆骙 (1741–1808) 拥有了此地，然后基本上重建了这个园子。记录这个事件的文章之一是钱大昕 (1728–

1804)1795 年撰写的《网师园记》。[37] 对钱大昕来讲，关键的一点是从宋宗元的园子到瞿兆骙的园子的延续问题。所以钱大昕写道，瞿兆骙“偶过其地，惧其鞠为茂草也，为之太息”。于是他买下此地，然后“因其规模，别为结构。叠石种木，布置得宜。增建亭宇，易旧为新。……园已非昔，而犹存‘网师’之名，不忘旧也”。

所以，瞿兆骙对这个园址的干预不是“重修”，而是在此新建一个园子。但如果“犹存‘网师’之名”以达到“不忘旧”的目的，人们仍可以坚持强调这个园子从过去到现在的延续，并且期望这一延续能被引向未来。与沧浪亭之例类似，钱大昕心目中的园之旧观与其说建立在其建筑、山石和泉池等形体外貌上，倒不如说是基于其园名所承载的意义；往昔之物与这不朽的名字得以保留至今，因此也会长存下去。这并不意味着在延续的观念上完全忽略园子的物质性，其某些物质性内容必须还在，园林“因其规模”而翻新。换句话说，要想这个园子仍然作为网师园存在，其基址大体上的地形地貌就必须继续是可识别的，这就好像如果要沧浪亭经久不灭，那萦水崇岗就必须继续界定地段的形体特征。

现存形体布局在我们的第三个小片断——拙政园的“重修”——中扮演了类似的角色，不过其园名给重修者带来了明显的不安。拙政园最初由王献臣 (1493 年进士 ) 建于 1509 年，并因文徵明 (1470–1559) 为此园所作的诗画而著称于世。其后这座园林经历了复杂的演变过程，[38] 不过我们这里只需要说明，到了 17 世纪上半叶，园子已经长期荒废；1631 年，王心一 (1572–1645) 买下了一块地，也就是现代学术界认定的旧园的东部，[39] 然后新建一个园子，名之为“归田园居”。一个世纪后，过去的那个拙政园的中部由当时的苏州知府蒋棨获得，并在此建了他的复园。在作于 1747 年记载了蒋棨建园事件的文章中，沈德潜很注意这个园子的命名：“吴中娄、齐二门之间，有名园焉。园以‘复’名，蒋司马葺旧地为园而名之者也。……百余年来，废为秽区。既已丛榛莽而穴狐兔矣。主人得其地而有之，为荒宴可戒，而名区不容弃捐也。于是……因阜垒山、因洼疏池。……旧现仍复，即以‘复’名其园。”

征引了历史久远的名园名宅例子之后，沈德潜继续说道：“今因拙政废园而复之。虽林庐息影、栖精颐神。……而不欲自标其名， 恐使前此之殚心规画者，因我而遽归乌有之乡。”[40]

重修是通过“顺应现存状况”和 “翻新”而完成的。但被修复的到底是什么呢？在沈德潜的文章中，代词“之”代替了动词“复”的宾语：其含义因此则变得模糊。

我们应该记得，这块地之所以著名，是因为与它相关联的那些著名的人物，是因为那些著名关于此地的书画作品，也可能纯粹是因为其岁月之悠长。但在蒋棨看来，此地名声最基本的因素是这里曾是一块“园林”之地这个事实。由于这个原因，如果该地用作园林之外的任何目的似乎都是不能容忍的。从这个想法来看，在沈德潜眼里，蒋棨所“重修”的是一个普通意义上的(generic，即非特殊的)、颇好的园子；也就是说，这块地被恢复到一块作为园林之地的原来状况，或“旧观”，也正因为这样，新园被命名为“复”，即“回复”。值得注意的、与苏州的许多园林相关的一点是，人们所理解的自然循环过程的盛衰起伏使园林“重修”具有形形色色的取向：在具体情况下，重修可以指的是一座特定园林本身的延续，也可以是用作普通意义上的园林之地的延续，还可以是具有经过认真考究过而公认的历史或文化意义之地的延续。

蒋棨，通过沈德潜的文字，把园子的命名问题看作是整个建园事业的关键：这一点与沧浪亭、绣谷园和网师园的情况一样。一个共同的目标——赋予过去的事物以价值，从而保留它——贯穿了所有这些例子，但蒋棨园名选择背后的论究却与众不同，在这里我们得知的是一个不安的思绪。蒋棨也许很明白，他的园子不再是过去的那座园林，或者他的园地仅仅是以前那块园地的三分之一，因此不可能与之同等看待：他是不能撷取旧园之名的。从另一方面来说，他可能觉得他的园子也不是一座新的、不同的园林，而是一座刚刚“重修”的园林：其结果则是他的园子没有自己独立的身份。所以他给了他的园子一个对他来说实际上不是园名的名字——“复”，很可能是因为在这个特殊背景下，这个名字仅仅表达其表面上的意思。蒋棨是否认为那座令他的新建之园黯然失色的拙政园正在其自然的盛衰循环中发展，而把他的园子仅仅看作是这一发展过程中的一个短暂阶段？或者是否他的确想建一座有其自身存在权利的、新的园林，并取了一个不为人们所知其意的园名，但他的行为却被沈潜作了不同的诠释？可以肯定的是，蒋棨和沈德潜都深知命名的力量——不论变好或变歹，它都有着改变对现实的理解以及现实本身的能力。也正是由于这个原因，命名在园林的成型与转型中起着中枢的作用。

蒋棨复园东墙的另一边是我们的第四个小片断——王心一在1631~1634年建造的园宅，到了蒋棨所处的时代仍归王家所有。且不谈该园作为一个家族财产异常的持续时间，[41]其明确表示出来的初始建造与我们所知道的蒋棨建园形成鲜明对比。王心一不仅给他的园子起了新名，而且在其作于1642年的《归田园居记》[42]中，他只字不提拙政园和其历史上的任何人物。指出他买下的这块地为“荒田”，从而暗示在他构建之前没有任何园林迹象之后，王心一告诉我们其园林空间布局和形态是如何产生的：“地可池，则池之；取土于池，积而成高，可山，则山之；地之上，山之间，可屋，则屋之。”

如果可以确定此园之地真是王献臣拙政园的东部(而非其东邻)，王心一的建园则向我们展现了创建新园，并声称新园与旧园毫无关系的一个明确例子。[43]

王心一明确表达的这一姿态，在某种程度上与苏舜钦建沧浪亭时的姿态相呼应。当苏舜钦买下那块地时，“[园址]遗意尚存”。尽管在其《沧浪亭记》中，苏舜钦提到了孙承祐的名字，他这么做的目的很可能是要把他作为一个学者与孙承祐作为一个贵戚的巨大差别突出出来。与此类似，朱长文(约1041–1098)在他的《乐圃记》中向我们解释说，他的园宅于11世纪70年代建在钱元璙(887–942)某晚辈亲戚的金谷园基址上，于是一个著名地方学者与地方军阀下属之间的对比意象就被表现出来。[44]也就是说，苏舜钦和朱长文不做任何辩解地确保他们各自的园林取代当时其地现存的园林：他们提及先前园主的特殊方式是以前园主为代价而有助于他们的文化成就。对比之下，在《归田园居记》中省去王献臣和拙政园，王心一的方式是对这块园地过去事件采取冷漠态度，这样他的园林建造就会被解读为强调在景观世界里的写作行为，而不是重写。

正如史蒂文·纳普(Steven Knapp)提醒我们的：“权威的场所总是在现在。为了促进和强化道德和政治发展趋势，我们只利用过去的、符合我们对当前逼迫我们的事物的认识的那些成分。”[45]那些文人为使对过去的记忆继续下去而作选择时的精心和讲究，表明他们没有奴隶般地依从过去，而是细致地行使他们利用过去而为现在服务的权利；换句话说，使集体的记忆继续下去在这些文人那里是一个不断创造的过程。而他们所摆布的那四个关键因素——园名、园址、空间布局和形态、园子的所有权——以不同方式的共同运作，在园址的发展过程中被用来要么促成文化延续，要么导致文化断裂。

俞樾(1821–1907)在他的《留园记》结尾写道：“……吾知‘留园’之名，常留于天地间矣。因为之记，俾后之志吴下名园者有可考焉。”[46]这句结束语读起来很像宋荦《重修沧浪亭记》中最后几个句子中的一句。二人这里的写作目的和预期读者非常清楚：其文章今后可以作为考证的依据，其读者应该是那些有能力和兴趣进行此项工作的学者。他们实际的和可能的读者范围当然比他们申明的更广泛；其他文人关于苏州园林的文学作品也是如此，包括地方志。但如果考虑这一地区整个人口数量的话，这个实际和可能的读者数量仍然极为有限。因此，当使用“作为集体记忆的园林”这样的词组时，我们是在回避两个密切相关的问题，也就是以两个未必可靠的假定作为讨论的依据：一是“集体”的范围问题，一是记忆的具体内容问题。

我曾经在别的文章中提出，解读沧浪亭这块园地的集体性应该从社会群组方面来界定，而大众对它的接受是在多种多样诠释基础上进行的；大多数园记作者很清楚这种多样性，尤其在受过古典教育的人与普通大众之间做出清晰的划分。[47] 例如宋荦在《苏子美文集》序中所做的区分，很大程度上代表了这些作者的观点。在简短地告诉我们他为什么和怎样重修沧浪亭后，宋荦写道：“而吴之人雅好事，春秋佳日，游屐麇集，遂擅郢中名胜。我辈凭吊古迹，履其地则思其人，思其人则必慨想其生平，求其文章词翰，以仿佛其万一，盖尚友之道然耳。”[48]

这里所强调的“麇集”之众与宋荦之“辈”解读沧浪亭的差异，既是启迪也是误导：差异如此重要以至于被强调出来，然而它也把我们引入认为这是园林复杂解读中唯一差异之歧途。

那些会被宋荦看作是他那一类的人，不仅有古典教育的坚实背景，而且被认定有相似的文学历史和传统方面的渊博知识。但即使在这文人中，对园林的解读也是形形色色的。取决于其社会背景和个人经历，他们的看法的变化范围很大，从嗜好古旧而冥想往昔、崇尚与世俗相对的雅致，感慨于自然盛衰循环，到欣赏正直人品和美德培养，羡慕隐退背后之深意，以及赞美孝廉品行。不过他们的观念在思考单一园林时通常趋向于特殊而具体，在天地万物、人类历史和其所处的社会这一更大的环境中领悟具体情况的意义。大多数园林还为他们无数的“雅集”提供了理想场所，就像在绣谷园举办的送春会一样；这种聚会在钱大昕看来对园林如此重要，以至于他在《寒碧庄宴集序》中声称“园亭显名士，诗酒传天下”。[49] 在这里我们又一次看到，文学作品的创造和传播是这类事件价值意义的储所。

这种“雅集”的排他性自然很强。那些只受过一般教育、身处当地精英圈外的人几乎没有机会光顾这样的场合。参观园林时，他们也许会试着去欣赏那些长期积累下来并陈列在碑刻、楹联和匾额上的文学作品，琢磨这些文学作品与园景的相互关系，了解其过去的事件和掌故，享受其各处秀美景致。但绝大多数游园的人却是普通大众，几乎没有受过什么教育；在文人眼里，他们会把王心一的归田园居混为拙政园，也会更喜欢把留园的园名叫作“刘园”而不是“寒碧山庄”。[50] 他们得以进入这些园子的机会基本上是与季节性出游的这一当地习俗，以及某些特殊事件联系在一起的。19 世纪的当地学者许起说：“吾吴每于春秋佳日，大启园林，招人游览。士大夫往往率领姬妾子女，杂沓于稠人之中，以为乐事。”[51] 钱泳则告诉我们：“寒碧山庄……道光三年 (1823 年 ) 始开园门，来游者无虚日，倾动一时。”[52] 那么到底是什么把普通大众吸引到园林中来？钱泳为我们提供了一点线索：“狮子林和拙政园，皆为郢中名胜。每当春二三月，桃花齐放，菜花又开，合城士女出游，宛如张择端《清明上河图》也。”[53]

但最能说明问题的原始资料也许是顾禄 (18 世纪 90 年代晚期出生 )1830 年出版的《清嘉录》和不到 20 年之后袁学澜 (1804 年出生 ) 所作的《吴郡岁华纪丽》。关于春游习俗，顾禄写道：“春暖园林百花竞放，阍人索扫花钱少许，纵人流览，士女杂遝，罗绮如云。园中畜养珍禽异卉，静院明轩，挂名贤书画，陈设彝鼎图书。又或添种名花，布幕芦帘，堤防雨淋日炙，亭观台榭，妆点一新。寻芳讨胜之子，极意留连。随处各有买卖赶趁，香糖果饼，皆可入口，琐碎玩具，以诱悦儿曹者，所在成市。……南园北园，菜花遍放，而北园为尤盛，暖风烂漫，一望金黄。到处皆绞缚芦棚，安排酒炉茶桌，以迎游冶。青衫白袷，错杂其中，夕阳在山，儿闻笑语。……”[54]

顾禄还提到苏州城西北郊的虎丘，以及城西的天平山和灵岩山，都是出游的好去处。这里所展现的是一派奇观和享乐的景象。普通大众被吸引到这些园林来，只是因为它们归根结底是“园林”；这些园林是这个地区名胜的一部分，而来这里游玩比起去远处那些名山胜岭更容易。人们慕其名声而来，为其建筑与画竹山池佳景而至。他们可以为那“多奇石，阴洞典奥”或者“古松五株，皆生石上”而游狮子林，也可以为那“宝珠山茶三四株，交柯合理，花时钜丽鲜妍，纷披照瞩，为江南所仅见”而去拙政园，还可以走访“聚奇石为十二峰”的留园。[55]

很可能这些游人把园林解读为季节性出游习俗 ( 大概还有些许礼仪上的味道 ) 提供方便的场所，所以对他们来说，这些园子的价值在于提供了感官上的愉悦，而不太在乎它们是不是重要文化之地。另一方面，一些园子的主人似乎使自己顺应由这些季节性出游习俗制造出的气氛；珍禽异卉、名贤书画、彝鼎图书等的临时陈设的目的，与其说增加了其园林的文化和文学意义，倒不如说是有助于旅游热点和奇观的安排设置。换言之，对园林作为享乐场所的感受暂时淹没了其文化和文学意义上的解读。这个认识并没有丝毫消极寓意，因为就像马克·特雷布 (Marc Treib) 在当代就景观设计中意义问题而引起的争论的语境中所主张的，“愉悦可以是一种有价值的追求，与追求意义一样合情合理”。[56]

在对园林的接受和解读上，如此巨大的差异不仅发生在不同社会群组之间，也出现在不同场合与情况下，但这并不奇怪。“意义的创造在于观者，而不是仅存在于场所”[57]，亦即价值不是园林之地本身固有的，而是在主体与园地的互动过程中赋予园地的。园林史从根本上讲是文学史，任何价值分派则都要求文学上的培养。在这一方面，苏州社会从来不是同质而纯一的。然而园林史同时也是享乐主义的历史，不同社会群组共通的园林解读因此可以周期性地浮现。此外，由于“意义是由文化限定并且最终是由个人决定的”，[58]园林在苏州文化和生活中意义的实现必然会很复杂，园林的保护也是如此。这些园地的历史、文化和物质上的丰富多彩，使它们适于承接广大社会范围内产生的各种不同价值。对于受过古典教育的人来说，一个园子的创造与再创造也许同以更新或者取代为特点的自然循环相呼应，也许体现了文化上的延续或者断裂，也许指向一个理想的未来或者一个真正的过去。所以在这些文人的园林基址的解读中，记忆与历史合二为一。[59]在普通大众那里，园林的保护确保了他们季节性地游玩的“园林”得以不断翻新。“新”是一个具有标志性的意象，它显示着人们现在的生活状况，或许也包括不久的将来的状况。而这个意象在他们的记忆中会比历史事实更为经久。那么如果把我们讨论的题目复数化，把苏州园林看作是“多”文化记忆（cultural memories）的体现，也许更为恰当。

**注释：**

① 本篇是拙文 *Gardens as Cultural Memory in Suzhou, Eleventh Centuries* 的翻译，有改动。原文载于 Michel Conan (ed.), *Gardens, City Life, and Culture: A World Tour* (Washington. DC: Dumbarton Oaks, 2008), pp.202-207。文章曾由李世葵翻译，见于米歇尔·柯南、陈望衡主编，《城市与园林——园林对城市生活和文化的贡献》，武汉：武汉大学出版社，2006 年，323~354 页。

② Stephen Owen, *Place*; *Meditation on the Past at Chin-ling*. 载　于 *Harvard Journal of Asiatic Studies*, 50, no.2 (December 1990): 第 421 页 .

③ 实际上，陈从周在其《中国诗文与中国园林艺术》一文中明确指出，“研究中国园林，似应先从中国诗文入手。”见同著者，《园韵》，上海：上海文化出版社，1999 年，第 200 页。

④ 童寯著 ,《江南园林志》，第二版 , 北京：中国建筑工业出版社，1984 年，第 24、27 页。

⑤ Craig Clunas, *The Gift and the Garden*, 载于 *Orientations*, vol.26, no.2(1995)：第 40 页。

⑥ Andrian Forty, 在 其 *Words and Buildings: A Vocabulary of Modern Architecture* (London: Themes & Hudson, 2000),149~172 页，概述了“形式”这一概念在西方建筑史中的发展。

⑦ 这里对沧浪亭的讨论摘录自拙作 *The Making and Remaking of Cang Lang Ting: Attitudes Towards the Past Evinced in the History of a Garden Site in Suzhou*, 载于 Michel Conan, Jose Tito Rojo 和 Luigi Zangheri 编辑， *Histories of Garden Conservation: Case-studies and Critical Debates* (Firenze, Italy: Leo S. Olschki, 2005), 3~63 页。

⑧ 一些现代学者根据苏舜钦的文字，认为他于1045年夏建沧浪亭为其住所。参见诸如陈植、张公驰编辑，《中国历代名园记选注》( 合肥: 安徽科学技术出版社，1983 年 )，第 17 页；苏舜钦，《苏舜钦集编年校 注》，傅平骧、胡问陶校注 ( 成都：巴蜀书社，1991 年 )，第 627 页。但内部和外部证据明确，表明沧浪亭的建造不早于 1046 年秋，而且苏舜钦从未在此地居住过。苏舜钦的《沧浪亭记》见于苏舜钦著，何文卓校点，《苏舜钦集》，( 北京：中华书局，1961 年 )，卷 13，183~184 页。

⑨ 曹林娣，《苏州园林匾额楹联鉴赏》增订版，北京：华夏出版社，1999 年，2~3 页。

⑩《孟子》，《十三经注疏》版，卷 7 上 . 北京：中华书局 .1980 年 . 第 55 页，洪兴祖 ( 1090–1155 年 )，《楚辞补注》，白化文等点校 . 北京：中华书局 .1983 年 . 第 180~181 页。英文翻译：David Hawkes. *The Songs of the South: An Ancient Chinese Anthology of Poems by Qu Yuan and Other Poets* (Harmondsworth: Penguin Books, 1985), 206~207 页。

⑪ 王逸，《楚辞章句》，《四部丛刊》版，卷 7，2b~3a 页。

⑫ 见于苏舜钦的《沧浪亭记》中的“自胜”一词暗指《老子道德经》中的一句话：“胜人有力，自胜者强。”见朱谦之 .《老子校释》( 北京：中华书局 .1984 年 )，第 134 页。英文翻译：D.C. LAU, Lao TSU, Tao te ching (Harmondsworth: Penguin Books, 1963), 第 92 页。“自胜”一词也出现在《吕氏春秋》，见陈奇猷，《吕氏春秋校释》，上海：学林出版社 .1994 年 . 第 145 页。

⑬ 苏舜钦在其《答韩持国书》(《苏舜钦集》，卷 10. 125~127 页 ) 一文中解释了他“逃避”的原因。

⑭ 苏舜钦在他的诗文中一再强调他“有所待”。这也是为什么他婉转地批评了伯夷、叔奇在“逢时”的情况下竟然还要我死，同时嘲笑了屈原一旦“遭逐”便投江自尽。见《沧浪静吟》(《苏舜钦集》，卷 8，第 102 页 )。

⑮ 傅平骧、胡问陶在他们编写的《苏舜钦集编年校注》( 第 300 页注中推测，苏舜钦在其沧浪之地建了不少房屋，但结合我们关于 21 世纪苏州城的知识来仔细分析他的诗文，这种推测就站不住了。

⑯ 归有光，《沧浪亭记》，载于同著者，《震川先生集》，《四部丛刊》版，卷 15. 20a~21a 页。

⑰ 比如苏舜钦之后，沧浪之地曾先后为章楶 ( 1035–1106 ) 和韩世忠 ( 1089–1151 ) 所有，但归有光没有提到他们的名字。 在这块地段拥有者的链系中，这个故意作出的遗漏使在文化延续上的断言更加有效。

⑱ 袁宏道，《袁宏道集笺注》，伯城笺校，上海：上海古籍出版社，1981 年， 180~181 页。

⑲ 参见宋荦，《重修沧浪亭记》，载于《沧浪小志》，1884 年版，卷下，1a~2b 页。

⑳ 参见梁章钜，《沧浪亭志》，1827 年版，梁章钜，《归田琐记》，北京：中华书局，1981 年， 第 187 页。

㉑ 梁章钜，《沧浪亭志》，卷首前，5a~6b 页。

㉒ 张树声，《重修沧浪亭记》，载于蒋瀚澄，《沧浹亭新志》，卷 2,4b~5b 页。

㉓ 见陈植、张公驰，《中国历代名园记选注》，第 54 页。

㉔ 这个短语由牟复礼在谈论苏州城市时第一次提出。见 F.W.Mote, “A Millennium of Chinese Urban History: Form, Time, and Space Concepts in Soochow”, Rice University Studies LIX, no.4 (Fall 1973): 第 53 页。

㉕ 蒋垓 .《绣谷记》，载于吴秀之、曹允源编纂，《吴县志》，1933 年版，台北： 成文出版社，1970 年，卷 39 上，第 40b 页。

㉖ 蒋垓推测“绣谷，字义似本东坡‘绣古锦谭’之句，或曰用白傅庐山‘草堂记’中语，而节取其字云”。

㉗ “笔锋瘦硬，真老杜所谓字直百金，非北宋后人能仿佛者。”

㉘ 严虞惇，《重修绣谷园记》，载于吴秀之、曹允源编纂，《吴县志》，卷39上，40b~41a页。

㉙ 孙天寅，《西畴阁记》，载于吴秀之、曹允源编纂，《吴县志》，卷39上，第413页。

㉚ 见钱泳，《履园丛话》，1838年版（北京：中华书局，1979年），第525页；梁章钜.《浪迹续谈》，1848年版（北京：中华书局，1981年），第221页；黄体芳，《醉乡琐志》（苏州：江苏省立苏州图书馆，1940年），第5页。此园在1860年战争期间彻底被毁。

㉛ 比如可以把张汝瑚(17世纪文人，见段承校选注评析，《归震川诗文选》，南京：江苏古籍出版社，2002年，第129页）、赵翼（1727-1814，见其《垓余丛考》，北京：中华书局.1963年，909~910页）、尤侗（见宋荦编纂，《沧浪小志》“序”）等人的看法与归有光、宋荦、梁章钜和张树声的观点进行比较。

㉜ 汪琬，《艺圃后记》，载于吴秀之、曹允源编幂，《吴县志》，卷39上，第26b页。

㉝ 汪琬，《艺圃记》，载于吴秀之、曹允源编纂，《吴县志》，卷39上，26a~b页。

㉞ 魏禧.《敬亭山房记》，载于《吴下名园记》，苏州：江苏省立苏州图书馆，1943年,33~34页。

㉟ 柳宗元，《钴姆潭西小丘记》，载于同著者，《柳宗元集》，北京：中华书局，1979年，765~766页。

㊱ 归庄.《跋姜给谏匾额后》和《敬亭山房记》，载于同著者.《归庄集》、上海：上海古籍出版社，1984年，第284页、360~361页。

㊲ 钱大昕，《网师园记》，载于陈植、张公驰，《中国历代名园记选注》，420~421页。为了给宋宗元之建造和瞿兆骙之重建网师园增添历史和文学分量，钱大昕通过认真措辞而建立起此园在其地点和名称两方面与12世纪70年代史正志（1151年进士）的万卷堂的联系。就这个问题，详见拙作“The Making and Remaking of Cang Lang Ting”,51~53页。

㊳ 钱怡执笔，《拙政园志稿》（苏州：内部发行，1986年），2~4页，提供了这座园林的历史叙述。

㊴ 见刘敦桢著，《苏州古典园林》，北京：中国建筑工业出版社，1979年，第53页；陈从周，《苏州园林概论》，载于同著者，《园林谈丛》，上海：上海文化出版社，1980年，第22页：钱怡，《拙政园志稿》，第3页。但这些著作没有给出这一认定的任何根据。沈德潜在其《兰雪堂图记》（见钱怡，《拙政园志稿》，79~80页）只是说归田园居为拙政园东邻。

㊵ 沈德潜，《复园记》，载于钱怡，《拙政园志稿》，81~82页。

㊶ 至少持续到19世纪上半叶。

㊷ 王心一，《归田园居记》，载于钱怡，《拙政园志稿》，75~77页。

㊸ 王心一的看法为其他许多文人认同，包括沈德潜〈《兰雪堂图记》〉。参见顾震涛(1750-？)，《吴门表隐》，南京：江苏古籍出版社，1986，第15页；顾公燮，《消夏闲记摘抄》(1785年序)，《涵芬楼秘笈》版，上海：上海商务印书馆，1917年，23a~b页；钱泳，《履园丛话》，523~524页。

㊹ 朱长文，《乐圃记》，载于范成大，《吴郡志》（南京：江苏古籍出版社，1986年），193~195页。我在拙作“Boundaries, Centuries and Peripheries in Chinese Gardens: A Case of Suzhou in the Eleventh Century.”载于Studies in the History of Gardens and Designed Landscape 24, no.1 (March 2004):21~37页中详细讨论了这个园子。

㊺ Steven Knapp，“Collective Memory and the Actual Past”,载于Representation 26 (Spring 1989):第131页。

㊻ 俞樾，《留园记》，载于吴秀之、曹允源编纂，《吴县志》，卷39下，18a~b页。

㊼ Yinong Xu，“The Making and Remaking of Cang Lang Ting”,43~50页。

㊽ 见苏舜钦，《苏舜钦集》，第299页。

⑲ 钱大昕，《寒碧庄宴集序》，载于周峥，《留园》，苏州：古吴轩出版社，1998年，第139页。

⑳ 吴翌凤《镫窗丛录》，《涵芬楼秘笈》版．上海：上海商务印书涫，1917年，卷1第56页：俞樾．《留园记》，卷39下，第186页。

㉑ 许起．《珊瑚舌雕谈摘抄》，1883年序．苏州：江苏省立苏州图书馆，1939年，第21页。

㉒ 钱泳．《履园丛话》．第529页。

㉓ 同上，第523页。

㉔ 顾禄．《清嘉录》．南京：江苏古籍等出版社，1986年，73~74页。

㉕ 同上，75~76页。有意思的是，在列举人们访游的地方时，顾禄只是把苏州域中的两座现在被称作园林的场所——沧浪亭和绣谷园安排在“古迹”的标题之下，而其他12座人们熟知的园子则归类于“园林第宅”（76~77页）。顾禄这里的沧浪亭类别与宋荦、梁章钜和张树声对此地解读的一致性是可以理解的——其地之名所表达的是与大多数苏州私家园林不同的一种场所。但绣谷园的情况有些蹊跷，顾禄是否认为17世纪晚期重修的意义仅在于蒋氏家族的事业？因此当绣谷园归另一家所有后就不复存在，尽管在顾禄撰写此书时，园子在物质上仍然存在？

㉖ Marc Treib. “Must Landscapes Mean?” 载于 Simon Swaffield (ed.), Theory in Landscape Architecture: A Reader (Philadelphia, PA: University of Pennsylvania Press, 2002), 第101页。这篇文章最初刊登在 Landscape Journal 14, no.1 (1995): 47~62页。

㉗ 同上，第99页。

㉘ 同上，第97页。

㉙ 我在这里用的是由皮埃尔·诺拉（Pierre Nora）提出的记忆和历史概念。见 Pierre Nora, “Between Memory and History: Les Lieux de Memoire.” 载于 Representations 26 (Spring 1989): 7~24页。

**作者简介：**许亦农，伦敦南岸大学卡克斯顿中国研究与交流学院院长

**原载于：**童明，董豫赣，葛明．园林与建筑[M]. 北京：中国水利水电出版社知识产权出版社，2009.

# 无往不复 往复无尽
# ——中国造园艺术的空间概念

张家骥

## 1. 开高轩以临山 列绮窗而瞰江

在三千多年前，中国古代人对事物的矛盾对立和运动变化的现象已经有所认识，这种认识虽简浅不够完整，尚未形成系统，但已具有朴素的辩证的宇宙观念。如《易经》中的“无平不陂，无往不复”，《象》中则明确提出：“无往不复，天地际也。”是说：“宇宙事物未有平而不坡者，未有往而不返者。”“此乃天地之法则，自然之规律（天地际也，谓此理贯于天地之间）。”[①] 这些认识正是从日常的自然现象或生活现象中观察思考而来，如复卦《彖传》：“反复其道，七日来复，天行也。”《系辞下传》第五章：“日往则月来，月往则日来。”“寒往则暑来，暑往则寒来。”第八章：“变动不居，周流六虚。”

《易经》中这种往复循环，周流无穷的机械循环论，归根结底，是由本体论的“道”的观念所决定。因为“道”化分阴阳二气，二气分为天地，二气合而成万物，由万物滋生万事，一切由“道”产生、发展，即万事万物都是由“道”那里演化出来，又都还得回到它那里去。否则，一往直前就离道了。“道”主宰一切，高于一切，所以事物都是“道”的体现，循环归根结底是“道”的循环，回到“道”就是“归真返璞”。《易经》的直接继承者和发展者道家，对于“道”的阐述，就更加系统，更加完整了。

《老子》云：“有物混成，先天地生。寂兮寥兮，独立而不改，周行而不殆，可以为天地母。”[②]

他认为“道”，是个浑然一体的东西，在天地形成以前就存在。它静而无声，动而无形，独立长存而永不消失，循环运行而不息，可以为天地万物的根源。前面我们还引过老子“道法自然”的思想，认为自然（包括人在内），是个统一的、有序的、和谐的整体。正如西方人所说：“道，为中国人的基本信仰，相信大自然中是有秩序的且和谐的。这一伟大的概念是始自遥远的古代，人对苍天与自然的观察而来，即太阳、月亮与星星的升落，白昼与夜晚的周而复始及四季的交替，暗示着自然法则的存在，一种神圣的立法，规律着天上与地上的模式。”[③]

中国这种古老的宇宙观，有其深邃的思想合理的内核，不是把宇宙看成是静止不变的，不是由超自然的神（上帝）所主宰，万事万物都是由天地（自然）的运动变化所产生所发展，有着朴素的唯物辩证精神。但人如何去体察和把握“道”？《老子》说：“致虚极，守静笃。万物并作，吾以观其复。夫物芸芸，各复归其根。归根曰静，静曰复命。……”[④]

就是要人有“致虚”和“守静”的工夫，并且要做到极笃的境地。万物蓬勃生长，我看出往复循环的道理。万物纷纭，各自返回到它的本根，返回本根叫作“复命”。“复命”，就是复归本性。所谓“致虚”就是排除主观的成见和欲念，“守静”就是要保持内心的安宁和平静。而且要达到“无己”的忘我境地。因为，正是在这“静”的境界中孕育着生命的活力和运动，只有心灵在虚静的极笃状态，客观事物的本来面目才能在你面前呈现出来。老子认为人的心灵深处是透明的， 好像一面镜子，除去蒙上的纷杂思虑、情欲的灰尘，就可洞察一切。“这和西方思想家或心理分析家的观点迥异，他们认为人类心灵的最深处是焦虑不安的，愈向心灵深处挖，愈会发觉它是暗潮汹涌，腾折不宁的。”[⑤]所以，老子说他“不出户，知天下；不窥牖，见天道。其出弥远，其知弥少”。[⑥]说明老子不重外在的经验知识，重在直观自省。强调自我修养，净化心灵，以本明的智慧，虚静的心境，去观照外部世界，去了解宇宙和自然规律。

基于这种宇宙观和观照事物的直觉体悟方式，中国人的空间概念与西方人是大不相同的，对宇宙的无限空间，不是力行的追求和冒险的探索，而是“与浑成（宇宙）等其自然，与造化（天地）钧其符契”（葛洪《抱朴子》）的自我心灵抒发；不是实证求知，而是“神与物游”（刘勰）“思与境偕”（司空图），是从“身所盘桓，目所绸缪”（宗炳《画山水序》）出发，不是追求无穷，一去不返，而是“目既往返，心亦吐纳”（刘勰《文心雕龙》）。也就是说，是从有限中去观照无限，又于无限中回归于有限，而达于自我。概言之，即“无往不复，天地际也”的空间意识！

这种空间意识，在人与自然的审美关系上就是一种仰视俯览的观察方式，反映在汉代和魏晋时的诗歌中很多。如：“俯观江汉流，仰视浮云翔。”(汉・苏武)“俯视清水波，仰看明月光。”（三国魏・曹丕）“俯降千仞，仰登天阻。”（三国魏・曹植）“仰视碧天际，俯瞰绿水滨。”(东晋・王羲之)“仰视乔木杪，俯听大壑淙。”（南朝宋・谢灵运）“目送归鸿，手挥五弦。俯仰自得，游心太玄。”（三国魏・嵇康）

王羲之《兰亭集序》中名句：“仰观宇宙之大，俯察品类之盛。所以游目聘怀，足以极视听之娱，信可乐也。”陶渊明亦有“俯仰终宇宙，不乐复如何？”的诗句。宗白华先生指出：“俯仰往还，远近取与，是中国哲人的观照法，也是诗人的观照法。而这种观照法表现在我们的诗中画中，构成我们诗画中空间意识的特质。”[⑦]

这个精辟之论，也完全适用于中国的造园艺术，而这种俯仰的观察方式却说明一个事实，那人是在相对静出的状态中，靠视觉的运动去观察（观赏）自然的。这种空间意识和观察方式反映到建筑和造园中，则与秦汉的台苑和魏晋时的山居生活有密切的联系，但随着历史的发展，不同时代由于园居的生活方式的变化，在空间意识上的具体表现是不同的。我们可以从汉赋中来看，这一时期建筑和造园的有限空间与自然的无限空间的关系。如：“崇台闲馆，焕若列宿。”（东汉・班固《西都赋》）“排飞闼而上出，若游目于天表。”（东汉・班固《西都赋》）“伏棂槛而頫听，闻雷霆之相激。”（东汉・张衡《西京赋》）“结阳城之延阁，飞观榭乎云中。”（魏晋・左思《三都赋》）“开高轩以临山，列绮窗而瞰江。”（西晋・左思《蜀都赋》）

从这些描写可知，都是人在仰视巍峨崇高的建筑，和人在高出云表的建筑中远眺俯瞰的景象。秦汉时代是我国建筑史上高台建筑最盛的时期，不仅宫殿建造在高大的台基上，并在宫殿和苑囿中大量建造非常高峻的台观。《淮南子・汜论训》有云：“秦之时，高为台榭，大为苑囿，远为驰道。”这“高”“大”“远”三个字非常形象地概括了秦汉（袭秦制）时代建设的宏伟面貌。

台观建筑，早在春秋战国时就兴起，秦汉时非常盛行。当时所用“台观”和“台榭”一词中的“观”与“榭”，同今天所指的道教建筑的“观”和园林建筑的“亭榭”“水榭”不是一回事，概念完全不同，从古籍有关文字解释来看：观与榭的原意。“台，观西方而高者也。”（《说文》）“榭，台有屋也。”（《说文》）“土高曰台，有木曰榭。”（《传》）“台，持也。言筑土坚高能自胜持也。”（《尔雅》）“四方而高曰台。”（《尔雅》）“观其所由。”（《论语·为政》）注曰：“观，广瞻也。”“宫室不观。”（《左传·哀元年》）注曰：“台榭也。”“禁妇女无观。”（《吕氏春秋·季春》）注曰：“观，游也。”“观，观也，于上观望也。”（《三辅黄图》）

综上所释，从“台”本身的形式，大多是用土堆筑成四方形，从“观四方而高者”只说可以观览四方，指台的观览作用，台不一定就是方形。

台上建房屋，称“台榭”或“台观”。如上林苑的“长杨榭”又称“射熊观”，昆明池中的“豫章台”又称“豫章观”或统称“豫章宫”等。

秦汉的台，很少见台上无建筑物的记载，所以多台观、台榭连称。台榭是指台的形式，而台观则是指其高而可广瞻的功能特点。台榭的建筑不一定只是单幢的，也可能是一组非常壮丽辉煌的建筑，有的台也高得很，如甘泉宫的通天台，遥距三百里可“望见长安”（《三辅黄图》）。这样高的台绝非土筑，从有关资料可知是利用孤立独峙的山峰，削平山顶建造观榭的台。杨子云的《甘泉赋》形容通天台说：“是时未臻夫甘泉也，乃望通天之绎绎。下阴潜以惨廪兮，上洪纷而相错。直峣峣以造天兮，厥高庆而不可弥度。”

用现代语言说：“这时，还未达甘泉之宫，眺望于高耸云霄的通天之台。台下阴阴森森，顿生寒冷之感呵，台上宏伟错综，光辉灿烂。直立高耸以达天穹啊，那高度最终无法测量得清。”[8]可以想见台的宏伟高峻了。

台榭的“榭”，高台虽消失了，台上的建筑“榭”却留传下来，可能取其形式开敞，可以“广瞻”之意，成为园林建筑的一个重要类型，或隐花间，或枕水际，如《园冶》中云：“籍景成榭。”

台观之“观”，成为道教的宗教活动场所名称，是同秦皇汉武迷信方士荒诞的妄言、筑高台可以“候神明，望神仙”求长生不老之术有关，《三辅黄图》云这是汉武帝“多兴楼观”的缘故。东汉末五斗米道称静室，南北朝称仙馆，北周武帝时改“馆”为“观”；唐代尊奉老子为宗祖，并以高祖、太宗、高宗、中宗、睿宗五帝画像陪祀老子，因而“观”也称“宫”。以后道教祠宇遂称道宫或道观。[9]

秦汉时苑囿中的“台观”很多，用途亦很广。除了候神会仙的高台，如通天台、神明台等，还有“观祲象、察氛祥”的天文台；纪念死者的通灵台、归来望思之台；

观赏校猎，供帝王“览山川之体势”“观三军之杂获”的射熊观，以观看赛马、跑狗和动物的观象观、走马观、犬台、鱼台、鸟台等；还有观赏植物、风景、竞技等的台观。

总之这种能登高眺远的台观建筑，既有观赏自然山水和动植物的，也有供娱乐的，甚至以生产活动为观赏对象的台观。从观赏而言，既是高台就可远眺俯瞰广瞻八方，其景观内容亦可兼而有之。[10]

台观，这种高视点的观赏建筑，从视觉活动特点来说，有两种基本的观察方式。

一是仰眺俯瞰，空间景象随着视线在时间中由远而近的运动。这就形成后来山水画“三远”的画法中，“高远”和“深远”的透视和章法，从而出现中国独特的长条形立轴的画面构图。人们欣赏条幅山水，也是由上（远）往下（近）看，这同高视点的视觉活动方式是一致的。

二是游目环瞩，空间景象随视线在时间中左右水平向运动。这就是“平远”之景，从而产生横幅手卷画的透视和章法，横披长卷式的画面构图。中国画取景的这种特殊构图的画幅比例，正是来自于独特的观察方式。

这种“俯仰终宇宙”的观察所得，就是庄子的“乘物以游心”，从大自然中获得精神的自由和愉悦。眼睛是心灵的窗户，游心必须藉目动。所以，不论是远眺近览，仰视俯察，还是左顾右盼，游目环瞩，都是动态地在视线运动中取景，这同西方绘画固定视点的取景方法，是大异其趣的。

中国画不用静态的定点透视，而用动态的连续不断的散点透视法，曾有不少人认为是不科学的（？），这只能说明，还不了解中国人的宇宙观和空间意识的特质，画家要表现的是什么？早在六朝时画家王微（415-443）在《叙画》中说：“古人之作画也，非以案城域，办方州，标镇阜，划侵流，本乎形者融灵，而变动者心也。灵无所见，故所托不动；目有所极，故所见不周。于是乎以一管之笔，拟太虚之体；以判躯之状，尽寸眸之明。”[11]

中国画家不是画地图，绘画与实用无关，是一种精神创作。也不在写山水外在的形（即判躯），而要看到山水之灵，即表现出生命的活力和宇宙的生机，也就是使人精神飞扬浩荡的山水之美。不仅要以目之游动，而要以心灵的律动去观照，才能突破“目有所及，故所见不周”的视界局限，使一草一水，一丘一壑，达到“其意象在六合之表，荣落于四时之外”的空灵意境。实际上，所追求的是由有限（山水形质）达到无限（天地自然）的“道”！

15 世纪初被建筑家卜鲁勒莱西（Brunelleci）发现的“定点透视”原理［阿尔伯蒂（Alberti）1401–1472，第一次写成书］，对中国人来说，不是什么现代的新的知识。早在 1500 多年以前，较王微还早些的同时代画家宗炳（375–443）已经发现，他在《画山水序》中就曾指出：“且夫昆仑山之大，瞳子之小，迫目以寸，则其形莫视。迴以数里，则可围于寸眸。诚由去之稍阔，则其见弥小。今张绡素以远映，则昆阆之形，可围于方寸之内，竖划三寸，当千仞之高，横墨数尺，体百里之远。是以观画图者，徒患类（绘）之不巧，不以制小而累其似；此自然之势如是。则嵩华之秀，玄牝之灵，皆可得之于一图矣。”⑫

宗炳不仅说明了“视觉”是“距离感官”的特性，和透视上“近大远小”的基本原理，以及山水画之所以能写出“咫尺万里”的道理。并且提出“质有而趣灵”之说，要以山水之形表现出山水的“玄牝之灵”（即山水所显现出的“道”，有限中的无限性），所以自然山水便可成为贤者“澄怀味象”之象，这山水之象便与“道”是相通的。王微、宗炳画论所体现的精神，也就是“无往不复，天地际也”的空间意识。

从现代的审美直觉心理学而言，创造空间的最有效的手段，是将“形”的各种“质”排列成梯度，由大逐渐到小。在绘画中，这一切“质”的极限就是没影点（或透视中心灭点），它代表空间中无限远的地方。这无限的空间只集中在一点，因为画面必须要受到人的定点视角范围所限制，超出这个范围的物象是模糊的、变形的。这种限定并不符合人的视觉活动特点，更不适于中国人的空间意识和表现空间的精神审美要求。

散点透视，从表现的空间范围来说（不计其表现手段的制约）是无限的。所以西方绘画既不会有写嘉陵江三百里的《蜀道图》，也不会画出城市繁华的《清明上河图》。更重要的是，散点透视的“没影点”（灭点），是随着人的视点在运动的，它从不定于一点，而处处皆在；它不在画面的空间之内，而通向无限空间之中。这正是中国画有限中的无限性，常常能给人以一种深邃而悠然的宇宙感、时空感的奥秘了。

这种空间的表现方法，又是同中国人生活空间的构成与组合方式密切联系的。中国建筑木构架体系是平面空间结构，建筑空间与自然空间是互相融合的有机整体。建筑的空间序列、层次在时间的延续、伸延之中，具有时空的统一性、广延性、无限性。

这又同西方建筑集合空间成为整一的实体是完全不同的，西方建筑用定点成角透视，就可以通过建筑形体及其表现在形式上的节奏感，基本就可以把握住建筑的空间结构和其组合的特点。但是，对中国的传统建筑来说，不管画家用多少定点透视的画面图景，也无法将它的空间结构的整体性表现出来。只有像宋代科学家沈括在其名著《梦溪笔谈》中所说，用“以大观小”的办法才行，也就是采用高远的视野，游目骋怀的散点透视的方法，画出重重庭院和“中庭及巷中事”，才能将建筑的空间结构完整地、全面地表现在二度空间的画面里。对一座园林来说更是如此。

我们从秦汉的台和台上观察自然的视觉活动方式，谈到散点透视的特性，并分析其存在合理性，及其在中国艺术中的意义与价值，不仅是为了澄清人们对它的误解，更重要的是，从这种散点透视的表现方法中，有助于了解中国传统的空间概念和体现这空间概念的中国的艺术精神。

秦汉时代的苑囿内容十分庞杂，通俗地说，包括有动物园、植物园、果园、菜圃、药材种植园、游乐园、竞技场、林场等，既是帝王娱乐游赏和狩猎（有军事意义）之所，也是帝室生活资料生产的重要领地。[13]

大苑囿的空间环境，也决定着当时苑居娱游活动的内容和方式，如赛马、跑狗、观禽兽、赏竞技、狩猎等，都要求高观远赏；人工湖辽阔水面上的歌舞游嬉，满山遍野“煌煌扈扈”的花果树木，亦宜于宏观广瞻，也是远观其势，而非近赏其质。所以，“大”苑囿与“高”台榭，有着内在的联系，反映出当时帝王的苑居生活方式和娱游活动的要求。

从人与自然的审美关系看，苑囿建于自然山水之中，自有风景可赏。但从班固《西都赋》所述：天子“历长杨之榭，览山川之体势，观三军之杂获”的校猎活动，长杨榭的“台观”，显然是为帝王检阅秋冬狩猎所建的看台。其实上林苑各处离宫别馆中台观，无不是为某种特定的活动内容和观赏需要建造的，这是由苑囿本身的生产等功能所决定。直言之，并不是专门为观赏自然山水，才大建台观。

我们从《汉赋》中可以看到对上林苑大量的景观描写，都是对辉煌璀璨的宫殿台榭的赞扬，即使写到在崇台高阁可仰望彩虹的瑶光、俯听雷霆激荡的声音，这些自然景象也是为了衬托台榭的耸高和宏伟，极少见到以对自然山水审美感受的直接的描述。自然山水是征服的对象，是物质资源，是帝王拥有无尽的财富和至高无上权力的象征。人与自然山水的关系，是对立的、占有的关系，自然山水还没有成为人的自觉的、超功利的审美对象。

从造园的历史实践角度，无限空间的自然山水与有限空间的建筑、宫苑的关系，自然只是客观自在之物，还不是人主动汲取的精神审美对象。“无往不复，天地际也”

的空间意识，在秦汉造园中还是处于一种被动状态，可以用一句话来概括，就是左思《蜀都赋》中的："开高轩以临山，列绮窗而瞰江。"

## 2. 罗曾崖于户里　列镜澜于窗前

秦汉时代宏伟瑰丽的宫殿台榭，是在超经济的奴役与剥削基础上，以千百万人的大量生命力消耗为代价，所创造的人间奇迹。这地上宫阙升到天上的台榭，使人（统治者）摆脱了人世空间的局限，一览无碍地将人置于自然无限的空间里，体验山川之广大，宇宙深沉而幽渺的气象，无疑地使人的精神随着视觉开阔而得到解放。无论在物质文化和精神文化上，都有深刻的意义。这种象征帝王至高无上的权威，满足极权统治者贪婪情欲需要的产物，如列宁所说："没有情欲，世界上任何伟大的事业都不会成功。"[14] 对历史上一切建筑文化均可作如斯观。

到魏晋南北朝时，是政治上的大动乱酿成社会秩序的大解体，社会现实本身就否定了两汉时所信奉的那套伦理道德、谶纬宿命、繁琐经学等的规范、价值和标准。人们正是从对外在的怀疑否定中，激起了内在人格的觉醒，对人生、生命和生活享乐欲望的追求。《古诗十九首》中充满着叹人生之短促，哀人世之沧桑，而求及时行乐的思想。自然山水庄园经济的兴盛，崇尚道家之学"肥遁"或"嘉遁"于佳山胜水之中的诗人学者，可以纵情遨游，尽情领略大自然之美。"庄子对世俗感到沉浊而要求超越于世俗之上的思想，会于不知不觉中， 使人要求超越人世间而归向自然，并主动地去追寻自然。他的物化精神，可赋予自然以人格化，亦可赋予人格以自然化。这样便可以使人进一步想在自然中——山水中，安顿自己的生命。"[15] 所以，到魏晋时代，自然山水已成为人们自觉的审美对象。

但正如我们在"园林是向往自然的精神欲求"一章中所说，像谢灵运的"寻山陟岭，必造幽峻。岩障千重，莫不备尽登蹑"[16]，他如此酷爱山水之情，是不能简单地从寻求自然美的满足来解释的，据史书记载："谢灵运'尝自始宁（今浙江上虞西南）南山，伐木开径，直至临海（今浙江临海东南），临海太守王琇惊骇，谓为山贼，徐知是灵运乃安'。[17]

谢灵运这种占山封水掠夺性的开发，不仅是在始宁，"在会稽亦多徒众，惊动县邑”。他看中会稽东郊的回踵湖，“求决以为田”，未能得逞，“又求始宁岯崲湖为田”，也遭到太守孟顗的拒绝。谢灵运就“言论毁伤之，与顗遂构仇隙”。可见其骄横和贪婪了。

事物都是辩证的，没有这种开发，山水天然自在，就不会为人所发现，为人所欣赏。自然山水只有进入人的生活，成为人的生活部分，人也就成为自然的一部分（直接的意义而言）。这大概就是魏晋时人在普遍地发现山水之美，寻求山水，沉浸于山水之中，达到人与自然相化而相忘的缘由。

魏晋时，人对自然山水的欣赏达到“以玄对山水”（《世说新语》卷下之上《容止》）的境界。“玄”就是老子所说的“众妙之门”的“道”。即以“虚静”的安宁的心灵去观照山水，超脱世俗的缠绕，空者一切，一心无挂碍，静观自然，万象空明，人与山水各自呈现着它们的充实的、内在的、自由的生命，人与自然融为一体，达到“神超形越”的相化相忘的境界。这也就是艺术心灵的诞生。

老庄的哲学思想渗透在建筑和造园（魏晋时指建筑与自然山水的关系）的空间意识里，就是力求从视觉上突破建筑和庭院封闭的有限空间的局限，把人为的有限空间，与自然的无限空间贯通、融合、统一起来，栖岩息壑居于山水之中的人，固然可常常去“寻山涉岭”探幽觅胜，但总不能终日去遨游，而“丘园养素”乃是人所常居的生活，不下堂筵可得山林之美，这就成为园（山）居生活必然追求的内容。谢灵运以他艺术家和诗人的才能，在山居创建之初，就非常重视建筑的位置经营和自然山水环境间结合的关系，可谓“爰初经略”“躬自履行”“择良选奇，翦榛开迳，寻石觅崖”惨淡经营，并总结出一套建筑布局与规划的经验：“面南岭，建经台；倚北阜，筑讲堂；傍危峰，立禅室；临浚流，列僧房。对百年之高木，纳万代之芬芳；抱终古之泉源，美膏液之清长；谢丽塔于郊郭，殊世间于城傍。”[18]

谢灵运不仅崇尚老庄，且笃信佛学，这里所说的经台、讲堂、禅室、僧房，在他的《山居赋》里并非实指寺院，当时正是佛教盛行，舍宅为寺成风之时，有借以示其超脱的意思罢了。从《山居赋》中可见，谢灵运别墅的建筑位置确是颇具匠心的。在江水曲折回环处，筑楼两面临水，尽俯仰之美；在林水深邃处，构宇临潭与半岭之小楼相望，构成一幅倚岩壁，眺远岭，四山环抱，溪间交流，具水石林竹之美，岩岫隈曲之好的建筑山水图画。

谢灵运通过他山居的建筑实践，在他铺陈描绘的《山居赋》里，从建筑的空间艺术方面，提出了很精辟的观点："抗北顶以葺馆，瞰南峰以启轩，罗曾崖于户里，列镜澜于窗前。因丹霞以赪楣，附碧云以翠椽。视奔星之俯驰，顾飞埃之未牵。"

第一句说明建筑因形就势，建于北峰而面南岭的位置，三四句是仰视建筑，和在建筑中俯览景象的描写。值得注意的是第二句，"罗曾崖于户里，列镜澜于窗前"。意思是说，建筑（包括宅院）的位置经营，要从外向视野中，把重山复岭收罗到门户之内，将山川流水陈列于窗牖之前。这就是说，在自然山水中建造房屋，不是能看到什么，就看什么，而是需要如何看，应看到的是什么！最好看到什么！要达到这个目的，人（建筑师和景园建筑师）就必须有意识地、主动地把自然的最佳景观，纳入生活环境的有限空间之中。使有限与无限空间之间，得以流通、流畅、流动而融合，这就是从有限观照无限，通向无限，又回归于有限，达于自我的"无往不复，天地际也"的空间意识，在建筑与造园艺术中的体现。这一空间意识上的突破，可与秦汉加以对比："开高轩以临山，列绮窗而瞰江。（秦汉）罗曾崖于户里，列镜澜于窗前。（魏晋）"

秦汉赋中的这句话，"开"和"列"是指建筑，打开门窗户牖而言，"临山""瞰江"是人在建筑的有限空间里所能看到的景象。人与自然山水的审美关系是无意识的、非组织的、被动的关系。反映当时人与自然是对峙的、分离的、自在的、功利多于审美的关系。

而魏晋《山居赋》句中的"罗"与"列"是指自然山水和人的审美感受。"曾（同增或层）崖""镜澜"不是指任何可见的山水，是重峦叠嶂的山，清澈如镜的波澜之水，包含着有选择的、具有林泉之美的山水形象。而且人与自然山水的审美关系，是有意识的、有组织的、主动的关系。反映人与自然是相亲、相融、相辅的"神超形越"的审美关系。

在1500年以前，诗人谢灵运的这种将自然山水收罗于户牖之内的空间意识，可以说是把"无往不复，天地际也"的空间意识，具体地生活化、实践化了，这是中国造园和建筑艺术在空间理论上的突破，是实践的飞跃，是艺术思想的升华，这对中国建筑和造园艺术在空间上所体现的民族性格和精神，要比在形式上所体现的特征更为重要，其意义也更为深远。

中国河山锦绣，全国各地都有名山胜水，可谓"崖崖壑壑竞仙姿"，不仅古刹禅林、仙宫祠庙遍布于名山大川之中，几乎景色佳丽，人所能到之处，无不建高楼、构杰阁、造危塔、立翼亭，为人们提供一个最佳的观赏点和休憩的地方，这些极富民族风格的

人工建筑景观，又将自然山水点染得更富于中国的民族特色和民族精神。（图 1）

明人诗中曾有“祠补旧青山”之句，这个“补”字，确是非常精当地说出中国建筑与自然山水的有机结合，没有它会使人感到不足，缺少了什么，有了它自然之美更加生色，而充分地显示出来，人工景观与自然景观成为不可分的相互融合的统一整体。这些建筑，在把自然山水收罗于户牖之内的空间艺术与意匠上积累有大量的经验，正因为这些山水名胜中的建筑，历来已成为人们生活中的一部分，习以为常，视为当然，往往多从宗教的意义、文物的价值去注重它，却极少有人从造园学角度去寻其究竟，去总结这份极为珍贵的遗产。如名闻遐迩，著称世界的中国三大楼阁：黄鹤楼、岳阳楼、滕王阁，高楼杰阁，临江枕流，古往今来，登眺饱览河山的感性名作，许多堪称千古绝唱，陶冶、激励着中华儿女，对祖国锦绣河山的热爱，为中华民族的灿烂文化而自豪！可谓“楼阁为山河而增辉，山河因楼阁而名著”。它们的作用，早已超越建筑自身的美学意义，而成为民族文化的象征！

在各地名山胜水中遍布着难以数计的祠庙佛寺，虽为了显示“神”的无边法力，将建筑悬于峭壁，立于危峻（《康熙字典》“峰聚之山曰峻”）之巅，这种危筑奇构颇多，仅山西一地就有著名的浑源“悬空寺”、隰县的“小西天”等， 不仅建筑本身结构奇巧，在利用自然和空间意匠上，也有其独特的妙思。这不是神的法力无边，而是人的智慧胜天！

还有那大量因山构筑、层层叠叠的殿堂禅院，不仅在建筑空间与造型上，有许多独特的意匠和精湛的处理手法；在建筑与环境的巧妙结合上，更有匠心独运的种种构思，对今后的建筑实践，都是大可师法和足资借鉴的丰富宝藏！

在建筑空间艺术方面，我们拥有非常丰富的优秀传统，惜乎重视者少，以至近年在风景区的建设中，如评者所说，出现了不少“建设性破坏”自然景观的憾事，岂不令人深思！我国古代在自然山水中杰出的建筑实例多不胜举，现仅从造园角度举一二例来说明。

杭州的“韬光庵”，原在灵隐寺右的半山上，唐诗人宋之问曾有“楼观沧海日，门对浙江潮”之佳句。明萧士玮在《韬光庵小记》中说，他初到灵隐，求“楼观沧海日，门对浙江潮”的景境而不得，后至韬光庵才“了了在吾目中矣”！晚间“枕上沸波，竟夜不息，视听幽独，喧极反寂。益信声无哀乐也。”[18]袁宏道亦有《韬光庵小记》之作，景境描写较详，记：“韬光在山之腰，出灵隐后二三里路，径甚可爱。古木婆

图 1. 山东泰山观日亭

娑，草香泉渍，淙淙之声，四分五络，达于山厨。庵内望钱塘江，浪纹可数。余始入灵隐，疑宋之问诗不似，意古人取景，或亦如近代词客，捃拾帮凑。及登韬光，始知沧海、浙江、扪萝、刳木数语，字字入画，古人真不可及。”[19]

萧士玮和袁宏道因只闻名灵隐而不知韬光，初到灵隐寻宋之问的“楼观沧海日，门对浙江潮”胜景，“竟无所见”。至韬光方知宋诗所写是“字字入画”的。可见，自然景观之美，非随处皆然，是有其最佳的视野、视角或视点处，韬光庵的选址和景观之妙，既在于它把“沧海日”“浙江潮”巧妙地收罗于户牖之内，为人们提供和展现出一幅江海气势的最佳图景，同时韬光庵自身亦处于林泉之美的景境中。如萧士玮在《记》中所说：“大都山之姿态，得树而妍；山之骨格，得石而苍；山之营卫，得水而活。惟韬光道中，能全有之。”所以韬光庵才成为文人墨客乐于吟诵的对象。

从这些文字记述中，给我们以很深的启示，在自然山水中的建筑，今天往往只考虑建筑基地的环境和建筑自身的功能，而忽视建筑与自然山水境域的有机联系，可谓虽在其中而实在其外，说它“在其中”，是指其建造在山水之中，但在视觉上却囿于自身周围的小环境，这有限空间与无限的自然空间并不相通，实际上是隔千山水之外。这种设计可名之为“划地为牢”，是封闭的、唯我的意识。

但既在其中，山水境域的视界是广阔的，视野是多维的，由此不能观彼，而彼彼则可观此，一经建成就客观地构成山水的一部分。若建筑形体和位置不当所谓“祠补旧青山”，这个“补”就不是补其不足（人文景观或人化自然）使其生辉，反成多余的“补丁”而大煞风景；这“凝固的音乐”可能成为自然交响乐中刺耳的不谐之音。如计成所诫：“须陈风月清音，休犯山林罪过。”[20]可见，大至自然山水风景区的规划，小至山水中一幢建筑，非胸无丘壑，对传统文化无知者可为，否则徒犯山林罪过罢了。

笔者实践体会，在山水中亭子虽到处可建，亦非随手捻来均成格局的。即是嶝道回转处建亭，造什么样的亭子？是方是圆，是六角还是套方；顶是钻尖是卷棚，是单檐还是重檐；尺度的大小，体量的重轻等。撇开风景区的性质和总体规划等大前提不谈，单从审美角度，就不是亭址的局部环境所能决定的，既要考虑上下山视线的变化，仰俯所见亭的景观，更要考虑他处可视此亭与山水是否和谐协调。这就是计成在《园冶》中所说的“互相借资”顾此及彼，彼此兼顾的道理。如今所乐道者是“全方位”的设计，是开放的、无我的意识。

纳山川于户牖的空间意识，不仅体现在建筑的选址上，也必须体现在建筑本身的空间意匠中。这里再举个很有参考价值的例子，张岱在《西湖梦寻》卷五“火德庙”条中描述：“火德祠在城隍庙右，内为道士精庐。北眺西泠，湖中胜概，尽作盆池小景。南北两蜂，如研山在案；明圣二湖，如水盂在几。窗棂门楴，凡见湖者，皆为一幅画图，小则斗方，长则单条，阔则横披，纵则手卷，移步换影，若迂韵人，自当解衣盘礴。画家所谓水墨丹青，淡描浓抹，无所不有。昔人言：一粒粟中藏世界，半升铛里煮山川。盖谓此也。”[21]

这段文字的精彩，在概括了祠中远眺广瞻的湖山胜概之后，讲到人在建筑里通过门窗户牖看到一幅幅如画的景色。而这阙如的户牖如斗方（方约一尺的书画）、如单条、如横披、如手卷，就不单是门窗的隔扇，而是经过精心设计的墙上之“牖”，或景框式的门空了。张岱《火德祠诗》可说明：“千顷一湖光，缩为杯子大。余爱眼界宽，大地收隙罅。瓮牖与窗棂，到眼皆图画。渐入亦渐佳，长康食甘蔗。数笔倪云林，居然胜荆夏。……，……。”

诗中“长康”指晋画家山水画创始者顾恺之（341–402），字长康，小字虎头，食甘蔗典未详。倪云林，元代画家倪瓒（1301–1374），字元镇，云林子是他的别号之一，倪画逸笔草草，以天真幽淡为宗。荆夏，指五代梁至唐时画家荆浩，字浩然，自号洪谷子；南宋画家夏珪，字禹玉。荆浩山水画构图丰满，气势雄浑邈远；夏珪则构图简约，善画“剩水残水”，工致而精细。意思是说，即使窗中景物很少，就如倪云林的逸笔草草，但诗意隽永。诗中的“瓮牖”，就是指在墙上开凿的窗户。

文中所说：“昔人言，一粒粟中藏世界，半升铛里煮山川。”这个颇有禅味的比喻，可以说是将“罗曾崖于户里，列镜澜于窗前”不仅形象化了，在内涵上也更广阔了。这种空间意识发展到清代的皇家园林，清帝乾隆弘历在圆明园《御制诗序》“蓬岛瑶台”（图2）中亦说：“真妄一如，大小一如，能知此是三壶方丈，便可半升铛里煮江山。”

用现代汉语说：真的与假的（神话仙境）相同，大的同小的一样，能知道（欣赏、感受）这人工小岛就如那海上仙山（方壶、瀛壶、蓬壶），便可用半升的容器去煮整个的江山了。所讲对象同张岱所说虽然完全不同，张岱所指是自然的真山真水，弘历所说则是人工创作的写意式的假山水。但从创作思想上所反映的空间意识是一脉相承的，都是“无往不复，天地际也”的空间意识，在不同时代的造园与建筑实践中，表现了不同形式与内容。而张岱所说的门窗户牖，从取景将它图框化，或斗方，或单条，

1. 蓬岛瑶台　4. 镜中阁　7. 随安室
2. 瀛海仙山　5. 畅襟楼　8. 日日平安报好音
3. 北岛玉宇　6. 神州三岛　9. 安养道场极乐世界

图 2. 北京圆明园蓬岛瑶台

或横披，或手卷，这种富于民族形式的意匠和美学思想，到清代造园发展的盛期，就为李渔所继承并加以发展，创立“无心画”“尺幅窗”。由此足资证明，传统——动态的观念之流，在历史上是在不断变化与发展之中的。

### 3. 视觉莫穷 往复无尽

从秦汉的台苑到魏晋的山居，都是在自然山水中的园居生活，“无往不复”的空间意识，反映在人与自然的审美关系和审美方式上，是一个从无意识、被动的、功利的审美关系，到有意识的、主动的、超功利的发展过程，这个过程的最终体现，就是将自然山水收罗于户牖之内的方式，或者说“半升铛里煮江山”的意识。这种将无限的空间纳于有限空间里的空间意识，对中国的建筑艺术，特别是远离自然山水蛰居城市的造园艺术突破封闭的有限空间视界的局限，有着非常重要的意义。

城市园林的空间特质的形成有个漫长的历史过程，论画者云：“书盛于晋，画盛于唐，宋书画一耳。”（元杨维桢《论画》）山水画不兴于自然山水庄园时代，而盛于城市经济繁荣的唐宋，有如人们所乐道的，最珍贵的不是人们所拥有的，而是已失去的东西。这种现象，我们在第二章中已作了较详细的分析，不再赘述。需要说明的是，园林的兴起虽与山水画有相同的原因，但园林与山水的发展过程却不可能是完全同步的，任何划时代艺术形式的产生，同社会经济的繁荣并无直接的联系。但作为人的物质生活组成部分的园林，需要有一定的经济和物质技术条件，却不能脱离社会经济的繁荣和发展。

唐宋城市园林的兴起，还处于始发阶段，多集中于都邑京畿之内，为极少数贵胄显宦者所有，在其他城市尚极少见有私家园林的记载，我们从元结（719–772）的《右溪记》中，对当时道州城西的小溪感叹：“处在人间，可为都邑之胜境，静者之林亭。”可知园林（林亭）还只见于都城。柳宗元（773–819）在《钴鉧潭西小丘记》中亦云：“噫！以兹立之胜，致之沣镐鄠杜，则贵游之士争买者，日增千金而愈不得。今弃是州也，农夫渔父，过而陋之。”这是柳宗元的《永州八记》中的一篇，其中的“沣镐鄠杜”是畿内的八川水名，这里也是指都城长安。可见园林多集中都城重镇，其他城市附近虽有清幽的天然胜境，亦无人问津去构筑园林。对芸芸众生终日劳碌奔波的农夫渔父来说，他们根本不会有饱食终日者的闲情逸致，和欣赏林泉之美的眼睛，自然是“过而陋之”的了。

唐宋园林的性质，还不是宅居生活的组成部分，或者说家庭生活还未园林化。当时园林只是供园主在宴会时的娱乐场所，这种“宴集式”的娱游生活方式，要求有较大的空间范围，建筑则务率宏竣，景境意在疏朗，重在“旷如也”，而不追求“奥如也”。故多竹树池沼，锦厅凉榭，尚无人工造山之说。如果说，北魏张伦造园立意在山，唐宋造园主要在水，说明：以自然山水为主题思想的创作还没有形成完整的体系，还属发展中的过渡阶段。即从对自然山水的模写到写意创作的过渡。

但在审美的方式上，这种园居已不同于山居，已起了质的变化。身处宦海闹市的士大夫们已非“嘉遁”山水者，只能从闹处寻幽，所以元结和柳宗元发现城郊一小块清幽的地方就倍加珍惜，从而造成对自然山水的不同观赏方式：“谢陶时代是在无限空间中以宏观的方式，极目聘怀，俯仰自得，欣赏大自然山河气势的壮美；蛰居闹市的唐代士大夫则是以微观方式，近观静赏，从有限空间中体验无限，从水石的局部景象中生发涉身岩壑之想，重在意趣。”[21]

元、柳这种从自然的局部景象（树竹水石）的审美观照中，而能引起涉身岩壑之想，在有限的空间里如处无限空间的自然山水之中，这种近观静赏，身与物化的审美方式和审美经验，为后世园林写意山水的创作，无疑提供了一个“师法自然”的途径和典范，从自然本身揭示了写意山水的奥秘。质言之，中国古典园林的写意山水创作，有其客观的、自然的依据，绝非纵情抽象、恣意而为的东西。是“外师造化，中得心源”[22]客观的造化（自然）与主观的精神（心灵）两相融合的一种创造。

从唐代自然山水园居生活中，所反映的人与自然关系的变化，是另一值得提出和重视的问题。

唐代的自然山水园较之魏晋南北朝时期，规模已小得多了，从诗文中可见一斑：“坐穷古今掩书堂，二顷湖田一半荒。（许浑《题崔处士山居》）暂来城市意如何，却忆葛阳溪上居。不惮薄田输井税，自将佳句著州闾。（权德舆《送李处士弋阳山居》）寄家丹水边，归去种春田。白发无自己，空山又一年。（于鹄《送李明府归别业》〉先生近南郭，茅屋临东川。桑叶隐村户，芦花映钓船。有时著书暇，尽日窗中眠。且闻闾井近，灌田同一泉。（岑参《寻巩县南李处士别业》）东皋占薄田，耕种过余年。护药栽山刺，浇蔬引竹泉。晚雷期稔岁，重雾报晴天。若问幽人意，思齐沮溺贤。（耿讳《东皋别业》）”

从题名处士和耿讳诗中的“思齐沮溺贤”可知，沮溺是二人的名字。《论语·微子》：“长沮、杰溺耦而耕，是古之隐者辟世之士也。”这些山居、别业多是隐迹山林的辟世之士，与魏晋间门阀士族的“肥遁”和“嘉遁”的生活意识完全不同， 我们从白居易的《新置草堂即事咏怀题于石上》一诗，说得很清楚，诗云：“何以洗我耳，屋头飞落泉。何以净我眼，砌下生白莲。左手携一壶，右手挈五弦。傲然意自足，箕居于其间。兴酣仰天歌，歌中聊寄言。言我本野夫，误为世风牵。时来昔捧曰，老去今归山，倦鸟得茂林，涸鱼返清泉。舍此欲焉往，人间多险艰。”

白居易深感人间的险艰，厌倦了世网的牵累，欲逃避这无法逃避的社会现实，隐迹山林，与泉石为伍，极耳目之娱。诗画大家王维的“辋川别业”的园居生活，虽然在物质生活条件上，白居易的“庐山草堂”无法与之相比，但他们逃避现实，从自然山水中求得精神上的解脱和心灵的安慰，目的却是一致的。基于这种消极的生活态度，不会有谢灵运那种占山封水掠夺性的欲望，而是“足以容膝，足以息肩”，需要的是幽僻以自适的环境。从他们对自然景物深微的观察，意境清幽恬澹的诗文中，自然山水和草木泉石，不只是被欣赏的、无情的、僵死的东西，更不是独立自在与人无关，而是人的生活组成部分、融合在人的生活和思想感情之中。庐山草堂，是白居易“左手携一壶，右手挈五弦”或“左手引妻子，右手抱琴书”“傲然意自足，箕居于其间”的生活环境，也是王维“独坐幽篁里，弹琴复长啸”借以抒发感情的地方。人之“情”与物之“景”是交融的，人在情景中，景融生活里的人与自然的关系。

把中国造园历史发展作为运动过程来考察，自秦汉到唐宋，从远观其势、以大观小的宏观方式，转化为近赏其质，小中见大的微观方式，这是由审美对象的空间缩小，引起审美方式变化的结果。从审美态度和思想上，由将自然山木收于户牖，转化为景境融于生活和人化景境之中，情景交融的审美意识。我认为：没有这两方面的转化（互为表面），造园艺术在空间日益缩小的趋势下，以自然山水为创作主题的园林，反而日益充实、完整、升华而取得高度的艺术成就，是难以想象的，也是不可能达到的。

明清时代，是中国园林发展的鼎盛时期，至清中叶，乾隆六次南巡促使园林发展达到高峰。计成《园冶》的问世标志了中国园林在实践和理论上的成熟。有一个非常有意义的现象，中国园林的发展是随着时间的延续，空间上不断地缩小，由广袤数百里之大，精缩到百余平米之小，就像一座矿山经过长期不懈地冶炼，而独存精粹发出闪耀的光辉。

私家园林随着空间日小，有限与无限的矛盾也就日益尖锐。“无往不复”的空间意识，反映在古典园林中的根本问题，是如何突破园林有限空间的视界局限。

从园林的功能：可居、可望、可游来分析，园林的可居（广义的）不同于住宅，要有景可望，有境可游；而有可望之景，可游之境，园林才有可居的意义。所以，园林在空间上的突破，关键在可望、可游的意匠经营之中。

3.1 可望

可望多属于静态的观赏，或者是游赏中处暂时的相对静止的状态，主要是视觉审美的问题。景境的创造要能令人视觉无尽，这就必须突破空间的视界局限。

“视界”这个词，不是哲学上“用来表示思维受其有限的规定性束缚的方式，以及视野范围扩展的规律的本质”[23]的概念，而是指就人的视觉心理特点而言，笔者20世纪60年代研究建筑和园林空间的意匠时，对人视觉所感知的界限或界面，不一定都是有形的实体这一现象，如大厅中铺上一块色质与地面悬殊的地毯，再在一边立上屏风或灵活的隔断，就会形成一个无形而有限的独立空间部分，这个空间就包含着三个无形的界面；即使在厅中任意处立一根柱子，视觉上就会感到空间被划分而形成一些界面；园林花木中的通幽小径，同样会形成一定的有限空间和无形的界面等[24]。我所说的这些视觉上所感知的界限或界面，无以名之，就简约称之为“视界”。“视界”就是视觉所感知的界限或界面，既包含物质实体隔断视线的实界面，也包含由实体构成虚拟的合目的或规律的空间结构的虚界面。

园林创造景境，要突破人的视界局限，纵观实践可概括为两大类型：视界的超越和视觉之莫穷。

其一，视界的超越。

将视野扩展到阔外，最有效的手法就是把自然山水纳入户牖之内的空间意识的实践化，超越园墙视界的局限，直接观照自然，是计成《园冶》中“远借”园外之景的创作思想方法。计成有精辟之论曰：“园虽别内外，得景则无拘远近，晴峦耸秀，绀宇（寺庙）凌空，极目所至，俗则屏之，嘉则收之，不分町畽（田野），尽为烟景。”

可谓“远峰偏宜借景，秀色堪餐”，有限达于无限，无限又归之于有限的观照法。但千里之山不能尽奇，万里之水亦非尽秀，何况园林要受城市环境的种种限制，所以要“屏俗收嘉”下一番剪裁的功夫，庸俗的要屏蔽（有视界），美好的要“物无遁形”尽收之。“远借”就要抬高视点，故《园冶》有云：“山楼凭远，纵目皆然；竹坞寻幽，醉心即是。轩楹高爽，窗户虚邻，纳千顷之汪洋，收四时之烂缦。”

城市园林空间小，早已不兴构筑高台，都“赖有小楼能聚远”。从规划经营，楼既有登眺之功用，其位置选择必须在视野之内有景可望，“窗中列远岫，庭际俯乔木”（谢朓），“窗含西岭千秋雪，门泊东吴万里船”（杜甫），都是楼阁借远景的生动描绘。无景可望，则宜藏幽密处，视界之内自成一境。

视界的超越，还可用间接观照法，所谓间接，是指视线不超越园外，而是在视界之内借“有意味的”形色或音响，将人的情趣、意会引向园林的空间之外。要稍加说明的是“观照”一词的含义，这是借用佛学的词汇，“观，是观照，即智慧的意思”。[25]这里作为一种“体验”的方式而言。我们常常讲到的从有限达于无限，无限又归之于有限的“无往不复”的空间意识，亦非简单地指目之所见，其中更多包含着心灵的“体验”。故不用观看、观察二字，而用“观照”一词。

所谓间接的观照法，是目虽观此而心思境外，这就是《园冶》中“邻借”隔院之景的创作思想方法。如“萧寺可以卜邻，梵音到耳”“若对邻氏之花，才几分消息，可以招呼，收春无尽”。

“梵音到耳”是闻声，与“刹宇隐环窗”的见形则不同。视觉是距离的感官，隔墙寺院近不可睹，但其声可闻，钟声、磬声、木鱼声、诵经声，交织成浑厚袅绕的梵音，缘声不仅令人想见隔院刹宇，还能给人一种空间超越之感。而对“邻氏之花”，人们不难想起“一枝红杏出墙来”的诗句，而生“春色满园关不住”的联想和情怀了。

视界的超越，实质在于视觉空间的扩大。如果园林既无“远借”之景，也无“邻借”之境，囿于园的视界之内，还有《园冶》未曾道及的“镜借”之法。

中国古代以铜为镜，《说文》段注：“金有光可照物谓之镜。”唐诗有“隔窗云雾生衣上，卷幔山泉入镜中”（王维），“帆影都从窗隙过，溪光合向镜中看”（叶令仪）。园林中用镜的反照以扩大空间，《扬州画舫录》中有记载，今日在苏州古典园林中还常见（玻璃涂汞剂之镜），如苏州怡园面壁亭，处地迫隘，亭中悬一大镜，将对面假山及山上螺髻亭收入镜中，从而扩大了空间视界；吴江同里镇的退思园，进入园门隔岸临水小阁中悬一大镜，半园景色尽映其中，空间有迷离扑朔之感。苏州鹤园规模较小，园内面西之亭，亭后墙中悬一镜，因亭前植物近迫，效果则欠佳，不如墙上开空窗以借蓝天要空灵得多。

水面清澈实如天然之镜，浮空泛影，“楼阁碍云霞而出没”，池边照影，人如行云之中，是园林扩大空间最妙的境界。环境之佳者，可利用池水“镜借”远山之秀色。如常熟的赵园，一池秋水，将园北的虞山映现在园林之中，积水空明，上下晖映，可称一绝。可惜，今日之赵园，池虽幸存，景物多毁，而且园外高楼参差，虞山倩影早为闹市所湮没矣。

其二，视觉之莫穷。

园林造景，一景一物要能使人莫测颠末，莫究浅深，莫知其源。“莫穷”，视觉则无尽。这种可望的要求，实际上大至园林规划，小到景物的创作，莫不如此。这里只是从静赏角度，对构成园林景境的主题，对山和水的视觉形象问题作概括的分析。

1）水

池水若要视觉无尽，绝不能如西方的“方塘石洫”，一览无余。所以《园冶》中说：“杂树参天，楼阁碍云霞而出没；繁花覆地，亭台突池沼而参差。”[26]

杂树参天，则景色迷蒙；楼阁亭台错综参差，既打破池的边岸，且空间富于层次，不能一望而尽，池的大小就莫测，境则“旷如也”。“临溪越地，虚阁堪支；夹巷借天，浮廊可度。”[27]

虚阁建于水口（实是阁下做成水口），水似从阁下出，莫穷其深其远，不知源头何处，池水却有来由，水具生意，人有远思。如苏州狮子林的“修竹阁”，其立意在此，故成佳构(图3)。而苏州耦园的“山水间”水榭，北面临长流，东西两侧引水如沟渠，形成三面有水的半岛式，突出榭在水中，因池小而觉榭的体量过大，榭的体量之大又倍觉池水之小，也失去水口的源头活水之意趣，从环境的意匠来看，此处景观是个不成功的例子（图4）。

浮廊跨水，是隔出境界；若一带长廊沿墙曲折，临水一面架空，廊如浮筏水上，堤岸隐于廊下，水的边界莫测，令人有池水无边之感，既扩展了水面，更开阔了空间视界。如苏州拙政园西部之“水廊”，或用廊桥跨水，隔而不绝，空间通透，层次则生。拙政园“小飞虹”水院亦如此，使人有不知园的大小之妙(图5)。“引蔓通津，缘飞梁可度。”[28]“疏水若为无尽，断处通桥。”[29]

是隔出境界的手法，水面隔而水不断，视界似有若无，隔出空间的层次，心理的

3 4
5

图 3. 苏州狮子林修竹阁
图 4. 苏州耦园山水间（阁）
图 5. 苏州拙政园小飞虹

距离随增，视觉莫测其浅深，从而有无尽之感。如苏州的壶园（今已不存），园甚小而以水为主，近厅堂处，支分脉散，如小溪隐出墙外，上架石梁，墙上藤萝漫衍，颇有深意，是隔的一例（图 6~ 图 8）。

文震亨《长物志》中，对大、小池塘的意匠亦有精辟之论：大池则“长堤横隔，汀蒲、岸苇杂植其中，一望无际”，小池“必须湖石四围”“四周野藤、细竹”[30]。用湖石围池，欹嵌盘屈，池的边界则莫穷；野藤细竹，蒙络扶疏，景境自然悄怆幽邃。苏州狮子林修竹阁前小池，是典型的例子（图 3）。种种手法，可用画论中的一句话来概括：“水欲远，尽出之则不远。掩映断其派，则远矣！”[31]

2）山

计成在《园冶》“掇山”中，对园林山叠石有概括性的论述，说：“方堆顽夯而起，渐以皴文而加；瘦漏生奇，玲珑安巧。峭壁贵于直立；悬崖使其后坚。岩、峦、洞、穴之莫穷，涧、壑、坡、矶之俨是；信足疑无别境，举头自有深情。蹊径盘且长，峰峦秀而古，咫尺山林，妙在得乎一人，雅从兼于半土（士）。”[32]

园林多用湖石掇山，千姿百态，各具自然之形，虽不能无总体构思，却无法绘制成图，按图施工，更无固定法式可循，全在造园家目寄心期，调度有方。如《梅村家藏稿·张南垣传》载清初叠山名家张南垣创作时情景：“经营粉本，高下浓淡，早有成法。初立土山，树木未添，岩壑已具，随皴随改，烟云渲染，补入无痕；即一花一竹，疏密欹斜，妙得俯仰。”[33]

叠山只能“随皴随改”，但要“补入无痕”大非易事，所以计成强调“咫尺山林”的创造要靠一个高水平主持工程的人。而“雅从兼于半土”句，据吾友曹汛的考据“土”为“士”字讹误，士是指园的主人。这很重要，有权者以一己之见强制实现，是传统权势欲的顽固表现，千年之陋习，若园主（产权所有者）庸俗不堪，一意孤行地任意干预，甚至乱加指挥，即使计成再生，张南垣还世，“咫尺山林”也定成百衲僧衣，鸟兽粪的堆积，徒贻笑子孙而已！

从视觉无尽的要求，“峭壁贵于直立”者，峭壁多掇于厅堂、书房的庭院中，是依墙嵌理成悬崖峭壁的意象，“直立”“悬挑”是以夸张的手法，强调“悬”与“峭”的特征，常“起脚宜小，渐理渐大”，虽高仅及屋，而悬挑数尺。因庭院空间小，视距浅，欲窥全貌，必须仰视，仰视其颠则不见其末，俯视其末则不见其颠，颠末莫测，才能给人以实兀逼人，而有高不可攀的气势。若置于空间开阔处，势必假象毕露，如

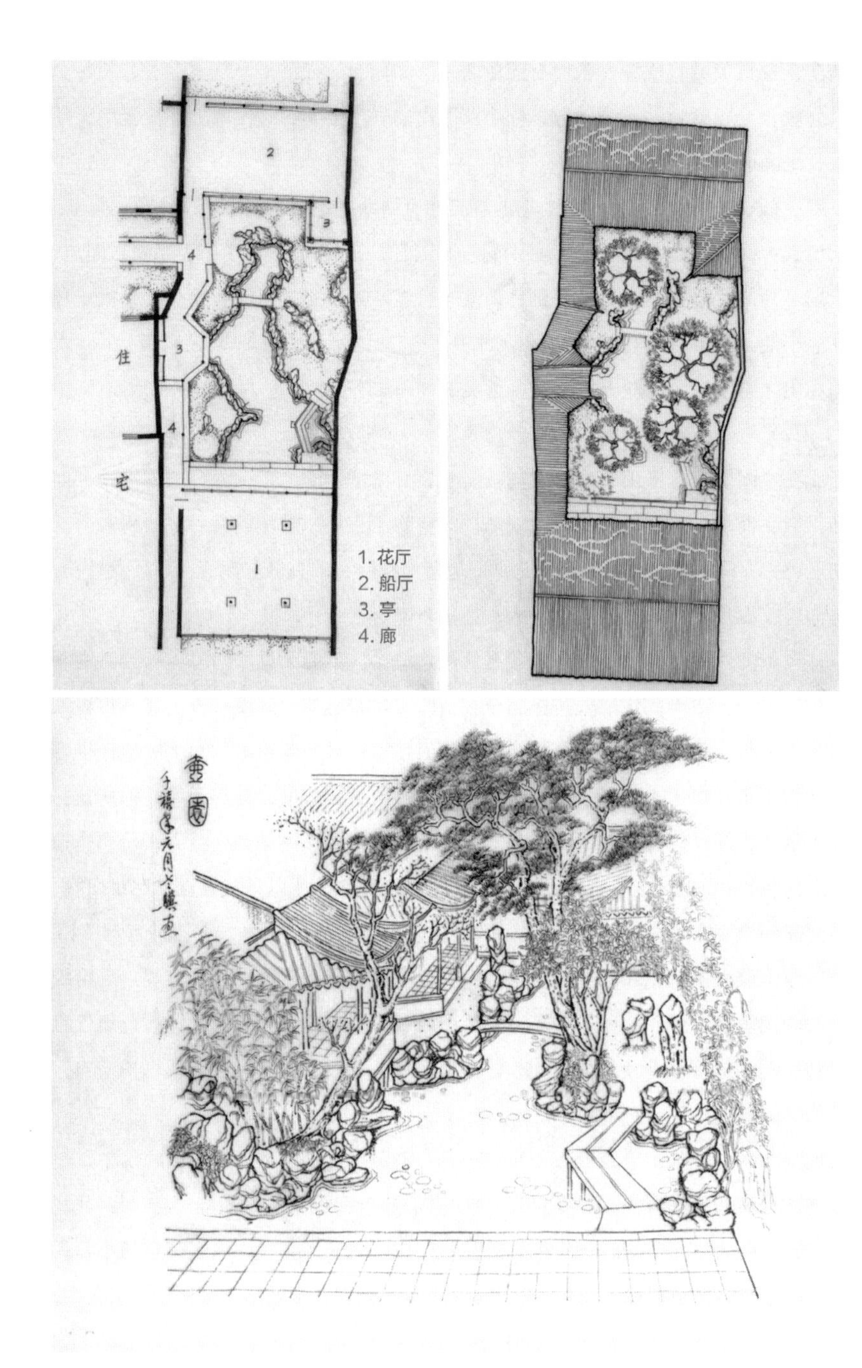


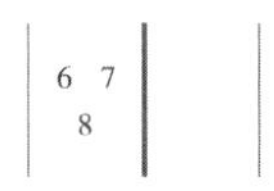


图 6. 苏州壶园平面图
图 7. 苏州壶园俯视图
图 8. 苏州壶园透视

盆景而已。这种以小见大，寓无限于有限之中的手法，不能离开特定的空间环境、人的生活感受和视觉心理活动的特点。

对石的欣赏，最能说明中国人与西方人审美观念的不同。中国人欣赏石，不仅要怪，而且要丑，如郑板桥（1693 — 1765）所说："米元章（米芾）论石，曰瘦、曰绉、曰漏、曰透，可谓尽石之妙矣！东坡又曰：石文而丑，一丑字则石千态万状皆从此出。彼元章但知好之为好，而不知陋劣之中有至好也。东坡胸次，其造化之炉冶乎。燮（郑板桥）赏画此石，丑石也，丑而雄，丑而秀。"[34]

刘熙在《艺概》中亦说："怪石以丑为美，丑到极处，便是美到极处，丑字中丘壑未尽言。"何以丑极反美，刘熙"未尽言"，郑板桥却为苏东坡的"丑"字作了精辟的解释，即"丑而雄，丑而秀"。秀，是美而奇特（《楚辞·大拓》："容则秀雅"。注："异也"）；雄，是指石在静态中具有一种动势，即生气勃勃的活力之美。它打破了形式美的规律，"是对和谐整体的破坏，是一种完美的不和谐"（亚科夫）。

涧、壑、坡、矶之俨是。创造出真如的自然景观，是形的妙选，也是境的意匠。而"岩、峦、洞、穴之莫穷"，形成空间（空洞、空隙）处，要视觉上令人莫测深浅，莫测深浅就会引发无限的远思。苏州半园，半者言园之小也，满庭池水，东北角引出小溪处（溪已填没），上架一小拱桥，涵洞中湖石兀突而向旁盘曲，就使人有不知其源，洞深几许之感。这个桥洞的小小处理，却颇有"莫穷"的妙处。

"蹊径盘且长，峰峦秀而古"，园林道路，要似断不断，似壅而通，曲折才有幽深之意，盘而且长则循环往复，无始无终空间也就无尽。这不仅是"可望"之景的视觉莫穷，已是"可游"之境的空间规划和设计的要求了。

### 3.2 可游

可游是动赏，是游行中的动态观赏，以处处"可望"为条件，也就是要处处有景，可观而能引人入胜。但从"可游"而言，却又不仅是景的视觉无尽，更为重要者是在境的无终。可游，主要是空间的总体规划，景境之间的空间设计问题。要在有限空间里，使人游之不尽，这就必须突破园的空间局限，特别是园中之院——庭院的封闭而有限的空间局限才行。

中国园林在空间上的独到之处，和艺术上的高度成就，可以说集中地体现在这小而封闭的庭院之中。而园林的建筑庭院，也充分地反映出中国园林的艺术精神。

我国明代造园学家计成，在他的不朽名著《园冶》一书中，在空间意匠方面有许多独到之见和精辟的论述，但受历史的局限，强调意趣和直观感受重于逻辑推理和分析，太重写作的文学性，骈骊行文，讲究文字排比和用典，有关空间的论述，多一言半语，且分散埋没于藻饰的文字之中。如果我们不抓住传统空间概念这条线，不是以造园家的眼光，从创作实践的角度出发，扒剔鳞爪，细究贯串在全书中的精神，是难得其中三昧的。迄今尚未见有研究中国造园学者论及，感怕也就是这个道理了。

计成在《园冶·立基》首先提出："厅堂立基，古以五间三间为率；须量地广窄，四间亦可，四间半亦可，再不能展舒，三间半亦可。深奥曲折，通前达后，全在斯半间中，生出幻境也。凡立园林，必当如式。"[35]

这是段非常重要的文字，特别是"全在斯半间中，生出幻境"。计成还特别强调说，凡是要建造园林，都必须按照这个法式，可见这"半间"的重要了。为什么全要靠这半间才能生出幻境？尚无人解其妙处，注释者只是照文翻择，也未加解释。

在《园冶》"屋宇篇"又说："凡家宅住房，五间三间，循次第而造；惟园林书屋，一室半室，按时景为精。方向随宜，鸠工合见；家居必论，野筑惟因。"[36]

这里强调了住宅和园林建筑的不同，住宅必须三间或五间成幢，建筑沿轴线对称布置，组成一进进庭院，所以是"循次第而造"，厅堂的正间须穿过，可通前达后，故要奇数。园林书屋（不一定专指书房）的庭院组成没有这种明确的轴线要求，要考虑的是空间趣味和景境的审美需要。"按时景为精"的"时景"，不仅指气节应时之景，可理解为游赏中空间随时间的延续、引申时景观的变化，所以建筑的间数随意，朝向亦随宜，不必拘泥住宅的型制。

但厅堂立基所说的间，和屋宇中所说的间，却不是一个概念。厅堂立基的间，是对基地广窄的度量而言；屋宇的间，则是指建筑的基本空间单位间数。不弄清楚这一点，所谓"全在斯半间中，生出幻境"，就无法理解。

在我们揭开这"幻境"之前，有必要分析一下，园林建筑庭院空间的组成与住宅有什么本质的不同。中国木构体系建筑，以建筑围合成内外空间融合的庭院，构成住宅的空间基本组合单元"进"。前面已作过分析（从略）。从住宅的整体空间结构，"进"是按轴线纵深排列组合的，如果要在横向扩展，则加并列次要轴线再进行纵向组合，主次轴线间的庭院不相交混，而形成“夹巷借天”的避弄，串联式的辅助交通（图9）。

园林庭院，不是多幢建筑围合的三合院、四合院，大多是以一幢建筑前后左右的多向组合，配以院墙或房廊围合而成。从平面构成说，住宅是单轴或并立轴线的两方连续结构，园林则是交叉轴线的四方连续结构，这种组合方式在空间和造型上有很大的优越性，从理论上说园林庭院内外八面，有丰富的造型条件，单只庭院的多向连续组合，在空间上就可以创造出层出不穷、方方皆景、变幻莫测的空间景境来。

计成在《园冶》“装折”篇中，提出庭院空间意匠两个独特的重要手法：一是“砖墙留夹，可通不断之房廊”；二是“出幙若分别院，连墙儗越深斋”。现分别加以剖析。

1）“砖墙留夹，可通不断之房廊”

要理解这句话的精妙，必须从庭院的整体空间意匠去分析，笔者在《中国造园史》中曾作过如下解释：“所谓‘夹’，就是两墙对峙的空间夹隙，既是两墙之间，在园林的庭院中就是指建筑与建筑、建筑与墙垣之间，应留有空间间隙。它与‘处处邻虚’的不同之处，邻虚是为了扩大空间感，丰富空间的层次和变化，达到‘方方侧景’的空间艺术效果。这些‘邻虚’的空间，只有空间流通的意义，并无人流交通上的作用。‘砖墙留夹’在空间上不是围闭的，‘留夹’的目的，在‘可通（游）’，使院内的房廊通过所留的夹隙，将院内空间引申到院外，或引至隔院别馆，但在视觉上则不打破庭院空间的完整。显然‘夹’是指厅堂斋馆等建筑的山墙与隔院的建筑或院墙之间的空隙，‘留夹’要涉及建筑的基地（即生出的幻境的半间），建筑空间等多方面因素。”[37]

从《园冶》的“装折篇”可知：“假如全房数间，内中隔开可矣，定存后步一架，余外添设何哉？便径他居，夏成别馆。砖墙留夹，可通不断之房廊；板壁常空，隐出别壶之天地。亭台影罅，楼阁虚邻，绝处犹开。”[38]

计成将庭院空间的意匠和精彩的手法，放在“装折篇”（即内室装修）里来谈，固然在当时还不可能有明确的空间设计概念，从空间来建构他的理论体系。从感性经验角度，这些空间设计手法同中国建筑构成空间的手段——木构架的制约是分不开的。所谓“全房数间，内中隔开可矣”是室内设计问题，目的是要引申出下文“定存后步一架”，从而提出引人注意的问题“余外添设何哉？”余外，当然是指建筑物（厅堂斋馆）室内空间之外，在这一架之外建造什么？接着是倒装句“便径他居，复成别馆。砖墙留夹，可通不断之房廊”，也就是说：出了这后步一架（即“前添敞卷，后进余轩”[39]的意思），在“留夹”中建造房廊，形成“便径他居，复成别馆”的别有一壶天地的境界。

这就不难理解计成在厅堂基中所说：“深奥曲折，通前达后，全在斯半间中，生出幻境也。”和他在书房基中再次强调的“势如前厅堂基余半间中，自然深奥”[40]，其意自明。这句话中用“余”字，就明确指出“半间”是在建筑物的空间之外。

“砖墙留夹，可通不断之房廊”可说是一种塞极而通“暗度陈仓”的独特手法。这种手法在现存苏州的古典园林中，又是极臻变化的，对不熟悉中国古典园林和中国造园学的读者，单用文字描述分析园林复杂的空间环境，脑海中难以有形象的概念，我们现以苏州拙政园“海棠春坞”小院为例，并以图示之。（图 10）。

“海棠春坞”在拙政园中部主要景区的东南隅，沿东园的园墙，在“玲珑馆”和“听雨轩”后院之北。整个庭院，只有一幢两间的小舍，南与前院一墙相隔，东西构廊，从平面可见（图 11、图 12），庭院构成因素不多，但空间极富于变化。视点 A（图 13）是庭院主要入口，利用“玲珑馆”至小院游廊的转折处，门内虚实对比，虚敞的入口可见院中嘉木怪石，是幅“竹石图”引人入胜；实墙上设漏窗，可通别院消息。视点 B（图 14）是沿廊而入，在入口处所见庭院的主要景观，小斋户牖开敞，西山墙辟六角形“牖”，墙外一方天井可借天光，几枝翠竹，二三块灵石，由室内观之幽然一幅小品；外观则空间富有层次和变化，这是“处处邻虚，方方侧景”的手法。而小斋庑下东设门空，外出一步为廊，转东廊围合小院。殊不知此处正是“留夹”处！由此回顾，视点 C（图 15），南墙竹石点缀小品如画，但入口处都不甚明显（亦不宜太显）。图 16 是鸟瞰庭院全景，不过两间小舍而已，“留夹”外的廊与东山墙之间，还留有夹隙，以短垣隔之，复开漏窗以疏通，“处处邻虚”也。视点 D（图 17）是由北向南看“海棠春坞”小院背景，小舍架于溪上，水如出之舍下，此又是“视觉之莫穷”的手法了。庭院虽小，手法颇多，这些图虽有助于形象思维，可能还难以体会这“留夹”所生出幻境之妙，再用一件事实来说明。

1987 年春，经联邦德国友人介绍，有 30 名建筑师自费来华旅游，特地到苏州参观古典园林，笔者曾作为陪同。我考虑建筑师是空间艺术家，山水景观是形象性的，即使不能领悟到咫尺山林的高度自然精神的境界，还是可以感受，可以理解的。从空间意识方面解释，对了解中国园林艺术更有意义，就选择“海棠春坞”为参观重点，但做了路线上的构想，即从小院背后 D 视点处，沿“留夹”东长廊进入庭院，在小舍

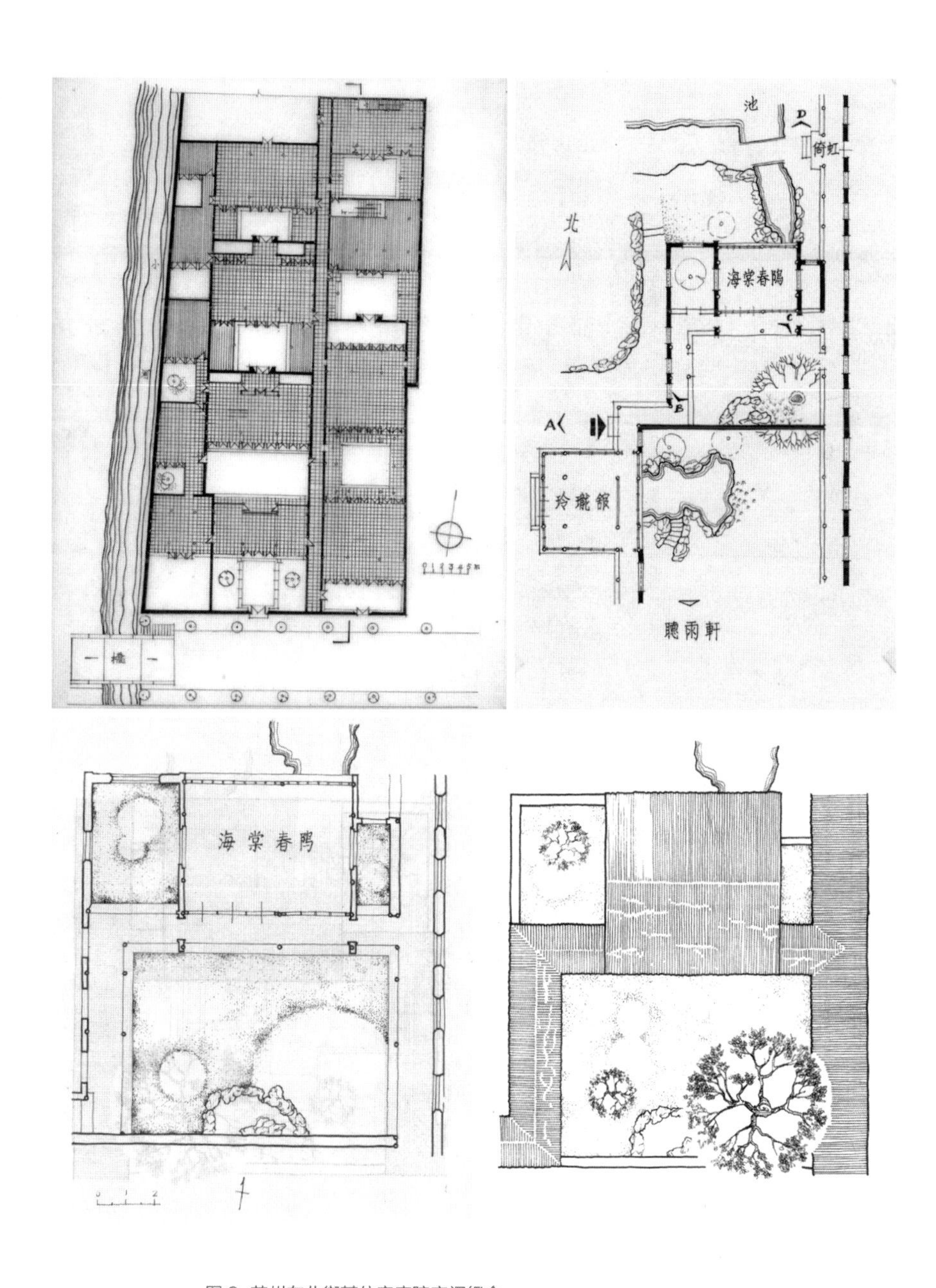


9 10
11 12

图 9. 苏州东北街某住宅庭院空间组合
图 10. 苏州拙政园海棠春坞环境平面
图 11. 苏州拙政园海棠春坞庭院平面
图 12. 苏州拙政园海棠春坞庭院俯视

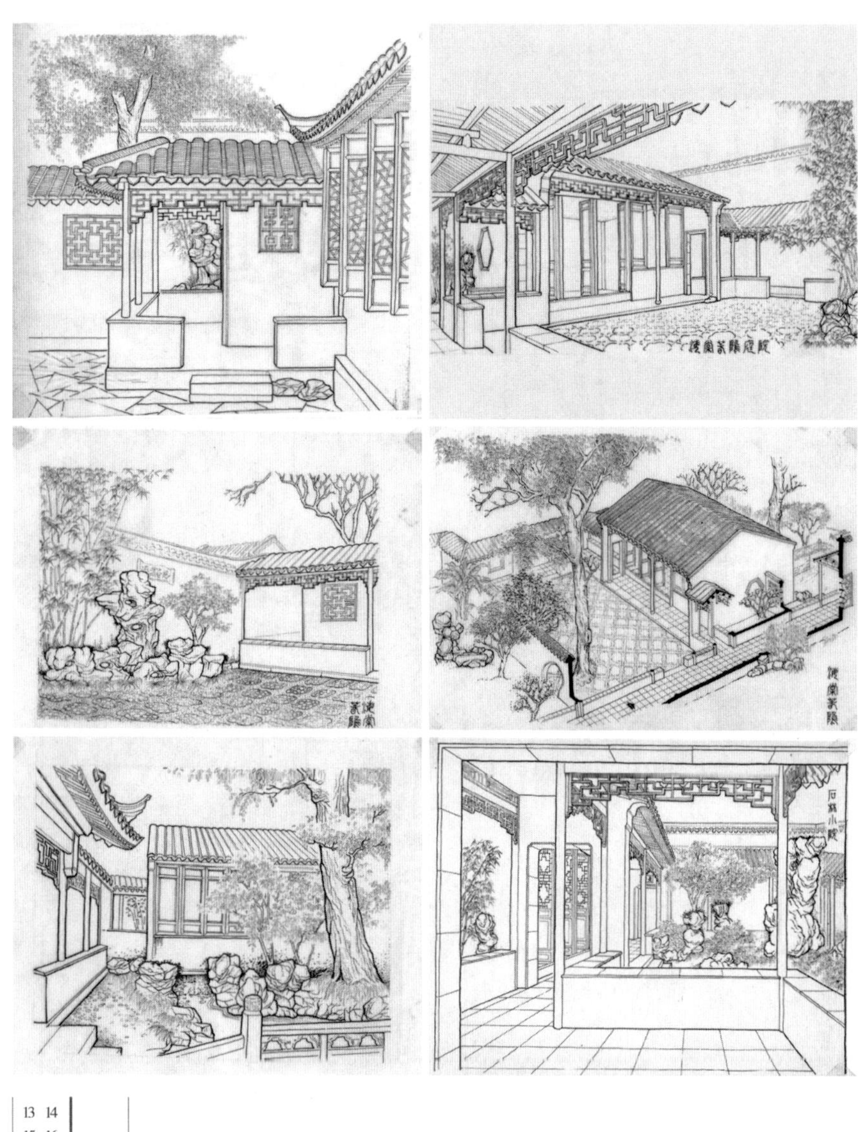


13 14
15 16
17 18

图 13. 苏州拙政园海棠春坞入口（视点 A）
图 14. 海棠春坞进院处的庭院空间景境（视点 B）
图 15. 苏州拙政园海棠春坞院内望入口处景观（视点 C）
图 16. 苏州拙政园海棠春坞庭院鸟瞰
图 17. 苏州拙政园海棠春坞庭院背面景观（视点 D）
图 18. 苏州留园静中观处石林小院景境（视点 A）

和院中稍稍停留，复沿东廊过“玲珑馆”后院，至“听雨轩”，绕至“枇杷园”。出园云墙下圆洞门，到“玲珑馆”，然后从“海棠卷坞”正门再到院中。兜了一圈，我问建筑师们：“这个院子曾来过没有？”众皆摇头，唯两位老年女建筑师指指地下海棠花图案的“铺地”说：“刚才见到过。”我赞她细心聪明，她笑着承认现在所看到的环境设象，并无重复的印象，很有新颖感。建筑师都由衷地赞赏中国建筑空间设计的高妙！

2）出幙若分别院，连墙儗越深斋

这句话如不从庭院空间的整体规划和设计去理解，望文也是难以生意的，如注释者译成：“帷幕隔开，如分别院，墙壁连接，似过深房。”这句话谁能读通？隔在室内的帷幕，怎么会像个院子？连接的墙壁，又如何似经过深房呢？

我认为：幙（同幕），是装饰性的灵活软隔断，既可悬于室内，也可挂在室内外之间，不管悬挂在哪里，都会形成视界。“出幙”就是走出空间的某一界限或界面。这视界何处？从古典园林建筑实例分析，“出幙”处，就是在建筑内纵向分隔（沿屋脊方向）出的空间，即具有交通性的室内空间部分，也就是“前添（的）敞卷，后进（的）余轩”之中。

“连墙儗越深斋”中的“儗”，有“僭”和“比”的意思。僭者，假冒名义而越分也。连墙，就是连接着敞卷和余轩的墙，即山墙部分，尝辟门空以旁通侧达到别院和别馆。如苏州留园的“五峰仙馆”是很典型的例子（图 18、图 19）。

“出蟆若分别院，连墙儗越深斋”这句话直译是很难的，意译：要从室内到隔壁的庭院，可从山墙门隐出，斋馆深藏会出人意料之外。

这是“砖墙留夹，可通不断之房廊”的同一构思的不同手法。但更复杂、更隐蔽、更富于变化，就以“揖峰轩”的“石林小院”为例。

石林小院主体建筑也只有一幢一间半的小斋，名“揖峰轩”，庭院以峰石为主要景观，故名。小院在“五峰仙馆”东邻，从“五峰仙馆”到小院，无洞然明显的门户，但隐而不显的门户可进入小院者有三处：一处是从“鹤所”可至小院的南端，“石林小屋”的背面，这不是主要路线；另二处都在“五峰仙馆”内，前卷、后轩东山墙处所辟的门空。图 19 是在馆内透过东山的窗牖，看到小院深重空间层次丰富的景象。图 20 则是在小院的主要人口“静中观”处，回顾“五峰仙馆”东山墙窗牖的图景。视点 A（图 18）是从“静中观”入口，即院内曲折廊的端头，所见“石林小院”全景，峰石突立，藤萝漫衍，花木满庭，郁密而不迫塞，使人不能一望而尽，院虽小而境幽深。视点 B（图 21）是循廊转折至“揖峰轩”前廊轩下，回望入口处的“静中观”，利用廊端部屋脊，一角飞扬，抛向蓝天，从空间高度上，打破小院的封闭，显得非常活泼而生动。

“揖峰轩”东靠院墙，庭院空间是东实西虚，从廊轩下门空东出，夹巷借天，可通“林泉耆硕之馆”庭院，既是“出幙若分别院，连墙儗越深斋”的一种空间设计手法，也是“砖墙留夹”的另一种手法，只是“夹”留在院墙之外，不筑房廊而已。

石林小院，房舍外几乎四面皆绕廊，为打破庭院空间的规整，东廊与南廊错位斜出折角相连。这种意匠手法，即《园冶》中所说：“惟园屋异乎家宅，曲折有条，端方非额，如端方中须寻曲折，到曲折处还定端方”的实例注释了。视点 C（图 22）就是在东廊南望，廊的空间曲折变化。手法之妙处，在廊南头转折处，砌墙以屏蔽，凿漏窗可通几许消息，既加强了空间的导向性，也具有视觉莫穷的作用，否则，只设槛墙，小院一角死隅尽览无余，不仅令人看到庭院之小，也了无生意。

“揖峰轩”的石林小院，从平面可以看到（图 23、图 24）庭院虽小，空间分隔十分复杂，可谓极尽“处处邻虚，方方侧景”之能事。

中国古典园林建筑庭院的空间结构，是四方连续的具有多向性的特点，所以庭院之间的交通联系也是多向的，除主要出入口之外，往往从不同方向都有次要的两个或两个以上出入口或通路，有的暗藏，有的半露；从路线（游览线）亦有主有次，有明有暗，或半明半暗，明者踏园径，暗者穿房舍，半明半暗者步曲廊。虚中有实，实中有虚，虚虚实实，方方皆景，处处是境，从而创造出变化莫测极臻丰富的窄间景境来。

这种空间设计，就形成一种复杂而多变的环形路线，不仅是庭院，整个园林的景区与景区、景区与庭院、庭院与庭院之间，构成大环接小环，环中有环，环环相套的错综复杂“循环往复”的人流路线的独特组织形式。使游人往复循环，无终无尽，见“海棠春坞”和“揖峰轩”庭院的空间组合示意图和人流路线示意图 ( 图 25~ 图 27)。

这种妙处，如前所述，往往是同一庭院，进院的来路不同，由于观赏的方向与视角的改变，同一处景境会给人以不同的审美感受，刚刚来过的院户，却不识原来面貌，会欣然自喜又发现别壶天地。蓦然回首，原来此地却是曾游处。这种情景，自能使人流连忘返，意趣无穷。何以小小园林，人不觉其小，总有未能游遍的奥秘，就在这空

19 20
21 22

图 19. 由五峰仙馆东山墙窗牖望石林小院
图 20. 由石林小院静中观望五峰仙馆
图 21. 揖峰轩前回望静中观（视点 B）
图 22. 东廊南望廊道空间景象（视点 C）

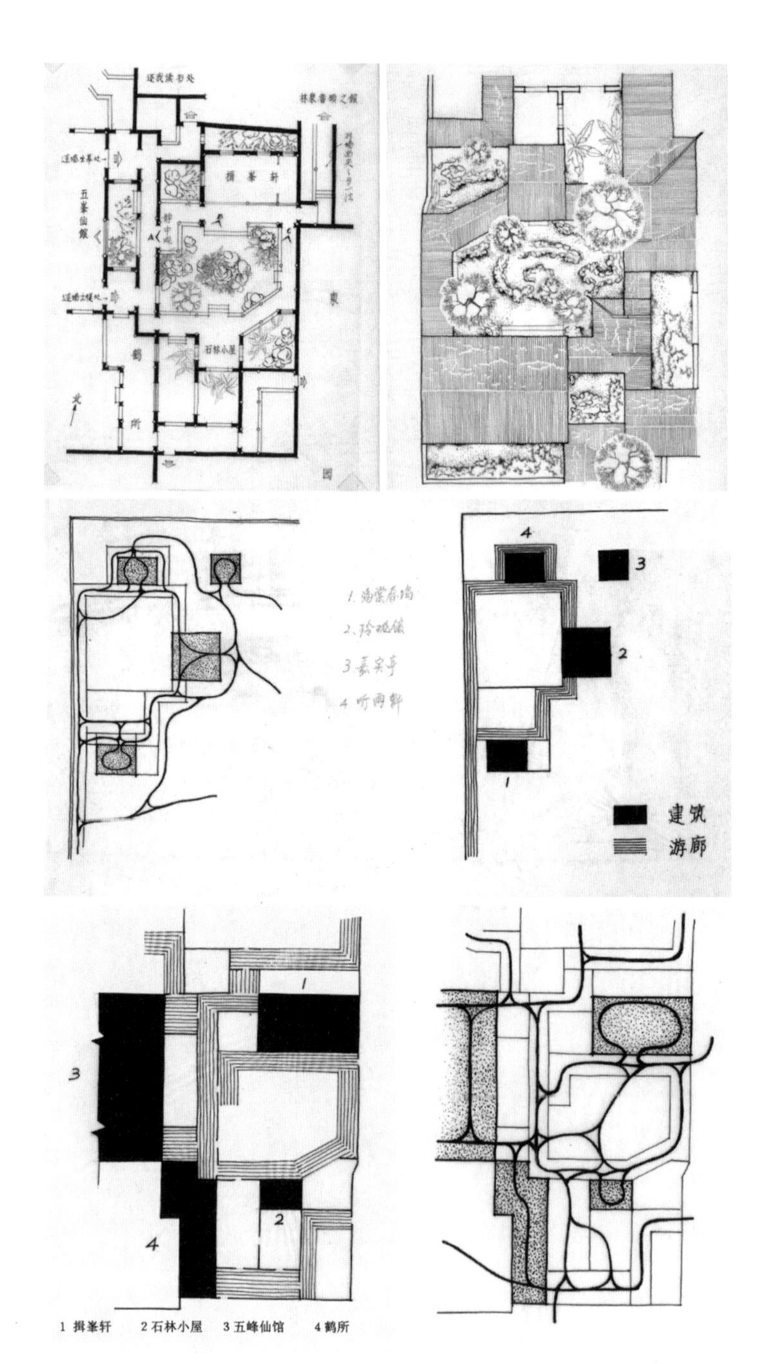


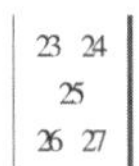


图 23. 苏州留园石林小院平面
图 24. 苏州留园石林小院俯视
图 25. 苏州拙政园海棠春坞空间组合及流线
图 26. 留园石林小院空间组合示意
图 27. 留园石林小院人流路线示意

间的“往复无尽”景境变幻之莫穷了。

归根结底，是中国古老的哲学思想“无往不复，天地际也”的空间意识，渗透在造园艺术之中，经长期的历史实践，随时空的变化不断发展精炼而成的灿烂成果。可名之为“空间往复无尽论”。

这种往复无尽的理论核心，是空间与时间的融合。而所谓“流动空间”，实质就是时空融合的空间。空间往复无尽论，可以说是一种更深层的或高层次的流动空间理论。

**注释：**

① 高享：《周易大传今注》，齐鲁书社，1979，第149-150页。

② 陈鼓应：《老子注译及评价》，中华书局，1984。

③ 西蒙德：《景园建筑学》，台隆书店，1983，第30页。

④ 陈鼓应：《老子注译及评介》，第124页。

⑤ 同上书，第248-249页。

⑥ 同上。

⑦ 宗白华：《美学散步》，上海人民出版社，1981，第93页。

⑧《昭明文选译注》第一册，吉林文史出版社，1987年版，第366页、384页。

⑨ 李养正：《道教概说》，中华书局，1989，第390页。

⑩ 详见《中国造园史》第二章，第三节，“秦汉时代的‘台’与造园艺术”。

⑪ 王微，《叙画》，《历代论画名著汇编》，文物出版社1982年版，第16页。

⑫ 宗炳，《画山水序》，《历代论画名著汇编》，第14~15页。

⑬ 详见《中国造园史》第二章，第四节，“秦汉苑囿的社会经济性质”。

⑭《列宁全集》第38卷，黑格尔《历史哲学讲演录》。

⑮ 徐复观，《中国艺术精神》，春风文艺出版社，1987年版，第197页。

⑯ 沈约，《宋书》卷六十七，《谢灵运传》。

⑰ 同上。

⑱ 张岱：《西湖梦寻》卷二“韬光庵”，上海古籍出版社，1982，第27页。

⑲ 同上。

⑳《园冶注释》，中国建筑工业出版社，1981，第57页。

㉑《中国造园史》，第89页。

㉒ “外师造化，中得心源”是张彦远《历代名画记》卷十，所引唐代画家张璪的话，据称张璪有“自撰《绘镜》一篇，言画之要诀，词多不载”，今已不传。

㉓ 张汝伦，《意义的探究——当代西方释义学》，辽宁人民出版社 1986 年版，第 193 页。

㉔ 参见《建筑学报》1980 年第 3 期，《太和殿的空间艺术》，张家骥撰。

㉕ 方立天：《佛教哲学》，中国人民大学出版社，1986 年版，第 96 页。

㉖ 计成原著、陈植注译：《园冶注释》，中国建筑工业出版社 1981 年版，第 49 页、57 页、63 页。

㉗ 同上。

㉘ 同上。

㉙ 同上。

㉚ 文震亨原著、陈植校注：《长物志校注》，江苏科技出版社，1984 年版，第 102-104 页。

㉛ 宋郭熙《林泉高致》，《历代论画名著汇编》，文物出版社，1982 年版，第 71 页。

㉜《园冶注释》，第 197 页。

㉝《梅村家藏稿·张南垣传》。

㉞《郑板桥全集》，齐鲁书社，1985 年版，第 215 页。

㉟《园冶注释》，第 65 页、71 页。

㊱ 同上。

㊲《中国造园史》，第 222 页。

㊳《园冶注释》，第 102 页、71 页、67 页。

㊴ 同上。

㊵ 同上。

**作者简介：**张家骥（1932-2013），中国建筑与造园学理论家

**原载于：**张家骥 . 中国造园论 [M]. 太原：山西人民出版社 , 1991.

# 第三章
# 设计

# 中国园林的布局经营和文化探源

朱光亚

园林设计的布局经营问题确实一言难尽，作为设计者，必须完成从文学语言、哲学语言到设计语言的一系列转化。这里要探讨的园林结构所涉及的概念和逻辑，大部分已经在1988年第8期的《建筑学报》上发表的《中国古代园林的拓扑关系》中谈过，部分成果（包括分析图）后来也反映在第四版和第五版的《中国建筑史》教材的第七章《建筑意匠》里，这里作一些说明和扩充。

这一探讨首先来自我们时代提出的问题。20世纪80年代改革开放以后，不少人觉得原来的园林已经没有生命力了。那么研究园林就必须回答这样一个问题：园林的生命力何在？中国园林深层次中有哪些可以与历史相延续的生命力。

童寯先生于20世纪30年代曾在《江南园林志》里对园林要素做过分析（图1），到80年代我们依然受益于童老先生的这种归纳。如今又是二十多年过去了，我们后辈能够对童老的分析做哪些补充呢？我觉得这个要素的总体分析不会改变，能够补充的是用一些新的分析方法和新的切入点产生的成果。一个是根据凯文·林奇的城市五点中的概念，我们能够将各个要素的界面拎出来作为园林里一个单独要素，陈从周先生把它比作人的毛发，比如草、铺地等。另外现代建筑关注空间，空间也是一个要素。这些在童先生的要素中都有，只是童先生当时没有专门把它们拎出来。最后一个我们能够补充的一个要素，就是整个的这一个汉字，我称之为文学要素，中国古代园林跟欧洲古典园林一个极大的差异就是文学要素。从要素方面来说，我们今天能够讨论的依然逃不出童先生的分析框架。当然要素本身也并不是简单的。由于不同的文化背景，对要素就有不同的理解，看同样一个苏州园林的假山石，外国人会有对动物的联想，但对于中国古代文人来说，更多的感受不是动物，而是要抽象得多的中国人对山、海、云及自然精神、人文胸怀的联想。对要素本身，其实有很多可以分析之处。

比如关于绿化的色彩，“五色令人目盲”是中国的一个传统，中国文人讲的是黑白灰，讲究文学的意境，讲究植物背后人文的、道德的内涵。中国是观赏植物资源最丰富的一个国家，但中国园林里并不特别重视植物学，《园冶》里也并没有专门的篇章对它展开阐释。对植物除了从比德说方面研究之外，还有另外的切入点值得研究。

又比如关于建筑，陈植先生在讨论概念时，认为要叫“造园”，不要叫“园林”，后者是古代概念，现代的造园，没有建筑依然是园，但没有树不能成为园，陈植先生的造园的侧重点是绿化。园林是一体化的，建筑也好，树木也好，都是其中的要素，是不可缺少的一部分。关于建筑本身，因不同的自然观，会有不同的概念、不同的观念、不同的分析。

又比如关于文学要素，试看一张照片“水底烟云”（图2），一个雨水淤积的池塘，旁边是一块石头。如果没有字，如果没人看，不是园；如果有人看一看、想一想，也许是个园林的环境；但加了四个字之后，点了景，绝对是中国园林的概念，而且这里有好几个层次。这个水塘坐落在苏州天平山外一个寺庙门前，首先我们看到了美丽的山石与水塘的环境，美丽的构图和美丽的书法、篆刻，一种艺术的环境，此第一境界；再从水面看到天空，看到植物、看到环境，看到烟、看到云，像镜子一样，理解了何以称水底烟云，这是第二境界；更深一层次的境界，要造访这个庙好多次才能领会，那就是按照佛教徒的认识，世间的一切就像这水底的烟云一样，你每天珍惜的、孜孜以求的东西无非是水底烟云。这种深层次的文化内涵，在外国的园林里面是很少见的。可见，要素本身依然是非常有价值的东西，是值得深入研究的。

但我在1988年那篇文章中探讨的问题不是要素，而是要素之间的关系。因为对于要素，比如建筑，20世纪80年代在现代化的浪潮中，青年学子都觉得木结构没有生命力；又比如空间，认为私家园林不适合公共使用。因此，当时我在无法用所研究的要素来回答生命力问题时，就借助于哲学上的结构主义和数学上的拓扑学去追寻要素背后更有普遍意义的东西，探讨的就是要素间的关系。对于古典园林建筑和景观中

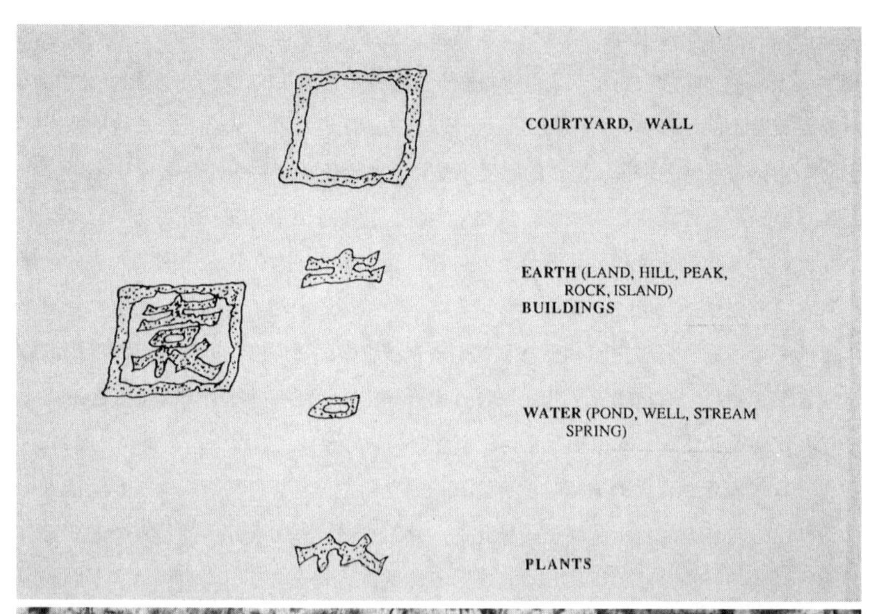

1
2

图 1. 园林要素分析
图 2. “水底烟云”

关系的若干研究分析，其实前人也已经给予了方法论层面的提炼，如借景、对景等。但是在20世纪80年代，仅仅是用借景、对景是回答不了我们关注的生命力何在的问题。因为第一，借景和对景的阐释尚缺少总体关系的分析，因而尚不能把握住对园林总平面布局的规律认识；第二，这种提炼尚未抽象到哲学层次，因而尚未揭示其普遍性的价值。我们关注的是总体经营及总平面布置问题。相对于欧洲园林的几何式，20世纪80年代不少文章谈到中国古代园林是自由式。但我自己根据实践感觉到，是自由，但不是绝对自由。据说有的老师教学生做园林设计的方法是：抓一把豆子，往图纸上一撒，它散成什么样你就设计成什么样，但愿这只是戏谑。这种设计是够自由的，但中国园林设计绝对不是这种自由，在中国古典园林的布局自由里隐藏着的是一种深层的秩序。

我对“自由式”质疑和引发思考首先发生在对拙政园的分析上，研究绣绮亭和远香堂之间的位置关系时，发现它们的轴线不平行，我的第一认识就是施工很马虎，认为中国古代的建筑施工，眼睛看一看差不多，凭经验，像建筑师用丁字尺、三角板、横平竖直画图的办法，想不平行也不行，一定是施工误差。后来不断仔细测绘其他园林，发现这种建筑轴线不相平行的现象不只在一个园林中出现。而且中国园林不是一代人完成的，而是经历好几代修整完善的，假定说它不平行不好，那么第二代、第三代会改，为什么它不改？说明轴线在这儿不平行从结果上看是好的，不管有意还是无意。这样就引出一个问题，像远香堂这一带的类似园林的格局、位置经营有没有规律性？循着这一思绪，于是得出第一种关系：如果把每个建筑物的正立面的垂直平分线给画出来，你会发现所有这些垂直平分线，我们称之为“法线”的，都指向大概的、互相靠拢的中心区域——我把这种关系称为“向心关系”（图3）。这种现象在很多园林里都有，比如寄畅园等（图4）。这是建筑之间互相对话的关系。根据这种关系来分析“兰亭”中原来以为是猎奇的三角亭（图5），发现在这种环境当中，三角亭是非常合理的，因为把三角亭的法线画出来，它跟周围都有对话关系。这样就归纳出来了“向心关系”，我们认为它是园林中的一种重要的关系。这种关系不仅可以作为园林设计的指导原则，还可以在城市设计、建筑设计中获得应用，例如，假如我们在城市要盖一高层建筑，我们就可以运用这个“向心关系”来逆向探讨建筑的平面形状和城市重要看点的关系，将建筑纳入到城市的景观视廊组织中。图6是对这一原则运用的说明，上面一行是园林中的亭榭形状如何根据环境的需要来确定，通过连接各看点到场地的连线来确定法线的位置，由于亭榭多是正多边形，所以要通过近似的调整获得理性的平面形状。下

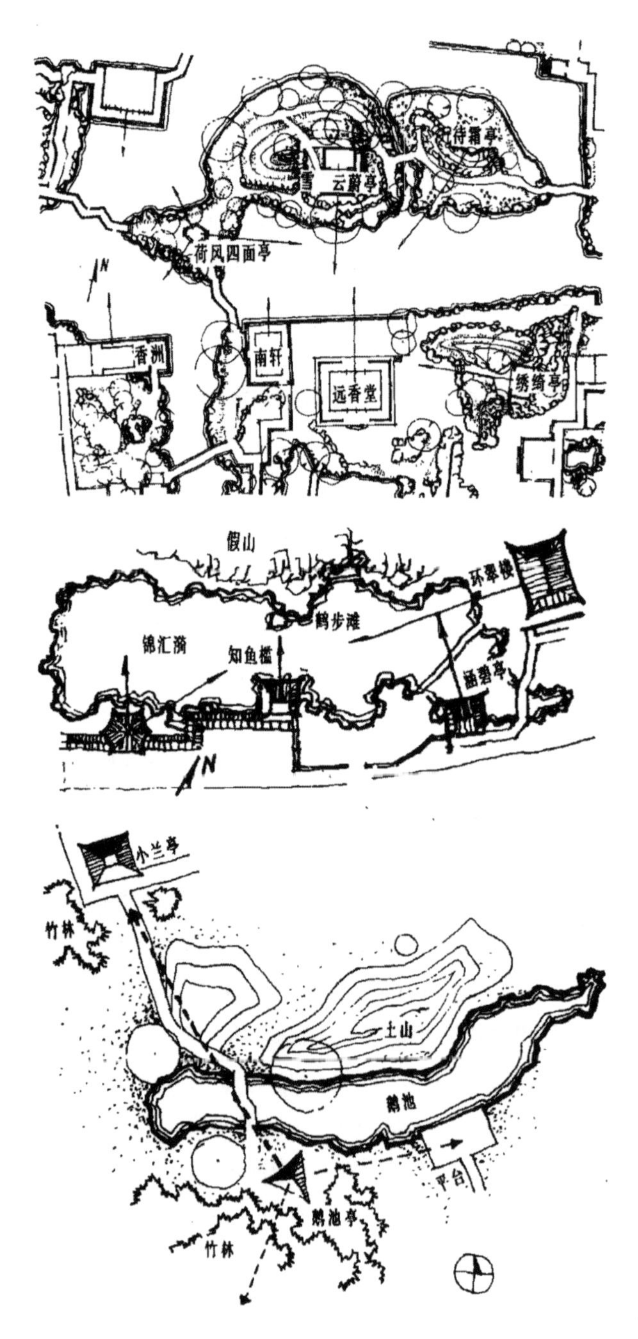


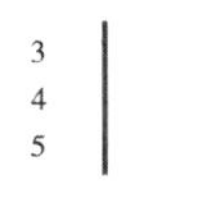


图 3. 拙政园远香堂景区平面（88 版原图）
图 4. 寄畅园锦汇漪景区平面（88 版原图）
图 5. 兰亭鹅池亭环境简图

边一行是运用同样的原理在城市中研究高层建筑的形状，由于高层建筑可以不是正多边形，则垂直于法线的一个边是可长可短、可前可后的，再加上场地周边道路的走向和技术经济指标的要求，就会得到多解的合理的高层建筑的平面形状。我想这种园林“向心关系”在当代的应用就是中国园林的一种生命力所在。

第二种关系我称它为“互否关系”。在中国园林里，如果把相邻的建筑物长轴画出来，我们发现它们不断改变着方向，互为否定，如拙政园中的远香堂、南轩和香洲，在建筑方位上有着相反相成的关系。再如拙政园的香洲（图7），几个屋顶高低错落，我们可以说是高度上的相反相成，再看屋顶的屋脊线，都是歇山顶，左边跟右边改变了方向。这是屋脊方向上的相反相成。更重要的是空间上的相反相成。拙政园原来的入口刚进去时是很小的，然后豁然开朗，过去大家用“欲扬先收”来说明此关系，现在为统一到关系上，我称之为是在空间设计上的互否。有多位前辈学者写过文章分析过的留园的入口空间也是这种关系，留园的整个入口空间的序列都体现了这种相邻空间的互相收放即互为否定的关系。留园水池东部（图8、图9），还呈现一种平面位置上的“互否关系”：清风池馆向前，西楼向后，曲溪楼再向前。曲溪楼前面看是歇山，实际上是半个歇山，空间非常有限，是中国园林在困难的场地和平面经营方面努力通过“互否关系”来解决园林变化趣味的精彩实例。留园明瑟楼和涵碧山房前面的平台有进有出，两个楼有高有低，这是相邻要素在位置和高度上的互否。在园林中，山和水更是不可分割，二者本身就构成了一对矛盾，这种山水构成是一种内涵方面的“互否关系”。

再看网师园（图10、图11），各方面的经营都非常精彩，“向心关系”“互否关系”都是存在着的，举此例因为还有第三种关系。这里东半部分是水院，西半部分是旱院，美国纽约大都会博物馆仿建的殿春簃原型就坐落在此园的西院中，西部旱院中铺地占了大部分，但西南角有个冷泉亭，典故是从杭州灵隐的冷泉而来的，文化内涵很深。冷泉亭南侧有个小小的泉眼，那是真正的冷泉所在，这意味着旱院中有水；而在水院里，南部堆有假山，叫云岗。这样，旱院中有水，水院中有山。这样一种关系我称之为“互含关系”。

如果这是中国园林固有的规律，那么它不仅存在于私家园林，也存在于皇家园林。我们可用这些关系检验一下皇家园林。如在北海（图12），其布局也有“向心关系”，但表现跟私家园林略不同，私家园林尺度小，各建筑要“开会”的时候，“脸”一转

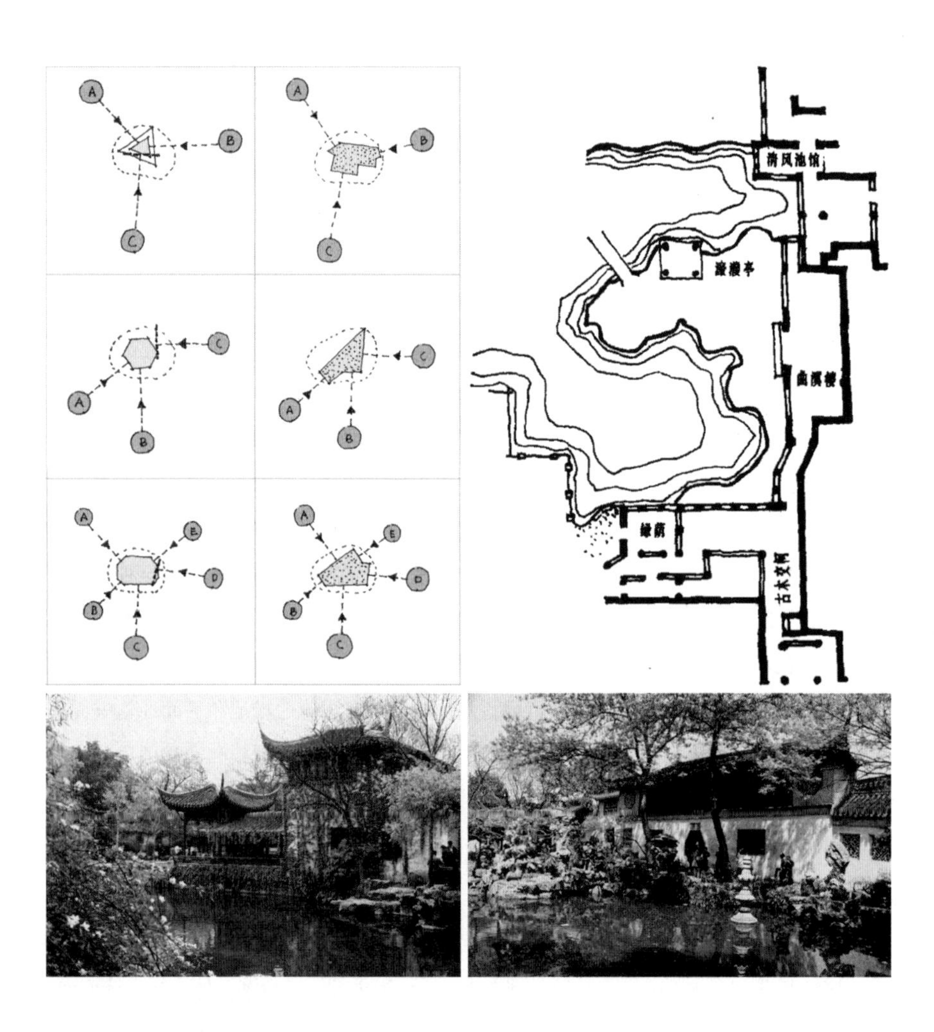


6 9
7 8

图 6. 运用“向心关系”将建筑同城市景观建立联系示意（重绘）
图 7. 拙政园香洲
图 8. 留园水池东部
图 9. 留园曲溪楼一带的互否关系（88 版原图）

就很明显；但是在这么大的北海里面，用不着转，建筑基本上围绕着水面，大致是一种向心关系。“互否关系”中首先是山和水的互否，琼岛是山，北海是水。再看琼岛，南半个是对称的，北半个是不对称的，这种格局便是一种互否关系。另外，五龙亭是绿琉璃黄剪边，而南边团城是黄琉璃绿剪边，这是互含关系。更令人感兴趣的，是园中之园的做法，北海的北边和东边都有好几个园，包括了一种更复杂的园中套园的关系。在颐和园，这些关系也是非常明显的（图 13）。当年的瓮山和西湖没有这么大，乾隆皇帝向东、向南、向北扩，扩的时候把中间龙王庙留下来，修了十七孔桥，绕着瓮山，把水引到北边，所以从大的方面来说它是绕水而筑，具有“向心关系”。就万寿山这部分而言，山南的对称、严谨和山北的自由，山南的高密度和山北的稀疏，山南的热闹和山北的幽静，这都形成了互否关系。但更精彩的是互含关系。昆明湖中的龙王庙这个岛是水中之山，谐趣园则是山中之水。当然乾隆皇帝这么做是无意的，但按照瑞士心理学家荣格的分析，集体无意识即是一种文化，千千万万集体无意识正显示了一种文化积淀，古人无意中做的一些事正显示了中国文化一种内在的特点。可以看到，这样一种平面的格局，不能简单地说是自由式。

对于这几个关系，我希望用一个图像把它们概括起来，我借助的是拓扑概念，拓扑学关注的是几何图形在连续变化下的不变的性质，比如画在橡皮膜上的图形，当橡皮膜受到变形但不破裂或折叠时，有些性质还是保持不变，如曲线的封闭性、两线的相交性等。这种变化中尚维持不变的性质就是拓扑性质。对照看中国园林，说多一分嫌长、少一分嫌短这是夸张，实际上，在一定的限度之内，位置经营是可以变化的。绣绮亭再转个一度两度都没事，那个房子再移一下都没事，房子再高一点低一点都没事，位置间的本质关系没有改变，这正是拓扑性质。

那么这三种关系，能否用什么东西来统一起来？我在简化颐和园空间结构关系的时候，发现该关系具有太极图的模式（图 13）。这也是一个拓扑学原理的运用。可以说，太极图便是中国园林三种拓扑关系的理想表达式。只是我当初不曾料到，用西方的方法论研究了半天，推导出的结果却仍然是东方的古代圣贤凭感悟早已了然于心的认识。何以是这样一个结果？只能从文化上探源，研究园林中的类似于欲扬先抑等手法很容易追溯到老子，追溯到道家，但仔细比较拓扑同构的三种关系其实与老子对对立物关系的分析不一样的，老子关注的是转化的结果，过程和条件略去了，拓扑关系更接近易经中的阴阳关系，既然园林拓扑关系体现了太极图的模式，就不得不探究太极图与

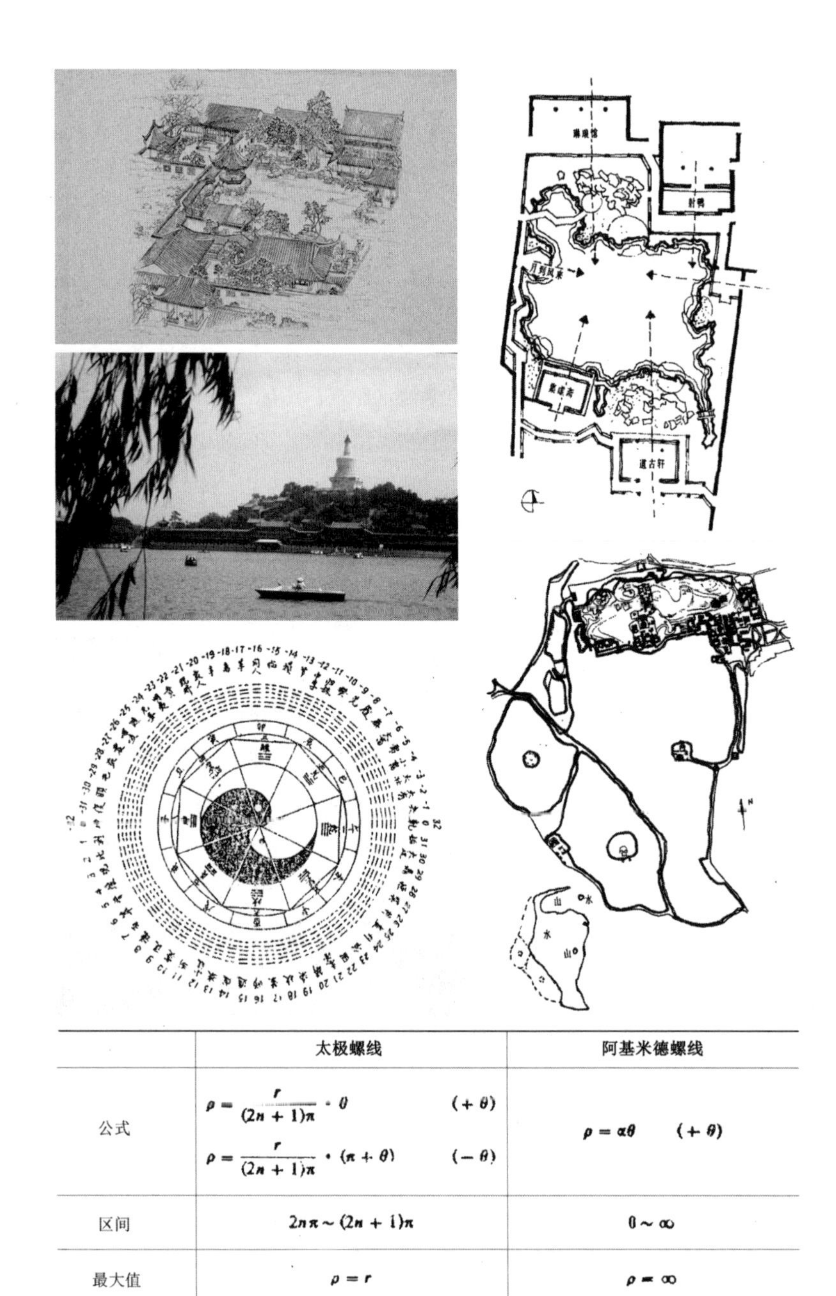

| | 太极螺线 | 阿基米德螺线 |
|---|---|---|
| 公式 | $\rho = \frac{r}{(2n+1)\pi} \cdot \theta \quad (+\theta)$<br>$\rho = \frac{r}{(2n+1)\pi} \cdot (\pi + \theta) \quad (-\theta)$ | $\rho = \alpha\theta \quad (+\theta)$ |
| 区间 | $2n\pi \sim (2n+1)\pi$ | $0 \sim \infty$ |
| 最大值 | $\rho = r$ | $\rho = \infty$ |
| 形式 | 固定形态与方向 | 自由 |

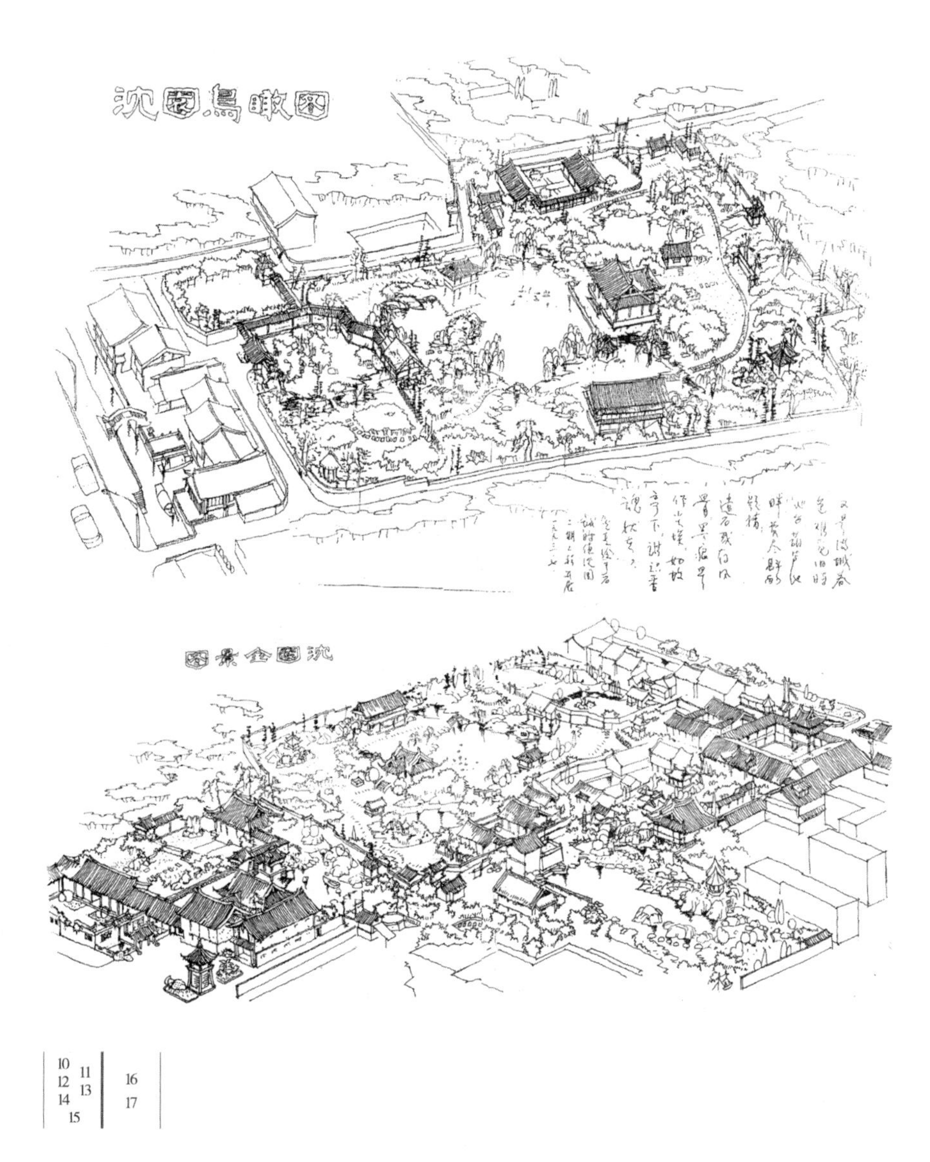


图 10. 网师园
图 11. 网师院平面（88 版原图）
图 12. 北海
图 13. 颐和园平面及其互否互含关系分析（88 版原图）
图 14. 太极图与六十四卦（李仕澂先生提供整图）
图 15. 太极螺线与阿基米德螺线的比较（李仕澂先生提供整图）
图 16. 沈园鸟瞰图
图 17. 沈园及环境工程全景

易经的关系。易经产生于战国之前，甚至不妨说八卦用上伏羲和文王的名字也不是无缘由的，而太极图在宋代才面世，自朱熹开始直到清代对太极图的考据虽说并不一致，但都显示上溯陈抟、魏伯阳等人对宇宙到人体等的根本认识和周敦颐的融会整合，包含着易经的基本思想。太极图与《易经》六十四卦的深层的数学关系，在经东南大学的李世澂先生研究，并用一个太极螺线公式表达后深刻地揭示了出来——太极图无非是六十四卦作为二进位制函数的图形（图 14、图 15）。由此我们才能知道什么是中国园林的生命力和中国文化的生命力。

从中国园林结构引发探讨的中国文化精神，其深层的东西，经过历代儒、道、佛不断的充实，历代文人不断拓展，近代不断变化，积累下来，形成了我们今天的集体无意识，形成了今天可以看到的园林构成机制。前代文化研究者也说过关于阴和阳等类似的话，但立足于中国古典园林的空间结构分析所得出的结论则是既深刻又概括的。很重要的是，不再单纯满足于追寻用到建筑园林原理的浅层次部分，而是要追寻和理解我们文化深层次的秩序，和那些能够“远取诸物，近取诸身”的东西相整合、相统一。这是理论上的高屋建瓴的升华，是向自由王国的迈进。

只是，作为建筑师来说，理论不会自动生成作品，设计图是一条条线画出来的，我们还必须完成这种从宏观的理性认识向设计语言的转化，从普遍性向多样性的转化，尤其是拓扑学的分析只是从形式构图切入的分析，而每一个园林都有着具体的功能和具体且互不相同的立意，还有十分不同的建造环境场地，还会有不同的历史背景，因而可以说，拓扑分析只是给出了中国古典园林的共同的拓扑同构的布局特点，并不能代替对每一个个案的特殊性的分析。例如我在 20 世纪八九十年代以至延续到 21 世纪的绍兴沈园的第一、第二和第三、第四期工程，就必须结合每一期工程的具体问题及相互关系做更为具体的思考和斟酌（图 16、图 17），此为后话。

（作者注：本文原为2007年纪念童寯先生《江南园林志》成文70周年、主题为《园林与建筑》的研讨会上的发言，后收入2009年童明等编的《与会，第一辑，园林与建筑》一书中，本次刊行又对原文和插图做了些补充调整，题目也改为《中国园林的布局经营和文化探源》）

**作者简介：**朱光亚，东南大学建筑学院教授

**原载于：**童明，董豫赣，葛明．园林与建筑 [M]. 北京：中国水利水电出版社、知识产权出版社，2009.

# 眼前有景
# ——江南园林的视景营造

童明

## 1. 观赏与营造

在《江南园林志》的总论中，童寯提出了三境界的说法："第一，疏密得宜；其次，曲折尽致；第三，眼前有景。"[①] 对于这三境界，童寯并没有展开太多的解释，并且是用"盖有"这样一种不太确切的语气加以提出。

境界之说，应该是来自王国维，这曾是童寯在清华学堂时的文学导师，也是他一生中的精神偶像。在《人间词话》中，王国维曾用三境界来描述"古今之成大事业、大学问者"必定经过的三种状态："1. 昨夜西风凋碧树，独上高楼，望尽天涯路；2. 衣带渐宽终不悔，为伊消得人憔悴；3. 众里寻他千百度，蓦然回首，那人却在灯火阑珊处。"

这三段分别出自晏殊、柳永、辛弃疾的词句，似乎被王国维用来表述一种次第渐进的不同层面，但又好像流露了一种返璞归真的自然基调。如果换一个角度来看，倘若需要表述关于学问或者人生这样难以言表的抽象意识，采用形容或者比喻之类的修辞方式已经无济于事，因为这已经达到了语言所能抵达的尽端。然而诗词的作用就在于，通过寥寥数语的字词叠加，随手偶得的画面剪辑，一幅感同身受的景象随即浮出，与此关联的那种意境令人回味，从而使之在感知上达成共鸣。

这种图景并非异乎绝类，而是出于日常经验。但是，这种诗意的凝聚、精神的贯注却又并非一般常人能够进行捕获而加以呈现的，它包蕴了一种真正意义的生命体验，使人突破自身生活的惰性；它设定了生命气息充盈的坐标，引导心灵前往一种永恒的自由之境。由此王国维感慨，“此等语皆非大词人不能道”。

如果采用王国维的方式说来概述江南园林，应该也会令人感同身受，因为这些园林，同样也是经由诗词演化而来，或者更加确切而言，是为了表述诗词中所应对的意境而来，只不过它们用石与木、山与水去表述文学中的想象世界。相应地，如果将园林设置为这三境界的场景地，也会最为恰当不过。

然而在此经常容易导致误解的地方在于，童寯在《江南园林志》中所提出的三境界并不是将园林作为对象进行观赏时的三种状态，而是“为园”的三种方式。在标题为“造园”的总序中，童寯这里所讨论的应当是关于园林营造的问题，所采取的立足点并不是作为沉浸于诗词意境的园林鉴赏者，而更多地来自他作为建筑师的背景身份，关注焦点更多的是针对园林的营造。由此我们可以将这三境界，理解为关于园林建构方法的一种讨论。

在这一段论述中，童寯认为疏密得宜，曲折尽致与眼前有景这三者“评定其难易高下，亦以此次第焉”，也就是相对而言，疏密易为，曲折有法，情景难致。

所谓的第一境界，即“疏中有密，密中有疏，弛张启阖，两得其宜”，这类论述常见于与造园相关的诸多论述，就如随后引用的沈复在《浮生六记》的那段著名口诀：“大中见小，小中见大；虚中有实，实中有虚；或藏或露，或浅或深……”[②]通过这样的一种对偶关系，园林空间的构造方法似乎可以从玄学转换成为一种通识。

然而，如何才能达到得体合宜，沈复接下来的解释则为“不仅在周回曲折四字也”。这也相应进入童寯所要讲解的第二境界：“然布置疏密，忌排偶而贵活变，此迂回曲折之必不可少也。”对此，童寯借用了钱泳在《履园丛话》中的说法来强调了“活变”：“造园如作诗文，必使曲折有法，前后呼应，最忌堆砌，最忌错杂，方称佳构。”

在现今有关园林的各种论述中，有关“疏密”和“曲折”的提法已经成为一种共识，然而“眼前有景”这一议题并不见诸以往各类研究文献。相对而言，这四个字显得极为通俗，但又令人感到难以把握。在童寯的解释中，“眼前有景”大致就如同观赏一幅极品的山水画，“侧看成峰，横看成岭，山回路转，竹径通幽，前后掩映，隐现无穷，借景对景，应接不暇……”在这样一种茫然不觉中，就已然步入变化且无穷的第三境界矣。[③]

或者我们也可以换一种方式，并不将这三个境界视为一种平行关系，而是一种前后性的因果衔接，它们是一种手段与目的的排列顺序："疏密得宜""曲折有致"是一种建构方法，"眼前有景"则是这一建构过程的最终目标。

"园林之胜，言者乐道亭台，以草木名者盖鲜。"童寯似乎是在认为，江南园林从来就不是养花种树的植物园，也不是自然风光的观赏地，他所惊讶的是，在计成的三卷《园冶》里，竟无花木专篇。在列举了诸多事例之后，又似乎找到了答案，因为"此法多任自然，不赖人工，固不必倚异卉名花，与人争胜，只须'三春花柳天裁剪'耳"。[④]

那么对于"为园"这个议题，从童寯的角度而言，也就是关于园林建构的问题，或者是关于视景营造的问题，它所关注的只可能是一种建筑学的方法，而且也是最具挑战性的建筑学方式，即采用砖石瓦木作为字词，援引规画营造作为修辞，达到宋代词人所要追寻的意识境界。

## 2. 疏密与曲折

### 2.1 疏密曲折

为了进一步阐释"为园"三境界的具体含义，童寯在随后的一段文字中，以苏州拙政园中部的一个片段为例，描述他当时对行走于一座典型的江南园林中所获得的情境感受："园周及入门处，回廊曲桥，紧而不挤。远香堂北，山池开朗，展高下之姿，兼屏障之势。"[⑤]

如果从园林的平面图上看，这里所指的是位于今日的忠王府与拙政园中部景区的衔接之处。在1960年整修之前，拙政园从原先的八旗奉直会馆与张之万宅之间的一条夹弄由东北街得以进入（图1）。

童寯在此所描绘的情形，是当人们从这条巷弄经由腰门进入园林时，正前方的一座黄石假山不仅挡住了去路，而且也遮蔽了视野。游人因此只能向左折转，绕行于高大宅墙的外侧，经一系列曲折游廊进入小沧浪水院，并接着从右侧掠过小飞虹，进入远香堂或依玉轩或观景平台，此时，拙政园的总体景色才在眼前豁然打开。由近景的荷池、中景的雪香云蔚、荷风四面以及背景的见山楼构成的一幅立体画卷，尽收眼底，整个路程的感受应和了陆游诗句中所描绘的"山重水复疑无路，柳暗花明又一村"。[⑥]

关于园林场景中的空间开阖与路径曲折，援引苏州另外一个著名园林——留园的入口过程可能更加贴切，因为疏密与曲折这样一种景象更加依赖于单纯的建筑要素，也就是墙体之间的挤夹关系，从而更适合于通过空间操作来进行解读。

对于一名带有些许经验但又从未实际进入过的普通游客而言，留园的入口可能并不显得那么起眼。与拙政园、网师园等其他园林相比，沿着留园路、畏缩在主宅旁边的一段普通白墙上的寻常门洞令人感到些许失落。

入门之后，按照一般的苏州住宅结构，就是一个相对不大的门厅，上部漂浮的屋顶加上迎面而来的屏风迅速将视觉压暗，屏风上的文字以及上悬的留园匾额虽然确认了入口的正确性，但并未显示出一种欢迎的姿态，游人需要绕过屏风，从旁侧进入到第二个序列。

接下来是一个由门厅和轿厅所构成的方院，从檐口上方倾斜而下的阳光，使得刚从门厅暗荫中走出来的游人感到有些眩晕，甚至不由得稍作停顿，但是就在此刻，前方的轿厅又使得前行的路径变得含糊起来。

原本沿着中轴线再一进落的天井已经被填充，轿厅内侧的正面被封以实墙并悬以挂画，本该是“庭－房－庭－房”的纵向空间序列被打断，似乎轿厅与周边的回廊已经构成了一个小型的展览区域，无路可出。就在此时，右上角的一个更加幽暗的豁口给予了提示，显示出从这里可以继续前行。

豁口所导入的是一段不长的纵向短廊，宽1米有余，仅够两人并行。当游人走入这段小巷时，随着空间的缩小及光线的减弱，他很可能会发现，不知何故，引导性的空间姿态已经消失，而且越往里走，所获得的就越是一种迟疑的感觉。幸好这段单向侧廊不足10m，前方向左衔接了一个略宽的横向宽廊，整个这段区域毫无对外采光，仅从它与盛氏故宅的一个侧向出口的上方开口天井中，洒下的微弱光线用以引导，并且精准提示了在横向宽廊左前角的一个狭小门洞可以通出。

走出这一门洞，紧张压迫的情绪并未得以放松，接着又进入另一段纵向走廊。这段走廊尽管不窄，但前行路径却有意做成之字形状，上方屋顶也随之曲折，并在前后两个角落形成了不大的开口，下面地面则对之以花坛，花坛翻边高起1m，进一步强化了转折关系（图2）。

光亮感的总体提升给游人带来了心理暗示，似乎前方即将出现某个重要场景。在迈出一扇门洞之后，左侧迎来的开敞空间使得之前的紧张情绪顿时松弛，因而再前方的一间厅堂被称作敞厅。反向正对着敞厅的则是一间庭院，两者构成典型庭园格局中的一个完整单元。然而这里有些反常的是穿行的路径，由于折廊出口位于庭园的右下方，随着东侧界墙的限制，游人只能斜向穿入敞厅，然后才能转身回看庭院以及中间一组假山，从而获得园林中一段较为熟悉的观赏情节，心理随即感到一丝释然（图 3）。

但是接下来他很快又会感到困惑，因为在面对庭园假山稍事放松之后，就意识到此处并非期待中的留园，在迟疑中他只能再次转身，寻求下一个出口，并在敞厅的左侧角瞥见一个门洞，似乎从中可以接着通向某处。

当穿过这个门额刻有“长留天地间”的门洞后，随着一道光亮的到来以及喧杂声的响起，这段波折的路径才算告一段落。游人所进入的，就是进入留园后的第一个重要景点——古木交柯。

2.2 起承转合

关于留园从入口大门到古木交柯这段路径的描述与分析，最早应当见著于刘敦桢《苏州古典园林》一书（成稿于 1960 年）中有关留园的章节。“入门后，经过曲折的长廊和小院两重，到达古木交柯，即可透过漏窗隐约看见山池亭阁的一鳞半爪，由古木交柯西面空窗望去，绿荫轩及明瑟楼层次重重，景深不尽。”⑦

不知是否因此而起，在随后的若干年中，较多学者在以空间构成的角度分析江南园林时，已经开始集中关注留园这一从入口大门到古木交柯的巷弄片段。

1963 年，潘谷西在《南工学报》发表“苏州园林的布局问题”一文中，着重提到留园入口这一“有节奏的空间划分”，并且配以更为详细的文字描述：“人们一进园门就要经过一段曲廊和小院组成的小空间，这里光线晦暗，空间狭仄，景致也很单调，只是到‘古木交柯’一带，才略事扩大。南面以小院透光，院子里在古树下布置小景二三处；北面透过一片片漏窗所构成的‘帘子’，隐隐约约地看见了园中的山池；而在人们前进的方向，处处用咫洞和窗洞把人们的视线延伸出去，向园内纵深发展，勾起人们寻幽探奥的兴趣。通过这一段小空间所构成的‘序曲’，绕到‘涵碧山房’前面，就到达全园的主景区，于是空间豁然开朗，顿觉明亮宽敞，山池景物显得分外璀璨绚烂、扣人心弦，这是一种极巧妙的空间衬托手法。”⑧

同年，彭一刚在《建筑学报》第三期上发表的《庭园建筑艺术处理手法分析》中，虽无具体的文字解说，但文中所采用的一张分析图基本上表达了刘与潘在其文章中所

1 2 3

图 1. 拙政园平面图（引自刘敦桢，苏州古典园林 [M], 北京：中国建筑工业出版社，1979）
图 2. 留园入园的折廊
图 3. 敞轩及其所面对的假山

要表达的内容（图4）。随后还有更多学者进一步关注这一段落，并著以专文详细解读（金元文，1994；周维权，1990），由于篇幅原因，不再一一赘述（图5）。

不知是否纯属巧合，在1963年同一期的《建筑学报》上，郭黛姮、张锦秋（以下简称郭与张）发表了《苏州留园的建筑空间》一文，其中部分内容专门集中于留园入口这一段落的建筑空间分析，从而使得有关江南园林空间的讨论不再停留于笼统的特点描述，并且进入一个更为深入的建构分析之中。

“从大门到‘古木交柯’的通道，匠师们巧妙的顺势曲折，构成丰富多变的空间组合。由前厅进入南北向的廊子。继而转成东西向。接着又是南北向的空间。在这小小的地方，廊子还抓紧机会折了一下。继而又由南北向的廊子临东墙延伸进入敞厅。由西边出敞厅进入南北向的小过道，然后到达‘古木交柯’。”[9]

在这段文字的描述中，郭与张在切入视角和描述方式上呈现出一种微妙的差别。在刘与潘的文字中，较多的是以一位观游者的视角来体验这段路径的感受，而郭与张则站在匠师们，也就是营造者的角度，试图还原这一空间序列效果的构成过程。篇幅所限，郭与张在文章中并未提供太多导览性的描述，或者，这种描述被有机整合到采用建筑、空间语言解读的过程中。

郭与张所提出的问题在于，留园是建于住宅后的园林，当年园主经常从内宅入园。为接待宾客游园，不得不沿街设置大门，从两座住宅之间穿行而入。“如何将这长达五十多米且夹于高墙之间的走道处理得自然多趣，实在是个难题。”

但是，造园匠师以精湛的建筑技巧解决了这一难题。

针对从留园大门到“古木交柯”的这段历程，郭与张总结的变化可以归纳为以下三种：

1）收放：体现于空间大小的不断变化，“放”“收”，再“放”，再“收”，从而打破了一条过道的单调感觉。

2）转折：例如在窄廊的两侧不断忽左忽右地出现透亮的露天小空间。特别是在进入敞厅前的那段过道，原本非常简单，但由于分出了两小块东南与西北的狭小天井，就使空间转折变化，富有风趣。

3）明暗：通过天井、窗洞浸透进来的光线，控制调节空间的明暗变化，从而起到对空间艺术气氛的渲染作用。特别是在敞厅进入古木交柯处的一个不足60cm宽的“天井”，利用咫尺露天空间形成空间的明暗变化，使沉闷的夹弄富有生气（图6）。[10]

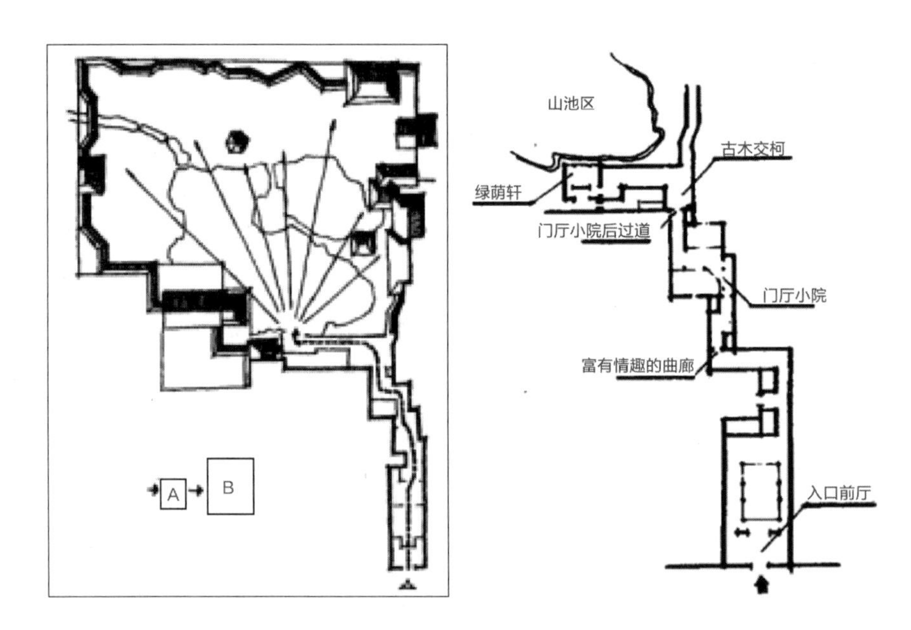


4 5

图 4. 留园入口与中央景区路径的关系（引自彭一刚，庭园建筑艺术处理手法分析 [J], 建筑学报 ,1963(3)）
图 5. 留园入口曲折路径（引自金元文，苏州留园入口空间处理赏析，华中建筑 [J],1994）

收放、转折、明暗，三种变化之间的组合使一条封闭通道处理得意趣无穷，因此从建筑空间处理的角度分析，可将妙处归结为一个“变”字。

“变化”对于历史中有关园林特征的描述而言并不陌生，除了沈复那段脍炙人口的著名口诀，计成也曾表达过类似的辩证观点：“如端方中须寻曲折，到曲折处环定端方。”[11]

疏密与曲折本身就带来了一种戏剧性体验的愉悦感！郭与张将这条路径的原形设想为由两条平行高墙面所构成的单调路径，在这里，一名设计师所完成的挑战就是，“充分运用了空间大小、空间方向和空间虚实的变化等，一系列的对比手法，使游者兴趣盎然地走完这段路程”。[12]

然而在这里仍然留有的潜在问题值得进一步探讨：疏密与曲折形成了生动有趣，收放与明暗塑造了感受变化，但如果缺少了前后呼应、有法得体的评判标准，这也很容易成为钱泳所谓的那种“堆砌与错杂”，从而将这一系列的对比过程实质性变成一种机械性的操作。因此无论是沈复还是计成，在其句后接有“不仅在周回曲折”，或者“相间得宜，错综为妙”，而在童寯的界定中，相应就成为“得宜”与“尽致”。

什么是得宜与尽致？那种令人兴趣盎然的具体含义是什么？

对于这一问题，似乎只能通过身体获得的感受来回答。我们在此可以尝试性地认为，那种令人全身舒适的感觉就是“眼前有景”。所谓的得宜，所谓的尽致，需要视觉的满足、心理的暗示才能达成。

或者换言之，从留园大门到古木交柯这段长约 50m 的入口进程，与在苏州传统民居中常见的备弄，也就是一种狭窄昏暗、间夹于进落住宅之间的辅助性通道几乎没有太多差别。但是这一条通往留园的巷弄，由于前方潜在地存在着重要景色的巨大诱惑，在这样的心理作用下，游人行走于其间才会感受到一种探险般的愉悦。

在此，我们将疏密得宜、曲折尽致既作为一种目的，也作为一种手段，因为它所要导向的是“眼前有景”，并且也使得这样一系列的变化带有明确而强烈的合目的性，从而成为一种建筑学操作的问题。设想如果缺失了前方有景的悬念，这种幽暗中的起承转合就成为一种令人畏惧的艰途。

于是，“使游者兴趣盎然地走完这段原本是非常单调的路程”并不是留园入口巷弄构造的全部目的，从总体格局而言，这一段路程也是游览留园的一个前奏。它的另外一种更为重要的目的，就是配合将会出现的眼前景色，构造中的各种变化就是为了这一时刻埋下伏笔。

## 3. 对景与构造

### 3.1 漏窗对景

“穿过重重通道进入‘古木交柯’。由暗而明，由窄而陶，迎面漏窗一排，光影迷离，透过窗花，山容水态依稀可见。”[13] 郭与张在文章第二段的一开头，就描绘了一种可以普遍感知到的留园观赏情境，而这一感受的特点就是模糊、延迟、渐开，这样一种情境，也使得留园的观赏方式与其他园林有所不同。

这一不同寻常的入园方式不知是否与留园核心部位的“景色”有所关联。每当行走于明瑟楼前的走道上，北望“山池一区”时，由于这一角度看去的水池形状总体上比较周正，对岸的山体起伏平缓，背景的绿化单调平齐，从而导致包含着可亭、小蓬莱、紫藤廊等内容的景色几乎被压制到同一种单调的平面中。再加上在主景区占据主导的两棵高大的银杏树，姿态过于端正而缺少变化，因此，留园在这一角度的景色与童寯所描述的拙政园中区相比略有平淡，尽管不能说有些令人失望，但也难以体验到“侧看成峰，横看成岭”那种令人欣愉的入画之感（图 7）。

这一角度距离留园的入口相去不远，如无特别的处理，可能也是入园后的第一印象。但是当游人站立于入园后第一个观景点“绿荫轩”之中时，由于檐口以及两侧墙体的限定，视域被框定在前方的濠濮亭以及山石小径的有限范围内，感觉就会大有不同。前面所提到的各种景物由于角度关系而相互叠加到一起，两棵直耸的银杏树也成为含糊的背景，从而使得视觉感受大为改观。在此，绿荫轩无疑起到了一种观景器的作用（图 8）。

在绿荫轩与长留天地间腰门之间，还有一道长约 10m 的东西横向曲廊，古木交柯则是这一部位的总体称谓，它虽然只是一个较为狭小的区域，却也构成了留园中一处著名景点，是衔接留园入口与主景区的重要转换。

如果回复到园林图，就平面格局而言，这里的构造关系并不复杂，可以大体区分为东西拼联的两个内外组合。东侧是作为留园入口的曲廊与“古木交柯”庭院[14]（图 9），西侧则是“绿荫轩”与花步小筑的组合。绿荫轩是进入留园后的第一个观景驻留点，在其南侧则是一个南北窄、东西宽的小天井，天井以粉墙为底，南墙嵌有清代学者钱大昕隶书“花步小筑”青石匾一方，墙角散置点石，湖石花台中立石笋、植天竺，一株爬山虎攀援至墙顶，暗合着“华屋年深蔓绿萝”的意境（图 10）。在这两个室内

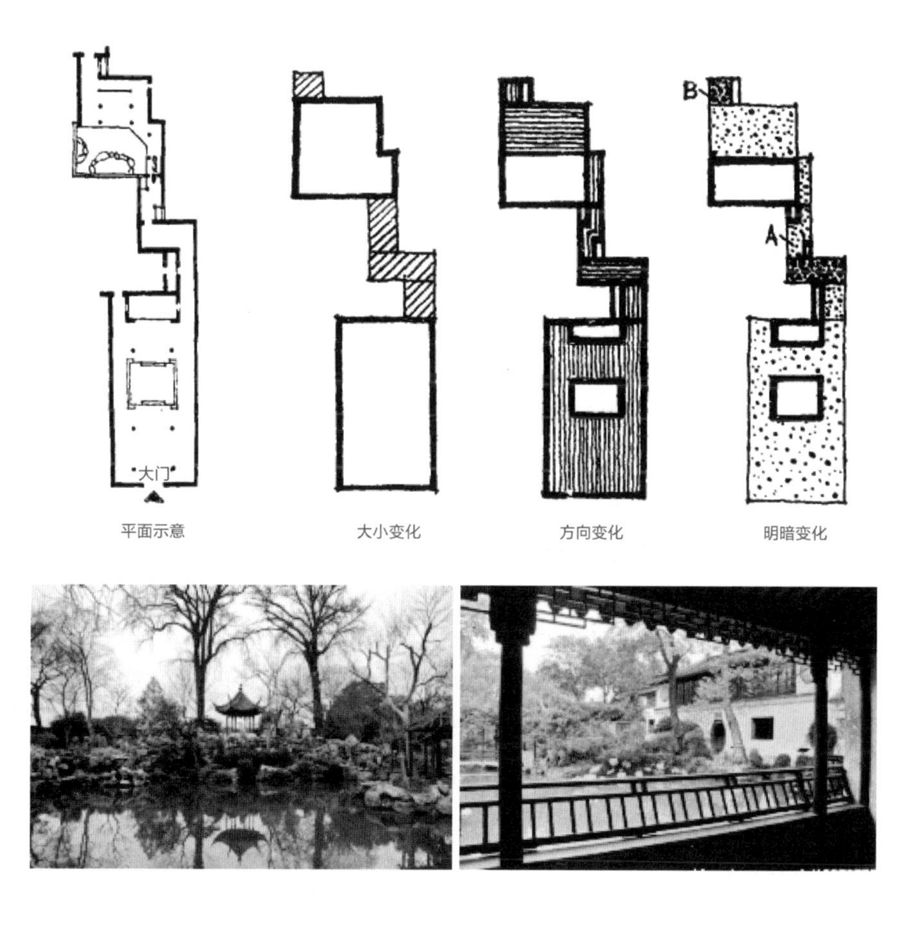


6
7 8

图 6. 留园入口曲折路径空间分析（引自郭黛姮、张锦秋，苏州留园的建筑空间 [J], 建筑学报 ,1963(3)）
图 7. 从明瑟楼前走廊看留园中部景区
图 8. 从绿荫轩看留园中部景区

外空间组合之间，还设有一道纵向隔墙，各有门洞相通。于是，这样一种看上去较为简单的布局方式，却给进入的游人带来了另一种兴趣盎然的视觉历程。

当游人从“长留天地间”腰门出来之后，就进入到这段曲廊，由暗入明，由窄而宽，留园的景色应当在此尽收眼底。然而曲廊正前方檐口下却是有些违反常理地屏以一道北侧墙，墙面并不完全封闭，而是并排开设六个图案各异的方形漏窗，山容水态隐约能见。这种隔断迫使略有迷惑的游人缘廊向西，与绿荫轩交接的墙面上设有两个八角形窗洞，不仅消除了庭院的封闭性，扩大了空间尺度感，同时窗洞中透出“绿荫”之外的山池庭院，将视线进一步引向西侧。

然而就在往西行的一瞬间，游人在转身之际暂时离开前方风景的诱惑，回望身后“古木交柯”。古木交柯的尺度也就 2 米见宽，西侧通过一个八角门洞与花步小筑联通，并且在路径上带有一种向南返折的趋势。但这并不足以促使游人离开期待中的园林主景。当跨过这道纵线进入绿荫轩的范畴时，侧身穿过一道木质屏风，留园全景在绿荫轩的框定中得以呈现。

童寯在另外一本著作《东南园墅》中，有一段本无实际对象的描述，恰好可以完美应对于古木交柯所呈现的情形：“同一漏窗在不同角度的光照之下，会显得变化多端……人们从某一墙洞框内，可瞥见另一院落的一个部分或一个景点，这样就把空间延伸得更远。正如现代建筑中的拼贴（Collage），这种墙洞使人可以观察两边风景的重叠和穿插，形成可称之谓园林艺术中的拼贴。”[15]

江南园林景色一般不可能轻易可得，但是在留园的古木交柯，这样的曲折关系显得更为突出。游人只有在经历了进入、左转、再左转、回身，右折，进门之后，才能将山池一区的景色收入眼底，而此时那种喘息未定的感受，必定不同于在涵碧山房平台上气定神闲的驻足观望，从而成为眼前有景的最好注解。

### 3.2 曲廊构造

从“古木交柯”的入口到“绿荫”，虽然空间的绝对尺寸很小，层次却极丰富。这共约 140 平方米的建筑组合犹如整个园林的序曲，引人入胜，恰如其分地点出主题。[16]

究竟在空间处理上运用了什么手法才能满足了这些要求？郭与张在“苏州留园的建筑空间”中，对于这一方法进行了较为详细的推测：

其一，“古木交柯”与“绿荫”位于山池区的东南角，是由大门入园的交通枢纽，因此这里的空间应有明确的方向性：把游人引向“明瑟楼”与“涵碧山房”。因此，曲廊外墙上的漏窗、绿荫轩侧墙上的窗洞以及与花步小筑隔墙上的门洞，起着即透露又遮掩的作用，从而将游人导向西侧，从而渐次进入山水之间。

其二，由于曲廊是园林游览路线的起点，按照传统的造园手法，应该避免开门见山，一览无余，但又因到此之前，游人已握穿行了一长串较封闭的过渡性空间，因此这里必须恰当地解决需要收敛又需要舒展的矛盾。

其三，在园林中，“入口”或是“交通枢纽”都不应该是纯功能的，应把功能的解决融于意境的创造之中。

曲廊既是功能之要求，也是意境之所需！

在行走于曲廊的过程中，景物就如心理悬念，视觉就如牵导引力，引导游人层层深入。透过层层洞口有意图的屏蔽与开敞，配合以长短、宽窄、明暗、实虚之间的对比，游人在“掩映—透漏—敞空”的变换过程中，由一个境界进入到另一境界，在一种回旋折转的行进过程中，获得超出景色本身所带来的愉悦感受。

关于所谓的“意境的创造”，在文字介绍中，郭与张采用了专门的篇幅对此进行了分析：“1）从平面布置来看，为了衬出山池景色的自然开阔，所以先在这里辟出尺度极小、人工气息较浓的天井。随后添上一道隔墙和一道隔扇。第一道隔墙划分了‘古木交柯’与‘绿荫’的界线。2）‘古木交柯’成为‘┌’形的建筑与‘┘’形的天井互相“咬合”的有机整体，突破了一般矩形小天井的形式，使空间更为生动。在天井中出现完整的檐角，也对丰富空间起了重要作用。3）‘绿荫’与‘古木交柯’并列，却采取了不同的手法。这里室内外空间都是简单的矩形，却特别强调空间尺度感的对比。本已很小的地方还加上一道隔扇，故意使天井变得更为幽僻小巧，以便进入‘绿荫’这个敞榭时显得格外开敞。”[17]

在郭与张看来，“古木交柯”与“绿荫”平面布置的趣味性则在于室内外墙体、隔扇的分隔、咬合、遮隐。正是这样的一些设计策略再加上框景导向，从斜向进入的游人在视角上形成重叠性，“古木交柯”与“绿荫轩”这一段的空间景象在曲折的行进过程中逐层展开，观赏效果更为丰富（图 11）。

现实世界中精妙的空间格局与视觉感受，往往在其背后都存有某种精彩的思考过程。在文章中，郭与张的一张分析图大致描述了这样的一种思考过程：

1）基地原状大致被假设为这样一种情形，两道相互垂直的墙体在右下角部形成入口，左前方则是一湾水池，总体上造就了斜向进入的路径趋势。

2）这一路径的转折与导向需要通过一个矩形建筑来实现。

3）矩形建筑空开南侧墙体，分解为室内外两部分，并形成相互咬合的阴阳势态，行走路径因此发生了转折，空间受获得了疏密的节奏。

4）加入隔墙、屏风、漏窗，使得这种曲折与疏密的空间感受进一步得到强化。（图 12）

尽管我们还不能将“古木交柯”与“绿荫轩”称作为留园中最为灵巧、精细的空间构造，但无论从实际感受还是在图解分析中，这个节点的确反映出江南园林极其精髓的一面。这也不禁令人联想到计成的一句感慨，“凡造作难於装修，惟园屋异乎家宅”。

这是在《园冶》里计成写于“装折”篇的开头一段话，陈植对此的翻译是：“大凡建造房屋，难在装修工程，而园中房屋更不同于一般住宅。”[⑱] 到底这一判断存在什么原因，计成并无只字解释，但接下来的所提供的方法论就是，“曲折有条，端方非额，如端方中须寻曲折，到曲折处还定端方，相间得宜，错综为妙”。

张家骥认为陈植对于“端方非额”的理解有些失误，陈植的解释为“整齐倒不是一定的制度”，而张家骥所提供的解释为，“以庭院而论，住宅一定要整齐，园林庭院也同样要端方整齐。区别不在于是否端方，而在住宅‘端方而额’，园林要‘端方非额’是要求园林庭院的空间有变化，虽方整但不呆板”。[⑲]

如此而言，张家骥的修正意见在于，园林空间的丰富性与变化性并非在于建筑结构的不规则性，或者通过曲折的形式来寻求变化，而是需要在端方中需求曲折；具体的措施并不是去触动规整的建筑结构，而是在于“装壁”与“安门”的调整；这一曲折必须“有条”，其判断就在于“相间得宜，错综为妙”。于是造就了“古木交柯”与“绿荫轩”这样的空间效果，看上去很简单的房子，由于墙壁与门窗的布局，导致了曲折与疏密的变化，带来了生动而无穷的景致。

## 4. 写景与造境

### 4.1 叠加的历史建构

留园始建于明代万历年间，根据史料，总体大略经历四个重要变革时期。1）万

9 10
11 12

图 9. 古木交柯与曲廊
图 10. 绿荫轩与花步小筑
图 11. 古木交柯与绿荫轩平面图（引自刘敦桢，苏州古典园林 [M], 北京：中国建筑工业出版社，1979）
图 12. 古木交柯与绿荫轩空间构成分析（引自郭黛姮、张锦秋，苏州留园的建筑空间 [J], 建筑学报 ,1963(3)）

历二十一年（1593），太仆寺少卿徐泰时遭弹劾被罢免后，在所继承祖宅旁始构东园。2）嘉庆二年（1797），江西右江道观察刘恕移居至此，在已经完全圮坏、尚余嘉树平池的东园废址上营建寒碧庄。3）同治十二年（1873），湖北布政史盛康购得历经洪杨之乱后的刘氏寒碧山庄，整修、新建了许多景点后，将其易名为留园。4）1953年，苏州市政府抢修留园，针对众多残破建筑进行恢复，同时也对部分格局进行较大调整。[20]

作为今日留园入口区域的古木交柯，大约成形于刘恕在东园废址上的经营。而那段五十多米长的入园通道，应当源自道光三年（1823），专为方便接待宾客而后开辟。[21]

范来宗在写于1798年秋分节后三日的《寒碧庄记》中记述中，曾经提及绿荫轩：“……西南面山临池为卷石山房，有楼二，前曰听雨，旁曰明瑟。其东矮屋三间曰绿荫，即昔所谓花步是也。再折而东，小阁曰寻真，逶迤而北，曰西爽、曰霞啸，极北曰空翠……”[22]

可以想见，当古木交柯被设立为园林新入口时，在这一地点上，绿荫只是现在的涵碧山房东侧的“矮屋三间”。范来宗的游览线路应当是从当时卷石山房出来后，经明瑟楼至绿荫房，再折而东，经“寻真”，过“西爽”（即今日曲谿楼），至空翠（可能今日的远翠阁），至此，“廊庑周环、堂宇轩豁”的现代留园格局初步形成。但“绿荫”显然只是众多景点中不太起眼的一个途中节点。

1823年，当古木交柯辟为留园入口后，以此推断，“矮屋三间”的“绿荫”开始随之调整。如果目前的绿荫轩只是作为其中的三分之一，即便是在重建的情况下，这一矩形小屋的平面、墙体、屋顶，都会随着一种针对观景形势的判断，进行着解构性的变形。除了中央景区这样一个大型山水格局之外，这里所谓的景致，应该还包含围列于周围的可用资源。

建筑变形所围绕的焦点应当在于“古木交柯”。不同于今日所见的一个植有柏树、云南山茶的石砌花台[23]，在清光绪五年（1879）陈味雪的《留园十八景》的图册中，有一幅所描绘的就是这一景点。其视点应当是从盛氏故宅的高墙上方视看下去，画面中央，两棵高硕古木交织盘旋，两位中年观者立于其旁（可能是陈味雪与刘恕），一条平行敞廊列于后侧，尚不能判定其形状是直是曲，是闭是合。除了绘画风格有些稚拙，比例关系有所夸张外，大体格局与今日所见几乎相同。（图13）

在这张画面中，较为令人惊讶的是两棵古木的尺度，显然它们主导了观景的核心。

而在郭与张的文章里，亦配有一幅钢笔画，描绘了在屋檐的压迫下，一株耐冬已无踪影，一棵柏树倾斜向西，在背后大宅的白色粉墙的衬托下，撑满整张画面，成为一幅典型的“自山下而仰山巅”的高远图景。㉔（图 14）

如果在陈味雪绘制《留园十八景》时，这一柏树就已经成为古木，并且在画面中已有一半已经枯朽，尽管不能明确柏树的成形时间，基本上可以认为，三间矮屋的绿荫的调整，是围绕着古柏进行的。平面中曲廊的实体与庭院的虚空之间的阴阳关系，并不一定如同郭与张所分析的那样，因为趣味而构图，或者为了曲折而曲折，而是由于观赏古柏所进行了凸凹变形。在平行于高大宅墙的立面上，沿水一侧进行屏蔽，而朝向古木一侧完全打开，形成框景，构成古木交柯的完整画面，待游人完整绕行过古木之后，才进入绿荫轩，直到此刻，留园的整幅中央图景，才得以徐徐展开。

另外一个值得进一步讨论的则是绿荫轩。绿荫轩的名称来自明代高启葵诗句：“艳发朱光里，丛依绿荫边。”“因建筑西侧原有一株古枫，小轩处在这古树的绿荫之下，借此而得名。”㉕

在童寯摄于 1931 年的一幅留园照片中，东侧曲谿楼的面前，正是这两棵古朴而粗壮的枫杨树，一棵直立，一棵南倾，将其大幅的绿荫倾斜于这一水边小筑之上。由于刘氏寒碧庄时已有绿荫，我们尚不能判定两棵古枫是否早于那时，或者稍后又因为地名而另行补种，无论如何，绿荫使得“矮屋三间”成为观赏留园春景最佳之处，小巧雅致的临水敞轩成为这一观景状态的具体化身。㉖（图 15a、图 15b）

基于这样一种历史可能，我们对于古木交柯这一精确而巧妙的营造可以做出如下推测：

1）作为园林景物的对象，它并非经过一致性的整体构造而得以出现，而可能是在历次的毁坏与重建过程中，苦心经营剩水残山，老树古木，使得废墟之地能够重获“有翛然意远之致，无纷杂尘嚣之虑”㉗。

2）作为园林的观景器，从曲廊到绿荫轩的建筑结构也并非一次性完成，而是在历次的整修恢复过程中逐渐成形，时间跨度可能长达几十年甚至上百年。每一次的建构，都可能是从残段、碎片开始，甚至在多数情况下，也不是经由同一性的思维构想而来的。

花步（花埠）与绿荫的名称的历史性使这一地点成为一种精神性的场所，古木与枫杨很可能是在园林成形以前就已经存在着的场地风景，绿荫小屋以及古木交柯曲廊

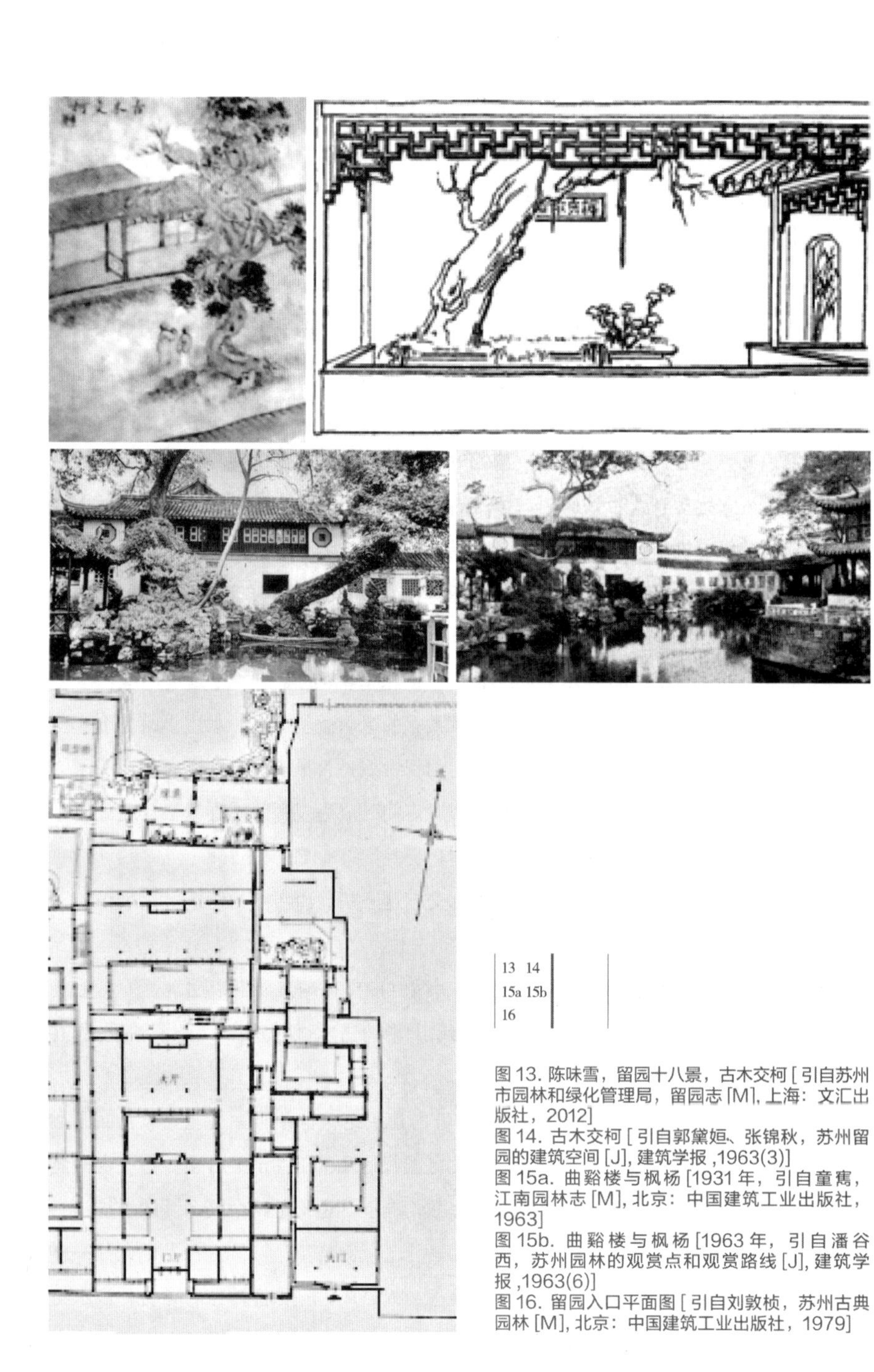

13 14
15a 15b
16

图 13. 陈味雪，留园十八景，古木交柯 [ 引自苏州市园林和绿化管理局，留园志 [M], 上海：文汇出版社，2012]
图 14. 古木交柯 [ 引自郭黛姮、张锦秋，苏州留园的建筑空间 [J], 建筑学报 ,1963(3)]
图 15a. 曲谿楼与枫杨 [1931 年，引自童寯，江南园林志 [M], 北京：中国建筑工业出版社，1963]
图 15b. 曲谿楼与枫杨 [1963 年，引自潘谷西，苏州园林的观赏点和观赏路线 [J], 建筑学报 ,1963(6)]
图 16. 留园入口平面图 [ 引自刘敦桢，苏州古典园林 [M], 北京：中国建筑工业出版社，1979]

则是围绕这一风景的建构，将原先的三间矮屋以及古宅的高大实墙作为现场留存融合于其中，使得留园风景成为眼前画面。

4.2 类比的画境世界

以留园为例，如果今日的江南园林本质上可以认为是历史变迁过程中的产物，而不是某种一次性筑就的作品，那么我们也可以将园林的营造视为一种集体性的建构。就如同一座城市的片段，它是一个不完整、非理想的演化过程，是由历史性的多元片断、交错性的思维过程整合而成。

历史性片段本身就是错综的、复叠的，暗合着园林构造中的曲折与疏密。在整个这一系列的互动过程中，如果说曲折与疏密已经成为一种匠作层面上的熟练工具与手段，那么更为重要的，则是那样一种整体性的眼光和集体性的意识，它赋予这一工具与手段以明确的目的，引导着这样一种碎片、残段的整合过程，从而促成一座园林的完整呈现。

我们可以认为，正是对于理想景致的向往，构筑了这种一致性。

就如同留园入口巷弄的这一段落的平面图，相比起西侧的盛氏祠堂，留园入口的格局显然繁杂而粗糙，除了沿着留园路的门厅与轿厅较为完整以外，中段与祠堂的连接体以及北侧的敞厅都显得较为错折而混沌，令人感到依稀可辨的原先宅院，尽管它们也可以始自某种完形结构，在历史进程中不断历经瓦解、整合、再瓦解、再整合。（图 16）

尽管难有文字或图片加以佐证，但可以推测，当 1793 年刘恕开始营造寒碧山庄，并在此设立新的出入口时，造园师所面对的局面与今日的情形应该相去不远，他所要面对的，就是将各种宅产变迁过程中的片段甚至残片进行收集整合，拼接成为一条曲径通幽的观景之路。

这一平面图有些令人联系到罗西所谓的类比城市（Analogous City），那样一种迷宫般的格局以及逐步展现开来的通道或路径，它们既带来了实体环境的感受，也构造了心理学意义上的图形，更体现了一种历时性的转变过程。

我们可以想象，无论是 1593 年的徐泰时，还是 1979 年的刘恕；无论是 1873 年的盛康，还是 1953 年谢孝思、汪星伯，他们以及能工巧匠在整修留园时，站在先前残留下来的残垣断壁、古木杂丛之间，面对着狐鼠穿屋、藓苔蔽路的情形，用他们的视线穿过后来游者带有期待的眼睛，用他们的想象链接着青山溪远中的图景，开始现实地拼合着现场所存在的段落与残片，同时配合以引导、转折、收缩、扩展……

而相对应的，则是游走于这段路径中那种细腻之极的空间感受，明－暗－明－暗－幽暗－微明－略暗－略明－亮明－略暗－澈明……从而令人回味到童寯在疏密与曲折后面所提出的“得宜”与“尽致”的深刻含义。

作为一种装盛自然的载体，园林随着时间而逐渐自我演化，从而也获得了一种意识与记忆，它的原始主题铭记于构造物中而长久留存。在园林建构过程中，这些主题经过不断地修正而显得更为明确。

在一种自然化的时间（natural time）而不是历史决定的时间（historical time）中，“使得城市得以成形的过程是城市的历史，而事件的前后交替则构成了它的记忆。”[28]彼得·埃森曼（Peter Eisenman）对于“类比性的设计过程”（analogous design process）[29]的评注同样也适用于园林。江南园林的构造并不依据于某种瞬时性、清晰化的总体平面，它植根于自己的历史，一旦场所灵魂得以赋形，成为某个场所的化身，从而也达成了眼前的景观。

### 4.3 隐匿的能主之人

在为《江南园林志》所撰写的序言中，刘敦桢曾经这样提到造园师：“其佳者善于因地制宜，师法自然，并吸取传统绘画与园林手法之优点，自出机杼，创造各种新意境，使游者如观黄公望《富春山图》卷，佳山妙水，层出不穷，为之悠然神往。而拙劣者故为盘曲迂回，或力求入画，人为之美，反损其自然之趣。”[30]

从某种角度而言，词人、画师、园匠，他们的共通之处就在于：所从事的事业就在于使人“眼前有景”。其“佳者”与“拙劣者”所共享的差异性则在于能否自出机杼，以构自然之趣，从而达到“虽由人作，宛自天开”的自然境界。

然而，营园的匠师毕竟与其他两者存在着截然区别，这种区别体现于对象、材料、做法、工艺等等诸多方面，毕竟，一座园林需要通过真材实料的营造，使游者能够进入、体验、观览。

面对着留园中涉门成趣、得景随形的营造现实，我们不禁会问：

是谁做出了这样的决定，在路口至留园的这段路径中，打断从门厅与轿厅的规则序列，转而变为转折缩放的封闭之途？是谁在这条蜿蜒幽暗的通径中，每至昏暗尽端就总是能够适时地引入光线来引导迷津？是谁有可能在按照郭与张所猜测的构成思路，绘制了古木交柯那种凸凹相合的平面关系？是谁决定了在入口对面的曲廊中设置隔墙，并且又在其中适时地布置漏窗、门洞，引入周边的景观……尤其我们会特别好奇于，那刘恕时期的矮屋三间，是如何通过层层图解，演化成为现今的引人入胜的格局。

这样提问，自然似乎假定了所有这些谋划深刻的景象的背后，必定存在着一位高超的设计师，他总是能够在种种不利的情况下，想出意外，不断创造各种新的意境。就如同我们可以去追寻一位文艺复兴时期的建筑师，梳理他那有迹可循的生平、思想以及社会背景，分析他的图纸、文字以及建造技术，从而根据历史痕迹，做出一种有关方法论的还原性研究。

这样的案例在江南园林中并非绝无仅有，就如计成在《园冶》的自序中所提及，在晋陵吴又予园的营造中，是他判断了“此制不第宜掇石而高，且宜搜土而下，令乔木参差山腰，蟠根嵌石”，决定了“依水而上，构亭台错落池面，篆壑飞廊”。但是对于大多数江南园林而言，我们或许永远不可能获得精确的答案，从而将词与物进行紧密关联的分析。

造园师身份的含糊性可能源自匠师的地位从未等同于词人或画师，但也可能源自这一技艺的难以言传性，就如郑元勋所言，“古人百艺，皆传之于书，独无传造园者何？曰：‘园有异宜，无成法，不可得而传也’”。

有关园林“宛若画意”的构造方法，其谜底可能本该消退到历史的云雾之中，我们只能把这一精密到极致的构造，归属于某种神秘的文化因素。之所以采用“文化”一词来概括这样一种构造行为，是因为营园过程中的“活变”而“无成法”，“是惟主人胸有丘壑，则工丽可，简率亦可”。这一过程毕竟与我们今天所从事的几何学操作有所区别，也不太可能通过平面图，通过视线分析，通过概念图解，来达成想象性的构造。

所谓想象性的构造，可能就等同于计成所谓的园林巧于“因”“借”：“‘因’者：随基势之高下，体形之端正，碍木删桠，泉流石注，互相借资；宜亭斯亭，宜榭斯榭，不妨偏径，顿置婉转，斯谓‘精而合宜’者也；‘借’者：园虽别内外，得景则无拘远近，晴峦耸秀，绀宇凌空，极目所至，俗则屏之，嘉则收之，不分町疃，尽为烟景，斯所谓‘巧而得体’者也。”[31]

“因”“借”是一种经验结构而不是知识体系，“体”“宜”只可能是一种身体感受而不是尺寸度量。此种类比性的意识，或者更加确切而言，是将园林视为某种诗意景象的艺术品，更多源自某种集体记忆或者共有意识，它将主导着有关造园的判断，它总是与某个特定的场所有密不可分的关系，根植于它在具体时空中的场所、事件与造型之中。

“地有异宜，所当审者”，因此，这就是一种虚拟化的造园师，他能够在这样的一种混沌碎裂的局面中，凭借着敏锐的空间感受，将一段巷弄空间的调整得如此弹性、紧张、锐利，令人现场所获感受远远超出自身容量。我们可以有理由相信，在一种疏密与曲折已经成为营造常识的建构体系中，某种对于景致的想象，以及对于现场因素的赋形能力不可或缺，这是使得观者到达“合宜”与“尽致”的必经之途，而这，应当贯穿于江南园林的营造历史之中。

## 5. 静观与动赏

### 5.1 静观

老树阴浓，楼台倒影，山池之美，堪拟画图。[32]

针对 1931 年第一次进入留园时的印象，童寯寥寥数语的描述，令人眼前呈现出一幅“顿开尘外想，拟人画中行”这样既熟知又意外的画面。这犹如在比屋鳞居，人烟杂沓的市井街头，于无意间推开一扇尘封久已的墙门，在经历曲折蜿蜒的漫长径途后，豁然开朗地来到了纳千顷之汪洋，收四时之烂漫的山水之间，看竹溪湾，观鱼濠上。

对于园林而言，如画风景是一个直接而又核心的命题，如果没有“景”，那么一座园林也就无从成立。因此，这也就是江南园林在营造过程中所面对的空前挑战：如何在所处的“城市地”“傍宅地”的市井环境里，在由围墙所界定的几乎一片空白的状态中，从事“开池浚壑，理石挑山”，通过人工再现，将那样一种自然景象不仅营造出来，而且带到眼前。

就如童寯在《江南园林志》中对于一座园林所进行的图解，如果园林意味着一圈围墙以及其中的屋宇亭榭、山池花木等物，可以通过疏密与曲折来进行空间性的布局，

“眼前有景”则意味着对于这人造物与自然物进行构造性的操作,从而实现一种观赏。

总体上,这一如画景观的实现不外乎两种方式:(1)将视点引导到景物的面前。(2)在已经设定的视点前培植景物。在这样的一种议题下，一座江南园林可以视作为采用若干精心考究的路径所串联起来的观景点，诸如见山（楼）、留听（阁）、浮翠（阁）、得真（亭）、远香（堂）、倚玉（轩）倒影（楼）……它们的名称明确体现出它们的核心意图。于是这些景点也可以被称为由亭台楼榭所构造的观景器，而那些用以串接这些观景的路线，其本身就成了暗含着心理提示的和准备的工具，它们不仅将游人惊喜万分地带到散落各处的观景器的面前,同时也使得自己本身也因此成了一种观景物。

对于观景这一议题的当下回应，很容易令人联想到密斯·凡·德·罗的范斯沃斯宅或者菲利普·约翰逊的玻璃宅，现代的玻璃材料很容易有助于实现这一意图，彻底取消阻挡视线的围护墙体，从而使视点与景物之间变得毫无阻碍。

然而在江南园林中，如此彻敞性的全景几无案例，甚至常见于日本园林中的那种横向长切视景也并不多见。这并非是由于材料或者构造上的问题，而是在意图中，江南园林的观景就从来不去追求一种彻敞的效果，因为在这一状态中，周边景物对于人眼而言实质上如同虚设，它只是更多地表达了存在于视线与景物之间的这层膜，而没有提供一种特定的导向性和视看方式。

假设留园入口这一段落被转换成为，一入园门，就如同在涵碧山房平台上所展现出来的全面景象，那么肉眼将无所适从，即便是《红楼梦》中的贾政也知晓：“一进来园中所有之景悉入目中，则有何趣？”

于是我们可以将那些在江南园林里需要进行的构造理解为带有物理性及文字性限定的观景器，就如李渔所提到的“尺幅窗”“无心画”，它们通过具体而可操作的方式将诸多本身业已存在，但遭到视觉忽略的景色呈现出来。只有通过某种观景的状态中，景物才能成为景物。

这就犹如面对着“古木交柯”的那一道曲廊，在它所引导的前行方向中，先是往前走出，然后左转，再接回折，原本与游人视线相背离的古木交柯在这一左转与回折的过程中进入视线，在这人为的蓦然回首过程中，在曲廊所附带挂落的框景中，柏树、山茶，在高白粉的衬视下成为景观。

相比观景器的问题，什么是景观本身的问题更为重要。 在大多数场合中，如果没有特定的准备，人的视觉对于自然物的感知是被动，甚至漠然。一棵树，一池水，一房山，即便摆放于眼前，也未必能够成为“景观”。简单放置的花木池鱼之所以难以令人触动，是因为纯粹的自然事物只是作为一种与人性无关的他物状况，观者的美学情感没有被其触动，而艺术作品包含的物象的再现性似乎只适合于激发视觉的美学感受。与主体无关的植物和动物并无意愿，它们对于主体所呈现的只是陌生与距离，甚至神秘莫测。

另一方面，单纯孤立的屋宇茅舍之所以也会令人感到了无生趣，就在于这类纯粹的人工造物完全经由自己之手生产而出，对于观者而言，它们如此熟知，以至于难以触动视觉的神经。它们已经被凡俗的生活视作理所当然，不容置疑的存在使之也成为日常生活中的视而不见之物。

为了引起观视，则需经过特殊操作。我们可以将这种操作称作为“呈现”（Presentation）。

如果采用海德格尔的解说方式，所谓的呈现，所指向的乃是主体在自我意识意义上的从事认知的基本特性，它致使某物可以使得“入于无蔽状态而到达了的存在者能够在无蔽状态中逗留而显现出来[33]。”

使得某物得以显现，也就意味着其观看者的“在场”（Presence）。只有在观看者的“在场”情况下，显现者才显示出它的外貌和外观。某物之所以能够被呈现出来，并不是因为它自己能够从自身中自动地涌现出来。物之为物，必定是因为某一人工操作而营造出来。

无意志的自然中所存在的图景即便再优美，对于无目之眼就如同过眼烟云，它唯有作为在能被人认识到的瞬间闪现出来而又一去不复返的意象才能被捕获。这样“一种被带出来的东西”就意味着在场者之在场，存在者之存在，而所谓的“呈现”，就意味着使得那一寂静的无机事物附着上一种生命活力的特征，从而可以与某一心灵达到交流。

因此，为了达成眼前有景，就需要一种涉及身体性的操作，这样一种操作并非随意拈来，而是深思熟虑。“自然通过人的表象而被带到人面前来。人把世界作为对象整体摆到自己面前，并把自身摆到世界面前去，人把世界摆置到自己身上，并对自己制造自然。这种制造，我们必须从其广大的和多样的本质上来思考。”[34]

所谓的“物”之所以能够成为“景”，是因为它入于无蔽状态而被带到了人的面前。就此而言，那种入于无蔽状态而到达的东西在某种程度上就是一个工具，而这一操作过程就可谓是把在场者之在场，转化为在被带出状态中成其本质的东西。

5.2 动赏

“侧看成峰，横看成岭，山回路转，竹径通幽，前后掩映，隐现无穷，借景对景，应接不暇，乃不觉而步入第三境界矣。”

侧与横，意味着视眼的转动；回与转，伴随着身体的扭曲；前与后，横跨着想象的尺度；借与对，则表现为营造中的具体建构。留园古木交柯与绿荫轩的观赏路径，让我们再一次回到童寯对于“眼前有景”这第三境界的概括。

伴随着身体与步伐的移动，视眼所看到的景色也在变化，而在这样一种隐现无穷、应接不暇的游走进程中，游人几乎缺乏定睛的可能，所获得的只能是一系列的瞥视，而这样一种典型的瞥视，成了童寯于逝后另一部著作《东南园墅》的英文标题——Glimpses of Gardens in Eastern China。

“如果游人走访一座中国园林，入门后徘徊未远，必先事停留（踌躇是明智的，因为他正从事的有如一次探险），通过超越空间和体量的一瞥，将全景变成一个无景深的平面，他会十分兴奋地认识到园林境如此酷似于绘画。在他眼前矗立着一幕并非为画家笔墨所描绘的，而是由一组茅屋、曲径与垂柳的图像构成的景色，无疑使人们联想起中国绘画中的熟悉模式——同样的曲径弯向一个洞穴。在这过程中，游人可以感到十分满意而离去，把尚未观赏的景色作为新的发现和新的惊奇而留待日后。”[35]

与日本园林主要体现的一种静观姿态不同，江南园林更加侧重于行旅，在一座江南园林中，观赏者需要通过游走才能达到园林的各处，以期获得不同的景观，而在其中，类似于刘懋功在《寒碧山庄图》中所绘制的园林写实全貌则不可获得（图 17）。

我们可以认为，人类对于自然的认知始自于行旅，如今有迹可循的最初山水画的表现主题大多表现为行旅。无论是高峰重叠的晴峦萧寺，还是平远不尽的山口待渡，还是在最为经典的早春图景，在一种几乎已经被模式化的构图中，自然山水占据着画面的绝大篇幅，而人，则在右下角以一种卑微的姿态，沿着纤弱的轨迹缓步前行（图 18）。

如果回复到这样一种场景之中，“径必羊肠，廊必九回”所呈现的，貌似一种孤立的构图关系，或者一种游戏性的操作技法。但正是在这样一种人造的多维化的空间通道中，景观的营造者思考着身体的位置经营与对景图像之间的关系。这所描述的不仅是一种物理状态，而且也是身体行为的节奏感使之为然。

17
18

图 17. 刘懋功，《寒碧山庄图》（引自刘敦桢，苏州古典园林 [M], 北京：中国建筑工业出版社，1979）
图 18. 北宋 · 郭熙，《早春图》

视看：平视、仰望、俯瞰、斜睨。

身体：弯腰、侧身、抬首、低头。

路径：上下、转折、收合、明暗。

观赏：眺望、瞥见、凝视、透窥。

这些在园林观赏中所必需的行旅动作，表达的是一种时间性的历程，体验的是一种无所归属的艰辛感。正是通过这样一种行旅，观赏者成了一个想象中的生命过客，就如在山水画中所体现的人与自然之间关系，把人的短暂性放在自然之中，把自身的归隐以及高逸的姿态放置在“纯自然”的丘壑之中。“崎岖石路，似壅而通，峥嵘涧道，盘纡复直。是以山情野兴之士，游以忘归。”[36]

在一个与市井生活仅有一墙之隔的场域，江南园林建构了一个可以诗意栖居的世界。在其中，以行旅、以渔隐、以文人的高隐，浓缩着山水画世界中的理想生活。在这样一种与行旅相关的疏密、曲折的视角及其情景的行旅过程中，园林观赏的意欲才能达成“合宜”“尽致”。造园的操作引起观赏者身体性的介入，才有可能在一个狭小的咫尺环境中，改变观赏对象的品性，才能使得景致能够逼向观者的眼前。

在这样的一种语境中，留园入口的那种“欲扬先抑”的过程才能得到充分理解，它所要营造的是一种情绪的培养和积蓄，就如柯林·罗（Colin Rowe）在解读勒·柯布西耶设计的拉图雷特修道院时所描述的，那一堵高大实面大墙，“就有如一条巨型水坝，拦蓄着精神能量的宝库”。[37]

斯园亭榭安排，于疏密、曲折、对景三者，由一境界入另一境界，可望可即，斜正参差，升堂入室，逐渐提高，左顾右盼，含蓄不尽。其经营位置，引人入胜，可谓无毫发遗憾者矣。

由此我们可以总结，所谓的眼前有景具有两层含义：

1）视觉之景：观赏者的眼前有景，取决于造园师的眼中有景；而造园师的眼中有景，则取决于能主之人的“境界”，所谓境界之高，诚如计成所言：山楼凭远，纵目皆然；竹坞寻幽，醉心即是。

2）想象之景：疏密、曲折意味着通过某种营造方式把某种习以为常变得悬而未决，而此时的眼前之景，犹如带有巨大悬念的牵引之力，通过一种弛张启阖的过程，使得游人在一种茫然、迟疑中，豁然抵达理想世界之彼岸。

所谓栖居中的诗意，来自理想与写实之间的张力。“大诗人所造之境，必合乎自然，所写之境，亦必邻于理想故也。”由此，王国维认为，“有造境，有写境”，而江南园林，既写又造，令人在一次又一次地品味到蓦然回首之中。

**注释：**

① 童寯：《江南园林志》，中国建筑工业出版社，1963。

② 沈复：《浮生六记》，人民文学出版社，1980。

③ 童寯：《江南园林志》，中国建筑工业出版社，1963。

④ 童寯：《江南园林志》，中国建筑工业出版社，1963。

⑤ 同上。

⑥ 自1960年重新整修后，拙政园的东、中、西三园重归一体，全面开放，由此中部景区改由东园进入，原先在黄石假山南侧的入口随之关闭，童寯在《江南园林志》中所描述的这一情景已经很难体验。与此同时，拙政园中部入口的意境更多体现于假山、池水、林木以及院墙之间的退让所形成的路径，其具体形态通过曲折蜿蜒的走廊呈现出来，虽然借景对景，左顾右盼，但也避免不了游览过程中的视景有些虚焦弥散，应接不暇。这也相应说明此处有关曲折尽致的阐述更多体现于布局方面，然而针对具体的营造环节，如何从格局感知进一步落实为现实的空间营造，则有待另择案例，以便进一步深化解析。

⑦ 刘敦桢：《苏州古典园林》，中国建筑工业出版社，1979。

⑧ 潘谷西：《苏州园林的布局问题》，《南工学报》1963年第1期。

⑨ 郭黛姮、张锦秋：《苏州留园的建筑空间》，《建筑学报》1963年第3期。

⑩ 同上。

⑪ 同上。

⑫ 同上。

⑬ 郭黛姮、张锦秋：《苏州留园的建筑空间》，《建筑学报》1963年第3期。

⑭ 目前的“古木交柯”主要为一石砌花台，台内植有柏树、山茶各一，上方墙面镶嵌有郑思照于1917年为了弥补磨损久已的旧题而撰写的“古木交柯”魏碑体砖额：“此为园中十八景之一，旧题已久磨灭，爰补书以彰其迹。丁巳嘉平月，道荪郑思照识。”

⑮ 童寯：《东南园墅》，中国建筑工业出版社，1997，第41页。

⑯ 郭黛姮、张锦秋：《苏州留园的建筑空间》，《建筑学报》1963年第3期。

⑰ 同上。

⑱ 陈植：《园冶注释》，中国建筑工业出版社，1979，第110页。

⑲ 张家骥：《园冶全释》，山西人民出版社，1993，第247页。

⑳ 苏州市园林和绿化管理局：《留园志》，文汇出版社，2012。

㉑ 从原住宅与祠堂入园的通道有多处，如鹤所即为原住宅入园之通道。

㉒ 苏州市园林和绿化管理局：《留园志》，文汇出版社，2012。

㉓ 交柯象征着夫妻连理，百年好合。

㉔ 这棵柏树在1949年以前就已经枯亡，后来因为安全原因而连同一株女贞被移除。

㉕ 引自绿荫轩介绍铭牌。

㉖ 处在绿荫轩南侧的花步小筑，尽管相对平淡，但却更加体现了留园历史的积淀。花步小筑有可能是比徐泰时东园更为久远的地名称谓。所谓的花步，亦即花埠，“华”即花，步字用同埠，水边停船处。昔时留园南面有长船浜，根据《吴门表隐》中的长船浜，疑是账船浜，今称长善浜。通枫桥至阊门的运河故道，虎丘有茉莉花、代代花等名贵花木而闻名。历史上留园附近有装卸花木的河埠，所以这一带旧名花步里。徐泰时营造东园时，古河长船浜已经进行了改造或者改线，但沿河两侧的树却流传了下来，成为古木交柯入口进行改造时，三间矮屋的绿荫围绕着进行调整的主因。

㉗ 苏州市园林和绿化管理局：《留园志》文汇出版社，2012，第201页。

㉘ Aldo Rossi, *The Architecture of the city*,（Cambridge：Massachusett, and London, England, The MIT Press, 1982）, p.10.

㉙ 同上。

㉚ 童寯：《江南园林志》，中国建筑工业出版社，1963。

㉛ 陈植：《园冶注释》，中国建筑工业出版社，1979，第47页。

㉜ 童寯：《江南园林志》，中国建筑工业出版社，1963, 第29页。

㉝（德）马丁 · 海德格尔：《林中路》孙周兴译，上海译文出版社，1997，第37页。

㉞ 同上，第93页。

㉟ 童寯：《东南园墅》，中国建筑工业出版社，1997，第39页。

㊱ 杨衒之：《洛阳伽蓝记》，周振甫译注，江苏教育出版社，2006，第76页。

㊲ 原文为，This wall may indeed be a great dam holding back a reservoir of spiritual energy. 引自 Colin Rowe, *The Mathematics of the Ideal Villa and Other Essays*,（Cambridge：The MIT Press, 1987）, p.187.

**参考文献：**

[1] 童寯 . 江南园林志 [M]. 北京：中国建筑工业出版社，1963.

[2] 童寯 . 东南园墅 [M]. 北京：中国建筑工业出版社，1997.

[3] 王国维 . 施议对译注，人间词话译注 [M]. 长沙：岳麓书社，2003.

[4] 刘敦桢 . 苏州古典园林 [M]. 北京：中国建筑工业出版社，1979.

[5] 潘谷西 . 苏州园林的观赏点和观赏路线 [J]. 建筑学报 ,1963，6：14-18.

[6] 彭一刚 . 庭园建筑艺术处理手法分析 [J]. 建筑学报 ,1963，3：15-18.

[7] 郭黛姮，张锦秋 . 苏州留园的建筑空间 [J]. 建筑学报 ,1963，3：19-23.

[8] 苏州市园林和绿化管理局 . 留园志 [M]. 上海：文汇出版社，2012.

[9] （意）阿尔多 · 罗西 . 城市建筑学 [M]. 黄士均译 . 北京：中国建筑工业出版社，2006.

[10] 金元文 . 苏州留园入口空间处理赏析 [J]. 华中建筑，1994.

[11] 沈复 . 浮生六记 [M]，北京：人民文学出版社，1980.

[12] 陈植 . 园冶注释 [M]. 北京：中国建筑工业出版社，1979.

[13] 张家骥 . 园冶全释 [M]. 太原：山西人民出版社，1993.

**作者简介：**童明，东南大学建筑与城市规划学院教授

**原载于：**童明 . 眼前有景 江南园林的视景营造 [J]. 时代建筑 . 2016(05).

# 建造一个与自然相似的世界

王澍

我今天讲的题目从“江山如画”一词谈起。曾经坐车从苏州到南京，路上看到了天池山的路牌，看到了连绵不断的山，因开山炸石，山被炸出了一排的坑和窟窿。因为天池山是黄公望著名的《天池石壁图》（图1）所描绘的对象，这座山被炸得千疮百孔，让我想起这个题目“江山如画”。

“江山如画”这个词大家都很熟悉，我们经常会说，我们的祖国江山如画。说得太溜嘴了，导致这个概念好像成了没有具体所指物，怎么说都可以的一个词，配几张风景图片就可以说江山如画。我今天想说的是，“江山如画”这个词不只是一个形容和比较的词汇，在它的背后，其实藏着一个真实存在的、非常重要的，关于中国整个国家的景观意向或景象的一个关键性的力量，它同时是对中国建筑学和建筑活动产生过巨大影响的一种思想和现实。“江山”这两个字很有趣，因为我们用“江山”指中国，我们没有用“城江”或者说“城山”。为什么不会这样说？我们说“江山”，这里你看不到城市的踪影，或者说在这个描绘里，城市是没有地位的。所以当我们说“江山如画”这样一个词时，似乎有这样一个含义。

接下来，我认为实际上在不太远的过去，我们见过曾经存在过一个覆盖整个国家的景观建筑体系。就像我们今天说的城市化一样，如果我们不要去猜想，只要看下实物，就会发现中国在另外一种观念下，从明朝开始就全面开始了城市化。我们的每一

图 1. 元 · 黄公望《天池石壁图》（故宫博物院藏）

个村落都不是简单散落的几个民宅，它是有严整的景观体系，是一个小城市一样的空间系统。如果按欧洲的规模，每一个这样的村落就是一个小城。而且这个城市化不仅仅是指村落，而是从大的城镇到小的村落之间的整个的联系系统，包括它的道路系统都全面地被景观化了，它们在我们的山水绘画中被反复描绘，这个系统是真实存在的。记得我去年夏天去浙江最中心的深处磐安寻访，磐安县 90% 以上都是崇山峻岭，道路非常难走。在看村落的时候，当地人带我去看当年的驿道，非常高质量的石阶砌筑，在深山绝壁中连绵不绝，曾经在道的两边有几千棵以上的参天松树，而现在只剩下十二三棵，还染了松毛虫病，基本上今年应该全部死完了，我们看到了某种东西最后的尾巴。我记得前两年去浙江的新昌，在深山里重新去走李白当年走过的去天姥山的那条道。一路上从桥、驿、亭、村落可以看到非常高质量的遗迹，仍然存在那里。所以我们意识到，大概在刚过去的三十年里，这个系统被放弃了。这个系统现在还能找到它的踪迹，但基本上在我们的头脑中被忘却了。所以有时候我觉得挺可怕的，对于一个国家，对于一个有几千年历史的文化，而且不是简单的文化，有大量的书写文字活动、规划活动，包括建筑活动累积起来的文化，要忘记它其实挺容易的，只需要三五十年就可以到完全不知道、完全没有意识的程度。反过来说，可能稍微牵强一点，对于我们现在在讨论的建筑学的范畴，因为我一直有一个观点，就是中国原来的建筑学系统实际上是一个文人，或者说有点像哲学家或者诗人的人与工匠一起工作的系统。我们所说的规划师、景观设计师，包括建筑师，在中国历史上并不存在，没有这样的人。中国曾经存在一个和今天习常的建筑学不同的建筑活动系统，那么接下来我们就看一下，这个观念的发生和它中间一些观念性的讨论是怎么样的。

中国古典山水画论讲到了一个很重要的词，就是“观想”。我们建筑师经常会说想法、思考、设计、方法这些词汇，落实到建筑上，说总平面、平面、立面、剖面、透视图等。那么实际上对中国这套系统最重要的词之一就是“观想”。“观想”不止是在场地的现场直接可以看到的东西，同时它叠加着你的整个经验和想象，它不是简单的直接看到和做分析的一个词。

首先我们来看一下“观想”这个词所涉及的广度。

这张是北宋王希孟的《千里江山图》（图 2）。如果以我们正常看的方式是看不全的，因为这张画的比例是高三四十厘米，长度大概 11 米。这就是手卷，看的时候是要卷着展开。但是当我们把它以全部展开的方式看的时候，你会发现它的整个描绘是带有

图 2. 北宋 · 王希孟《千里江山图》四分版（故宫博物院藏）

整体性控制的意识去做的，而不是说既然是手卷就切成很多段，段与段之间不相关联。它整个是连续性的。《千里江山图》还带出了另一个话题，就是中国山水画里“江山图”这样一个主题。因为这个主题被很多画家无数次地描绘，它已经变成了不只是一个简单的画的类型的创作了，它更像是一种哲学的讨论或者视野的琢磨，一代一代之间的传承——就是说，这样的一种看事情的方法，包括所能掌握到的我称之为“自然之道”的东西，即自然背后那个法则的精度和深度，是不是可以通过这样的描绘方法一代一代地传承下去。

这张是比较早期的，按大的类别叫山水画。中国的山水画起源于魏晋时期，它是我们中国绘画里面一个特殊的画种。怎么特殊呢？比如说人物画，我们不太知道其最早的源流是什么时候，但很早就有。而山水画在魏晋以前没有，我称之为是一个理论在先的绘画。它是先有理论的讨论，我们称之为雅集也好清谈也好，在这种大量讨论的氛围之中产生的绘画。那么这种绘画就有一个努力，不是简单地去描绘山水，而是试图通过绘画的方式， 捕捉到人可以参照的人和自然之间意会和唱和的关系，以及到底怎么去把握的一种活动。它在那个时期比较明确地树立起了一种新的意识形态的思考——就是对人的社会失去了兴趣，就是面对战争和政治包括城市的另外一种理想、信仰或者说兴趣所在怎样以强有力的文化观念建立起来。它对后代的中国产生了重大的影响，这是绘画很重要的时期。因为你可以想象，当没有人能够画出这样的图的时候，山水画的出现是了不得的，在其他的文化中没有。它面对这么大广度的东西，10公里、20公里甚至100公里范围的描绘。以这种绘画的观想广度，今天我会说一个很具体的问题，即城市规划和建筑学中大范围地域尺度的建造到底以什么样的意识来控制，这对今天的建筑学仍然是一个难以掌握的问题。我们可以看到，既然可以画得出，在某种意义上就意味着理解了，理解了就意味着这是有办法的，有办法的就意味着可以设计和建造。所以对这种画的理解非常的重要。

我们把这张画切成四段并列地看。它不是简单的概念性的描绘。那它到底是一种什么样的描绘呢？这里面平远、高远、深远都存在，包括后面的新三远，这种绘画不是简单地用一种方法，因为这种大尺度的整体性的描绘需要动用新三远、老三远，可以说是全部的力量才能够控制。王希孟画这张画的时候好像只有17岁，非常年轻，当时的丞相蔡京发现他太有才了，就把他收在府里，像是一个门客。这幅画的颜色也非常好，用的都是宫里的颜料，当时最好的颜料。这人死得也早，二十岁左右就死了。

可以看到，从魏晋发端，这类绘画在五代和北宋初期已经很成熟了。

这是另外一张南宋的《溪山图卷》（图3），也是类似的描绘方式。这张是夏圭的《溪山清远》（图4），也是特别长的一幅画。这张的特点是南方的景象，大家可以看到中间的云雾和空白，我们称之为空间的部分占了特别大的比例，和前面的画法非常不一样。前面的那种非常物质感、非常实体感，我们称之为北方的那样一种感觉。这张是赵伯驹的《江山秋色图》（图5），精度比较高，我们可以仔细看一下。中国画的一个要点就是画的那个人要能住在山里面，你可以发现他把他自己画在某个亭子里面，同时他也站在外面。我们看的时候也一样，绝对不会只是站在画外看那张画，我们说的可观、可望、可居、可游指的是你真的进去了，它整个绘画的方法都是为了让你意识到你真的进去了。所以说它不是一个简单的从外面看的绘画。我后面还会讲到这个问题。

我们刚才讲到了广度，这种横向水平的尺度。现在看一下高度。这是另一种绘画，五代董源《溪岸图》（图6）。我们称为中堂或立轴。在宋朝的时候每一家的中堂上都有一幅这样的画，摆在建筑的中轴线上。这种画很难表现平远之意，它一般是表达高远、深远。我们再仔细看一下，有意思的是，当我们讲到大的形势这种问题的时候，不能够忽略的是，不是简单地讲大的形势，大的形势和小的形势包括非常精微的细节，它们是在同一个时刻一起出来的。所以就像我们建筑一样，不是先画一个总平面，画一个粗略的平面，再画些不清晰的草图，逐渐推敲，把一个带有理性秩序的建筑做出来，不是这样一种思想和方法。它是在同一时刻既包含了最大尺度的控制的意识，同时包含了直接在手上的非常敏感的细微的细节。这两件事情是要同时进行的，这样一种能力对建筑师非常的重要。

这里有一个很大的问题，如果我们说这些在思想史或观念史上有非常重大的影响，那么这些事是谁在想？在这个社会里，什么人在想？在哪想？这个问题很重要。

这是董源的《溪岸图》的下半部分（图7）。一个亭子里，戴着高帽子的就是典型的中国的文士。尽管在家中，但他的眼睛看着画外，他的眼睛这样看出去，显然他心不在焉，后面是家庭的天伦之乐，而他有形而上的游离，有一个思想的视野。很多人认为这是一个文人在隐居，其实隐居并不容易，隐居的生活非常艰苦，在深山之中隐居要下非常大的决心，才可能做到离开那么热闹的城市。隐居也还分真隐居和假隐居。我们知道真正的隐居是只要别人知道他住在这里，立刻举家搬迁，不希望有任何

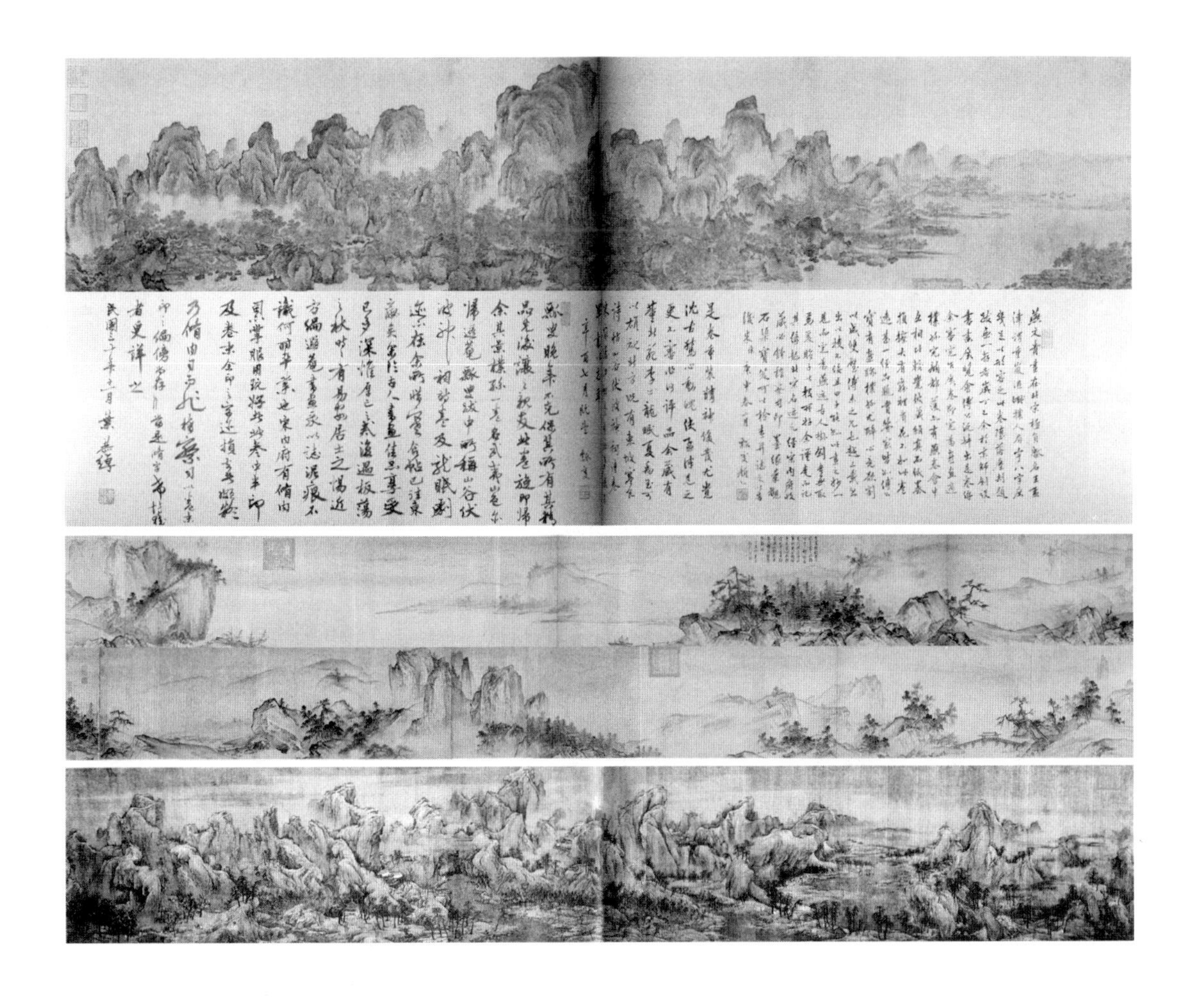

3
4
5

图 3. 南宋 · 佚名《溪山图卷》（图片来源：《千年丹青：日本中国藏唐宋元绘画珍品》上海博物馆编，东方出版中心出版社，2010 年）
图 4. 南宋 · 夏圭《溪山清远图》（图片来源：《文艺绍兴——南宋艺术与文化特展 书画卷》，台北“故宫博物院”出版社，1999 年）
图 5. 北宋 · 赵伯驹《江山秋色图》（图片来源：《中国传世山水画》，内蒙古人民出版社）

6 8
7

图 6. 五代 · 董源《溪岸图 》大观
图 7. 五代 · 董源《溪岸图》下半部分
图 8. 五代 · 卫贤《高士图》

人再知道，彻底断绝与社会的关联。其实对于中国人来说，这是一种带有意识形态批判色彩的信仰的力量。当他不喜欢这个世界的时候，会去另外一个世界。当然最后演化成了在现世中有投机色彩的作为，解决的办法就是园林，就是在院子旁边造一个园林，随时可以进去，也用不着出城了，用不着进山了。山中归隐和这个相比，对中国人来讲，品格更高、更纯粹。

那么谁在想呢，这张五代卫贤的《高士图》（图 8）非常典型，就是高士在想。可以看一下，上面是一个非常陡峭的山，下面是一个居住的地方。我们叫可居可游，这个地方该如何选择？其实这种山崖之下一般不适合居住，风水里说适合居住的是浅山丘陵，像这种地方非常危险，随时有泥石流和暴发的洪水。

那么，接下来的问题就是在这种绘画的意识里，人到底在哪里？人只是站在画外去想吗？

这是五代刘道士的《湖山清晓图》（图 9）。我们看看文士在做绘画的准备时在干吗。我们从中可以看到，他后面跟着一个书童，带着文房四宝和参考资料。这是中国文人阶层几千年以来生活里非常重要的一个内容。所以它有非常配套的道路系统、景观系统等，整个和这种生活是相关的。从中你可以看到基本的意识：他在画这张画的时候，不是在画立面，他是在一个可进去的空间体验当中。他整个绘画的意图就是请你进来，请你参与整个的体验过程。所以，你不仅要在几公里甚至几十公里的总平面的尺度上要能有这个意识，而且你随时要有在某个山洞里、某个山崖之下同时存在的这个意识。对从城市规划到建筑设计专业来说，这个实际上是最难培养的、最重要的问题，模型、三维动画都代替不了。

那么是在看什么呢？观想什么呢？我们再回头看一下董源的这张画（图 6）。这张画不管真假，画得很好。我们看一下这幅画的结构。我在中间标了一根红线，这幅画是上下两段。上面一段我称之为“观想的东西”，这段可能在 5km、10km、20km 之外，甚至是不在这里在另一处，是他所观想的东西。《高士图》里的高山代表着很难隐居的地方，也代表着想脱离政治和世俗社会，过一种安静而自由的生活的决心。我们再看下面一段，我们叫“观想之精微”。他画这幅画的时候不是简单的象征，他对这个世界的所有事情都感兴趣，这是他身边的事情，他是绝不放过的。所以这幅画有一种很奇怪的感觉，如果我们用上下两段的方式讨论的话，它几乎像是一种理论绘画。它表达的意思是非常抽象的，但他对所看到的东西又描绘得如此细微，而且整幅画描绘的精确度是非常均匀的。不会说这边是主体，那边虚掉了，是次要的。这是中国思想包括绘画里面最难理解的，我们称之为“中国式的形而上”。非常难以理解，但它是真实存在的。如果我们再放大去看一下对竹篱笆描绘的精度，绝对赶得上建筑师的图纸，这个篱笆完全可以作为设计图纸使用。我们在传统上会说这个人对道的理解，因为道、器这两者是相关的，对器的细微的观察和对道的体会的深刻度是直接相关的。我们讲做建筑对细节的配置的程度和他对整体控制的意识完全是等价的。

我们接下来就说一下观想的精度。我们看一下刚才那张这么高且 11 米左右长的王希孟的《千里江山图》（图 2）。当你放到一个局部的时候，看一下他所描绘的东西的细微程度。你看包括船、树、山体的结构，完全可以看到道路和山体之间的关系，甚至岸边应该如何处理，似乎如我们今天讲景观时所讨论的内容。但我从不认为中国有一个建筑学加上景观的这样一个关系。我们所有的基本观念，如果套今天的词汇，从古至今就是一个景观建筑的体系，而且都是“景观在先，建筑在后”的一个体系，永远都是景观比建筑重要的一个体系。因为山水对我们来说带有一种替代信仰的意义，它代表的生活的精神和品质是拒绝所有俗气的东西，保持人格的独立和清净的心灵等。同时，它是和艺术直接结合在一起的，因为画家画完之后工匠接下来建造，当然这里面有大工匠、小工匠，大工匠接近于建筑师，也做模型画图，它是这样一个相结合的体系。我们今天的建筑师有机会接触到艺术家吗？有机会接触到哲学家吗？接触不到，而这个体系是可以接触到的。

我们可以看另一段。因为长卷很长，所以他一段一段地描绘，你可以看到一段一段所在位置的不同，有的在边上是乡村，有的在顶上是山村，再往上是寺庙，每一个都有合适自己的位置，位置摆错了对道的理解是不对的。因为这里面包括可居不可居这样的一些讨论，你可以看到这里整个系统的建立。现在我估计如果在江苏、安徽、浙江这些江南比较发达的区域去找的话，这个系统断章残简，但大体上还是找得到的。这个系统不只是在绘画中出现，它是真实存在的。

非常有趣，你可以看到他绘画中想问题的方法。这张图是前面赵伯驹的那张图（图 5），是一种非常远的画法，我们可以说是 5km、10km 之外画的这样一张景象。而你仔细看这个画的细节时，那个人离你只有 100m 远。他是远和近叠在一起画的。所以很多人说这是写实，说北宋是中国最自然主义、最写实的时代。我认为恰恰相反，这实际上是极有形而上气质的一个时代，它用这样一种特殊的手段来克服这个难题。

今天我们想对一个大的人文地理进行控制，其实这很难，看到远的看不到小的，看到近的又看不到大的，真正在山里左一个弯右一个弯，每处又是不同的，而我觉得中国的绘画提供了非常好的方式，尤其对我们今天的建筑师而言。当我们用这个方式理解的时候，你会觉得非常好。因为能画得出应该就能做得出，一定有一个可解决的方案在里面。

这像园林一样，园林能造出就说明了这个问题。为什么我一直特别喜欢讨论中国的园林并推崇它，因为它是清楚地由文人和艺术家以类似于今天建筑师的角色主动介入的建造活动，所以整个的运作方式与我们今天的建筑学是最接近的。当然在那个传统的时代，我经常会说那是一个最先锋的时代，它表达了那种意识形态和信仰。

当然中国人信仰里的另外一个东西又很难理解——中国人意识到自然之间的那种丰富的变化。真正的能力是对变化的把握，所以有人问我中国人信仰什么，我回答说，我们只信一个词，就是“变化”。很多东西都会变化，问题是以什么样的方式变化。这里面就有一个价值观讨论的问题，包括整个视野，也包括你头脑中的景象，它影响着我们的行动和做法。你看看它的精度，那么大一张画，当画到局部时，你看看水的画法、房子下面的结构，包括窗的每一个细节，基本上你拿了这个图之后就可以进入施工图阶段，可以建造了。但同时它又是对大尺度景观的控制，它怎么做到这样一种观念的控制呢？

这张已经算是很写意的一张画了，因为这张画画得很窄很小。这时候当然进入另外一个话题，就是对笔的控制，即我们说的笔意。尽管线条看着比前面画得要“放”和“松”，但实际上看，所有的位置仍然是高度精确的。所以我经常会用一种类似于数学的语言去跟我的学生讨论中国传统的绘画和建筑、景观系统。要体会到这里面看似感性的东西背后所包含的清晰的分类学，以及它所有的位置、运动的控制像数学那样的高度准确，而不是简单地用“感觉”这样的词汇可以搪塞过去。

有观有想，它就有距离的问题。从董源的那张《溪岸图》中（图6），我们可以看到那种很幽深的、很深远的景象。这个实际上是中国绘画和园林活动里面评价一个东西用得最高的一个词，就是“远”字。我以前也没有明显的这种意识，它不仅是一个物理距离的问题，而且我们说什么东西都是有传承的，它基本的意识是对过去或者说对高度和深度的追索，在我们之前，已经有的东西是存在的，然后我们在它后面用非常有想象力的方式获得，不是你自动就可以传承，这个东西如果不用非常有想象力的方式讨论的话，就死在那儿了，像一具僵尸一样。在这样一种意识中，事物以两种时间并存的状态存在着。

我们再看一下，即使是这样程度的画，你仍然能感觉到“悠然”，和“远”配在一起，它表示时间过去的那种状态和现在的暂时状态的同存。我记得曾经看过一首唐寅的诗，就是说他看到乡村有个水牛过来，有个牧童坐在水牛的背上，然后他看到水牛的犄角上挂的是《汉书》，他就感慨：“今人不知悠然意。”你可以看到换了尺度的宽广和想的问题的深度，包括整个时间、对历史的思考的深远程度。我们今天把汉代的事情当作今天的事情来讨论，这非常有意思。因为这个世界上的文明可能只有中国的文明现在还有这个能力可以直接阅读几千年前的文字，我们还可以对着它讨论，我们还认得，可以揣摩。这个非常重要，没有一个文明能够这样，即使中国到了现在这个程度，我觉得仍然还残存着这种能力。

这张图有趣，这是五代关仝的《秋山晚翠图》（图 10）。有人说你拿这张图没有办法，因为上下画得一样“远”，没有上半段和下半段的区别。我们简单地看一下图上方偏左的位置，那个位置应该是在高山的很远的地方，按今天的画法应该是虚掉的，因为它太远了，是我们人的肉眼根本不可能看到的东西。我们可以看到画中小桥的栏杆——这些东西都以你近在咫尺的感觉进行描绘，包括溪流上精巧的石头和结构，全部存在于那个地方。这意味着对不同时间的描绘可以转化为对不同地理位置的描绘，而不同的描绘可以被同时压缩在一张二维的平面上。

我们再来说一下到底是抽象还是写实。看这张南宋李嵩的《西湖图卷》（图 11），很多人把它说成是中国山水画里比较有写意精神的早期的一幅画。我却认为这张画恰恰是比较写实的。他画的是在这么远的距离看西湖的山水，大概朦朦胧胧就只能看清到这个程度。如果从这样一个观念的角度去看，我们前面看的描绘的非常精细的绘画恰恰是非常的抽象。

我们看了和观想有关的另外两个概念，一个称之为时间的观想，一个是内外的观想。这张图是北宋李成的《茂林远岫图》（图 12a、图 12b）。我从中间画了一条线，这张图是很典型的左右两半。我们看一下它的左边，画的是这种深山之中，就我们说的可以“归隐”之地——“林泉高致”，就指的这个地方。它有意思的是，首先所有的东西画得都如此精确，它不像是在荒山之中，人不可以进入的地方，而是有一个很高质量的景观建筑的系统蔓延在其中。同时，我觉得以中国人的观念来说，如果我们

9 10

图 9. 五代 · 刘道士《湖山清晓图》
图 10. 五代 · 关仝《秋山晚翠 》

11
12a
12b

图 11. 南宋 · 李嵩《西湖图卷》
图 12a. 北宋 · 李成《茂林远岫图》
图 12b. 北宋 · 李成《茂林远岫图》竖线左右两分版

讲过去、现在、未来这样三个基本的讨论，这个景象，它代表的既是过去，也是未来。因为我们经常说古意，总是觉得在过去更好，然后，我们思考它是为了把握未来的道路应该如何。右边这块是城郊，我们称之为郊野地，比较适合于居住，城市几乎没画，只在最右边露出一点边缘。当然这不是一张例外的绘画，在中国的山水绘画里，画城市的就极少。因为，在这样一种文人的强大的观念系统里头，城市根本不值得画。你可以想象，如果今天中国人还有这样的观念的话，那将是另外一个景象。所以你也可以说，从魏晋以来的中国的这种关于城市建筑的文化里，它有一个很强大的主流倾向是反城市的。中国人以前经常说，我就是为了博取功名利益，或者实现一些个人奋斗的目标，暂时到城市里来一下，之后还是要回去的。如苏东坡所说，“最后还是有人要召我回去的”。

那么，还有很重要的一个观念，实际上我们称之为运动，就是这些画都不是可以简单静观的。我们看一下另外一张图，这个传说是李公麟但有争议的《山庄图》（图 13）。这张图，你可以看到所画的距离的变化。从起首的两张图，你不仔细看，看不出中间有蹊跷，因为这个山形结构是类似的。然后你再仔细看，会发现实际上那个村落在左边那张图上，就是一个总平面的状态，很小，右边这张画是人在其中的真实尺度。我们称前面这张图是 1：2000 的比例，右边那张图基本上是 1：100，就是这样的两张图放在一起，直接连接，没有任何过渡。而那个人的高度，暴露了这张图的比例，红的这个人是按真人的尺度来衔接。那么他在说什么呢？我觉得很重要，就是我称之为“远观”和“近观”。为什么我们不能简单地用“立面”这样一种观念去描绘呢？它实际上是一种“远观”和“近观”的关系，而且这个关系是可以同时的，它不是简单地分成这是“远观”，这是“近观”。那么有趣之处在于它是同时存在的，如果它不同时存在，那个“远”的意思是造不出来的。当然这里面还有一些其他的要素，你可以看到，这些东西都不是以静态的方式存在于那里，它是连续的、连绵的运动。我们将这里面暗示着这个连绵运动的，称之为水的方法和里面连续的气的描绘的方法，其实它是在暗示这件事情，就是它是运动的。它一直在运动，人在里面一直在走。

我们可以扯出另外一个话题，比如园林。童寯先生说，中国园林里面哪怕只有建筑，哪怕没有山石树木，也可以成为园。我觉得他说得特别有意思，从这个角度看，这实际上是一种介于人工和自然之间去建构一个类自然的空间的一种方法，这时候，建筑的空间的建造在里面就非常重要。其实在世界上，园林里面平地堆山、造园，真

图 13. 北宋 · 李公麟，《山庄图》

正大规模地反复地用人工的方法来造，恐怕只有中国人干这样的事情。因为这有一个信念，就是我们对道的参悟使我们可能掌握一套语言，这套语言可以跟自然的法则做到最大程度的相符。有这样的一种意识在里面，才会做这样的事情。当然我们也可以扯出另外一个话题，你怎么样能够做出一个建筑，就是哪怕没有人在，你会觉得整个的意识是在如自然般运动的，在动态的过程当中，你仍然能够意识到这个建筑是个运动的做法。这些我们很难用简单的寻常建筑的静态描绘手法去描绘的。

我最后讲一个我自己工作的例子，谈一下以上的这种意识，会对比如我这样一个建筑师产生什么样的影响。五代卫贤的《闸口盘车图》（图 14）就是我们所说的那种传统的中国建筑活动，这是一个比较少见的图，类似于《清明上河图》。我们可以看到左上角的角落里，有个文人官吏就在那组织这件事情，很多人在劳动，形成了一个建造场景。你可以看到下面这个角上，可能是为了某个庆典临时搭建的一个构筑物。

在讲自己的案例之前，我想讲一点，就是什么样的意识产生，使得你会去想这些问题。

我讲一下“回忆与现实”。因为在今天的建筑学里，“回忆”这个词就很少讲，动不动讲“传统”，还有一些所谓传统的符号要素。其实真正可以讨论的词是“回忆”，就是我们真实地身处在一个感受之中：我们还能够记得什么，我们怎么来回忆，这是人性里面重要的一块。还有一个就是“现实”，这个也是建筑学里极少讨论的。

如果挑选张作为“回忆”的画，就是北宋郭熙的《树色平远图》（图 15）。有一天，我走在浙江的乡下（浙江永嘉），看见的时候我差点哭了。因为你看过的这个东西真的存在，那个意思还在。从一千多年前到今天，这样一个气质居然能够存在如此之久。那么，它就让我会想到“现实”。大家看一下这张图（图 16），编号 1，很美，这是一个村庄的完整的中轴部分的景观系统。但问题是，这是我用 4 个村子的照片拼成的。今天稍微完整存在的村子都变成旅游业，不能拍了。你要想找张画，就是意思比较好的，要用 4 个村子的照片拼出这样一个连景轴。而这个轴，在 30 年前，在浙江，至少可以找到 1 万个村子保持着这个状态。今天，只剩下 200 个左右，就是在 30 年间发生的事情。你可以看到一个地区的文化改变了它的观念之后，它对现实产生的影响有多么巨大，多么不可思议。

我讲一讲我们的校园，杭州的象山校园。其实，当时一开始，我也没办法，只是觉得那座象山在那里，质衲无言，但比任何我将设计的东西分量都重，就是无法忽略

14
15
16

图 14. 五代 · 卫贤，《闸口盘车图》( 无拼缝 )
图 15. 北宋 · 郭熙，《树色平远》大观
图 16.《树色平远图》与一组浙江乡村照片

它。它的尺度和建筑接近，又代表着比建筑更重要的事物。一开始，我做了这么一个小的游戏般的研究，就是我把灵隐寺前面那个飞来峰拍的照片，拼了一下。飞来峰和象山尺度差不多，建筑离山很近，山上又有一个蜿蜒起伏的石窟步道系统。因为有建筑，所以限制了你的拍摄位置，使得你一会要在这儿拍，一会无法拍，一会可以走近，一会又走不近。最后，我把这些照片，不去放大缩小，按照它的原片把它们拼合在一起。然后，我就觉得很有趣，因为我好像发现了我们传统画面的大幅江山图的那个秘密。这种距离就如同看长卷，河流和树木制造着障碍，实际上就是在这种大小远近之间来经营和转化的。

这是我画的草图（图 17）。因为你有这个意识之后，设计的意识就会变化。比如我画这张图，中国人以前用毛笔从右向左画，我按现在的习惯，从左向右画过去。这张图在脑子里反复想过之后，画一点潦草的控制图，思考气氛、位置、形势、朝向、尺度、节奏、物料与分量、可期待的事情等，之后就迎来那个时刻。大概用四个小时的时间，从左到右连续地画，这非常的重要，不能够停止。因为整个运用的感觉、控制和中间的那种变化，不是去想了之后一块块摆上去的。尽管我用的是铅笔，但意识是一样的，就是从这边到那边，一气画成，轻易不会再改。为什么轻易不会再改呢，里面有气的运动，它使建筑“活着”。这一套房子画过去十几栋，大概 8 万平方米，从这头到那头大概是 350m。光第一栋房子展开的长度就是 300m，折叠过之后是 100m。这样的一组组，十几栋，一口气画过去。之前想了两三个月，想得极痛苦。

你们再按这个草图的原比例把它拉近看，发现这张图画在一张 A3 的纸上，当然，这是我的一种自我锻炼，想跟古人比一比。他们画这种卷轴、手卷，画得这么小，能做这么精微的控制，我觉得不完全是比例的问题，实际上是叫“心细如发”，是你整个心灵的精度问题。它反映在手上，我们叫心手相应，心手一致。所以我用一张 A3 的纸，就这么大，完了之后，它的气度，就它的建筑的基本控制都可以看到，放大之后，基本上就再补一点点细节就可以了，交代一下材料。所以，我另外一张图就不放了，就是我对所有的材料做过的批注，接下来就进入方案制图阶段。

这是我们的象山。其实这个小山高 50m，在杭州可以说比比皆是。但是当你对它产生敬畏时，事情就发生了变化。尽管这是一个小山，尽管它没有什么，但是在今天这个周遭的环境里面，哪怕就剩下这么一块绿地，它就像神庙一样地待在那里。你会产生一种不一样的感觉。当你整个意识起来之后，你对建筑的控制就会发生变化。

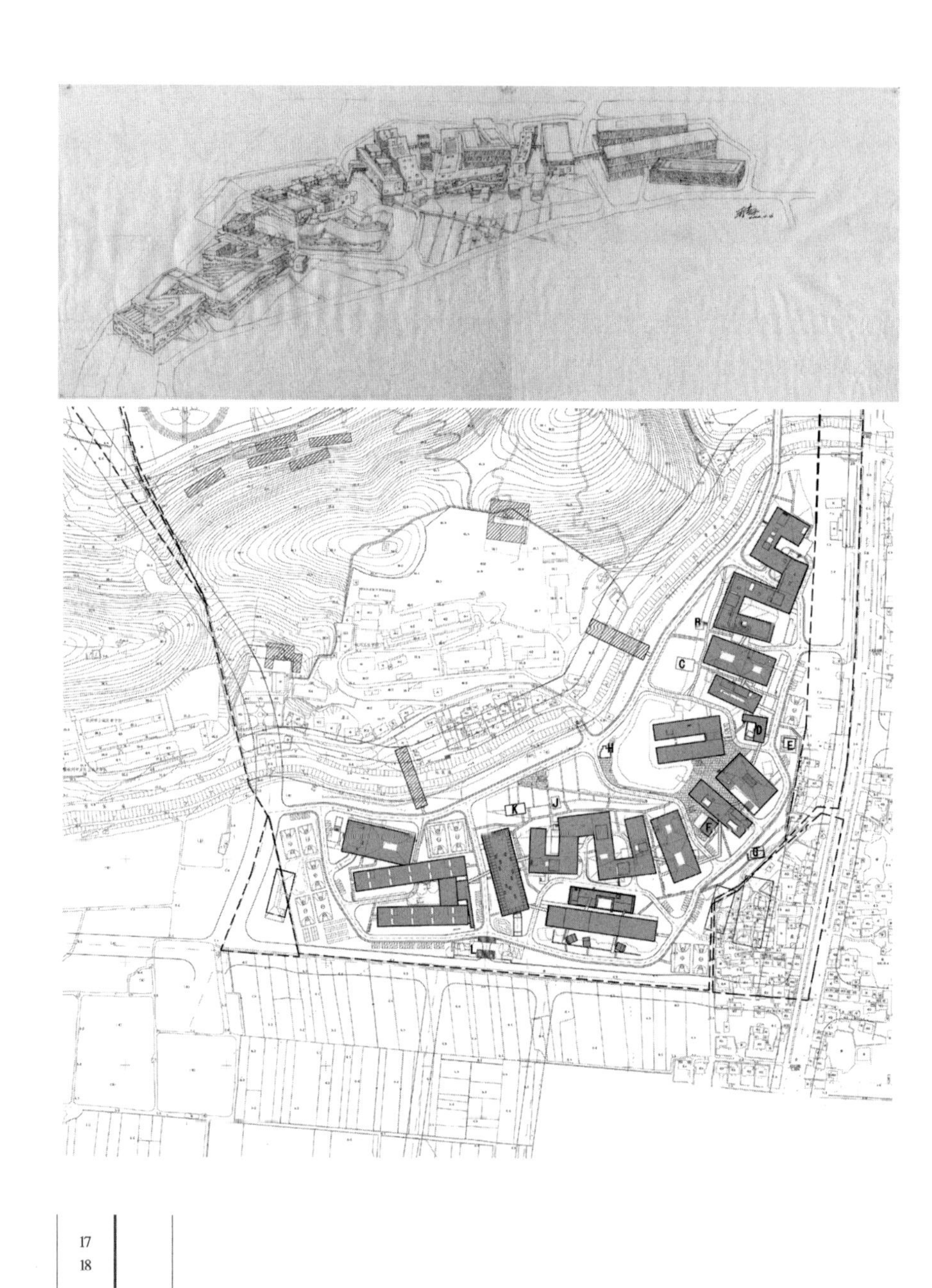


17
18

图 17. 中国美院象山校区草图
图 18. 中国美院象山校区总平面

你可以看到这个总图(图18)。很多人会说你的这个总图到底是怎么摆的,很奇怪。因为在主要的道路面上,基本上看不到建筑的正立面。所有的正立面都被分解成了侧面。因为这个山尽管很一般,但它比我的建筑重要。所以我整个建筑的姿态是完全不同的,重要的是人在建筑中的“游”。精密控制这个流线系统,出现不同的背景、一个一个不同的位置,当他再看到这个山的时候,他的经验才会被连贯在一起。这是对整个效果的体会。这时候,这山突然就变得有点神圣,就会变得好看。它整个会发生变化。

我简单地做了一张图,因为很多人都说,这个校园,不知道该怎么拍照啊。有一个专业摄影师在这里面转了两天,说拍不到一张好照片,它不提供你任何一次足够的距离,是连一张完整的立面都没有办法拍的一组建筑群。我们可以看到,这是我自己的观法,这个建筑实际上应该怎么看(图19)。而这和我刚才谈到的那个绘画的整个的观念、方式是直接相关的。我们一段一段地看。这在同一栋建筑里,看这栋建筑应该怎么看。我们再来看第二段,第三段,第四段。当然能够这样做,也是因为我们的工作室控制了建筑、景观、室内所有的事情。观想出来的东西就是这样,就是有类比,中间有些跳跃,有些环节缺失。每一次我把它重新拼图都怀疑:这是我做的吗?

当然还有一种有趣在于,你看到人到底是怎么和这个建筑发生关系,其实这个更重要。就是我说的真的生活。当你重建这个系统之后,人怎么和它发生关系呢?人和它在一起的感觉是什么样的呢?所以我拿几张照片出来,大家可以看一下。前两天我们请葡萄牙的建筑师西扎来转转,我拍了几张我们一起转的照片(图20)。你可以看到人在建筑内外穿行的那种感觉。这个特殊设计的楼梯就发生了它期待的事件:因为这个楼梯很怪,先上到一层半,然后朝下走一个坡,朝上再走两步。这段楼梯,我称之为山,类似于山一样的楼梯,因为它不是一个建筑本身楼梯的成分,你可以发现自然有一个相遇的场景,在这里发生了。他们把拍好的照片给我看。背后就是我们那个高远,我叫学者之塔。正好我们在做一个从山水画转译到现代建筑的作业展览,我们都看得特别高兴。在那个特定的场景中,你会发现有特殊的事情发生。我们两个人都喜欢抽烟,互相点个火之类的(图21)。在这个场景里,有些人跟我讲,这个院子,就是一个temple,它是一个负形的temple。就在这个院子里头,可以发生很日常的事情,这种反差很有趣。当然,这是一个假象。你们看下一张照片就知道实际发生了什么事情(图22)。所以,看我们中国的山水绘画的时候,它就有这个问题。你一定要找

19
20 21
22
23 24

图 19. 中国美院象山校区
图 20. 与西扎参观中国美院象山校区
图 21–22. 与西扎在中国美院象山校区抽烟照片的不同取景角度
图 23. 北宋 · 赵令穰《 秋塘图轴 》
图 24. 山边偶遇的餐桌即景

两张类似照片同时看，你才能够理解它。我们一般都会用第一张的方式，将这个挂在这里，但实际上后面跟的是这张。这是在现实里面真实的故事，它是接下来发生的故事。

最后我想再回到远意。包括刚才的几张照片，都会有这个感觉。这张照理应该算是“迷远”，是新“三远”法里面的。这是北宋赵令穰的《秋塘图轴》（图 23）。这个景象的出现，是中国画里面重大的转变，就是用这种小景法，不是用大块的大景法，这就有点禅意的笔触。前面那个是关于整个大体积的建立和整个观念的建立，而这种图的出现带有消极性，所以它又使得这个线索变得更加丰富。

那么它的现实版就是这一张。这是我偶尔拍的一张。跟西扎在山边的餐馆吃饭之前，看到了这张桌子（图 24）。正好夕阳即将落山，天色特别不好，我就看到了桌子当中的景象。其实，我到现在为止也没有想好，如何来解释这张照片的说辞，所以我把最后这张照片以一种带有远意的感觉留给大家，大家可以去联想。谢谢！

**作者简介：**王澍，中国美术学院建筑艺术学院教授

**原载于：**马克 · 卡森斯，陈薇主编 . 李华，葛明执行主编 . 建筑研究 2[M]. 北京：中国建筑工业出版社，2015.

# 山居九式

董豫赣

## 1. 山居图式

1）五代周文矩的《文苑图》，其山林意象（图 1），以四石一树所图示，其山居意象，则被树石与人体的起居关系所彰显：折弯的孤松，被笼袖文士依凭如阑；胸高主石，被执笔者立据为案；腰高宾石，被鞠身童子研墨成台；膝高阔石，被展卷文士并坐成榻。

以松石象征的山林图景，一旦被身体压入家具的起居意象，它们就压合出山居的双重景象：起居于山林之间。

这幅以身体勾出的山居图景，预言了中国山水两条并行不悖的方向：山居的起居性，被北宋郭熙制定为后世山水绘画的人居标准；而其双重意象的压合方式，则为明清咫尺山林提供了意象压缩的具体模式。

2）将《文苑图》鉴定为韩滉作品的宋徽宗，在他名下，也有一张类似场景的《听琴图》（图 2），也是四人四石一松，松树却不再与身体发生关系，其中三块山石，皆用蒲垫铺设，它们以身体一律的单调坐姿，换来了山居难以两兼的身体舒适，徽宗身前的琴台与花几，干脆换成正常的家居器物。除此之外，孤松不孤，它被一株藤萝

1
2 3

图 1. 五代 · 周文矩《文苑图》
图 2. 宋 · 赵佶《听琴图》
图 3. 宋 · 郭熙《关山春雪图》

缠绕，且多了一丛可人细竹，而近景那枚瘦皱之石，上面也摆上一盆雅致盆景。

比之于《文苑图》的高古简练，《听琴图》多了份生活的雍容惬意。这两幅图景，虽是一样的背景留白，但《文苑图》的山居意象，似乎身处自然山林之间，而《听琴图》的身体舒适，则更像是被带入城市生活的人造山林。它们都不再追求竹林七贤以土木形骸对山水意象的纯然匹配，仅以日常起居的身体惬意，预告并调适着唐宋山水的居游气质。

3）郭熙以“不下堂筵，坐穷泉壑”的北宋坐姿，接力了宗炳“卧游山水”的南朝卧姿，并以山水起居的多种身体姿态，为中国山水制定了“四可”标准——可行、可望、可居、可游，且将山水可居、可游的起居品质，鉴定为高于可行、可望的旅游品质，他建议后世山水画家与鉴赏家，都当以此居游标注，以从自然山水中萃取密集的山居意象，他绕开了西方风景造型写生的定点命数，并将山居意象间的位置经营视为山水理论的核心。

从两宋到明清的山水绘画，大抵都在郭熙的居游标准内演变：郭熙本人的山水立轴，不再有范宽《溪山行旅图》里的崇高意象，也不再表现山水间的身体苦旅，他将城市般的楼阁，隐约于山水之间（图3），以标识其可居、可游的山居品质；比之于顾恺之将《洛神赋》的全景山水作为神话叙述的背景（图4），赵伯驹的《江山秋色图》里的全景山水（图5）则刻意于在山水中经营各类山居建筑；比之于马远、夏圭截边裁角里据说的政治寄托，文徵明与唐伯虎裁天截地的山水长卷（图6）则旨在拉近视焦，以亲历其间山居生活的起居细节。

就山居意象的压缩密度而言，从北宋李公麟的《莲社图》长卷（图7），到清末

图4. 晋 · 顾恺之《洛神赋》

戴熙的《忆松图》（图 8），其间近八百年的时间跨度，虽有笔墨造型的巨大差异，但于图景中集萃行望居游密度的意向旨趣，却相当一致。

4）针对唐人白居易倡导的中隐城市，宋人杨万里提出山居的两难命题——“城市山林难两兼”。米芾则以“城市山林”的匾额直接将这两难境况书写为山居两兼的乐观，从今往后，作为兼得城市起居与山林自然的特殊名称，“城市山林”成为后世中国城市造园的意象谋略，即将山林的自然意象，压入城市的起居生活。

元代诗人谭惟则，就曾在狮子林里表述过两兼城市与山林的山居感受：“人道我居城市里，我疑身在万山中。”

5）城市山林——从唐宋到明清用地规模的急剧压缩，并不亚于明清宅园与当代别墅景观的压缩程度。计成生活的明代，白居易的“拳石当山”建议似成咫尺山林的权宜定势，文徵明与仇英都曾在园林画卷中绘制过类似拳山（图 9），图中特置的太湖石，与《文苑图》一样被染成深色，却不再与身体发生起居关系，它们被特置于池水或竹木间，以拟山林之山的背景图像。这类如画的特置石背景，却引起计成的造园批评：“环润皆佳山水，润之好事者，取石巧者置竹木间为假山。……予曰：‘世所闻有真斯有假，胡不假真山形，而假迎勾芒者之拳磊乎？’或曰‘君能之乎？’遂偶为成‘壁’，睹观者俱称‘俨然佳山也’。”

基于做假成真的真山林意欲，计成摒弃了模型般的拳山背景，而建议一种壁山样式，在“掇山篇”里，他对园山、厅山、书房山的建议里都有壁山，并随后专门将“峭壁山”列为单独一类，以虎丘的自然壁山为例（图 10），可供人工壁山的比类意想。

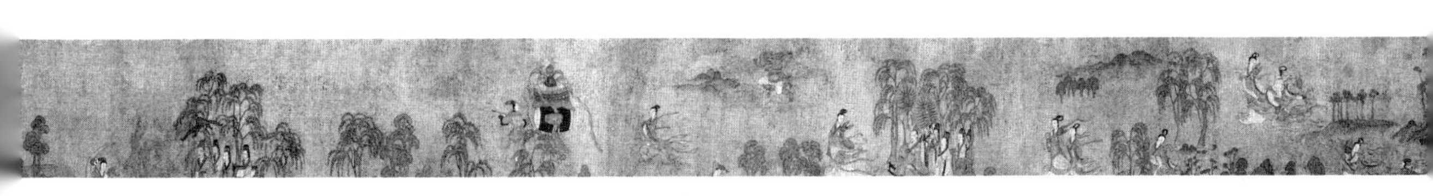

5
6
7
8
9

图 5.（传）宋 · 赵伯驹《 江山秋色图 》
图 6. 明 · 文徵明《 兰亭序 》
图 7. 宋 · 李公麟《 莲社图 》
图 8. 清 · 戴熙《 忆松图 》
图 9. 明 · 文徵明《 东园图 》

6）“聚石叠围墙，居山可拟。”计成在《园冶》里的这两句话，颇有《文苑图》的意象压合味道——将山居意象，压入围墙，且以山意聚石，可拟山居。与计成同时的李渔，在《闲情偶寄》里，曾将这类壁山，视为咫尺隙地间的山林谋略：“山之为地，非宽不可；壁则挺然直上，有如劲竹孤桐。斋头但有隙地，皆可围之。”李渔还详细地描述了壁山做法：“壁则无它奇巧，其势有若累墙，但稍稍迂回出入之。其体嶙峋，仰观如削，便与穷崖绝壑无异。”

在《浮生六记》里，百年之后的沈复，将这种兼备壁、山两种意象的样式，归入“小中见大”的标题之下，成为咫尺山林的第一种样式：“小中见大者：窄院之墙，宜凹凸其形，饰以绿色，引以藤蔓，嵌大石，凿字作碑记形。推窗如临石壁，便觉峻峭无穷。”

### 2. 山居理式

1）李渔引入中国艺术最常见的“势”字，来讨论这一壁山样式的式理：“且山之与壁，其势相因，又可并行不悖者，凡累石之家，正面为山，背面皆可作壁。”

山之峭壁与墙之垣壁，皆具陡峭之势，“壁山”一词，压合了起居之墙与山林之壁的两种意理，它不但能解决在膝地间经营山居意象的密度问题，还从原理上澄清了其应用广泛的理式——墙壁的人工与峭壁的自然，以阴阳向背而呈现，它们就进入中国文化“阴阳”媾和的生成理式，它被老子视为通行天下的“天下式”，并被置于老子的“天下溪”之下：“知其雌，守其雄，为天下溪。”“知其白，守其黑，为天下式。”

2）这一得自雌雄媾和的阴阳理式，正是中国文化的观念核心，它以“阴阳莫测谓之神”为中国确立了万物流变的世界观，又以“阴阳交合谓之生”为中国文化确立了万物生成的生成理式。它能统帅劭弘从“气韵”视角，梳理出的中国山水画论相关“位置经营”的诸多核心观念：“宾主（元汤垕）、疏密（元倪瓒）、呼应（明沈颢）、藏露（明唐志契）、繁简（明沈周）、开合（清王原祁）、虚实（清笪重光）、纵横（清笪重光）、动静（清戴熙）、参差（清郑燮）、奇正（清龚贤）……”

这类皆属“阴阳”媾和的复合观念，见证了中国山水的关系而非造型属性，它使得任何从单一造型来讨论中国山水或城市山林都将失效。以山水为例，它是山静水动、山阴水阳、山仁水智等多种阴阳意象的媾和理式；在这一理式之下，“城市山林”的两兼名称，就是要以人工城市与自然山林的媾和关系，来兼顾山居生活的心性自然与城市生活的身体舒适；而以此为训，郭熙提出的行望与居游，亦可视为山居四种动静媾和的身体姿态，任何将中国园林描述为静观或动游，封闭或开放的单项特征，总是言不及义的造型描述。

3）以这种阴阳媾和的理式视角，不但能从计成对所掇之山的命名——楼山、厅山、书房山里，窥见山与居的双重属性，也能理解苏州园林里“小山丛桂轩”“远香堂”这类命名里两兼山居的类似诗意，两者虽因造园者与赏园者的身份不同，名称有从“建筑 + 景”到“景 + 建筑”的视角转变，但其山居意象的阴阳媾和方式，却并无二致。

以老子这一负阴抱阳的媾和理式，不但能媾和园林借景的窗景——窗 + 景，或景窗　　景 + 窗，它们也能媾和出负壁抱山的“壁山”样式——执其（人工之）壁（象），守其（自然之）山（意）。与壁山这类媾和了壁与山双重意象的图式类似，《文苑图》出示的以松为阑、以石为几为案的身体道具，亦可以松阑、石几等复合名称为名，它们都是自然山林与人工起居所媾和的山居产物。

4）这一阴阳媾和的生成理式，当初如果生成了江南园林繁多的山居意象，如今就可能反向地从其繁复的山居意象中还原出不多的几类山居式样，它或许就能回答清华大学王丽芳教授提出的问题——江南园林间意象的高度相似性。或许正由少量可生成的模式所生成，一旦能厘清这类模式，将使大批量建造园林，从数量与质量上都能得到担保，而能否批量生产，曾被视为是现代建筑的技术产物。

另外，阴阳媾和的生成理式，目的虽非为压合意象而设置，但其阴阳单元先天内涵的双重属性，还是为如何在咫尺用地里压入繁多的山林意象，提供了意象压缩的具体模式，这类模式能将当代建筑密度讨论的技术化倾向拯救出来，并将中国园林的山居诗意重新植入当代城市。

基于山居标题的意象限制——我不准备讨论这一模式在园林建筑内的空间拓展，尽管计成曾以廊房模式提示过居间于廊与房之间的建筑压缩模式，我也不准备讨论压合了栏杆与坐凳的美人靠这类小木作模式。

## 3. 山居样式

### 3.1 山石池式

对山水意象的追求。计成批评明人以方形石槽接水的水口做法，而提倡以山石承水的瀑布方式。也是对山水意象的自然追求。计成在“掇山篇”里安置了一个古怪名目——“金鱼缸”：“如理山石池法，用糙缸一只，或两只，并排作底。或埋、半埋，将山石周围理其上，仍以油灰抿固缸口。如法养鱼，胜缸中小山。”在“山石池”与“缸中小山”这两种意象之间，计成放弃了在缸中置石的盆景陈设，而建议能兼顾山与池两种意象的山水容器——山石池式。

就明末清初的江南园林实践而言，明代造园文献里时常出现的方池，更多地被湖石或黄石镶边的池涧所取代。以网师园的总图为例，无论是用以望月的主景池面，还是殿春簃小院一角的冷泉小池（图 11），它们都可视为山石池式的变异与放大，它们勾勒了城市山林的理水意象，并塑造了江南园林的半壁江山。

### 3.2 山石盆式

关于掇山，计成与李渔都曾建议——城市山林的掇山，最好能土石两兼，以石能掇山形，而土能生林木，以石包土的盆景方式，就能生出山与林两种意象。这一命名，曾得到王欣的启示——他将它们称之为“太湖盆”。

在环秀山庄的一个无名庭院里（图 12），巨大的湖石之盆，几乎占据了中庭大半，而那两株参天古木，确实为计成“倘有乔木数株，仅就中庭一二”之中庭，增添了些许山林气息。

从这一山石盆式的视角，苏州园林的大大小小的假山，无论是湖石还是黄石，无论是墙隅山石小景，还是园林的横池主山，大都可被这一山石盆式所囊括。依旧以网师园总图为例（见图 11）——小到殿春簃北部狭院内的半高湖石盆景，大到小山丛桂轩前后的黄石或湖石假山，皆可归为山石盆式，它们勾勒出城市山林的掇山意象，也塑造出江南园林的另一半江山。

而狮子林假山之失，正在其纯然的石山少土，它秃山少林的意象，遂被沈复讥讽

10 12
11

图 10. 虎丘壁山（万露摄）
图 11. 网师园轴侧 · 山石池与山石盆（刘敦桢《苏州古典园林》）
图 12. 环秀山庄庭院山石 – 盆（王娟摄）

为——“乱堆煤渣，而全无山林气息”。相比之下，留园玄关尽端的两处庭园小景，则显示出渐进的山林意味——“古木交柯”的林木小景（图 13），所植的青砖套边花盆，一如家居庭院所常用，它开始有些山林的林木意味，而一旁的“花步小筑”（图 14），因以湖石石笋为盆，它就兼顾了山与林两种诗意，与“古木交柯”的山林小景相比，“花步小筑”则更接近庭园景致，两者间微妙的氛围差异，很像是《听琴图》与《文苑图》间的意象差异。

3.3 石藤架式

从明人绘制的园林图景看（图 15），编篱为屏的做法已很流行，计成对此也表示了不满：“芍药宜栏，蔷薇未架；不妨凭石，最厌编屏；束久重修，安垂不朽？片山多致，寸石生情。”

与自明性的编织藤屏相比，寸石与藤的互凭，正可生出片山与藤林的两种情致。退思园水香榭之南，一株枝繁叶茂的迎春，以矗立湖中的一块湖石为凭（图 16），兜头盖顶地阴翳着湖石周围的整个水面，并媾和了石山与藤林这两种山林意象。

另以留园“洞天一碧”洞口背后的湖石藤架为例——青藤的藤干绕入湖石涡旋（图 17），盘旋而上，并以湖石之顶铺枝张叶，它们与湖石一体，弥漫在整个窗空之间，按计成的建议——藤萝于壁山之上，其林木阴翳遂能造成山林深境。很难想象将其置换为编篱的屏风，还会带来这种山林情致，它曾成为我为红砖美术馆后花园选石的标准之一（图 18）。而就湖石涡旋与藤蔓穿穴引枝的意象而言，臧峰在“倒影楼”墙廊间发现的穿墙绕窗的藤蔓（图 19、图 20），其返花回叶之势，亦有异曲同工之妙。

3.4 山石铺式

相比于卵石易俗的铺地谨慎，计成建议一种山石铺式，以与石山石池一致：“园林砌路，堆小乱石砌如榴子者，坚固而雅致，曲折高卑，从山摄壑，惟斯如一。”计成将这类乱石路，置于四种行游铺地式样之首，以艺圃山壑间的铺地考察（图 21），其小如榴子的铺陈，不但能应变各种山势变化，也铺陈了山林之山的山意底图。

计成虽在多处声讨过对物形模仿的形式，也讥讽过用卵石模仿动植物的铺地做法，但却钟情于青石碎砖铺设的冰裂纹，以及用碎瓦片铺设的瓦波浪：“废瓦片也有行时，当湖石削铺，波纹汹涌；破方砖可留大用，绕梅花磨斗，冰裂纷纭。”这里不仅有对

15
13 14 16
17 18 19 20

图 13. 留园古木交柯砖 - 花盆（曾仁臻摄）
图 14. 留园花步小筑山石 - 盆（曾仁臻摄）
图 15. 明 · 钱穀《求志园图》
图 16. 退思园湖石 - 藤架（唐勇摄）
图 17. 留园石 - 藤架（臧峰摄）
图 18. 红砖美术馆后庭石 - 藤架（悦洁摄）
图 19-20. 拙政园缠窗绕墙藤（臧峰摄）

废物利用的资源用意，它更看重瓦波浪与湖石媾和的波纹汹涌的山水意象，而对于冰裂纹的痴迷，则不仅以冰裂与山水的隐秘意象发生关联，它还触发了文人山水的高致情怀，这类情怀，从一开始就隐约于《文苑图》与《听琴图》的场景氛围里。

在扬州何园，瓦波浪铺地，试图为旱舫铺陈出波涛汹涌的意象（图22），惜乎其除旧换新，不复当年苔痕染波的碧波印象，可以我早些年设计的膝语亭内瓦波浪铺地（图23），凭想当年。

### 3.5 山梯式

山水的攀游意象。在明清绘画中，多半以藏露于山间的之折路径暗示，当它们被带入城市山林的咫尺造园时，多半以山梯模式出现。在拙政园宜两亭的东南，一部占地不足消防梯大小的山梯（图24），其空间与山意的密度皆可惊人——它不但能在山台之上容纳王欣、王澍、童明魁梧的身体倚坐，还能容纳家人在梯洞间愉悦穿行，它不但聚集了山梯与洞壑等多重意象，还外挂了两条可望而不可互穿的之折山梯。

这类意象密集的山梯是苏州园林出现最为频繁的标准样式，且因不同位置，每每相异，各得不同的山林意象——退思园的两处山梯，在池南梯接一处空廊，在池北梯接一座山亭；留园“明瑟楼”之南的“一梯云”（图25），正是计成建议的以阁山为梯的山梯，而五峰仙馆可行可望的南部山峦，实则也是攀入西楼的可游山梯。最入画意的园林山梯，则在环秀山庄大假山山西，在它所媾和的山洞梯台诸象之间，还能框入一匹瀑布飞流（图26）；而最华美的变形山梯，当数拙政园见山楼西侧的爬山廊，这一密集了廊与坡道的爬山廊（图27），攀爬于山水之间，它将人们带入山水，带上见山楼的歇山屋顶的歇山处歇息（图28），它的山水起居诗意，将柯布西耶为萨伏伊别墅设计的那条自明坡道比拟成意象简陋的技术产品。

### 3.6 山踏式

将楼梯与山的密度压合方式，在计成的《园冶》里，曾被提及两次，一次在“掇山篇”的“阁山”一栏：“阁皆四敞也，宜於山侧，坦而可上，便以登眺，何必梯之。”另一次则在“装折篇”：“绝处犹开，低方忽上，楼梯仅乎室侧，台级藉矣山阿。”

在这段文字结尾处，山不但能与楼梯媾和为山梯，还能以台级藉山的方式，媾和

21 22 23
24 25 26
27 28 29

图 21. 艺圃山石 - 铺地（邢迪摄）
图 22. 扬州个园旱舫瓦波浪铺地（自摄）
图 23. 南宁滕语亭内瓦波浪铺地（自摄）
图 24. 拙政园山梯（自摄）
图 25. 留园 - 梯云（自摄）
图 26. 环秀山庄梯 - 山（唐勇摄）
图 27. 拙政园爬山廊（臧峰摄）
图 28. 拙政园爬山廊爬上见山楼歇山处（邢迪摄）
图 29. 留园山踏（王娟摄）

出一两级踏步的山踏（图 29），当它在文震亨的《长物志》里，被命名为“涩浪”时，还兼顾了太湖石的湖水意象与踏步所需涩足的别样意象。

环秀山庄将这一山踏，跨于涧上（图 30），上石挑出，而下石曲迎，两相虚接，势危而行不险；将这类山踏沉浮水中，则为汀步，汀者，水中小洲也；它们在扬州小盘谷的石池中（图 31），点石引渡，岸二水三，连洞接壑，伫水如州。

### 3.7 山台式

媾和了可望之山与可居之台的山台，不但以亭榭的出台频率，频频出现在计成的《园冶》里，也经常出现在沈周与文徵明的山水长卷里。回溯这类山台意象的绘画源出，它最早出现在五代董源与巨然的山间，但似无太多人居意欲，在南宋李唐的《清溪渔隐图》里（图 32），巨大的山台与草堂隔溪相望，且以溪桥相连，它就很有些山台余脉的堂前起居意味；到了元人黄公望的《快雪时晴图》（图 33），这类山台已成主景——中部低处的山台，作为山堂的建筑基底，而右之折而上的突兀山台，则成为整幅画面的核心意象，它既可能是堂内观雪的主要山景，亦可为晴雪之后可达的瞰雪前台。

文徵明为拙政园绘制的景点——“意远台”（图 34），将这一山台意象再度裁剪，突兀的巨大山台，如巨龟渡海般引人注目，它截山入水，载人远眺。在今日的拙政园里，已难寻这一雄伟山台的踪迹——拙政园旧有入口前屏山之上的一方山台（图 35），仅残有它的些许余味，而文徵明后裔的苏州艺圃，南山之上当年被誉为冠绝吴中的朝爽台，如今已被一方小亭所拥塞失意，较为神似的山台，如今只能在环秀山庄堆叠的大假山颠寻求（图 36），这处山台，为这方密集了山峦天堑、洞穴沟壑的人为假山，增添了另一种可居可游的山台密度。

### 3.8 洞房式

计成在谈及假山理洞时，工法形同造房，不但起脚如造屋，且洞中还有立柱，他还建议以条石加顶，仅以玲珑之石摹形门窗，以透漏出些许洞房的山居意味。

这一以石条覆顶的山洞做法，遭遇清代叠山大师戈裕良的批评，后者建议以造桥的拱券办法，营造出如真山洞壑般的洞房。从戈裕良在环秀山庄所理石洞来看（图 37），其形确如真山洞壑，其封闭的山壁洞顶，虽有十足的洞穴之意，却少了

30 31 34
32
33

图 30. 环秀山庄涧上山路（自摄）
图 31. 扬州小盘谷汀步（自摄）
图 32. 宋 · 李唐《清溪渔隐图》
图 33. 元 · 黄公望《快雪时晴图》局部
图 34. 明 · 文徵明《拙政园三十一景图 · 意远台》

些山居的起居惬意。相比之下，传说中由戈裕良在小盘谷所理的洞房（图 38），却依据着计成以石条封顶的建议，它既有自然山洞的山居形势，亦不乏房屋玲珑借景的起居舒适，洞内的石条几案，颇有《文苑图》的山居意向，而在其石条封顶之上，还兼顾了计成建议石条为顶的别意深图："上或堆土植树，或作台，或置亭屋。"

这处山洞的石顶（图 39），不但兼得一处俯瞰深池的铺设的冰裂山台，还梯接了山梯尽端处一方栖息的山亭。在这片咫尺隙地里，不但经营了可行游的山阶、汀步，还经营了可居望的山水、洞房，矗立在水岸边的错落群峰，如今还成为依凭藤萝的石

35 36
37 38 39

图 35. 拙政园山台（藏峰摄）
图 36. 环秀山庄山台（万露摄）
图 37. 环秀山庄洞 - 房（万露摄）
图 38. 扬州小盘谷山房（自摄）
图 39. 扬州小盘谷山洞台亭藤（自摄）

架，它们架设出一派山意密集的起居意象，它们将那些借口今日景观用地狭小而难以引入山林意象的宏大景观师，讥讽得无处逃遁。

### 3.9 以上八式，加上壁山式，是为山居九式

它未必完全，譬如《文苑图》里与身体更为密切的山石几，亦可归于此类。此九式，虽大致以望、行、游、居的隐匿线索所张罗——可将峭壁山类视为望式、将山石铺类视为行式、将山梯类视为游式、将山房类视为居式，而这样的分类也未必准确，譬如山石铺作为中国园林独特的铺地，它不但为西式园林所无，且与日式园林也有差异——与日本各式铺地多半仅仅提供行游的规定不同，中国山石铺地常常因所要铺地的狭阔差异，自身就涵盖了动态的行游与居望的静观两种山居空间。

其余诸式，也大抵如此，只为厘清，而非分类。

**作者简介：** 董豫赣，北京大学建筑学研究中心副教授

**原载于：** 董豫赣 . 山居九式 [J]. 新美术 . 2013（08）.

# 造园记系列（一、二）

葛明

## 1. 微园记

### 1.1. 园林作为方法

1）缘起

园林在当代的意义何在，能否从中发展出一种方法？

这一问题源于对园林、山水以及与建筑学关系的不断思考。约从 2002 年起，我因院宅研究而开始具体探讨这一问题，从 2004 年与董豫赣、王澍、童明一起设计天亚院宅起，我开始真正有意识地以此作为设计研究的一个方向。2007 年我们在东南大学和童寯故居举行了一次“园林与建筑”的会谈，出版了文集，并相约每过十年再出一本。在此前后，董豫赣完成了清水会馆、红砖美术馆，童明完成了周春芽美术馆，王澍更是作品不断，而李兴钢等同道则不断涌现。我于 2010 年完成了如园，与此同时，逐渐明确了设计研究中对空间意义的追求，在此基础上，自己对如何从园林中发展方法有了一些基本的认识，尤其是在对山石的观法有所体会之后，越发明白了园林对于设计想像力的意义。

在我看来，园林的方法可以是指在当代类似设计园林的方法，但更多是指以园林

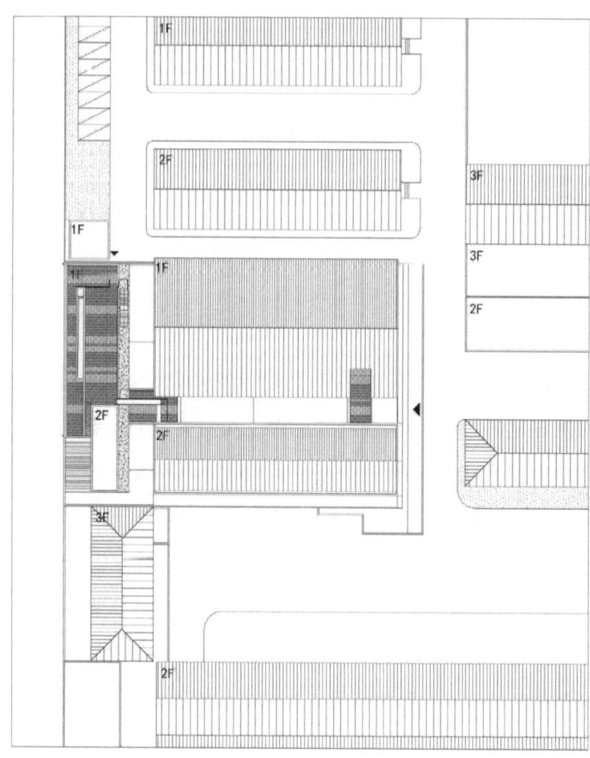


1
2

图 1. 微园外观（赖自力摄）
图 2. 总平面

图 3. 墨池东（赖自力摄）

作为工具的方法对当代建筑设计有何作用——就是以中国园林作为方法能否帮助我们加深对当代建筑学的理解。为此，我刻意把园林的方法与我平行研究的空间的方法（体积法、结构法、不定形法）、类型学、概念建筑的方法加以区分，寻找它的特殊之处。自 2010 年起，我提出了“园林六则”作为园林方法的一种，并开始对各个专项进行研究，与此同时，对明园林变化的兴趣逐渐转向宋园林。

2012 年起我开始设计微园，起初是一处厂房改造，只是有试着练习园林方法的机会，此后，机缘巧合，又逐步有了从房到园的机会（图 1~ 图 15），虽然从园的角度来说，基础条件并不理想，但重要的是，条件的限制反而使我有了反思园林方法的机会，促使它与别的方法结合。

1. 门厅
2. 中院
3. 南院
4. 北院
5. 墨池
6. 四面厅
7. 白厅
8. 书池
9. 黑厅
10. 书法展厅
11. 展品存储
12. 笑谈间
13. 读书处
14. 复厅
15. 厨房
16. 厂区配电间
17. 配电间
18. 旱池
19. 书法表演
20. 看山台
21. 观水台
22. 听风台
23. 办公室

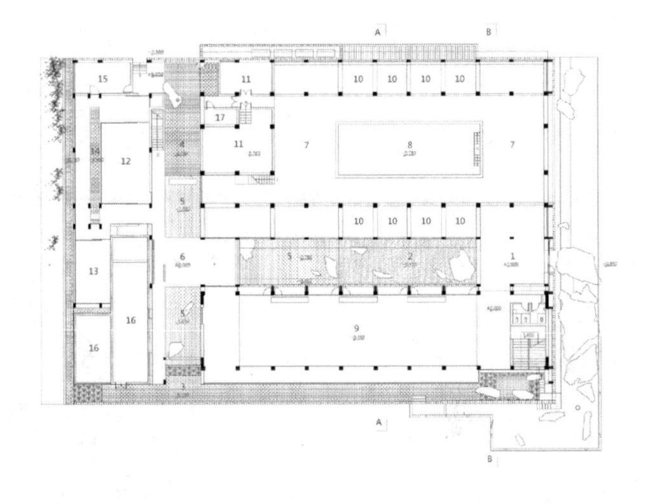

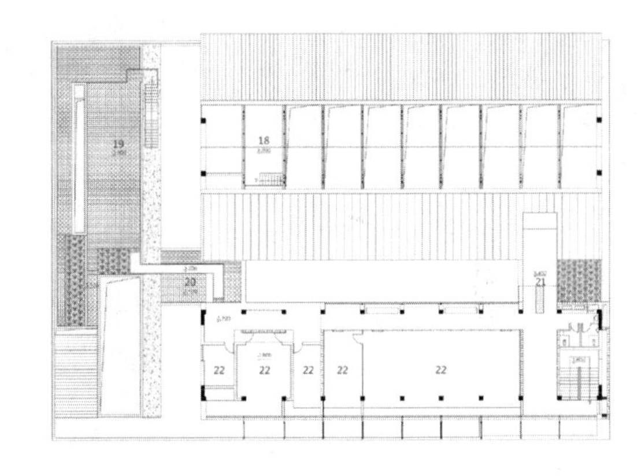

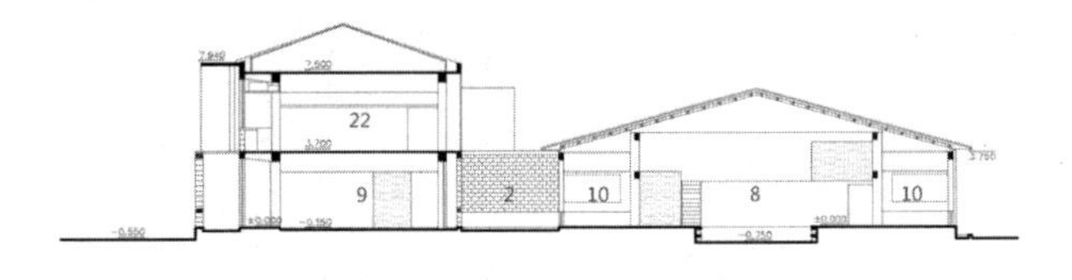

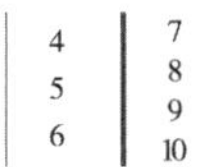


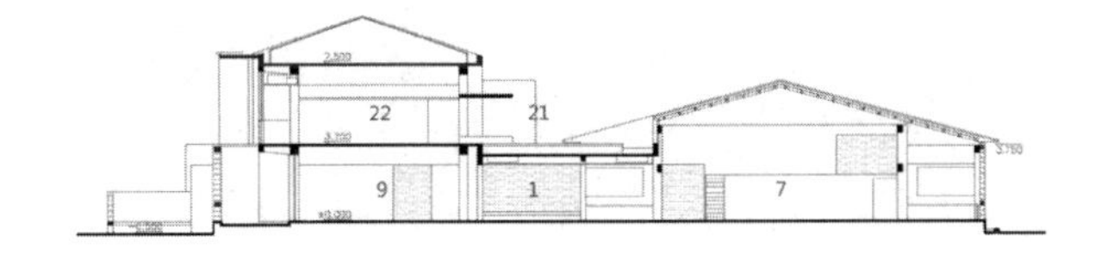

图 4. 白厅 1（赖自力摄）
图 5. 白厅 2（赖自力摄）
图 6. 旱池（贾安明摄）
图 7. 一层平面
图 8. 二层平面
图 9. A–A 剖面
图 10. B–B 剖面

11 13
12
14 15

图 11. 中院（孔德钟摄）
图 12. 黑厅（孔德钟摄）
图 13. 南院（孔德钟摄）
图 14. 四面厅（赖自力摄）
图 15. 复厅（赖自力摄）

2）园林六则的提出

思考园林方法时，我首先思考它与其他设计方法的异同。

罗西说过类似一段话："建筑是从不模仿开始的；画画、舞蹈都是从模仿开始的，之所以建筑可以成为建筑学，是由于它是理性控制的。"这句话为建筑学的学科性做了一个非常有意思的注解，而园林又必须是从模仿开始的，但这种模仿需要有某种特殊的想像力。这就是园林和通常认为的罗西式的建筑学所不同的地方：从模仿开始，而模仿的核心就是对历史的想像和对自然的想像。在这一指向中，对历史的想像和对自然的想像或许就是以园林为方法带来的最大好处，它能有效地推动设计。与此同时，园林展开自然和历史想像的方式十分特别，需要仔细地寻觅进入的途径，还需要清楚地了解别的方法的长处。

在此基础上，我所提出的园林六则分别是：一、现生活模式之变；二、型；三、万物：山石第一 / 中介物第二 / 房屋、花鸟、池鱼再次之 / 林木无定所；四、坡法 / 结构 / 材料；五、起势；六、真假。为什么是"六"？源于"谢赫六法"[①]。六则之中首先需要注重园林方法与别的设计方法相通之处，其后才是特殊之处。其中，希望直接相通的是第一则"现生活模式之变"，暗中相通的地方自然是空间论。虽是六则，做设计时则需要视情势而定，若试图引入，不拘于从哪一则开始。

直接与建筑有关的则为两条：一处是第三则"万物"里的"房屋"；另一处是第四则"坡法 / 结构 / 材料"。其中"万物"即 MyriadLiving Things，是指"混杂的、有生气的事物"。很多人追问什么是中国的"自然"，简单一说，或许就是"生动"的意思。同样，"万物"也需要体现生动的意思，如再缩小就是"活物"，甚至"尤物"。第四则中，我更关心的是"坡法"，因为中国的"坡"是一个典型的"活物"，它把"结构、材料"融入进去了。

六则之中的"型"是一枢纽所在，它的起点是认识"空"，认识如何分地。我经常思考一个问题：都说明、清的园林之前的建筑密度比较低，那么在一个野地里，做什么东西看起来像园林？我始终认为能在野地里做出园林更难，这就关涉空的呈现和分地的价值，它对于自然的想像、历史的想像要求最高。此外，从做设计的角度来说"起势"(generating) 十分重要，大概是"生成"的意思，还有一个意思是"判断大势"，而"真假"(real/false) 是个哲学问题。这些都是六则之中相对特殊的地方。

1.2 造园

1）“空”

微园位于南京老城之南，原址有两个厂房，此外西侧还有一个配电房，互不相干。南侧为两层，北侧为一层，都挺丑，中间空开，但没什么用（图 16）。业主贾安明习书法，希望将其改成一个以中国书画为主的展馆。可以发现，场地之中，房子几乎占满，那么，如何展开设计？

我从改造开始，手段简明。首先把北侧厂房的两边各往下一走，可称之为“续坡法”，续出的两块就成为展览藏字藏画的地方，那些字在一个个小隔间里面，像在一个个窟里放字一样（图 17）。大厂房中间原有大的部分，我称之为房中的“空”，展品多时可再做临时隔断。这样，大空间和小空间就衔接在了一起，原来大的空间获得了它的尊严，两侧的续坡也显得非常重要。这一方法和围棋先占边取势是一样的。接着，续坡再与南侧的一层相接，两栋不相干的房子以及中间的空隙呈现为一个整体水平的空间。这样两个房子夹的“空”——我称为房间的“空”，也就特别了。再接着，在房中的“空”里往下挖了一块，在房间的“空”里又挖了一个“空”。这样，房内房外的区别逐渐减弱，呈现的是连续不断的“空”（图 18）。这使房子在场地之中逐渐消退，空间逐渐显现，不断变远，为走向园子提供了基础。

这里还用了一个“借”字。房借“空”，“空”又借房。这样，呈现出一处处房非房，廊非廊的意象，当在微园的各个地方：或房中、或房外，互借互成，一直能借到西侧土坡上的绿之后，园就开始成为可能。

2）观法

微园起于展，它的空间需要优先适用于中国书画。所以除了空间中的大尺度、小尺度之外，还要有展览的尺度，这就需要研究特定的观法，而当代的东西同样可以进去和它匹配。我的考虑是采取什么观法可使“空”变活，使“空”具有尺度？如果对观法毫无感觉，如何去影响观者？

为此我取宋法，试图行坐卧观并重，从而提示一种特殊的忽高忽低的观法。但我们当代人毕竟不是古代人，看字画的方法并不一样，因此，微园营造的氛围并非为了考古。观法是复杂的，比如观看字的距离，关乎手与眼的关系，这是中国特有的东西；观法也不只是观的距离，比如如何使视平线往下降；观法还提示，我们正在不断丧失一些生活中的特殊尺度，比如如何因往下看而获得安静，但也不只是向地面看；观法还包括如何处理凝视与余光等。

当时我期望一个当代的艺术家游历了微园，看了展的方式，能否感觉字不能太随意地写原来还存在着这样一种空间。同时，我还期望微园为普通人带来别样的感觉——在空间中有安静凝视的机会，这种感觉我们曾经有过，但在慢慢消失。为此，我推敲了各种标高的叠合，使庭院的绿意渗透到空间之中，使空间的重心下移，既试图压低观者的目光，还试图提示场地上的各种分隔，使空间因观法而生动（图 19）。

3）结构

微园的起点是老房子，有原本的结构，我希望让它们在成园的过程之中发挥作用。

比如北侧厂房的大梁比较高，这能产生出什么讲究呢？中国以前上下各一半：梁上的空间不用，留给眼睛；下面的空间留给身体。因此，在微园中，我和结构师淳庆一起几乎仔细地处理了每一道梁，理由就是上面的空间做得足，与身体有关的空间才能凸显得有意思。这种上下两分的做法被我称之为“结构法”的一种，它能不知不觉地削弱房子固定为房子的定式。为此，我把白厅的一架架大梁包起来，把黑厅的横梁一根根吊下来，都是让结构和空间共同发挥作用。尤其着意处理了白厅里支撑大梁的侧柱之间的圈梁，它们和一个个龛同时发生特殊的反应，它们正处在我所理解的上不上、下不下的位置，产生了飘忽的效果，从而又一次推远了空间（图 20）。与此相仿，配电房西北加建的一小段房子的结构处理也十分重要，因为它挨着一小片竹林，所以它需要连接但又能被打破，从而使竹林一起成为园林中的一部分。为此，我在复厅特地用了减柱造，从而凸显了两根特殊的翻梁，以此形成了西侧竹林、廊、空、厅互连、互隔、互成的效果（图 21）。

因此对于我来说，白厅里的大梁处理和联系梁的设定、复厅中的减柱法和翻梁，每一根柱子、每一根梁都试图配合着“空”的分隔和上下的区分。我后来还意识到，柱子和梁的比例至关重要。比如，白厅的那两根圈梁是董豫赣、王澍喜欢的，他们觉得尺寸古怪为好。可以说，结构的尺寸和空间的“远”之间，似乎是有关的。

4）山石

理解山石是我对自己学园林的一种检验。2011 年，董豫赣和我坐在环秀山庄看

17
16 18
19 20

图 16. 改造前场地（孔德钟摄）
图 17. 草图（葛明绘）
图 18. 白厅北（孔德钟摄）
图 19. 书法展间（孔德钟摄）
图 20. 白厅东（孔德钟摄）

着假山喝茶，坐在石头前面，喝了三四小时，我觉得自己似乎能看出些石头的好来。那次是我学园过程中十分重要的经历。

造园之中有了山石的构想，就开始与业主一起四处觅石，问题是好石难觅，而且也不可能、也无需做成复古。这显然不是简单的叠山或置石，对我来说，石头首先是要让容量扩大了的空间有所依托，因此石头的布法需要在平面中成为一种“势”，从外及内、迤逦而行，使相对匀质的空间因异质的出现而有伸缩跌宕的机会。更重要的是，石头要逼着空间变得准确，而且有意义。因此，微园在山石的设想初步出来之后，各类装拆需要随之而动。比如南边成为黑厅，北边成为白厅；照理南边光线强烈，但反在亮处要做黑，暗处要做亮，从而获得幽而远的机会，这里很大一部分原因是考虑了山石走势所形成的空间分隔（图 22）。此外，石头高低、倾侧、轻重、黑白各不相同，如果和空结合紧密的话，可以使空的重心、方向不断变化，开始显现自己的特性，而不再只是抽象的空，石头自身也不再只是观法中的对象。

1.3 余言

回顾微园，房子这么密，空间这么小，用什么办法成为园子？园子又如何推动着房子的变化？因为边界是限定的，所以要扩大空间的容量；这需要通过内和外的调节、忽高忽低的调节，然而空间容量扩大以后，又如何变得有意义？园林方法一直发挥着或隐或现的作用。不难发现，微园设计的起点是房中特殊“空”的追求，并通过观法带来历史的想像，结构带来物体的想像，石头带来自然的想像，但同时更为各个空的准确表达提供了机会。这几点一起推动着从房到园，又同时从园到房。所以，作为房子，微园的初步设计我做了一个星期，但是作为园子的房子的设计需要一年。

有意思的是，微园之后我再做设计，树石和结构更是成了主动意识，甚至根据这些来反推。其实，仔细想来，这么做多少是为了强化园林的方法和其余方法之间的联系和比对，比如正在处理的几处坡法都突出了这些（图 23）。董豫赣对我有一个提醒，发展坡法，要选择工艺简单、易于实现的，如果空间的尺度、对地的分型还没有出来，就需要避免工艺复杂的坡法。

可见园林的方法可以很大，也可以很小，当然更重要的，可能是随机应变，这是我需要不断加以练习的。

21
22
23

图 21. 复厅施工中（孔德钟摄）
图 22. 复厅・中庭（孔德钟摄）
图 23. 宜兴乌溪巷设施方案设计（葛明教授工作室提供）

## 2. 春园记

### 2.1 引言

2014 年前后，我受宜兴丁蜀古镇的委托，在濒临太湖的一片郊野地里设计一组小型的公建与设施，用以休憩（图 24~ 图 37）。为此，提出了“三园一市”的构思，即春园、秋园、冬园、夏市，获允。其中，春园用作游客中心，后来也兼作太湖绿道自行车赛的始发兼休憩点，并用以停放自行车，最终在镇里和团队的支持下得以完成，其余则还另需时日。

图 24. 苔园（陈颢摄）

| 25 | 28 |
| --- | --- |
| 26 | 29 |
| 27 | 30 |
|  | 31 32 |

图 25. 北望春园（陈颢摄）
图 26. 西望春园（陈颢摄）
图 27. 东望春园（陈颢摄）
图 28. 总平面
图 29. 一层平面
图 30. A–A 剖面
图 31. B–B 剖面
图 32. C–C 剖面

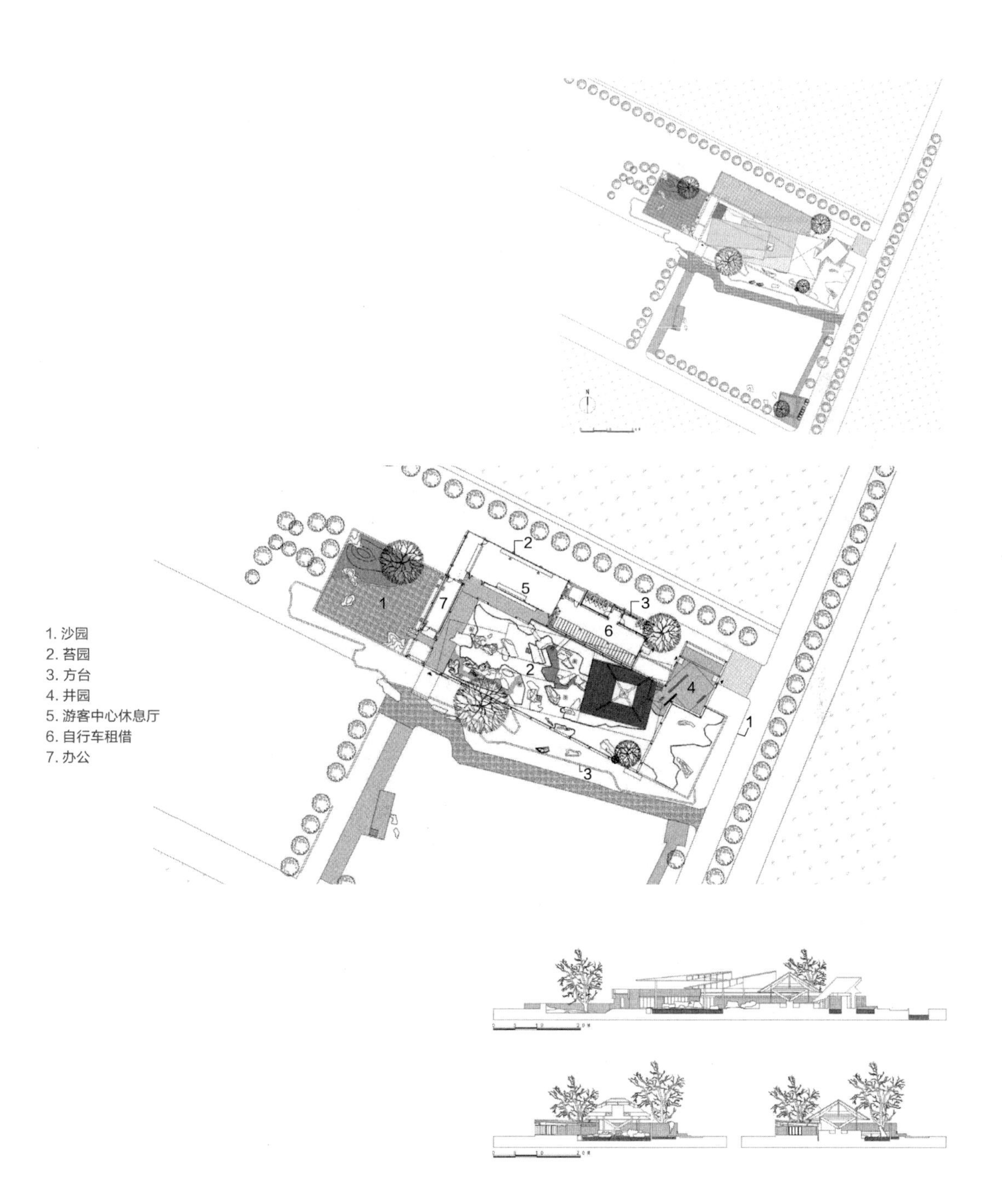
1. 沙园
2. 苔园
3. 方台
4. 井园
5. 游客中心休息厅
6. 自行车租借
7. 办公
1
2
3
4
5
6
7

33 34 35 | 36 37 38 39

图 33. 苔园（陈颢摄）
图 34. 方台西望（陈颢摄）
图 35. 方台构架（蒋梦麟摄）
图 36. 沙园（陈颢摄）
图 37. 井园 1（蒋梦麟摄）
图 38. 井园 2（韩思源摄）
图 39. 水岸做法详图（葛明教授工作室提供）

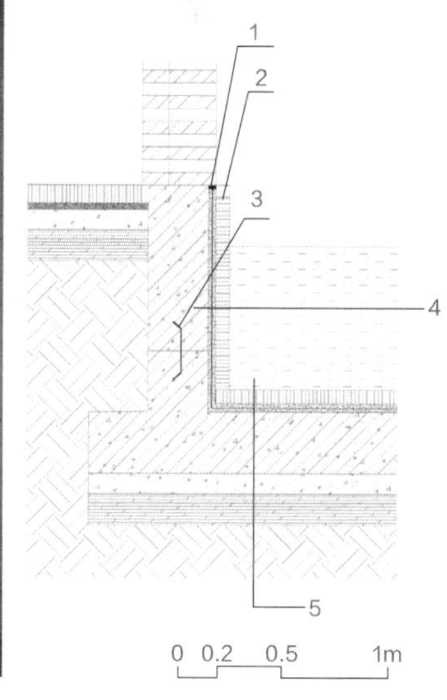


1. 密封膏压实
2. 青瓦立铺压顶
3. 3 厚钢板止水带
4. 300 厚 C25，P6 抗渗钢筋混凝土
   20 厚 1：2.5 水泥砂浆找平
   911 聚氨酯防水涂料刷两遍
   20 厚水泥砂浆掺黑色胶泥黏结
   青瓦立铺
   景观水
5. 景观水
   青瓦立铺
   20 厚水泥砂浆掺黑色胶泥黏结
   300 厚 C25，P6 抗渗钢筋混凝土
   100 厚 C15 混凝土
   150 厚碎石垫层
   素土夯实

这组设计以及随后的建造对于推动我的园林方法研究起到了重要作用。具体地说，主要是深化了我以前提出的“园林六则”，它们分别是“现生活模式之变”“型”“万物”“结构、材料、坡法”“起势”以及“真假”；抽象地说，深化了我对物体与词语、建筑与生活世界关系的理解。伴随着这一过程，我还和戴维·莱瑟巴罗（David Leatherbarrow）、朱光亚、陈薇、王澍、董豫赣等老师或一起组织地形学（topography）方面的系列论坛，或一起探讨叠石、置石以及房园的关系……所有这些都促使我对园林方法的独特性以及它和其余设计法的关系有了新的认识。

其中，对于“园林六则”这一设计方法有许多具体的推动。首先，因场地类型多样，所以与微园设计中只能以寻求老房子中“特殊的空”作为起点不同，可以更多地探讨园林六则之中的“型”，对每一块有限场地内房园俱现的不同方式，以及居游兼得的不同方式进行比较研究。所以春园、秋园、冬园与夏市在处理不同需要的同时，还试图以不同的方式和意象呼应《园冶》中提出的郊野地、江湖地，并呼应郭熙、王蒙、龚贤画中的各类意象，从而使得各园中的用房与相应的环境关系各不相同。尽管各块用地的实际大小差距不大，但设计的结果却似乎呈现出完全不同的房、园比例，其中，春园以半园半房的形式呈现；秋园则房大于园，或者说园藏于房；冬园则园远大于房。

其次，园林六则中有“型”的概念，还有“万物”的概念与之对应，“型”贯通园和房，“万物”的状态同样需要贯通园和房。万物是指混杂的、有生气的事物，无它无以成型。“万物”一则里，山石第一，中介物第二，房屋花鸟池鱼次之，林木居无定所。那么在三园一市各自狭小的场地内，“万物”的构成能否准确，能否以不同的方式汇聚一体，然而又各自分明，这同样是设计研究的重点所在。因此在设计之初，春园、秋园、冬园与夏市的大势均由毛笔在毛边纸上构、染而出，一气而成，但实际上为了能否以有效的方法准确而节制地呈现“万物”，却费时良久。

2.2 半园半房

春园用地窄而长，由东向西一字排开，在其南侧需要设置一个举行大型赛车活动的场地，并以春园为背景。为此，我试图采用“半园半房”这一“型”——以房中有园、园中含房的方式回应场地，实现舒展的同时，又能获得童寯先生提出的“曲折尽致”。在方法上则“架构”与“分地”并举。因此，半园半房是通过屋顶和场地的共同作用而获得，不是指面积意义上的一半园子，一半房子。

“型”的起点是让地本身变成一处“活物”。童寯先生对“園”的诠释就是对型的提示，与此同理，试解“型”字，其下为“土”，所以如何显土并尽显其生动是一关键，这也是园林方法中“型”的核心价值之一。春园所在的场地十分平坦，并无特征，若要显土，通常先要框地，而框地常用墙，但墙内墙外的地并无区别，所以需要特定的方式显土，这时候就需要寻找特别的“型”。

第一，我以四个坡顶不断起落构成一组复坡，各个坡顶彼此交叠，形成一系列或高或低的、覆盖和覆盖之中的留白，构成了场地上的特殊而细致的架构（图 38）。通常在一个场地里进行架构，就是造房子的开始，但这里明显又不是只为了造房子，更多地考虑通过架构，使土地显出特别。建筑师篠原一男的土间之家也有这层意思，传递了一种概念：通过空间构成消解室内、室外这种通常的分类方式。复坡之外，我还辅之以墙，但墙的设置并不与复坡在地上的投形线一致，特意形成了一个角度，这样墙所框的地和架构所覆盖的地之间形成了不同的向天打开的空。此外，墙与复坡的错位——在内，为复坡勾勒了一条水平线，使外部的树显现出来；在外，则具有一种体积感，并与复坡若即若离，使内部的地似乎是被外部的树逼出来的，而实际上外部一片空旷（图 39）。所以墙似乎不是为围住内部，而是为了围住外部。此外，我还重点处理了复坡之外围墙的转折和升降，例如让西侧的围墙降下去，围着一个坑院，在此，墙似乎是为了提示场地的标高变化。复坡的架构与墙的配合，让垂直的空间构成变成了内和外转换的构成方式，显示出暧昧的意味。复坡之中，有一个四分之三方亭，覆盖着一个台子，在那里视线可以接通内外，但与此同时，在台子上身体的包裹感又是最为明显。所以复坡通过架构带来显地的作用，同时也没有放弃追求特别的覆盖效果。这就是“型”开始所发挥的作用，它为内部的地制造出了一种神秘感和身体感（图 40）。

第二，“型”的深化还需要另一个方法——分地。分地如何才能进一步使地生动，就如龚贤的画所显示的那样？在该图里（图 41），土、水、土彼此相隔，截然分开，不知有多长，但似乎一下就变成了一个特殊的园林，不再只是普通的野地。这种不断的隔（separate-joining）还使近处的房子也不知不觉之间发生了变化，既可以是一个给船用的房子，也可以是给鸭子用的房子，为什么图上的水土看起来像一处园林？其内在的原因就是采用了分地的方法，而分地的核心是隔。

因此，从复坡的架构开始，我同时启动分地，并以架构为参照，水土互含，分成池、岛、坡、台、坑等各种类别，在场地内高低错落，形成与复坡繁复的对应，从而完成了半园半房这一“型”的构建。服务用房和停车用房采用折边形式，反似若有若无地契入其中，如同扩大的廊子，连接着复坡、水石、台地，提供了各种标高的依据。

在春园里，场地类型丰富：或台、或池、或岛，形成了一个小的世界，与传统的造园仿佛，然而，用了“水土之法”后又有所不同（图 42）。其一是均以水墨石与水相契、相合、相映，从而实现以石成山、以石成岛、以石成坡的效果，并实现水石生远的作用。这与置石不同，或可称之为植石。 其二是水、岛、山互绕互隔，如同京都的苔园。之所以用绕和隔，除了划分场地以外，更重要的是可以让一处处植石，在有些角度看起来是山，有些角度看起来是岛，有些角度看起来是坡……。绕与隔让地来来回回的感觉不一样，变幻出了多种可能。其三是因为用了架构使得土地先显出来，所以水石的相绕相隔还需要考虑与坡顶的关系，包括高低、阴影、坡和石的重量感等。春园中各个坡顶的叠合之处都依势而成，从东至西不断上升，但各坡的重心似乎在不断上下移动，有的一坡之内还似乎藏了阁楼，形成又一复坡。所有这些动作都是为了让架构形成的覆盖和水石之间的距离可以相互调节。可以想像，如果架构单薄，石头的分量就无从显现，水石的关系也无从显现。架构的方式与水土之法的结合，使整体既有室内性（domesticity），又有园子感。

### 2.3 连接

园林的方法是对房屋与自然两分的反思，它注重自然与人工物的关联，试图在两者之间建立一种特定的连续关系，并在这种关系中重新理解房屋。如果把这种建立关系的方式看作制作色谱的话，就是首先建立一种连续的谱系，然后进行分段，再在特定的位置进行标示，从而找到房屋更有意义的显现方式。此外，造园意味着不能设计好了再寻找建造的办法来处理它，因为造园的过程本身就是让自然和人工物建立有效联系的过程。在园林的方法中则意味着万物的聚拢就是帮助“型”显出来的基本办法。那么如何使得自然和人造物之间产生连续性，然后又一段一段地分开，并以特定的方式聚拢在一起，让间隙和连续同时发挥作用?

为此，我引入了“连接”（articulation）的思考来推动园林方法。它来自对于实践美学（practical aesthetics）的理解，并试图对建构（tectonic）的意义有所超越。如果说“隔”具有通过隔开而后产生关系的含义，那么“接”既指分节的“节”，又指接续的“接”。“连接”的方法同时与地形和建构有关，所以和一般空间的方法、类型学的方法不一样，它能与工法进行有效衔接。它具体的含义通常包括清楚的表达、清晰的发音以及骨骼之间能够活动的关节等，还有学者解释它是指在画中依靠光影，使得轮廓能够表达出来，所以还具有“刻画”的意思[②]。房屋和场地要能在自然和人工物中显现出来，就需要刻画，这都属于“连接”的范畴，它保留了自然到人工物之间的分节，确认这之间有一种非连续的过渡，跳跃式的过渡，需要“接”（articulate）在一起。这样，一个房屋就能同时具有自然和人工的意义，并能增加产生意义的机会（图 43）。

既然“连接”的关键之处是在自然和人造物之间形成连续，并且需要形成有间隙的过渡，那么如何分节是重点。为此，春园里采用了特定的坡法以形成分节，通过四个坡顶互相连接，覆盖水土，而那些在上部的连接则隐藏于阴影之中，在水里则通过镜像关系一一显现，从而有效形成了场地的分节效果，并提供了阴影和空隙作为“连接”的机会（图 44）。为此，各个坡顶需要采用有效的几何形式互相叠加从而利于分节，因此各个坡顶之中有四分之三坡，有半坡，有近乎全坡却有缺漏，所有这些动作也都是为了制造“连接”的机会。为了实现分节和连续，还需要真实建构和形式建构的配合，需要各个坡顶各有其空间特征，有些强调室内感，有些强调飞檐。与此相同，水中的植石同样需要发挥分节的作用。植石同时包含了布石和置石，布石为成势，置石为摆空。这两者与复坡的做法上下呼应，形成了垂直方向上的分节。

此外，对于如何通过建造提升建筑的意义，“连接”能起到怎样的作用？建筑一般通过空间来表达意义，除了特殊的结构和构造，建造的意义通常都隐藏于后，而“连接”能帮助释放这一意义，它让野性的特征保持在人文化的建筑中间，把在大地上建造的意义体现出来，成了帮助产生意义的中介。与此同时，它还试图对建构（tectonic）之中暗含的原型思维进行破除。它关注如何通过对结构和材料的特殊使用来破除原型，例如木结构有它的原有含义，但能否让它和其余结构混合使用而产生变化，或者能否通过呈现出一点混凝土结构的感觉，而使固定的含义发生变化，形成新的意义？这需要进行合适的变形（transformation），才能成为对类型学的提升。“连接”强调对连续体中的片段进行变形，从而逐渐把自然和人工交织在一起，构成新的事物，创造新的意义。为此，春园的复坡中特意采用了两个钢架构和两个混凝土的架构彼此交叠在一起的方式，其中黑色的钢构架使得灰白的混凝土构架似乎轻了起来，让它的斜撑也似乎有了弹性，从而成为连接坡地和水、石的枢纽所在（图 45）。

40 41
42 43
44

图 40. 春园原型模型照片（葛明教授工作室提供）
图 41. 北望春园复坡（陈颢摄）
图 42. 苔园东望方台（蒋梦麟摄）
图 43. 清・龚贤图版五山水册（十二开）第 6 张
图 44. 水石相隔相绕（蒋梦麟摄）

“连接”还意味着设计中需要特意保留建造中的层次，甚至某种粗糙，保持房、园之中野的特性，从而显得更有分量，柯布西耶的房子往往就是这种感觉。所以它的价值不是为了追求精致，那属于构造范畴，它在意能否揭示出一个房子与自然连接的丰富状态。另外，因为“连接”是靠片段形成的，会形成很多隙缝，帮助轮廓更加清晰，那么就需要在设计中特意制造这种有空隙、有阴影的区域（图46）。有时我们还要形成反向的思考，是否可以特意地消除掉一些原来期待有节点（joints）的地方，来强化各个片段之间的层次。所以“连接”还得面对逐渐无节点时代（包括数字打印）的回应和思考。因为它保留了多重的美学机会，保持了房屋原始的力量，保留了原有结构、材料、类型存身的机会，保留了产生联系的机会。这也是园林方法试图探讨的重心之一。

2.4 空气

不同文化中的地形学主题都包含山、水、空气、地平线等要素。其中空气可以引发丰富的想像，包括真实世界和虚构世界的关系，包括氛围、空、云、雾、远、层、生气……各种概念，在园林的方法中，特别重要的一点是“生气”。如前所述，与“型”相对应的“万物”是指混杂的、有生气的事物，之所以提出这一则，也是为了通过聚拢事物而实现生机勃勃。

采用了园林的方法，会使房、园变得有什么不同？“型”的方法使场地里的土地好像不一样了，然后让房子和自然之间也有了一种特别的连接，但是如何追求生机勃勃可能是最难的地方之一。因为生机意味着要结合很抽象的远以及与迫近身体感知有关的氛围，这也是在春园设计里考虑的又一重点。春园作为半园半房，可以想像，希望同时得到室内外的状态，同时得到静思的状态和日常的状态，同时得到千里之远和尺幅之近的状态。那么，空气对春园的设计意味着什么？

首先，它能进一步发挥复坡等要素所起的架构作用和分地作用。如果是作为房子存在，光感是最重要的，可以提示自身；作为园子存在，远是重要的，可以神游物外。想像有雾的时候（图48），因为周围的环境由雾笼着，虚了起来，使得围墙的边界清楚起来，内部也似乎明亮了起来，水中的倒影使得明暗的层次丰富起来。奇怪的是，边界强烈之后，周围也同时显得更远了。这时候需要的房、园就都有了。所以如果为了让所有的地显现出来，似乎有雾才是最好的状态。同样可以想像，如果光线过于强烈，周围清楚了，园子的大小反而会暧昧起来。

其次，在中国的山水画里，云、雾、空的存在使得不同的山石，一会儿是石一会儿是山，一会儿近一会儿远，来回交替，如果没有空的控制就无法形成转换。造园时，不可能像画画那么自如，但如果强调空气是能使物体产生远近的基本方法，就意味着带入了山水画的意象。在此意义上，空气可以在一园之内进行房、园的再次细分与连接，让坡顶的叠合不断给人产生错觉，分不清近还是远，使人对房、园的感受不断切换。此外，人通常会寻找合适自己的处所停留，那么在何处能更充分地感受生机呢？坡顶之间的间隙，屋架的阴影，黝黑的石头，水中的倒影，苔上的绿意，所有都以片段的方式让目光能穿透明暗变化，同时得到远近的感受，那什么是连接这些片段的线索呢？这些或许都需要依赖空气感带来的层次划分。

再次，它提示氛围。中国的氛围感与远近密切相关，希望能让人同时感受神游与静思。氛围有时意味着聚拢，有时意味着一种室内性的呈现。空气感掌握的好坏，可以让氛围得到控制。比如在春园里增加水雾，近处模糊了，远的东西就浮现进来了，聚拢起来了。

最后，需要强调空气，因为这是关于空的一种认识——空气感跟空虽然并不一样，但本身是对空的一种重要表达方式。“连接”也需要依赖对空的细分才能更充分地发挥作用。当然，空的价值主要在于制造匿名的状态，提示事物和要素的转化，也就是说生机勃勃既是眼前的，也是潜藏着的，需要被发现，这是园林方法中需要注意的要旨之一。

### 2.5 余言

实际上，真正做春园设计的时候，大部分精力是在做复坡——复坡之间的连接、复坡的变化、它与地面的高差的调节、它所展开的各个面相。其实现在有些地方的比例因为场地发生过变动而有所改变，因此或许不是最佳的，似乎可以更扁一些，与场地的关系还可以更紧张一些。但最后定位的依据是方台上斜撑的尺度，因为斜撑的高度是有限制的，它的存在直接关系到人在台子上的位置、人对内外的感知以及人对远近的体会。因此，春园里所有的事物都需要考虑这些：就是在台子上既能感受到园子中最紧张的关系，也能感受到最舒缓的关系，当人在那里远眺的时候，能感受到迎面而来的水平展开的间隙（图 49）。因此，依据坡顶对一个人的笼罩程度进行定位以后，

45 46
47
48
49 50

图 45. 方台北望（蒋梦麟摄）
图 46. 复坡组合（蒋梦麟摄）
图 47. 雾中苔园（陈颢摄）
图 48. 方台构架（蒋梦麟摄）
图 49. 方台与井园之间（陈颢摄）
图 50. 坡顶、方台、水、墙之间（蒋梦麟摄）

春园的平面、剖面都要以非常细致的几何性，一点一点地推敲出来。

一片空旷的地上造园是否需要严格的确定感？在我看起来，是的。自然和物体之间似乎有无数的线条自由地联系着，但似乎有一条是限定的。在园记的最后，还需要对春园进行释名，之所以采用半园半房这一“型”，之所以采用复坡，都是试图表达“藏春”这一意象。春园的设计，成为了我研究并练习园林方法的又一段重要经历。

[造园记系列（壹、贰）之中，《微园记》曾发表于《建筑学报》2015 年第 12 期 30 ~ 37 页，《春园记》曾发表于《建筑学报》2020 年第 1 期 50 ~ 58 页，此次均略作调整。在研究过程中一直受到师友的指点、帮助，在此需要特别铭记的是童寯等先生著作的感召和刘先觉先生对我在苏州园林里的数次导览和在东南大学校园里对林木方面的指点]

**注释：**

① 唐代张彦远《历代名画记》记述：“昔谢赫云：画有六法——一曰气韵生动，二曰骨法用笔，三曰应物象形，四曰随类赋彩，五曰经营位置，六曰传移模写。”

② 参阅刘东洋《地形学故事——景观与建筑研究》译后记——关键词译法，见（美）戴维 · 莱瑟巴罗：《地形学故事——景观与建筑研究》刘东洋、陈洁萍译，中国建筑工业出版社，2018，第 275 页。

**作者简介：**葛明，东南大学建筑学院教授

**原载于：**葛明 . 微园记 [J]. 建筑学报 . 2015（12）；葛明 . 春园记 [J]. 建筑学报 . 2020（01）.

图书在版编目（CIP）数据

当代中国园林研究读本 = CONTEMPORARY CHINESE GARDEN STUDY READER / 葛明，顾凯主编. -- 北京：中国建筑工业出版社，2018.11
（当代中国城市与建筑系列读本 / 李翔宁主编）
ISBN 978-7-112-22082-3

Ⅰ．①当… Ⅱ．①葛… ②顾… Ⅲ．①园林艺术—研究—中国 Ⅳ．①TU986.62

中国版本图书馆CIP数据核字（2018）第073111号

责任编辑：徐明怡 徐 纺
整体设计：李 敏
美术编辑：朱怡勰
责任校对：张 颖

当代中国城市与建筑系列读本
李翔宁主编
**当代中国园林研究读本**
CONTEMPORARY CHINESE GARDEN STUDY READER
葛明 顾凯 主编
*
中国建筑工业出版社出版、发行（北京海淀三里河路9号）
各地新华书店、建筑书店经销
北京点击世代文化传媒有限公司制版
北京中科印刷有限公司印刷
*
开本：787毫米×1092毫米 1/16 印张：24¾ 字数：423千字
2024年7月第一版 2024年7月第一次印刷
定价：**60.00**元
ISBN 978-7-112-22082-3
（31958）